T0216173

Mathematikdidaktik im Fokus

Reihe herausgegeben von

Rita Borromeo Ferri, FB 10 Mathematik, Universität Kassel, Kassel, Deutschland

Andreas Eichler, Institut für Mathematik, Universität Kassel, Kassel, Deutschland

Elisabeth Rathgeb-Schnierer, Institut für Mathematik, Universität Kassel, Kassel, Deutschland

In dieser Reihe werden theoretische und empirische Arbeiten zum Lehren und Lernen von Mathematik publiziert. Dazu gehören auch qualitative, quantitative und erkenntnistheoretische Arbeiten aus den Bezugsdisziplinen der Mathematikdidaktik, wie der Pädagogischen Psychologie, der Erziehungswissenschaft und hier insbesondere aus dem Bereich der Schul- und Unterrichtsforschung, wenn der Forschungsgegenstand die Mathematik ist.

Die Reihe bietet damit ein Forum für wissenschaftliche Erkenntnisse mit einem Fokus auf aktuelle theoretische oder empirische Fragen der Mathematikdidaktik.

Anna Körner

Flexibles Rechnen im Grundschulverlauf

Eine Längsschnittstudie zur Förderung und Entwicklung flexibler Vorgehensweisen beim Addieren und Subtrahieren

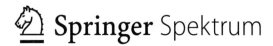 Springer Spektrum

Anna Körner
Bremen, Deutschland

Dissertation zur Erlangung der Doktorwürde
eingereicht am Fachbereich 12 der Universität Bremen
Gutachterinnen:
Prof. Dr. Dagmar Bönig, Universität Bremen
Prof. Dr. Elisabeth Rathgeb-Schnierer, Universität Kassel
Prof. Dr. Christiane Benz, Pädagogische Hochschule Karlsruhe
Das Prüfungskolloquium hat am 21. Juli 2023 stattgefunden.

ISSN 2946-0174 ISSN 2946-0182   (electronic)
Mathematikdidaktik im Fokus
ISBN 978-3-658-44056-5 ISBN 978-3-658-44057-2   (eBook)
https://doi.org/10.1007/978-3-658-44057-2

Die Deutsche Nationalbibliothek verzeichnet diese Publikation in der Deutschen Nationalbibliografie; detaillierte bibliografische Daten sind im Internet über https://portal.dnb.de abrufbar.

Planung/Lektorat: Marija Kojic
Springer Spektrum ist ein Imprint der eingetragenen Gesellschaft Springer Fachmedien Wiesbaden GmbH und ist ein Teil von Springer Nature.
Die Anschrift der Gesellschaft ist: Abraham-Lincoln-Str. 46, 65189 Wiesbaden, Germany

Das Papier dieses Produkts ist recycelbar.

Geleitwort

Der Grundschulunterricht soll nicht nur dazu beitragen, dass Kinder grundlegende Rechenfertigkeiten erwerben, sondern auch flexible wie adaptive Rechenkompetenzen entwickeln. Zahlreiche Studien verweisen aber darauf, dass die meisten Grundschüler*innen einen Hauptrechenweg favorisieren, den sie unabhängig von bestimmten Zahl- und Aufgabenmerkmalen anwenden. So werden dann nach der Einführung des schriftlichen Algorithmus Aufgaben wie „202–197" oftmals schriftlich gerechnet, ohne auf die Nähe der gegebenen Zahlen zu achten, um dann z. B. durch Ergänzen oder gleichsinniges Verändern der Zahlen zum Ergebnis zu gelangen.

Andererseits gibt es durchaus empirische Belege für sinnvolle Möglichkeiten der Förderung flexibler Rechenstrategien im Unterricht, die bislang aber maximal ein Schuljahr umfassen. Die vorliegende Dissertation von Anna Körner nimmt mit ihrer längsschnittlich angelegten qualitativen Studie erstmalig den gesamten Verlauf der Grundschulzeit in den Blick.

Sie nährt sich diesem anspruchsvollen Vorhaben durch eine systematische Aufarbeitung des theoretischen und empirischen Forschungsstands, aus denen sie sehr stringent ihre Forschungsfragen ableitet. Im Kern geht es darum, die Entwicklung der Vorgehensweisen von Grundschulkindern beim Lösen von Additions- und Subtraktionsaufgaben von Kl. 1 bis 4 zu rekonstruieren.

Auf der Basis bereits vorliegender Materialien dokumentiert Frau Körner im Entwicklungsteil der Arbeit ihre Konzeption zur durchgängigen Förderung flexiblen Rechnens vom ersten bis zum vierten Schuljahr, die von erfahrenen Lehrkräften an drei Grundschulen in Bremen erprobt wurde. Neben den handlungsleitenden Prinzipien dieser Konzeption werden zentrale Unterrichtsaktivitäten vorgestellt, deren Auswahl sich an bedeutsamen Voraussetzungen für die Entwicklung flexiblen Rechnens orientiert.

Der Forschungsteil der Arbeit umfasst die Konzeption und Auswertung der leitfadengestützten Interviews von 21 Kindern einer Klasse zu sieben Interviewzeitpunkten (von Mitte Kl. 1 bis Mitte Kl. 4). Die eingesetzten Aufgaben sind so gestellt, dass Entwicklungen der Kinder mit Blick auf flexibles und adaptives Rechnen erfasst werden können. Die Auswertung umfasst neben aufgabenbezogenen Analysen insbesondere die Rekonstruktion fallbezogener Entwicklungen in Form einer Typologie. Die erstellten Entwicklungsprofile der kindlichen Vorgehensweisen zur Einschätzung des Verlaufs flexibler und adaptiver Rechenkompetenzen fassen die gewonnenen Erkenntnisse prägnant zusammen, so dass Muster in den unterschiedlichen Verläufen sofort augenfällig werden. Ein besonders spannendes Ergebnis stellt hier der „Rückfall" der Kinder in nicht flexible/adaptive Vorgehensweisen in den Interviews Mitte des zweiten Schuljahres dar. Beeindruckend sind demgegenüber die Ergebnisse der letzten beiden Interviewserien. Nach der Einführung der schriftlichen Algorithmen in Kl. 3 zeigen die meisten Kindern sogar zunehmend flexiblere/adaptive Strategien.

Mai, eine Schülerin aus der Längsschnittstudie, löst die Aufgabe 202–197 im letzten Interview Mitte Kl. 4 schriftlich korrekt über die Nutzung des Entbündelns. Spannender aber ist der weitere Verlauf des Interviews. Mai wird im Anschluss gefragt, ob sie einen weiteren Lösungsweg angeben kann. Ihre Antwort verrate ich an dieser Stelle bewusst nicht, Sie können sie am Ende der Arbeit nachlesen. Und Mais Antwort macht sie dann hoffentlich neugierig auf ein Lesen des gesamten Buches.

Eine solch umfangreiche Studie hätte ich nicht als Dissertationsthema vergeben. Die vorliegende Längsschnittuntersuchung war aber für Anna Körner ein Herzensanliegen. Ihre Begeisterung dafür hat sie durch die überaus zeit- und arbeitsaufwändige Zeit von der Konzeption über die Auswertung zur Dokumentation der Ergebnisse getragen.

Mit ihrer Arbeit bringt Frau Körner innovative und bereichernde Forschungsergebnisse in die mathematikdidaktische Forschungsdiskussion ein. Nicht zuletzt belegen die herausgearbeiteten Ergebnisse, dass sich flexibles und adaptives Rechnen im Unterricht der Grundschule – im Gegensatz zu den ernüchternden Ergebnissen vieler anderer Studien – erfolgreich fördern lässt.

In diesem Sinne wünsche ich Ihnen eine spannende, inspirierende und hoffentlich genussvolle Lektüre.

Bremen   Dagmar Bönig
im Dezember 2023

Vorwort

Ebenso wie viele andere Untersuchungen hätte auch die vorliegende Studie nicht ohne die Unterstützung von vielen großartigen Menschen umgesetzt werden können. Ihnen allen gilt mein herzlicher Dank!

Allen voran danke ich meiner Doktormutter Prof. Dr. Dagmar Bönig. Während meines Studiums hat sie mit ihren tollen Lehrveranstaltungen meine Begeisterung für das mathematische Denken von Kindern befeuert und bereits im Zuge meiner Masterarbeit mein Interesse für das Thema flexibles Rechnen geweckt. Im Rahmen einer Einstellung als Lektorin an der Universität Bremen hat sie mir dann die Möglichkeit gegeben, mein Promotionsvorhaben umzusetzen und hat von Beginn an daran geglaubt, dass ich dieses umfangreiche Projekt abschließen werde. Neben der fachlichen Begleitung und all den hilfreichen Rückmeldungen während des Schreibprozesses hat auch ihre einfühlsame Art dazu beigetragen, dass meine Promotionszeit insgesamt mehr schöne als anstrengende Seiten hatte. Für all das danke ich ihr sehr!

Prof. Dr. Elisabeth Rathgeb-Schnierer danke ich für die Bereitschaft, die Arbeit zu begutachten. Ihr Interesse an meiner Arbeit und diverse inspirierende Gespräche beispielsweise auf Tagungen haben mich immer wieder auf meinem Weg bestärkt. Vielen Dank auch für die hilfreichen Anmerkungen zum Ergebnisteil.

Ebenso danke ich Prof. Dr. Christiane Benz dafür, dass sie spontan und dann so außerordentlich schnell ein weiteres Gutachten zu dieser Arbeit verfasst hat.

Prof. Dr. Maike Vollstedt, Dr. Jonathan von Ostrowski, Bernadette Thöne und Dr. Fiene Bredow danke ich für die Bereitschaft, die Arbeit zu lesen und teil der Prüfungskommission zu sein, wodurch die Disputation zu einem schönen Abschluss meiner Promotionszeit wurde.

Für die nette Zusammenarbeit und den fachlichen Austausch danke ich all meinen Kolleg*innen der Mathematikdidaktik der Fachbereiche 03 und 12 der Universität Bremen. Die Anregungen in persönlichen Gesprächen und im Forschungsseminar haben mich immer vorangebracht. Mein besonderer Dank gilt dabei Dr. Jonathan von Ostrowski für die vielen hilfreichen Hinweise zu Vorversionen dieses Textes und vor allem für den informellen Austausch, der die Abschlusszeit so viel netter gemacht hat. Innerhalb der letzten beiden Promotionsjahre hat mich zusätzlich auch meine Schreibgruppe begleitet. Ich danke meinen Mitschreiber*innen Chryssa, Neruja, Fiene, Daniela und Erik für den fachlichen und außerfachlichen Austausch und Prof. Dr. Christine Knipping für die Organisation und Begleitung dieser Treffen. Herausheben möchte ich zudem den Einfluss von Dr. Reimund Albers. Seiner ansteckenden Begeisterung für die Mathematik in vielen tollen Vorlesungen habe ich meine Liebe zum Fach zu verdanken. Gepaart mit der Begeisterung für die Fachdidaktik hatte ich ein solides Fundament, das mich auch durch schwierigere Phasen der Promotion getragen hat.

Ich darf mich außerdem bei der Ursula-Viet-Stiftung für die finanzielle Unterstützung des Projekts bedanken, wodurch zusätzliche Interviewtranskripte erstellt werden konnten. Zudem danke ich der Gesellschaft für Didaktik der Mathematik, die meine Teilnahme an einem International Congress on Mathematical Education sowie an einer Nachwuchskonferenz finanziell gefördert hat.

Gute Rahmenbedingungen reichen längst nicht aus, um ein praxisbezogenes Forschungsprojekt umzusetzen. Ohne die drei fantastischen Lehrerinnen, die interessiert und mutig genug waren, ein vierjähriges Projekt in Angriff zu nehmen, hätte diese Studie nicht durchgeführt werden können. Sie haben sich auf eine neue Konzeption eingelassen, das Unterrichtsmaterial eingesetzt und dessen Weiterentwicklung durch ihre Rückmeldungen vorangebracht, diverse Interviewphasen organisatorisch in den Schulen möglich gemacht und insgesamt durch ihr außerordentliches Engagement entscheidend zum Gelingen dieser Studie beigetragen. Ich danke Ihnen sehr für die tolle Zusammenarbeit und freue mich jetzt schon auf weitere gemeinsame Projekte!

Diese umfangreiche Studie hat von Beginn an von der Unterstützung durch Studierende gelebt. Ich danke V. Batke, E. Behrends, P. Böse, M. Göcke, F. Hellmuth, C. Jäkel, J. Karstens, J. Kruse, L. Kuntze, J. Lehr, J. Lindner, P. Renken, F. Sackmann, G. Stadler und L. Waschkau für die Mitarbeit im Rahmen ihrer eigenen Studienabschlussarbeiten bzw. als studentische Hilfskräfte, wobei mein besonderer Dank Nicoletta Sack und Christina Munsberg gilt, die das Projekt weit über ihre eigenen Abschlussarbeiten hinaus unterstützt und bereichert haben.

Von zentraler Bedeutung für dieses Forschungsprojekt sind natürlich ganz besonders die Kinder der drei Projektklassen, die uns in diversen Interviews Einblicke in ihre Denkwege erlaubt und auch häufiges Nachfragen geduldig ertragen haben. Ich bin bis heute immer wieder erstaunt und begeistert von ihren tollen Erklärungen und habe sehr viel von ihnen gelernt. Allen Kindern gilt deshalb mein herzlicher Dank!

Ohne die private Unterstützung meiner Freund*innen wäre meine Promotionszeit sehr viel schwieriger gewesen. Ich danke ihnen allen (und ganz besonders Lena) für Ablenkung, kontinuierliches Aufmuntern, fleißiges Korrekturlesen, sehr wirksame Nervennahrung und so viel mehr! Abschließen möchte ich diese Danksagung in herzlichem Gedenken an meine Mutter, der ich unter anderem meine Neugier und Begeisterungsfähigkeit zu verdanken habe. Ich weiß, wie sehr sie sich über diese Arbeit gefreut hätte.

Allen Leser*innen dieser Arbeit wünsche ich ebenso viel Freude an den Vorgehensweisen der Kinder, wie ich sie selbst immer wieder empfunden habe und gewiss weiterhin empfinden werde.

Anna Körner

Einleitung

Additions- und Subtraktionsaufgaben können grundsätzlich auf sehr vielfältige Art und Weise gelöst werden. Die beiden Schülerinnen Mai[1] und Lotte erläutern in Interviews in der Mitte des dritten Schuljahres ihre Lösungswege zur Aufgabe 202–197 folgendermaßen:

> S: Ähm (2 sec) zweihundert minus eins, das ist (2 sec) das ist hundert. (3 sec) Null minus neunzig ist ja neunzig. Und zwei minus sieben, das ist (3 sec) das ist fünf. Und dann muss ich (8 sec) hundert (10 sec). Dann muss ich hundert plus fünfundneunzig nehmen (3 sec). Das ist hundertfünfundneunzig und das ist dann auch das Ergebnis.

(Mai, Mitte 3, Aufgabe 202–197)

> S: Weil das kann man sich auch mit einem Trick vereinfachen, da/ weil da sieht man ja auch wieder, dass die Zahlen also ein bisschen nah aneinander sind und dann rechne ich hier (zeigt auf 197) plus drei, das sind zweihundert und dann hab ich hier (zeigt auf 202) noch die zwei und dann nochmal plus zwei und dann weiß ich das Ergebnis eigentlich schon.

(Lotte, Mitte 3, Aufgabe 202–197)

Mai zerlegt den Minuenden und den Subtrahenden der Aufgabe in Stellenwerte und verarbeitet diese Stellenwerte einzeln. Da sie stellenweise die absolute Differenz bildet, erhält sie mit ihrem Lösungsweg ein falsches Ergebnis. Prinzipiell wäre es aber möglich, die stellengerechten Zwischenergebnisse 100, −90 und −5 zu nutzen, um die Aufgabe richtig zu lösen. Nichtsdestotrotz würden viele Erwachsene vermutlich intuitiv Lottes Weg präferieren, weil das schrittweise

---

[1] Zum Zwecke des Datenschutzes werden sämtliche Angaben, die einen Rückschluss auf das befragte Kind ermöglichen könnten, anonymisiert.

Ergänzen vom Subtrahenden zum Minuenden bei einer Aufgabe mit kleiner Differenz sehr geschickt ist. Genau dies macht den Grundgedanken flexiblen Rechnens aus:

> „Die Kernidee des flexiblen Rechnens besteht darin, die spezifischen Merkmale einer Aufgabe, d.h. deren Zahleigenschaften und -beziehungen zu sehen und diese so zu nutzen, dass der Lösungsprozess vereinfacht wird." (Rathgeb-Schnierer 2011a, S. 40)

In der Fachdidaktik ist die Bedeutung von Flexibilität beim Rechnen im Allgemeinen unumstritten (vgl. z. B. Baroody 2003, S. 1 ff.; Krauthausen 2018, S. 176 f.; Padberg und Benz 2021, S. 192 f.; Rathgeb-Schnierer und Rechtsteiner 2018, S. 3 ff.; Schipper 2009a, S. 130 ff.; Schütte 2008, S. 103 ff.; Schulz und Wartha 2021, S. 80 ff.; Verschaffel, Luwel, Torbeyns und van Dooren 2009, S. 335 ff.). Es gilt als erstrebenswert, dass Kinder nicht nur *eine* Möglichkeit zum Lösen von Aufgaben kennen und nutzen, sondern vielfältige Lösungswege entwickeln können und dies in Abhängigkeit von besonderen Aufgabenmerkmalen – wie beispielsweise der Nähe zwischen Minuend und Subtrahend im oberen Beispiel – tun. Dies gilt insbesondere im Zeitalter ständiger Verfügbarkeit technischer Geräte (wie bspw. Smartphones), welche jederzeit problemlos Lösungen zu Additions- und Subtraktionsaufgaben ausgeben können (vgl. auch Bauer 1998, S. 180 ff.). Die reine Befähigung zum Lösen von Rechenaufgaben greift also seit vielen Jahren als Zielsetzung für den Arithmetikunterricht zu kurz.

Hatano unterschied beispielsweise bereits 1988 zwischen ‚routine experts' und ‚adaptive experts' und sprach sich schon vor Jahrzehnten für die stärkere Förderung und Wertschätzung adaptiven Handelns aus:

> „Those who are becoming routine experts (i.e., are acquiring knowledge in a conceptual vacuum) often fixate on a single procedure, whether or not it makes sense, and care little about comprehending it. In contrast, those who are constructing adaptive expertise (acquiring meaningful knowledge) often explore a variety of possibilities and try to make sense of their actions." (Hatano 2003, S. xii)

‚Routine experts' verfügen demnach nur über ein (einseitiges) prozedurales Wissen, das gegebenenfalls nicht auf Verständnis basiert, während ‚adaptive experts' verständnisorientiert verschiedene, geeignete Lösungswege entwickeln können. Die Bedeutung konzeptuellen Wissens nimmt in der Fachdidaktik seit Jahrzehnten zu, weil Schüler*innen nicht mehr nur wissen sollen, *wie* Aufgaben korrekt gelöst werden, sondern auch *warum* die jeweiligen Wege zum Erfolg führen (vgl. Übersicht in Baroody 2003, S. 4 ff. und Diskussion in Rittle-Johnson, Schneider und Star 2015, S. 590 ff.). Dies gilt im Besonderen auch für die Entwicklung von Flexibilität. Die Förderung flexiblen Rechnens sollte also nicht nur auf das Beherrschen verschiedener geeigneter Strategien, sondern auch auf das Verständnis der zugrunde liegenden arithmetischen Gesetzmäßigkeiten abzielen. Damit kann ein sinnvoller erster Zugang zur Algebra geschaffen werden, was wiederum in propädeutischem Sinne eine Grundlage für den Algebraunterricht in weiterführenden Schulen bildet (vgl. z. B. Steinweg 2013, S. 123 ff.).

Die Relevanz der Förderung von Flexibilität im Arithmetikunterricht der Grundschule lässt sich nicht zuletzt daran festmachen, dass dies in den bundesweiten KMK-Bildungsstandards und Rahmenplänen verschiedener Länder gefordert wird. In den bis vor kurzem geltenden KMK-Bildungsstandards aus dem Jahr 2004 ist Flexibilität beim Rechnen bereits implizit enthalten, weil der Vergleich verschiedener mündlicher und halbschriftlicher Rechenstrategien und deren Anwendung bei *geeigneten* Aufgaben angesprochen wird (vgl. KMK 2004, S. 9). Die aktuellen Bildungsstandards fordern sogar explizit eine „sinntragende[.] und flexible[.] Nutzung von Rechenstrategien" (KMK 2022, S. 13) ein. Auf der Ebene der ländereigenen Lehrpläne lassen sich ebenfalls unterschiedliche Konkretisierungen finden. Während die Förderung von Flexibilität beispielsweise im Bremer Rahmenplan (2004) durchaus thematisiert wird, dies allerdings – ähnlich wie in den Bildungsstandards von 2004 – nur implizit erfolgt (vgl. Rahmenplan 2004, S. 19 ff.), wird das flexible Rechnen im nordrhein-westfälischen Lehrplan sogar als Schwerpunkt der Leitidee Zahlen und Operationen ausgewiesen (vgl. NRW 2008, S. 63; NRW 2021, S. 89). Neben den inhaltsbezogenen Kompetenzen können mit der Förderung von Vielfalt beim Rechnen zudem auch allgemeine mathematische Kompetenzen weiterentwickelt werden (vgl. KMK 2004, S. 7 f.). Wenn nicht nur die Lösung einer Aufgabe, sondern auch der Weg und im Besonderen die Vielfalt an Wegen thematisiert wird, ist ein Austausch über die unterschiedlichen Vorgehensweisen lohnend. Hierbei kann sowohl das Kommunizieren (*Wie bist du vorgegangen? Wie hat dein*e Mitschüler*in die Aufgabe gelöst?*) und Argumentieren (*Welchen Lösungsweg findest du besser? Warum?*) als auch das Darstellen gefördert werden, wenn beim Lösen auch geeignete Arbeitsmittel und Veranschaulichungen verwendet werden. Teils implizit, teils eindeutig benannt, gehört die Entwicklung flexiblen Rechnens also seit Jahren zum Kanon der Lehrpläne und Bildungsstandards.

Obwohl Flexibilität als wichtiges Ziel des Arithmetikunterrichts der Grundschule gilt, sind die Ergebnisse diverser Studien zu Vorgehensweisen von Kindern dahingehend sehr ernüchternd. Viele Schüler*innen nutzen bevorzugt ein und denselben Lösungsweg zum Lösen sämtlicher Aufgaben und variieren ihr Vorgehen nicht in Abhängigkeit von besonderen Aufgabenmerkmalen (vgl. z. B. Benz 2005, S. 194 ff.; Heinze, Grüßing, Schwabe und Lipowsky 2022, S. 366 ff.; Selter

2000, S. 245 ff.; Torbeyns, De Smedt, Ghesquière und Verschaffel 2009a, S. 8 ff.). Wie im Eingangsbeispiel von Mai kommt es dabei nicht selten zu Fehlern. Hatano (1988, 2003) würde viele dieser Kinder vermutlich als 'routine experts' bezeichnen. Wie aber kann es gelingen, dass Kinder beim Rechnen 'adaptive experts' werden und beim Lösen von Rechenaufgaben – wie Lotte – besondere Aufgabenmerkmale erkennen und nutzen?

In einigen nationalen und internationalen Forschungsprojekten der letzen Jahre wurden Unterrichtskonzeptionen entwickelt, die speziell auf die Förderung von Flexibilität beim Rechnen ausgerichtet sind (vgl. z. B. Heinze, Grüßing, Schwabe und Lipowsky 2022; Nemeth, Werker, Arend, Vogel und Lipowsky 2019; Rathgeb-Schnierer 2006b; Rechtsteiner-Merz 2013). Dabei wurden sowohl Untersuchungen, die nur einige Schulwochen umfassen, als auch solche, die ein ganzes Schuljahr in den Blick nehmen, umgesetzt. Damit konnte gezeigt werden, dass die Entwicklung von Flexibilität bei gezielter Förderung durchaus schon im Grundschulalter möglich ist. Bislang fehlen aber noch längsschnittliche Studien, in denen die Entwicklung der Vorgehensweisen von Kindern über mehrere Schuljahre und Zahlenräume hinweg untersucht werden. Kann es gelingen, dass Grundschulkinder langfristig flexibel rechnen lernen? Wie verändert sich ein flexibles Vorgehen nach der unterrichtlichen Thematisierung der schriftlichen Algorithmen, die sich in anderen Studien häufig als neuralgische Stelle in der Rechenwegsentwicklung herausgestellt haben?

Um diesen Fragen nachzugehen, wird ein längsschnittliches Forschungsprojekt zur Förderung von Flexibilität im Grundschulverlauf gestaltet. Auf Grundlage bewährter Aktivitäten zur Zahlenblickschulung (vgl. z. B. Rathgeb-Schnierer 2006b, S. 148 ff.; Rechtsteiner-Merz 2013, S. 229 ff.; Schütte 2008, S. 104 ff.) sowie darauf bezogenen Weiterentwicklungen wird eine Unterrichtskonzeption zur kontinuierlichen Förderung von Flexibilität entwickelt und in Zusammenarbeit mit drei Lehrerinnen umgesetzt. Um die Vorgehensweisen der Schüler*innen beim Addieren und Subtrahieren im Rahmen dieses Unterrichts zu erfassen, werden sieben Mal im Projektzeitraum leitfadengestützte Einzelinterviews mit den Kindern durchgeführt. Anhand qualitativer Inhaltsanalyse mit darauf folgender Fallkontrastierung und Typenbildung (vgl. Kuckartz 2018, S. 63 ff.; Kelle und Kluge 2010, S. 83 ff.) sollen schließlich charakteristische Entwicklungen im Grundschulverlauf rekonstruiert werden.

Aufbau der Arbeit

Die vorliegende Dissertation ist in drei Teile gegliedert.

Im ersten Teil der Arbeit werden theoretische Grundlagen zum flexiblen Rechnen entfaltet und darauf bezogene Studienergebnisse vorgestellt. Dafür werden zunächst in Kapitel 1 verschiedene Möglichkeiten zum Lösen von Additions- und Subtraktionsaufgaben sowie deren angestrebter Stellenwert im Mathematikunterricht der Grundschule thematisiert. Eine darauf folgende Zusammenfassung wichtiger Studienergebnisse belegt eindrucksvoll, dass sich Flexibilität beim Rechnen selten ohne gezielte Förderung entwickelt. Möglichkeiten einer solchen Förderung werden daraufhin in Kapitel 2 aufgezeigt und durch diesbezügliche Forschungsergebnisse gestützt. Hierbei liegt ein besonderer Schwerpunkt auf sogenannten Aktivitäten zur Zahlenblickschulung, die sich zur Förderung von Flexibilität in Studien im ersten und zweiten Schuljahr sehr bewährt haben. In Kapitel 3 folgt eine abschließende Klärung wichtiger Begriffe sowie die Zusammenfassung relevanter Aspekte samt Konsequenzen für die vorliegende Untersuchung.

Der zweite Teil der Arbeit widmet sich der Untersuchung zur Förderung und Entwicklung von Flexibilität im Grundschulverlauf. Dafür werden zunächst im 4. Kapitel die Forschungsfragen entfaltet und das darauf aufbauende Untersuchungsdesign – bestehend aus einem Entwicklungs- und einem Forschungsteil – vorgestellt und begründet. Im folgenden 5. Kapitel wird mit der Beschreibung der Unterrichtskonzeption und deren Umsetzung der Entwicklungsteil des Forschungsprojekts thematisiert. Hier werden zunächst grundlegende Entscheidungen für den Unterricht vom ersten bis zum vierten Schuljahr dargelegt und anschließend zur Förderung von Flexibilität bedeutsame Unterrichtsaktivitäten vorgestellt. Die nächsten beiden Kapitel widmen sich dem Forschungsteil der Untersuchung. In Kapitel 6 wird zunächst erläutert, wie im Rahmen der Interviewstudie Daten erhoben werden, bevor das zur Analyse der Daten entwickelte Kategoriensystem und die darauf aufbauende Typenbildung beschrieben werden. Das anschließende Ergebniskapitel gliedert sich wiederum in zwei Abschnitte. Für einen ersten Überblick über die Daten werden im ersten Teil zunächst die Ergebnisse der deskriptiven Analysen zusammenfassend vorgestellt. Im zweiten Abschnitt – dem Kernstück der Arbeit – wird daraufhin die aus diesen Daten entwickelte Typologie beschrieben, mithilfe derer die Vorgehensweisen der Kinder gruppiert werden, sodass Entwicklungen im Grundschulverlauf rekonstruiert werden können. Beide Abschnitte des 7. Kapitels schließen jeweils mit einer Zusammenfassung der Ergebnisse sowie deren Diskussion im Kontext der Resultate anderer Studien.

Das Fazit im dritten Teil der Arbeit beginnt mit einer Zusammenfassung in Kapitel 8, in der die Forschungsfragen beantwortet werden. Im abschließenden Ausblick im 9. Kapitel werden zentrale theoretische Grundlagen zur Entwicklung und Förderung von Flexibilität vor dem Hintergrund der Ergebnisse dieser Studie reflektiert, bevor schließlich Konsequenzen für den Mathematikunterricht und für weitere Forschung zum Thema formuliert werden.

Inhaltsverzeichnis

Abbildungsverzeichnis

Tabellenverzeichnis

Teil I
Theoretischer und empirischer Rahmen

Vorgehensweisen beim Addieren und Subtrahieren

Zur Beschreibung und Kategorisierung möglicher Vorgehensweisen beim Lösen von Additions- und Subtraktionsaufgaben lassen sich in nationaler und internationaler fachdidaktischer Literatur verschiedene Bezeichnungen finden. In diesem Kapitel sollen deshalb zunächst die relevanten Begriffe geklärt und der Stellenwert verschiedener Vorgehensweisen im Mathematikunterricht diskutiert werden (vgl. Abschnitt 1.1 und Abschnitt 1.2). Im Anschluss erfolgt ein erster Einblick in Forschungsergebnisse zu Vorgehensweisen von Kindern (vgl. Abschnitt 1.3).

1.1 Rechenformen und deren Stellenwert im Unterricht

Beim Rechnen lassen sich zunächst übergeordnet drei verschiedene **Rechenformen**[1] unterscheiden. Als *Kopfrechnen* oder auch mündliches Rechnen wird die rein mentale Lösung einer Aufgabe bezeichnet. Wenn beim Rechnen Notizen in Form von Zwischenschritten oder Teilergebnissen gemacht werden, wird vom *halbschriftlichen Rechnen* oder gestützten Kopfrechnen gesprochen. Diese beiden Formen werden, in Abgrenzung zum schriftlichen Rechnen, unter dem Oberbegriff *Zahlenrechnen* zusammengefasst, weil hier mit Zahlganzheiten beziehungsweise deren Zerlegungen auf unterschiedliche, nicht vorab festgelegte Weise operiert wird. Das als *Ziffernrechnen* bezeichnete *schriftliche Rechnen* ist hingegen davon geprägt, dass konventionelle Algorithmen angewandt und die Ergebnisse nach festgelegten Regeln stellenweise ermittelt werden (vgl. z. B. Krauthausen 2018, S. 84 ff.; Padberg

---

[1] Dieser Begriff wird in Anlehnung an Rathgeb-Schnierer (2011b) verwendet, weil im weiteren Verlauf dieser Arbeit auf ein Modell der Forscherin Bezug genommen wird (vgl. Abschnitt 2.1). Andere Autor*innen verwenden bspw. die Begriffe Rechenmethoden (vgl. Krauthausen 2018, S. 84 ff.) oder Rechenverfahren (vgl. Schipper 2009a, S. 126).

© Der/die Autor(en), exklusiv lizenziert an Springer Fachmedien Wiesbaden GmbH, ein Teil von Springer Nature 2024
A. Körner, *Flexibles Rechnen im Grundschulverlauf*, Mathematikdidaktik im Fokus, https://doi.org/10.1007/978-3-658-44057-2_1

und Benz 2021, S. 105; Rathgeb-Schnierer 2011b, S. 16; Schipper 2009a, S. 126; Selter 2000, S. 228). In der englischsprachigen Literatur werden Kopf- und halb-schriftliches Rechnen häufig unter *mental calculation* oder *oral calculation* zusammengefasst und als Zahlenrechnen von den *written/standard algorithms* unterschieden (vgl. z. B. Nunes, Dorneles, Lin und Rathgeb-Schnierer 2016, S. 6 ff.).

In den letzten Jahrzehnten ist es in der Mathematikdidaktik in vielen Ländern zu einer Schwerpunktverschiebung bezüglich des Stellenwerts verschiedener Rechenformen gekommen. Während halbschriftliches Rechnen früher als „unelegante Durchgangsstation" (Krauthausen 1993, S. 190) auf dem Weg zur Krönung des Arithmetikunterrichts durch die schriftlichen Rechenverfahren galt, wird dem halbschriftlichen Rechnen seit vielen Jahren eine deutlich höhere Bedeutung beigemessen, wobei gleichzeitig die Relevanz der schriftlichen Verfahren kritisch diskutiert wird (vgl. z. B. ebd., S. 195 ff.).

Bezüglich der *schriftlichen Verfahren* deuteten die Ergebnisse verschiedener Studien unter anderem darauf hin, dass Kinder vielfach nur über ein prozedurales Wissen verfügen und kein tieferes Verständnis der Algorithmen zeigen (vgl. z. B. Brown und VanLehn 1980, S. 379 ff.; Nunes Carraher und Schliemann 1985, S. 40 ff.). In diesem Zusammenhang kam es zu Diskussionen, wie (und wann) das schriftliche Rechnen im Grundschulunterricht verständnisorientiert thematisiert werden sollte (vgl. z. B. Baroody 1990, S. 281 ff.; Bauer 1998, S. 182 ff.; Carroll 1996, S. 146 ff.; Krauthausen 1993, S. 195 ff.) und auch ob dies überhaupt ein relevanter Inhalt sei, der zugunsten anderer Themen vielleicht sogar aus dem Inhaltekanon der Grundschule gestrichen werden sollte (vgl. z. B. Plunkett 1987, S. 43 ff.).

Parallel dazu ist das *halbschriftliche Rechnen* zunehmend aufgewertet worden. Krauthausen (1993) zufolge stehe beim halbschriftlichen Rechnen das Verstehen und Nutzen von strukturellen Beziehungen im Vordergrund, wodurch ein kreatives und bewegliches Denken gefördert werden könne (vgl. Krauthausen 1993, S. 201 ff.). Um dies zu erreichen, dürfe das halbschriftliche Rechnen allerdings nicht von standardisierten Musterlösungen dominiert werden, weil dann kein Unterschied zum Einsatz der schriftlichen Algorithmen bestehe. Stattdessen sollte Schüler*innen im Unterricht Raum für das Entwickeln individueller Wege durch gehaltvolle, beziehungsreiche mathematische Problemstellungen gegeben werden (vgl. z. B. Padberg und Benz 2021, S. 196 ff.; Rathgeb-Schnierer und Rechtsteiner 2018, S. 117 ff.; Schipper 2009a, S. 130 ff.; Sundermann und Selter 1995, S. 165 ff.; Torbeyns und Verschaffel 2016, S. 101 f.). Zur konkreten Gestaltung eines solchen Unterrichts sind verschiedene Konzeptionen entwickelt und in Studien mit verschiedenen Methoden genauer beforscht worden (vgl. dazu Kapitel 2).

In der Fachdidaktik besteht aktuell Konsens darüber, den unterrichtlichen Schwerpunkt auf das verständnisorientierte Zahlenrechnen zu legen und auch beim schriftlichen Rechnen nicht allein auf die schnelle und richtige Ergebnisfindung zu fokussieren, sondern vor allem das Verständnis der Verfahren anzubahnen (vgl. z. B. Krauthausen 2018, S. 93 f.; Padberg und Benz 2021, S. 247 ff.; Schipper 2009a, S. 187 ff.). Torbeyns und Verschaffel (2016) fassen wie folgt zusammen:

> „The claim is that early and prolonged instruction in mental computation strategies, for children of all achievement levels, (a) will lead to the insightful, efficient, and flexible acquisition of these strategies for multi-digit problems, (b) will provide the necessary step-stones for the insightful introduction of the standard algorithms, and (c) will guarantee that learners will continue to use clever mental computation strategies to solve multi-digit problems with particular numerical features once the algorithms are taught." (Torbeyns und Verschaffel 2016, S. 102)

1.2   Strategien des Zahlenrechnens und schriftliche Verfahren

Innerhalb der verschiedenen Rechenformen lässt sich beim Lösen von Additions- und Subtraktionsaufgaben eine Vielfalt möglicher Vorgehensweisen unterscheiden, wobei dies insbesondere für das mündliche und halbschriftliche Zahlenrechnen, beim Subtrahieren aber auch bezüglich der schriftlichen Rechenverfahren gilt. In diesem Abschnitt werden zunächst wichtige Vorgehensweisen beim Zahlenrechnen und anschließend gängige Verfahren der schriftlichen Subtraktion vorgestellt und diskutiert.

Zahlenrechnen

Verglichen mit den schriftlichen Verfahren, mithilfe derer Aufgaben gemäß der vorgegebenen Algorithmen nach vorab festgelegten Regeln stellenweise gelöst werden, existiert für das Zahlenrechnen eine weit größere Vielfalt möglicher Vorgehensweisen, da verschiedene Zerlegungen und Veränderungen genutzt werden können und unterschiedliche Reihenfolgen der Zwischenrechnungen möglich sind.

Der Terminus ‚Strategie' wird dabei in der mathematikdidaktischen Literatur sehr unterschiedlich verwendet (vgl. Überblick in Köhler 2019, S. 60 ff. oder Rathgeb-Schnierer 2006b, S. 53 ff.). Ein vergleichsweise weites, an psychologische Theorien angelehntes Begriffsverständnis lässt sich beispielsweise bei Stern finden: „Kognitive Prozesse, die sich mit den Begriffen Flexibilität, Zielorientiertheit und Effizienz charakterisieren lassen, werden unter dem Begriff ‚Strategie' zusammengefasst" (Stern 1992, S. 102, Herv. i. O.). Andere Didaktiker*innen benutzen den Begriff Strategie spezifisch zur Unterscheidung verschiedener

Vorgehensweisen beim Lösen von Rechenaufgaben (vgl. z. B. Padberg und Benz 2021, S. 196 ff.; Schipper 2009a, S. 130 ff.). Uneinigkeit herrscht unter anderem bei Fragen der Entwicklung und Auswahl von Strategien. Während einige Autor*innen ein Vorgehen nur dann als strategisch bezeichnen, wenn eine bewusste Auswahl erfolgt (vgl. z. B. Bisanz und LeFevre 1990, S. 236 f.), nehmen andere an, dass strategisches Vorgehen durchaus auch unbewusst ablaufen kann (vgl. z. B. Ashcraft 1990, S. 186 ff.; Threlfall 2002, S. 37 ff., siehe weitere Ausführungen in Abschnitt 2.1).

In Anlehnung an diverse Fachdidaktiker*innen wird der Begriff Strategie in der vorliegenden Arbeit spezifisch zur Unterscheidung verschiedener Lösungswege beim Zahlenrechnen verwendet (vgl. z. B. Krauthausen 2018, S. 88; Padberg und Benz 2021, S. 196 ff.; Schipper 2009a, S. 130 ff.; Selter 2000, S. 231 f.). Hierunter werden zentrale Vorgehensweisen verstanden, bei denen Terme und Zahlen auf unterschiedliche Weise verändert und/oder zerlegt werden, wobei offen bleibt, ob der Lösungsprozess bewusst oder unbewusst abläuft (vgl. weitere Diskussion in Abschnitt 2.1).

In der deutschsprachigen Fachdidaktik werden für die **Addition** im erweiterten Zahlenraum oft vier Hauptstrategien unterschieden, die sich in Zerlegungs- und Ableitungswege gliedern lassen (vgl. Tabelle 1.1). Bei den Strategien *Stellenweise* und *Schrittweise* besteht die grundlegende Idee im Zerlegen einer oder beider Zahl(en)(vgl. z. B. Padberg und Benz 2021, S. 200). Beim stellenweisen Rechnen werden beide Zahlen in ihre Stellenwerte zerlegt[2], stellengerecht verarbeitet und die Zwischenergebnisse anschließend addiert, während beim schrittweisen Rechnen nur eine der beiden Zahlen zerlegt und sukzessive zur anderen Zahl addiert wird. Hierbei ist ebenfalls eine stellengerechte Zerlegung möglich, aber nicht zwingend vorgeschrieben. Es sind beispielsweise auch Zerlegungen möglich, die zu glatten Zwischenergebnissen führen. Als weiterer Zerlegungsweg wird manchmal auch gesondert eine *Mischform* aus stellenweisem und schrittweisem Rechnen angeführt (z. B. $217 + 198 \rightarrow 200 + 100 = 300; 317 + 90 = 407; 407 + 8 = 415$)(vgl. z. B. Padberg und Benz 2021, S. 200 f.; Selter 2000, S. 231).

Vorgehensweisen, bei denen die Zahlen der Aufgaben nicht zerlegt, sondern verändert werden, werden häufig unter dem Oberbegriff Ableiten[3] zusammengefasst, wobei sich im Einzelnen die Strategien *Hilfsaufgabe* und *Vereinfachen*

---

[2] Die Strategie Stellenweise wird von einigen Autor*innen auch ‚Stellenwerte extra' genannt (vgl. z. B. Schipper 2009a, S. 131).

[3] Einige Autor*innen bezeichnen sämtliche heuristische Strategien – in Abgrenzung zum Zählen und Faktenabruf – als Ableitungen (vgl. z. B. Gaidoschik 2010, S. 321 ff.). Zur einfacheren Unterscheidung der verschiedenen Vorgehensweisen (auch in der späteren Auswertung, vgl. Abschnitt 6.2) wird in der vorliegenden Arbeit wie beschrieben zwischen Zerlegungs- und Ableitungsstrategien differenziert.

Tabelle 1.1 Hauptstrategien beim Addieren

Strategie		Beispiel $217 + 198 = ?$
Zerlegen	Stellenweise	$200 + 100 = \mathbf{300}$ $10 + 90 = \mathbf{100}$ $7 + 8 = \mathbf{15}$
	Schrittweise	$217 + 100 = 317$ $317 + 90 = 407$ $407 + 8 = \mathbf{415}$
Ableiten	Hilfsaufgabe	$217 + 200 = 417$ $417 - 2 = \mathbf{415}$
	Vereinfachen	$(217 - 2) + (198 + 2)$ $= 215 + 200 = \mathbf{415}$

unterscheiden lassen (vgl. z. B. Padberg und Benz 2021, S. 201). Bei der Strategie Hilfsaufgabe wird die Ausgangsaufgabe beispielsweise durch Auf- oder Abrunden einer oder mehrerer Zahl(en) zu einer einfacheren Aufgabe verändert, deren Ergebnis anschließend korrigiert werden muss, um das Ergebnis der Ausgangsaufgabe zu erhalten. Die Strategie Vereinfachen hingegen basiert auf dem Gesetz der Konstanz der Summe bei gegensinnigem Verändern der Summanden, sodass der Term hier zwar auch zu einer einfacheren Aufgabe verändert wird, deren Ergebnis entspricht aber bereits dem der Ausgangsaufgabe und muss folglich nicht mehr angepasst werden (vgl. Tabelle 1.1[4]).

Sowohl in der deutsch- als auch in der englischsprachigen Literatur lassen sich verschiedene Kategorisierungen und Bezeichnungen der halbschriftlichen Strategien finden, bei denen einige der Hauptstrategien zu Gruppen zusammengefasst oder einzelne Strategien weiter ausdifferenziert werden (vgl. Zusammenstellung in Threlfall 2002, S. 33 ff.; siehe auch Krauthausen 1995, S. 16; Schipper 2009a, S. 131 ff.; Selter 2000, S. 231). Für die vorliegende Arbeit ist die grobe Unterscheidung von vier Hauptstrategien (inkl. der Annahme, dass verschiedene Mischformen möglich sind) zunächst ausreichend. Im weiteren Verlauf wird diese Sichtweise dann – angereichert durch weitere theoretische und empirische Erkenntnisse

---

[4] Die in Tabelle 1.1 notierten Zahlensätze dienen der Veranschaulichung der verschiedenen Wege; es sind auch andere Notationsformen (bspw. am Rechenstrich) möglich. Sämtliche Rechnungen verstehen sich dabei als Beispiele; bei der Strategie Schrittweise sind bspw. auch andere Zerlegungen und unterschiedliche Reihenfolgen der Zwischenrechnungen möglich.

(vgl. Kapitel 2) – für die Datenauswertung (vgl. Abschnitt 6.2) weiter ausdifferenziert.

Bei der **Subtraktion** werden oft dieselben vier Hauptstrategien wie bei der Addition unterschieden und zusätzlich das Ergänzen als fünfte Hauptstrategie ausgewiesen (vgl. z. B. Padberg und Benz 2021, S. 201 ff.; Selter 2000, S. 231). Hierzu stellt Schwätzer (2013) allerdings fest:

> „In der deutschsprachigen Mathematikdidaktik existiert das Dilemma, dass Ergänzen sowohl als Begriff für eine der beiden Grundvorstellungen zur Subtraktion (...), ebenso auch als Bezeichnung für eine der fünf Rechenstrategien (...), ja sogar als Bezeichnung (...) für einen der schriftlichen Algorithmen zur Subtraktion benutzt wird" (Schwätzer 2013, S. 5).

Neben dieser mehrfachen Verwendung des Begriffs Ergänzen[5] wird auch kritisiert, dass beim ergänzenden Rechnen (298 + ? = 563) ebensoviele verschiedene Vorgehensweisen möglich sind wie abziehend (563 − 298 = ?), sodass das Zusammenfassen in nur einer Strategie diese Vielfalt nicht abbilden kann. Deshalb schlagen Selter, Prediger, Nührenbörger und Hußmann (2012) vor, beim Subtrahieren die Rechenrichtungen Abziehen (*taking away*) und Ergänzen (*determining the difference*) zusätzlich zu den verschiedenen Strategien zu unterscheiden, sodass für die Subtraktion – verglichen mit der Addition – doppelt so viele Wege möglich sind (Selter, Prediger, Nührenbörger und Hußmann 2012, S. 393). Schwätzer (2013) differenziert die Unterschiedsbildung[6] sogar noch weiter aus, weil diese sowohl additiv (298 + ? = 563) als auch subtraktiv (563 − ? = 298) erfolgen kann (vgl. Schwätzer 2013, S. 42 f.), sodass er dreimal vier Hauptstrategien bei der Subtraktion unterscheidet (vgl. Tabelle 1.2).

Aufgrund der überzeugenden theoretischen Grundlegung und relevanter empirischer Erkenntnisse (vgl. Abschnitt 1.3 und 2.2) wird diese differenzierte Sichtweise auf verschiedene Möglichkeiten zum Lösen von Subtraktionsaufgaben im vorliegenden Forschungsprojekt sowohl bei der Planung des Unterrichts (vgl. Kapitel 5) als auch bei der Auswertung der Daten (vgl. Abschnitt 6.2) relevant sein. Im Folgenden werden für die Subtraktion also die Rechenrichtungen Abziehen, Ergänzen und indirektes Subtrahieren *zusätzlich* zu möglichen Strategien unterschieden (vgl. Tabelle 1.2).

---

[5] Neben dem Ergänzen werden in der deutsch- und englischsprachigen Literatur auch andere Begriffe verwendet (vgl. Übersicht in Schwätzer 2013, S. 6 f.).

[6] Schwätzer (2013) spricht hier von Komplementbildung.

Tabelle 1.2 Hauptstrategien beim Subtrahieren (in Anl. an Schwätzer 2013, S. 43)[7]

Strategie		Rechenrichtung		
		Abziehen	Ergänzen	indirekt Subtrahieren
		$563 - 298 = ?$	$298 + ? = 563$	$563 - ? = 298$
Zerlegen	Stellenweise	$500 - 200 = \mathbf{300}$	$200 + 300 = 500$	$500 - \mathbf{300} = 200$
		$60 - 90 = \mathbf{-30}$	$90 + (\mathbf{-30}) = 60$	$60 - (\mathbf{-30}) = 90$
		$3 - 8 = \mathbf{-5}$	$8 + (\mathbf{-5}) = 3$	$3 - (\mathbf{-5}) = 8$
	Schrittweise	$563 - 63 = 500$	$298 + 2 = 300$	$563 - \mathbf{63} = 500$
		$500 - 200 = 300$	$300 + \mathbf{200} = 500$	$500 - \mathbf{200} = 300$
		$300 - 35 = \mathbf{265}$	$500 + \mathbf{63} = 563$	$300 - \mathbf{2} = 298$
Ableiten	Hilfsaufgabe	$563 - 300 = 263$	$298 + 270 = 568$	$563 - 300 = 263$
		$263 + 2 = \mathbf{265}$	$568 + (\mathbf{-5}) = 563$	$263 - (\mathbf{-35}) = 298$
	Vereinfachen	$(563 + 2) - (298 + 2)$	$(298+2)+? = (563+2)$	$(563+2) - ? = (298+2)$
		$= 565 - 300 = \mathbf{265}$	$300 + \mathbf{265} = 565$	$565 - \mathbf{265} = 298$

Verglichen mit dem Addieren und Subtrahieren mehrstelliger Zahlen existieren beim Rechnen im Zahlenraum bis 20 noch einige Besonderheiten. Hier werden Zerlegungswege nicht in Schrittweise und Stellenweise unterteilt, da das stellenweise Zerlegen bei einstelligen Summanden beziehungsweise Subtrahenden keine Rolle spielt. Stattdessen wird oft zwischen dem Zerlegen-zur-10 (z. B. $7 + 9 = 7 + 3 + 6 = 10 + 6$) und dem Nutzen der Kraft-der-Fünf (z. B. $7 + 9 = (5 + 2) + (5 + 4) = (5 + 5) + (2 + 4) = 10 + 6$) differenziert. Darüber hinaus wird beim Verwenden von Hilfsaufgaben häufig zudem die besondere Rolle von Verdopplungs- beziehungsweise Halbierungsaufgaben (z. B. $7 + 9 = 7 + 7 + 2 = 14 + 2$) herausgestellt (vgl. z. B. Gerster 2013, S. 213 ff.; Padberg und Benz 2021, S. 114 ff. und S. 134 ff.; Schipper 2009a, S. 106 ff.)[8].

Da Kinder Additions- und Subtraktionsaufgaben insbesondere zu Schulbeginn auch zählend lösen (vgl. z. B. Hasemann und Gasteiger 2014, S. 33 ff.), werden darüber hinaus (vor allem beim Lösen von Aufgaben im Zahlenraum bis 20) verschiedene *Zählstrategien*[9] unterschieden. Für die Addition wird oft zwischen dem vollständigen Auszählen, dem Weiterzählen vom ersten oder größeren Summanden

---

[7] Die in Tabelle 1.2 notierten Zahlensätze dienen der Veranschaulichung der verschiedenen Wege und sind in dieser Form nicht alle für den Einsatz im Grundschulunterricht geeignet; es sind zudem andere Notationsformen (bspw. am Rechenstrich) möglich. Sämtliche Rechnungen verstehen sich als Beispiele; bei der Strategie Schrittweise sind bspw. auch andere Zerlegungen und unterschiedliche Reihenfolgen der Zwischenrechnungen möglich.

[8] (siehe dazu auch Tabelle 5.1 und 5.2)

[9] Auch in diesem Zusammenhang existieren in der fachdidaktischen Literatur verschiedene Kategorisierungen und Begrifflichkeiten (vgl. z. B. Gaidoschik 2010, S. 24 f.).

sowie dem Weiterzählen vom größeren Summanden in größeren Schritten differenziert (vgl. z. B. Padberg und Benz 2021, S. 106 ff.). Beim Subtrahieren unterscheidet man das Rückwärtszählen um eine gegebene Anzahl von Schritten (Abziehen) oder bis zu einer gegebenen Zahl (indirekt Subtrahieren) sowie das Vorwärtszählen (Ergänzen)(vgl. z. b. ebd., S. 129 ff.).

Schriftliche Rechenverfahren
Während für die schriftliche Addition *ein* gängiger Algorithmus existiert, können bei der schriftlichen Subtraktion abhängig von der Rechenrichtung (*Abziehen* oder *Ergänzen*) und der Übergangstechnik (*Entbündeln*, *Erweitern* oder *Auffüllen*) insgesamt fünf verschiedene Verfahren unterschieden werden, von denen im deutschsprachigen Unterricht drei gebräuchlich sind (vgl. Tabelle 1.3): *Abziehen mit Entbündeln*, *Ergänzen mit Erweitern* und *Ergänzen mit Auffüllen* (vgl. z. B. Padberg und Benz Padberg und Benz 2021, S. 250 ff. und S. 261 ff.). In den 1990er-Jahren ist in Deutschland eine kritische Diskussion darüber aufgekommen, welches der fünf möglichen Verfahren der schriftlichen Subtraktion im Unterricht behandelt werden sollte (vgl. Gegenüberstellung in Wittmann und Padberg 1998, S. 8 f.), was dazu geführt hat, dass eine 1958 von der KMK erlassene Festlegung auf das Ergänzen (mit Erweitern oder Auffüllen) 2002 außer Kraft gesetzt und die Wahl des Verfahrens freigegeben worden ist (vgl. Überblick in Padberg und Benz 2021, S. 261 ff.).

Tabelle 1.3 Verfahren der schriftl. Subtraktion (vgl. Padberg und Benz 2011, S. 240 ff.)

Verfahren	Abziehen mit Entbündeln	Ergänzen mit Erweitern	Ergänzen mit Auffüllen
mögliche Notation	$\begin{array}{r} {}^{5}\ {}^{15}\\ 6\ 5\ 8\\ -4\ 7\ 3\\ \hline 1\ 8\ 5 \end{array}$	$\begin{array}{r} {}^{10}\\ 6\ 5\ 8\\ -4\ 7\ 3\\ \hline 1\ 8\ 5 \end{array}$	$\begin{array}{r} 6\ 5\ 8\\ -4\ 7\ 3\\ \hline 1\ 8\ 5 \end{array}$

Die Meinung, dass das Verfahren Abziehen mit Entbündeln „insgesamt die mit Abstand *meisten Vorzüge* und *wenigsten Nachteile*" (ebd., S. 275, Herv. i. O.) habe, ist heute weit verbreitet. Bei diesem Verfahren der schriftlichen Subtraktion lasse sich die Kernidee der Übergangstechnik problemlos enaktiv beziehungsweise ikonisch veranschaulichen und sei damit für Schüler*innen gut nachvollziehbar; prinzipiell sei sogar – ausgehend von den Hauptstrategien des Zahlenrechnens – das eigenständige Entdecken der Technik möglich. Zudem werde bei diesem Verfahren auf die vielen Kindern vertrautere Rechenrichtung der Subtraktion zurückgegriffen (vgl. z. B. ebd., S. 265 ff.; Schipper 2009a, S. 204 ff.).

Wittmann (2010) spricht sich hingegen für das Verfahren Ergänzen mit Auffüllen aus, unter anderem um damit der weniger vertrauten Rechenrichtung Ergänzen im Unterricht mehr Bedeutung beizumessen. Das stellenweise Ergänzen lasse sich mithilfe der Vorstellung eines Zählermodells anschaulich und auch mit Bezug zum halbschriftlichen Rechnen thematisieren. Zudem bestehe der Vorteil bei diesem Verfahren darin, dass nur das – verglichen mit dem kleinen Einsminuseins – häufig besser verfügbare kleine Einspluseins benötigt werde und die Notationsform beim Auffüllen deutlich übersichtlicher sei als beim Entbündeln (vgl. Wittmann 2010, S. 34 ff.).

In verschiedenen, teils vergleichenden Studien konnten Vor- und Nachteile der unterschiedlichen Verfahren in Bezug auf die Erfolgsquoten, die Verständnisorientierung und das Auftreten typischer Fehler herausgestellt werden (vgl. Übersicht in Jensen und Gasteiger 2019, S. 140 ff.), allerdings kann daraus nicht abgeleitet werden, dass eines der Verfahren eindeutig bezüglich aller relevanter Kriterien zu präferieren sei.

1.3   Vorgehensweisen von Kindern

In den letzten Jahrzehnten wurden in verschiedenen Ländern zahlreiche empirische Untersuchungen zu Vorgehensweisen von Kindern beim Addieren und Subtrahieren durchgeführt. Für den unterrichtlichen Rahmen in Deutschland lässt sich (mindestens) bis zur Jahrtausendwende festhalten, dass beim Rechnen im erweiterten Zahlenraum ein Schwerpunkt auf dem (mündlichen und halbschriftlichen) Zahlenrechnen lag. Hierbei war es üblich, Musterlösungen zu thematisieren, welche die Kinder anschließend üben sollten. Oft lag der Schwerpunkt auf Lösungswegen zum Zerlegen (Strategien Stellenweise und Schrittweise), weil diese Vorgehensweisen prinzipiell für alle Aufgaben anwendbar sind (vgl. Rathgeb-Schnierer und Rechtsteiner 2018, S. 14 f.).

Bevor im 2. Kapitel theoretische Grundlagen und empirische Ergebnisse zur Förderung von Flexibilität zusammengetragen werden, sollen nun zunächst zentrale Erkenntnisse zum Zahlenrechnen aus verschiedenen Studien, denen (vermutlich[10]) ein Unterricht ohne gezielte Förderung von Flexibilität zugrunde gelegen hat, thematisch strukturiert zusammengefasst werden.

---

[10] In einigen Studien wurden diesbezüglich keine oder nur vage Angaben gemacht; gemeinsam ist den folgenden Untersuchungen aber, dass keine zusätzliche unterrichtliche Intervention durchgeführt wurde, sodass davon ausgegangen werden könnte, dass das zur Erhebungszeit übliche Rechnenlernen nach Musterlösungen praktiziert wurde.

Hauptstrategien beim halbschriftlichen Zahlenrechnen: Wenn der Unterricht so gestaltet wird, dass beim halbschriftlichen Rechnen vor allem eine Strategie thematisiert und geübt wird, nutzen viele Kinder diese Strategie bevorzugt, auch dann, wenn besondere Aufgabenmerkmale vielleicht die Verwendung anderer Vorgehensweisen zur Vereinfachung des Lösungsprozesses nahelegen würden (z. B. Veränderung von Aufgaben wie $45 + 29$ zu $45 + 30 - 1$ oder $44 + 30$). Dies konnte sowohl in einer Interviewstudie mit rund 100 Kindern im zweiten Schuljahr (vgl. Benz 2005, S. 101 ff.) als auch bei einem schriftlichen Test, der knapp 300 Drittklässler*innen vorgelegt wurde (vgl. Selter 2000, S. 233 ff.), beobachtet werden. Benz (2005) und Selter (2000) konnten aber operationsbezogene Unterschiede bei der Strategieverwendung feststellen. Die beteiligten Schüler*innen nutzten bei Additionsaufgaben bevorzugt die Strategie Stellenweise und für die Subtraktion das schrittweise Rechnen (vgl. Benz 2005, S. 194 ff.; Selter 2000, S. 245 ff.). Interessant ist zudem, dass auch im Unterricht nicht thematisierte Vorgehensweisen wie das stellenweise Rechnen bei Subtraktionsaufgaben sowie Mischformen aus stellenweisem und schrittweisem Rechnen (bei beiden Rechenoperationen) beobachtet werden konnten, während Kinder Ableitungswege (Strategien Hilfsaufgabe und Vereinfachen) nur sehr selten nutzten (vgl. Benz 2005, S. 194 ff.; Selter 2000, S. 245 ff.). Sehr ähnliche Ergebnisse zeigen sich auch in verschiedenen internationalen Studien (z. B. in einer britischen Untersuchung von Thompson und Smith 1999, S. 3 ff., einer ungarischen Untersuchung von Csíkos 2016, S. 130 ff., sowie belgischen Untersuchungen von Torbeyns, Verschaffel und Ghesquière 2006, S. 452 ff. und Torbeyns und Verschaffel 2016, S. 108 f.).

Aufgrund dieser in verschiedenen Studien beobachteten Dominanz der Zerlegungsstrategien beim Zahlenrechnen, wurden Kinder in einer Studie von Torbeyns, De Smedt, Ghesquière und Verschaffel (2009) dazu aufgefordert, zu ausgewählten Aufgaben jeweils mindestens zwei verschiedene Lösungswege zu entwickeln, um zu erheben, ob die Schüler*innen zumindest auf Rückfrage andere Wege nutzen würden. Auch in dieser Untersuchung bevorzugten die 195 Kinder aus dem zweiten bis vierten Schuljahr im Allgemeinen Zerlegungsstrategien beim Zahlenrechnen und verwendeten auch bei weiteren Lösungswegen zu derselben Aufgabe meist Varianten stellenweisen oder schrittweisen Rechnens beziehungsweise Mischformen dieser Strategien (vgl. Torbeyns, De Smedt, Ghesquière und Verschaffel 2009a, S. 10 ff.).

Neben zahlreichen querschnittlichen Untersuchungen wurden in den letzten Jahren im deutschsprachigen Raum auch zwei Längsschnittstudien durchgeführt, die erste Hinweise auf Entwicklungen von Rechenwegen liefern. Auch in diesen beiden österreichischen Studien[11] nutzte ein Großteil der interviewten Kinder vor allem die Strategien Schritt- und Stellenweise (in Rein- und Mischformen)(vgl. Fast 2017, S. 208 ff.; Reindl 2016, S. 255 ff.). Fast (2017) rekonstruierte aus den Vorgehensweisen von 44 Kindern im Verlauf vom zweiten bis zum vierten Schuljahr verschiedene Entwicklungstypen, wobei sie unter anderem stellenwertrechnende[12] und zahlenrechnende Vorgehensweisen unterschied (vgl. Fast 2017, S. 169 ff.) und eine Stabilität der Entwicklungen feststellte: „Kinder, die ein bestimmtes Zahlverständnis und damit zusammenhängende Lösungswege zu einem früheren Zeitpunkt haben, zeigen auch zu einem späteren Zeitpunkt tendenziell dieses Zahlverständnis und die damit zusammenhängenden Lösungswege" (ebd., S. 236).

Reindl (2016) nutzte neben mehreren Befragungen der 142 teilnehmenden Kinder aus verschiedenen Klassen auch noch weitere Methoden der Datenerhebung (u. a. Schulbuchanalysen und Lehrer*innenbefragungen)(vgl. Reindl 2016, S. 175 ff.) und stellte in der Analyse dieser Daten verschiedene Faktoren heraus, die Rechenwege von Kindern zu bedingen scheinen: Neben der Rechenleistung scheinen auch Emotionen, das mathematische Selbstkonzept sowie die Fehlerhaltung und das verwendete Schulbuch beziehungsweise die Klassenzugehörigkeit Einfluss auf die Rechenwege zu haben (vgl. ebd., S. 363 ff.).

Präferenz des Abziehens: Für die bisher zitierten Studien kann aufgrund der gängigen Praxis (s. o.) und teilweise sogar basierend auf zusätzlichen Schulbuchanalysen und Lehrer*innenbefragungen (vgl. z. B. Torbeyns, De Smedt, Ghesquière und Verschaffel 2009a, S. 6) angenommen werden, dass im Unterricht beim Subtrahieren vor allem das Abziehen thematisiert wurde und die anderen beiden Rechenrichtungen gar nicht oder nur am Rande behandelt wurden. Daher verwundert es nicht, dass viele Kinder beim Subtrahieren die Rechenrichtung Abziehen deutlich bevorzugen und sich das Ergänzen[13] nur sehr selten beobachten lässt – und das auch bei Aufgaben mit besonders kleinen Differenzen wie z. B. 71 − 69 (vgl. Benz 2005,

---

[11] Diese beiden Untersuchungen sind zwar aktueller als die bisher Zitierten aus dem deutschsprachigen Raum, jedoch ist auch hier davon auszugehen, dass Flexibilität beim Rechnen in diesen Klassen gar nicht (vgl. Fast 2017, S. 87 ff.) bzw. in vielen Klassen nicht gezielt und kontinuierlich gefördert wurde (vgl. Reindl 2016, S. 214 ff.).

[12] Unter stellenwertrechnenden Vorgehensweisen wurden hier sowohl die Verwendung von Algorithmen als auch der Strategie Stellenweise gefasst, während die anderen halbschriftlichen Strategien als zahlenrechnende Vorgehensweisen zusammengefasst wurden (vgl. Fast 2017, S. 123 ff.).

[13] Die indirekte Subtraktion wird sogar noch seltener erwähnt, was aber evtl. *auch* daran liegen könnte, dass einige Autor*innen das Ergänzen und die indirekte Subtraktion nicht unterschieden, sondern ggf. in einer Kategorie zusammenfassten.

S. 209 f.; Fast 2017, S. 211 ff.; Heinze, Marschick und Lipowsky 2009, S. 598; Selter 2000, S. 245 ff.; Torbeyns, De Smedt, Ghesquière und Verschaffel 2009a, S. 8 ff.). Sogar in einer Untersuchung, in der das Ergänzen unterrichtlich thematisiert und als besonders geschickt für Aufgaben mit kleinen Differenzen herausgestellt wurde, nutzten nur sehr wenige Kinder diese Rechenrichtung (vgl. Torbeyns, De Smedt, Stassens, Ghesquière und Verschaffel 2009, S. 85 ff.).

Dominanz der schriftlichen Verfahren: Zusätzlich zu den deutlichen Präferenzen beim Zahlenrechnen konnte in verschiedenen Studien auch eine Dominanz der schriftlichen Verfahren beobachtet werden, die von vielen Kindern nach der unterrichtlichen Thematisierung bevorzugt verwendet wurden – wohlgemerkt auch bei Aufgaben mit besonderen Merkmalen (z. B. 199 als Summand bzw. Subtrahend) – während das halbschriftliche Rechnen kaum noch beobachtet werden konnte (vgl. z. B. Selter 2000, S. 236 ff.; Torbeyns und Verschaffel 2016, S. 104 f.; Wartha, Benz und Finke 2014, S. 1277 f. sowie die Kontrollgruppe bei Heinze, Grüßing, Schwabe und Lipowsky 2022, S. 366 ff.).

Zusammenfassend kann festgehalten werden, dass es offensichtlich nicht ausreicht, möglichst viel Unterrichtszeit für das Zahlenrechnen zu verwenden, um Flexibilität beim Rechnen zu fördern. In einem von Musterlösungen geprägten Unterricht bevorzugen viele Schüler*innen Zerlegungsstrategien und später auch die schriftlichen Verfahren zum Lösen *sämtlicher* Aufgaben, während Ableitungswege und Rechenrichtungswechsel nur sehr selten eingesetzt werden.

Entwicklung und Förderung flexiblen Rechnens

2

Die Ergebnisse zahlreicher Untersuchungen (vgl. Abschnitt 1.3) legen nahe, dass die Entwicklung flexiblen Rechnens nicht automatisch geschieht, sondern einer gezielten unterrichtlichen Förderung bedarf. Dem Verständnis von Flexibilität können allerdings unterschiedliche theoretische Annahmen zugrunde liegen, die wiederum das Design von Forschungsprojekten steuern und Einfluss auf die Gestaltung eines Unterrichts zur Förderung von Flexibilität haben. In diesem Kapitel werden deshalb zunächst theoretische Grundlagen zur Entwicklung, Erforschung und Förderung von Flexibilität entfaltet (vgl. Abschnitt 2.1), bevor Studien zum Vergleich verschiedener Unterrichtskonzeptionen vorgestellt werden (vgl. Abschnitt 2.2). Anschließend wird das Konzept der Zahlenblickschulung als eine Möglichkeit zur Förderung von Flexibilität näher erläutert und durch diesbezügliche Studienergebnisse ergänzt (vgl. Abschnitt 2.3).

2.1 Theoretische Grundlagen

Theoretische Annahmen

Die Relevanz der Förderung flexiblen Rechnens im Mathematikunterricht ist in der fachdidaktischen Diskussion unumstritten (vgl. z. B. Anghileri 2001; Hatano 2003; Lorenz 2006b; Rathgeb-Schnierer 2006b, 2010, 2011b; Schütte 2004b, 2008), allerdings existieren in diesem Zusammenhang verschiedene Vorstellungen und Operationalisierungen (vgl. z. B. Heinze, Star und Verschaffel 2009, S. 535 f.; Rathgeb-Schnierer 2011b, S. 18 ff.; Verschaffel, Luwel, Torbeyns und van Dooren 2009, S. 336 f.). Dies beginnt bereits mit einer unterschiedlichen Verwendung von Begriffen. Während im deutschsprachigen Raum die Begriffe Flexibilität und Adaptivität oft synonym verwendet werden (vgl. z. B. Hunke 2012, S. 79 ff.), wird in der

© Der/die Autor(en), exklusiv lizenziert an Springer Fachmedien Wiesbaden GmbH, ein Teil von Springer Nature 2024
A. Körner, *Flexibles Rechnen im Grundschulverlauf*, Mathematikdidaktik im Fokus,
https://doi.org/10.1007/978-3-658-44057-2_2

englischsprachigen Literatur häufig folgende Unterscheidung vorgenommen: Unter *Flexibilität* wird der Umgang mit *verschiedenen* Strategien verstanden, während mit *Adaptivität* die Verwendung *angemessener* Strategien gemeint ist. Verwendet eine Person also beim Rechnen verschiedene Strategien, kann das Vorgehen als flexibel, aber nicht automatisch auch als adaptiv beurteilt werden, da diese verschiedenen Strategien nicht zwangsläufig angemessen sein müssen (vgl. Verschaffel, Luwel, Torbeyns und van Dooren 2009, S. 337 f.). Daran schließt direkt die Frage an, was unter Adaptivität (bzw. synonym verwendet Angemessenheit oder Adäquatheit) zu verstehen ist. Hierzu existieren verschiedene Positionen, wobei sich mit dem Strategiewahlansatz und dem Emergenzansatz zwei grundlegende theoretische Modelle unterscheiden lassen (vgl. Rathgeb-Schnierer 2011b, S. 18 f.)

Strategiewahlansatz: Bei diesem Modell wird angenommen, dass Personen aus einem Repertoire an verschiedenen Strategien jeweils eine – möglichst adaptive – Strategie zum Lösen gegebener Aufgaben auswählen, wobei die Auswahl sowohl *bewusst* als auch *unbewusst* erfolgen und von verschiedenen Faktoren abhängen kann.

Einige Forscher*innen beurteilen die Adaptivität der Lösungswege von Kindern oder Erwachsenen danach, ob die verwendete Strategie zu den jeweiligen **Merkmalen der gegebenen Aufgabe** passt (vgl. z. B. Blöte, van der Burg und Klein 2001, S. 628; Heinze, Arend, Gruessing und Lipowsky 2018, S. 879 ff.), wobei beispielsweise diejenigen Strategien als passend (bzw. effizient) bewertet werden, bei denen wenige Teilschritte notwendig sind und die einer geringen kognitiven Anstrengung bedürfen (vgl. z. B. Heinze, Marschick und Lipowsky 2009, S. 592; Nemeth, Werker, Arend, Vogel und Lipowsky 2019, S. 9 ff.).

Andere Forscher*innen kritisieren dieses Vorgehen, weil damit individuelle Faktoren wie die Performanz beim Einsatz der verschiedenen Strategien nicht berücksichtigt werden. Für eine Person, die beispielsweise unsicher ist, wie das Ergebnis einer Hilfsaufgabe ausgeglichen werden muss, um das Ergebnis der Ausgangsaufgabe zu erhalten, wäre der Einsatz dieser Strategie den Kritiker*innen zufolge nicht sinnvoll und adaptiv, weil der Lösungsprozess lange dauern und gegebenenfalls zu einem falschen Ergebnis führen würde. Der individuelle **Erfolg** mit verschiedenen Strategien und die **Geschwindigkeit** bei der Ausführung derselben sind diesen Forscher*innen zufolge demnach wesentliche Faktoren, die die Strategiewahl und -entwicklung beeinflussen (vgl. Lemaire und Siegler 1995, S. 83 f.; Shrager und Siegler 1998, S. 408; Siegler und Lemaire 1997, S. 72 f.)

Neben besonderen Aufgabenmerkmalen und individuellen Faktoren wird die Strategiewahl Verschaffel, Luwel, Torbeyns und Van Dooren (2009) zufolge auch von **Kontextbedingungen** beeinflusst. Ein Kind könnte beispielsweise abhängig davon, ob es zu Hause oder in der Schule ist, verschiedene Strategien verwenden oder auch abhängig davon, ob Stift und Papier vorhanden sind oder nicht (vgl. Verschaffel, Luwel, Torbeyns und van Dooren 2009, S. 340 ff.). Die Bestimmung solcher Einflussfaktoren ist zwar schwierig, da vor allem soziokulturelle Bedingungen nicht leicht zu kontrollieren sind, aus den Ergebnissen verschiedener Studien lassen sich aber durchaus Hinweise darauf ableiten, dass solche Faktoren eine Rolle spielen könnten (vgl. dazu auch Abschnitt 2.3).

Die drei bisher genannten Aspekte integrierend, formulieren Verschaffel, Luwel, Torbeyns und van Dooren (2009) folgende Begriffsklärung:

> „By an adaptive choice of a strategy we mean the conscious or unconscious selection and use of the most appropriate solution strategy on a given mathematical item or problem, for a given individual, in a given sociocultural context." (ebd., S. 343)

Emergenzansatz: Das Modell der Strategiewahl liegt zwar vielen Arbeiten zugrunde, es wird aber durchaus auch kritisiert. Threlfall (2002) betont beispielsweise, dass die Vielfalt an möglichen Lösungswegen nicht mithilfe der wenigen, in der Literatur unterschiedenen Hauptstrategien (vgl. Abschnitt 1.2) abgebildet werden kann (vgl. Threlfall 2002, S. 32 ff.; Threlfall 2009, S. 545 ff.). Die Aufgabe 63 − 26 könnte beispielsweise wie folgt gelöst werden: „taking three off 63 and 26, to change the problem to 60 subtract 23, then subtract the 20, and then count back 3 from 40." (Threlfall 2002, S. 41) Dieser Lösungsweg enthält Elemente verschiedener Strategien, da die Aufgabe gleichsinnig verändert (Vereinfachen), der Subtrahend anschließend zerlegt (Schrittweise) und abschließend gezählt wird.

Vertreter*innen des Emergenzansatzes plädieren deshalb dafür, nicht Rechenstrategien im Sinne kompletter, geschlossener Lösungswege, sondern „analytic strategies" (ebd., S. 42) beziehungsweise „strategische Werkzeuge" (Rathgeb-Schnierer 2006b, S. 55) zu unterscheiden, mit denen nicht (immer) der gesamte Lösungsweg, sondern Teile davon beschrieben und die im Lösungsprozess unterschiedlich kombiniert werden können (vgl. ebd., S. 53 ff.; Threlfall 2002, S. 41 ff.; Threlfall 2009, S. 547 ff.). Strategische Werkzeuge im Grundschulalter könnten beispielsweise das Zerlegen und Zusammensetzen von Zahlen, das gegen- beziehungsweise gleichsinnige Verändern von Aufgaben oder das Nutzen von Analogien und Hilfsaufgaben sein (vgl. Rathgeb-Schnierer 2006b, S. 55; Rathgeb-Schnierer und Rechtsteiner 2018, S. 50 ff.; siehe auch Abschnitt 5.2.2).

Eine solche, differenzierte Sicht auf den Lösungsprozess führt dazu, dass sich Strategiewahlentscheidungen hinsichtlich besonderer Aufgabenmerkmale (s. o.) nur sehr schwer treffen lassen, weil durch die Kombination mehrerer Werkzeuge sehr viele verschiedene Lösungswege möglich sind und das Repertoire dann äußerst umfangreich sein müsste. Stattdessen wird angenommen, dass Lösungswege nicht aus einem Repertoire ausgewählt werden, sondern im Lösungsprozess emergieren, wobei den Rechnenden beim Lösen unterschiedliche Zahl- oder Aufgabenmerkmale auffallen können, auf die sie – je nach Vorwissen und Erfahrung – mit verschiedenen strategischen Werkzeugen reagieren können. Die einzelnen Schritte können dabei simultan und zum Teil unbewusst ablaufen (vgl. Threlfall 2002, S. 44 ff.; Threlfall 2009, S. 547 ff.).

Modell des Lösungsprozesses: Zur Beschreibung von Lösungsprozessen beim Rechnen entwickelte Rathgeb-Schnierer (2011) ein theorie- und empiriegestütztes Modell (vgl. Abbildung 2.1), demzufolge das Lösen von Aufgaben „ein komplexes Zusammenspiel von verschiedenen Ebenen [ist], denen unterschiedliche Rollen zukommen und die einen unterschiedlichen Explikationsgrad aufweisen" (Rathgeb-Schnierer 2011b, S. 16).

In dem Modell werden drei Ebenen unterschieden (vgl. ebd., S. 16 f.; Rathgeb-Schnierer und Rechtsteiner 2018, S. 41 ff.): Zunächst kann auf der Ebene der *Formen* zwischen dem schriftlichen oder halbschriftlichen Rechnen und dem Kopfrechnen differenziert werden (vgl. Abschnitt 1.1). Bei der Beobachtung von Rechnenden lässt sich zwar gut erkennen, welche Formen genutzt werden, allerdings reicht diese Unterscheidung oft nicht aus, um den Lösungsweg detailliert nachvollziehen zu können. Wenn jemand beispielsweise das Ergebnis einer Aufgabe im Kopf ermittelt hat, bleibt unklar, wie genau der Lösungsweg erfolgt ist. Und auch beim schriftlichen oder halbschriftlichen Rechnen werden häufig nicht alle Lösungsschritte dokumentiert. Diese Details spielen sich auf der Ebene der *Lösungswerkzeuge* ab. Hier unterscheidet Rathgeb-Schnierer (2011) zwischen dem Zählen, dem Rückgriff auf Basisfakten sowie dem Nutzen von strategischen Werkzeugen, wobei die Lösungswerkzeuge manchmal direkt sichtbar sind (wenn beispielsweise an Fingern oder einem Hilfsmittel abgezählt wird) oder zusätzlich erfragt werden können. Die entscheidende Besonderheit des Modells liegt in der mittleren Ebene der *Referenzen*, wo zwischen Verfahrens- und Beziehungsorientierung unterschieden wird. Dies erfolgt in Abhängigkeit davon, ob sich Rechnende auf ein gelerntes Verfahren oder erkannte Merkmale und Beziehungen von Zahlen und Aufgaben stützen. Beim Lösen der Aufgabe $6 + 9$ kann beispielsweise auf ein gelerntes Verfahren zurückgegriffen werden, indem schrittweise über Zehn gerechnet wird ($6 + 4 + 5 = 10 + 5$), oder die Beziehung des zweiten Summanden zur Zehn so genutzt werden, dass der Lösungsprozess mithilfe des gegensinnigen Veränderns vereinfacht wird ($6 + 9 = 5 + 10$). Im Vergleich zu den anderen beiden Ebenen sind die Referenzen nicht so leicht zugänglich, sodass nicht immer identifiziert werden kann, ob ein Lösungsweg verfahrens- oder beziehungsorientiert ist (vgl. auch weitere Erläuterungen in Abschnitt 6.2).

Abbildung 2.1 Ebenen im Lösungsprozess (Rathgeb-Schnierer und Rechtsteiner 2018, S. 42; modifiziert zitiert nach Rathgeb-Schnierer 2011b, S. 16)

Ordnet man nun den Strategiewahl- und den Emergenzansatz in dieses Ebenen-modell ein, so lässt sich folgender Unterschied festhalten (vgl. Rathgeb-Schnierer 2011b, S. 18 f.; Rathgeb-Schnierer und Green 2013, S. 356 f.): Beim Strategiewahl-ansatz wird eine produktorientierte Sicht eingenommen, indem erhoben wird, wie eine Person eine Aufgabe gelöst hat. Flexibel beziehungsweise adaptiv ist ein Weg dann, wenn die Person ‚passende' Formen beziehungsweise Lösungswerkzeuge ver-wendet (s. o.). Der Emergenzansatz folgt hingegen einer prozessorientierten Sicht, die auf eine Verbindung der Ebenen abzielt. Hier werden Vorgehensweisen als fle-xibel beziehungsweise adaptiv beurteilt, wenn die Rechnenden Formen und/oder Lösungswerkzeuge nicht verfahrens-, sondern beziehungsorientiert einsetzen.

Insgesamt bleibt festzuhalten, dass es sich bei den beiden theoretischen Modellen um idealtypische Unterscheidungen handelt und bisher noch unklar bleiben muss, welche kognitiven Prozesse tatsächlich ablaufen, wenn eine Person beim Rechnen flexibel beziehungsweise adaptiv agiert und ob dieses Vorgehen stärker einer Stra-tegiewahl oder vielmehr einer Emergenz entspricht. In der Sichtweise von Selter (2009) wird die Abgrenzung zwischen den beiden Modellen etwas aufgeweicht. Ausgangspunkt ist die Beschreibung der eigenen Rechenwege des Autors beim Lösen der Aufgaben 65 − 49 und 64 − 37:

„What I did when working on 65 − 49 was the following: I saw 49, subtracted 50 from 65 and finally added 1. I selected the compensation strategy right after having seen 49 [...]. The '9' was a hint that made me use the compensation strategy. I could have used this strategy for the other problem as well, as the necessary calculations would not have been much more difficult (−40; +3). However, I saw a virtual empty number line with 40 and 60 accentuated. I knew that this difference is 20. Then I added 4, because a jump from 60 to 64 had to be made. Finally I added 3 for the jump backwards from 40 to 37." (Selter 2009, S. 621)

Bei der ersten Rechnung hat der Autor vor dem Lösen eine passende Strategie aufgrund eines Aufgabenmerkmals ausgewählt (→ Strategiewahlansatz), wohingegen das Vorgehen bei der zweiten Rechnung vom Erkennen und Nutzen verschiedener Merkmale und Beziehungen während des Lösungsprozesses geprägt ist, wodurch ein Lösungsweg entsteht, der sich nicht direkt einer der gängigen Hauptstrategien des Zahlenrechnens zuordnen lässt (→ Emergenzansatz). Deshalb sieht Selter (2009) die Notwendigkeit, den Strategiewahlansatz um den Aspekt Kreativität zu erweitern, worunter er die Fähigkeit versteht, neue Strategien zu erfinden oder bekannte Strategien zu modifizieren (vgl. ebd., S. 621 ff.). Damit kommt er zu folgender, integrierender Beschreibung:

> „Adaptivity is the ability to creatively develop or to flexibly select and use an appropriate solution strategy in a (un)conscious way on a given mathematical item or problem, for a given individual, in a given sociocultural context." (ebd., S. 624)

Der vorliegenden Arbeit wird zunächst ein derart breites Begriffsverständnis zugrundegelegt. Dabei wird in Anlehnung an Verschaffel, Luwel, Torbeyns und van Dooren (2009) fortan im Allgemeinen der duale Term Flexibilität/Adaptivität verwendet, um neben einer möglichen Vielfalt an Lösungswegen auch die Frage der Adäquatheit zu adressieren. Eine abschließende Positionierung bezüglich der idealtypisch unterschiedlichen theoretischen Ansätze und darauf aufbauenden Unterrichtskonzeptionen erfolgt in Abschnitt 3.2.

Konsequenzen für Forschungsmethoden
Zur Erforschung von Flexibilität/Adaptivität existieren diverse Methoden, deren Auswahl unter anderem durch die der Untersuchung zugrunde gelegten theoretischen Annahmen determiniert wird. Falls die Flexibilität/Adaptivität im Sinne des Strategiewahlansatzes beurteilt werden soll, bietet sich der Einsatz (standardisierter) schriftlicher Erhebungen an. Wenn dabei vor allem die Ebene der Formen relevant ist (z. B. wird im Kopf oder schriftlich gerechnet?), können Tests eingesetzt werden, in denen die Kinder entscheiden dürfen, ob und wie detailliert sie ihren Lösungsweg notieren (vgl. z. B. Selter 2000, S. 234). Falls die Lösungswege aber detaillierter erhoben werden sollen, um Einblick in die verwendeten Lösungswerkzeuge zu erhalten, sollten die Kinder bei schriftlichen Erhebungen dezidiert zur Notation eines Lösungsweges aufgefordert werden (vgl. z. B. Heinze, Arend, Gruessing und Lipowsky 2018, S. 879). Da das Verschriften eigener Überlegungen Kindern aber oft

deutlich schwerer fällt, als entsprechende mündliche Erklärungen (vgl. z. B. Schütte 2004b, S. 138 ff.), kann es zum Erheben detaillierter Lösungswege sinnvoller sein, Kinder in Interviews zu ihren Vorgehensweisen zu befragen (vgl. z. B. Torbeyns, De Smedt, Ghesquière und Verschaffel 2009a, S. 7 f.).

In schriftlicher oder mündlicher Form erhobene Daten können im Sinne des Strategiewahlmodells anschließend hinsichtlich der Passung zu den Aufgabenmerkmalen beurteilt werden (z. B. bei der Aufgabe 65 − 39 sind die Strategien Hilfsaufgabe und Vereinfachen passend, weil der Subtrahend nahe am nächsten vollen Zehner liegt).

Sollen (auch) individuelle Faktoren wie der Erfolg oder die Geschwindigkeit beim Verwenden verschiedener Strategien einbezogen werden, können spezielle Forschungsdesigns verwendet werden: Zur Beurteilung einer dahingehenden Adaptivität wurden sogenannte Choice/No-Choice-Experimente entwickelt, bei denen Aufgaben (mündlich oder schriftlich) in einer Choice-Condition und mehreren No-Choice-Conditions gelöst werden sollen (vgl. z. B. Torbeyns, Peters, De Smedt, Ghesquière und Verschaffel 2018, S. 220 ff.). In der Choice-Variante kann die Strategie (mehr oder weniger) frei gewählt werden, während in den No-Choice-Varianten alle Aufgaben mit jeweils vorgegebenen Strategien gelöst werden müssen. Die Strategiewahl in der Choice-Condition wird anschließend mit der Performanz bei der Anwendung in den No-Choice-Conditions verglichen, um die Adaptivität zu beurteilen (vgl. z. B. Siegler und Lemaire 1997, S. 76 f.; bei der Aufgabe 65 − 39 kann für ein Kind demnach z. B. die Strategie Schrittweise passend sein, weil es diese Strategie am sichersten und schnellsten ausführen kann).

Liegt dem Verständnis von Flexibilität/Adaptivität allerdings der Emergenzansatz zugrunde, ist es nicht ausreichend, nur die Lösungswege und Bearbeitungsgeschwindigkeiten zu erheben, da die Vorgehensweisen danach beurteilt werden sollen, ob sie verfahrens- oder beziehungsorientiert sind. Einen Anhaltspunkt für entsprechende Entscheidungen können Begründungen des Vorgehens liefern, die in einem Interview zusätzlich erfragt werden müssen. Wenn ein Kind beispielsweise sämtliche Aufgaben auf dieselbe Art löst, keine Aufgabenmerkmale expliziert und den Lösungsweg nicht begründen kann, könnte ein verfahrensorientiertes Vorgehen unterstellt werden. Ein begründetes Vorgehen, bei dem verschiedene Lösungswerkzeuge in Abhängigkeit von erkannten Aufgabenmerkmalen genutzt werden, würde hingegen als beziehungsorientiert beurteilt werden (vgl. Rathgeb-Schnierer und Rechtsteiner 2018, S. 70). Neben dem Lösungsweg müssen vor diesem theoretischen Hintergrund also auch zusätzliche Erläuterungen erhoben und bei der Analyse einbezogen werden, um entsprechende Entscheidungen treffen zu können. Dennoch bleibt der Zugang zu den Referenzen nicht einfach, sodass nicht immer eindeutig entschieden werden kann, ob ein Lösungsweg verfahrens- oder beziehungsorientiert ist (vgl. dazu auch Abschnitt 6.2).

Konsequenzen für Unterrichtskonzeptionen

Die unterschiedlichen Sichtweisen auf Flexibilität/Adaptivität führen nicht nur zum Einsatz verschiedener Forschungsmethoden, sondern vor allem auch zu unterschiedlichen Konsequenzen für die unterrichtliche Förderung (vgl. z. B. Heinze, Grüßing, Arend und Lipowsky 2020, S. 20 ff.).

Basiert das Verständnis von Flexibilität/Adaptivität vornehmlich auf dem Strategiewahlansatz, sollte eine unterrichtliche Förderung so gestaltet sein, dass zunächst verschiedene Strategien als Repertoire erarbeitet und geübt werden. Anschließend oder schon während der Erarbeitung wird diskutiert, nach welchen Kriterien diese Strategien auszuwählen sind (vgl. z. B. Schwabe, Grüßing, Heinze und Lipowsky 2014, S. 6 ff.; Torbeyns, De Smedt, Ghesquière und Verschaffel 2009b, S. 584). Die Erarbeitung der Strategien kann dabei auf sehr unterschiedliche Weise erfolgen, da sie beispielsweise ausgehend von Ideen der Kinder (vgl. z. B. Lorenz 2006a, c), nacheinander oder in enger Verzahnung untereinander (vgl. z. B. Lipowsky, Nemeth und Flückiger 2020) thematisiert werden können. Lorenz (2006) zufolge ist es dabei „notwendig, dass jedes einzelne Kind die unterschiedlichen Rechenstrategien auch tatsächlich ausprobiert" (Lorenz 2006a, S. 6), um sie in das eigene Repertoire aufnehmen zu können. Ein gängiges Aufgabenformat zur Umsetzung dieser Forderung sind sogenannte ‚Rechne-wie-...-Aufgaben', bei denen Musterlösungen (meist den halbschriftlichen Hauptstrategien entsprechend – siehe Abschnitt 1.2) untersucht und anschließend von den Schüler*innen an verschiedenen Beispielen erprobt werden sollen (vgl. ebd., S. 6 ff.; Pregler 2005, S. 2 f.; Selter 2003, S. 49 f.). In Anlehnung an Schwabe, Grüßing, Heinze und Lipowsky (2014) wird eine solche Konzeption im Folgenden als *explizierender Unterricht* bezeichnet (vgl. Schwabe, Grüßing, Heinze und Lipowsky 2014, S. 3).

Wird hingegen die Sichtweise des Emergenzansatzes zugrunde gelegt, werden im Unterricht keine Strategien vorgegeben oder eingeübt. Stattdessen sollen Kinder beim situationsbedingten Generieren eigener Lösungswege unterstützt werden (vgl. z. B. Rathgeb-Schnierer 2010, S. 262; Schwabe, Grüßing, Heinze und Lipowsky 2014, S. 6 ff.). Im Unterricht sollte deshalb ein Schwerpunkt auf der „Förderung von Basisfaktoren, von ausgeprägtem Zahlwissen und von Regelverständnis im Umgang mit Zahlen" (Rathgeb-Schnierer 2010, S. 262) sowie dem Austausch untereinander liegen (vgl. z. B. ebd., S. 262; Threlfall 2009, S. 547 ff.; siehe weitere Ausführungen in Abschnitt 2.3). Diese Vorgehensweise wird im Folgenden im Unterschied zum explizierenden Unterricht als *problemlöseorientierter Unterricht* bezeichnet (vgl. Schwabe, Grüßing, Heinze und Lipowsky 2014, S. 3).

Zusammenfassend lässt sich festhalten, dass dem flexiblen/adaptiven Rechnen komplexe Denk- und Vorgehensweisen zugrunde zu liegen scheinen, die sich nicht einfach beschreiben und erfassen lassen. Idealtypisch lassen sich mit den Modellen der Strategiewahl und der Emergenz zwei theoretische Ansätze unterscheiden, die das Vorgehen entweder als Auswahl von Strategien aus einem vorhandenen Repertoire oder als Emergenz eines Lösungsweges aufgrund des Nutzens von Merkmalen und Beziehungen, die im Lösungsprozess erkannt werden, beschreiben (vgl. Rathgeb-Schnierer 2011b, S. 18). Dabei sind gegebenenfalls auch Mischformen dieser beiden Ansätze denkbar (vgl. Selter 2009, S. 621 ff.). Die verschiedenen theoretischen Ansätze beeinflussen wiederum die Wahl der Methoden zur Erforschung flexiblen/adaptiven Vorgehens und vor allem auch die Konzeption eines dahingehend förderlichen Unterrichts (vgl. Gegenüberstellung in Tabelle 2.1).

Tabelle 2.1 Gegenüberstellung theoretischer Annahmen und Unterrichtskonzeptionen (in Anlehnung an Schwabe, Grüßing, Heinze und Lipowsky 2014, S. 3)

Theoretische Annahmen	Unterrichtskonzeptionen
Strategiewahlansatz Auswahl passender Strategien aus vorhandenem Repertoire (vgl. z. B. Lorenz 2006a; Torbeyns u. a. 2009b)	**explizierender Unterricht** Erarbeitung eines Strategierepertoires und Diskussion adaptiver Strategiewahl (vgl. z. B. Schwabe u. a. 2014; Lipowsky u. a. 2020)
Emergenzansatz situationsbedingtes Generieren von Lösungswegen in Abhängigkeit von Aufgabenmerkmalen (vgl. z. B. Threlfall 2009; Rathgeb-Schnierer 2006b)	**problemlöseorientierter Unterricht** Entwicklung eigener Lösungswege und Förderung des Erkennens und Nutzens von Aufgabenmerkmalen (vgl. z. B. Schwabe u. a. 2014; Rathgeb-Schnierer 2006b)

2.2 Forschungsergebnisse

In den letzten Jahren wurden diverse Studien zur Förderung von Flexibilität/ Adaptivität durchgeführt, wobei häufig verschiedene (meist explizierende) Unterrichtskonzeptionen verglichen wurden. Im Folgenden werden zunächst wichtige Ergebnisse einiger dieser Studien[1] vorgestellt, um zu zeigen, dass die Förderung von flexiblem/adaptivem Vorgehen durchaus gelingen kann. Anschließend werden

---

[1] Studien mit dem Schwerpunkt Zahlenblickschulung werden aufgrund der Relevanz für die vorliegende Untersuchung im nächsten Abschnitt 2.3 gesondert behandelt.

Ergebnisse einiger Studien zum Wechsel der Rechenrichtungen beim Subtrahieren zusammengetragen, um auch die Relevanz einer dahingehend gezielten unterrichtlichen Intervention zu unterstreichen.

Studien zur Förderung und/oder Erfassung von Flexibilität/Adaptivität
In den letzten Jahrzehnten des 20. Jahrhunderts wurde in den Niederlanden die sogenannte ‚Realistic Mathematics Education' (RME) als Reformansatz entwickelt, der unter anderem darauf basiert, die Nützlichkeit und Anwendbarkeit von Mathematik durch den kontinuierlichen Einsatz von Kontextbezügen herauszustellen (vgl. van den Heuvel-Panhuizen 2001, S. 49 ff.). In diesem Rahmen wurde in einer umfangreichen Studie mit 275 Zweitklässler*innen aus verschiedenen Schulen ein besonderer Fokus auf die Förderung von Flexibilität/Adaptivität beim Rechnen gelegt, indem zwei diesbezüglich entwickelte Unterrichtskonzeptionen verglichen wurden (vgl. Blöte, Klein und Beishuizen 2000; Blöte, van der Burg und Klein 2001; Klein, Beishuizen und Treffers 1998).

Im ‚Realistic Program Design' (RPD) wurden von den Kindern entwickelte Lösungswege als Ausgangspunkt genutzt, woraufhin gegebenenfalls fehlende Hauptstrategien von den Lehrer*innen ergänzt und die verschiedenen Strategien anschließend geübt wurden. Der Unterricht war von einer frühen Eröffnung des Zahlenraums sowie dem zügigen Einbezug von komplexeren Aufgaben (z. B. mit Stellenübergängen) und regelmäßigen Diskussionen über verschiedene Rechenwege geprägt. Unter der Annahme, dass dieses Vorgehen eventuell zu anspruchsvoll für (insbesondere leistungsschwächere) Grundschüler*innen sein könnte, wurde zum Kontrast das ‚Gradual Program Design' (GPD) entwickelt, welches stärker strukturiert und durch schrittweise Erarbeitung von Zahlenräumen und sukzessive Steigerung von Aufgabenschwierigkeiten geprägt war. In diesem Unterricht lernten und übten die Kinder zunächst nur die Strategie Schrittweise. Andere Strategien wurden erst im zweiten Schulhalbjahr behandelt und vergleichende Diskussionen fanden vor allem in den letzten drei Monaten des Schuljahres statt. In beiden Unterrichtsprogrammen wurde der Rechenstrich (*empty number line*) als zentrales Veranschaulichungsmittel eingesetzt (vgl. Klein, Beishuizen und Treffers 1998, S. 447 ff.). Im Hinblick auf die im vorherigen Abschnitt unterschiedenen Unterrichtskonzeptionen handelt es sich bei beiden Programmen um Varianten des explizierenden Unterrichts, wobei im RPD deutlich früher ein unterrichtlicher Schwerpunkt auf die Förderung von Flexibilität/Adaptivität gelegt wurde als im GPD.

Die Vorgehensweisen der Kinder in diesen Klassen wurden mithilfe verschiedener Methoden erhoben. Dazu gehörten unter anderem ein ‚Arithmetik Speed Test' (AST), bei dem innerhalb von drei Minuten möglichst viele Aufgaben gelöst werden sollten und ein ‚Arithmetic Scrath Paper Test' (ASPT), bei dem die Schüler*innen ihre Lösungsschritte zu kontextbezogenen sowie rein symbolisch präsentierten Aufgaben notieren sollten (vgl. Klein, Beishuizen und Treffers 1998, S. 453 f.). Zudem wurde eine ‚Procedure Valuing List' (PVL) eingesetzt, bei der die Kinder aus mehreren vorgegebenen Strategien den zur Aufgabe am besten passenden Weg auswählen sollten und im ‚Flexibility-on-Demand Test' sollten die Schüler*innen zu verschiedenen Aufgaben jeweils zwei Lösungswege entwickeln. Die Vorgehensweisen der Kinder wurden hinsichtlich der verwendeten Strategien analysiert und die Flexibilität/Adaptivität beurteilt, indem diese Vorgehensweisen normativ bezüglich der Passung zu den Aufgabenmerkmalen bewertet wurden (vgl. Blöte, Klein und Beishuizen 2000, S. 231 f.; Blöte, van der Burg und Klein 2001, S. 631).

Die Analysen zeigen, dass insbesondere in der Mitte, aber auch am Ende des Schuljahres in beiden Gruppen vor allem die Strategie Schrittweise präferiert und genutzt wurde. Dies gilt besonders für die Kinder im GPD-Unterricht, während die RPD-Kinder eine größere Vielfalt an Strategien verwendeten und als signifikant flexibler/adaptiver beurteilt wurden (vgl. ebd., S. 631 ff.). Interessanterweise waren alle Kinder flexibler/adaptiver bei der Auswahl einer passenden Strategie in der PVL als bei der tatsächlichen Verwendung im ASPT. Es schien den Kindern also leichter zu fallen, geeignete Strategien zu erkennen, als sie selbst anzuwenden (vgl. ebd., S. 635). In einer Teilanalyse der Daten aus den RPD-Klassen zeigte sich zudem, dass Kinder flexibler/adaptiver beim Addieren als beim Subtrahieren agierten und dass sich beim Lösen von Kontextproblemen eine größere Vielfalt an Strategien beobachten ließ als beim Lösen von rein symbolisch präsentierten Aufgaben (vgl. Blöte, Klein und Beishuizen 2000, S. 233 ff.).

Zusammenfassend halten die Autor*innen fest: „In short, the results demonstrate that the conceptually based instruction program [RPD] was more successful in teaching students a flexible way of thinking in the domain of 2-digit addition and subtraction." (Blöte, van der Burg und Klein 2001, S. 636).

Beachtenswert sind auch die Ergebnisse zweier deutscher Untersuchungen zu Vorgehensweisen von Kindern, in deren Unterricht verschiedene Schulbücher zum Einsatz kamen. Heinze, Marschick und Lipowsky (2009) legten 245 Drittklässler*innen vor der unterrichtlichen Einführung der schriftlichen Verfahren einen Test mit vier Subtraktions- und zwei Additionsaufgaben im Zahlenraum bis 1000 vor. Die Schüler*innen wurden dabei, abhängig von dem in der Klasse verwendeten Schulbuch, in drei Gruppen eingeteilt, weil angenommen wurde, dass zwei der verwendeten Schulbücher verschiedene Ansätze zur Förderung von Flexibilität/Adaptivität verfolgten. ‚Das Zahlenbuch 3' repräsentierte demnach den explizierenden Ansatz (investigative approach) und das Werk ‚Die Mathe-Profis 3' den problemlöseorientierten Ansatz (problem-solving approach). Die Umsetzung dieser beiden Ansätze in den jeweils vier Klassen wurde dabei nicht direkt geprüft, sondern indirekt angenommen, weil die Lehrerinnen als überzeugt vom Schulbuch und dem dort verfolgten Unterrichtsansatz eingeschätzt wurden (vgl. Heinze, Marschick und Lipowsky 2009, S. 596). Als Vergleichsgruppe wurden Schüler*innen, die nach dem sogenannten routine approach unterrichtet wurden, einbezogen. In diesen Klassen wurden verschiedene Schulbücher verwendet, in denen Flexibilität/ Adaptivität nicht gezielt gefördert wurde (vgl. ebd., S. 596 f.).

Die Vorgehensweisen der Kinder beim Lösen der sechs Testaufgaben wurden hinsichtlich des Erfolges und der verwendeten Strategien analysiert, wobei zudem eine Einschätzung der Effizienz erfolgte. Als effizient galten dabei solche Wege, bei denen wenige Teilschritte notwendig sind und die wenig kognitive Anstrengung bedürfen, wobei dies normativ in Abhängigkeit von den Aufgabenmerkmalen festgelegt wurde (vgl. ebd., S. 592 und tabellarische Übersicht auf S. 603).

Bezüglich der verwendeten Strategien konnte beobachtet werden, dass auch in dieser Untersuchung (vgl. Abschnitt 1.3) die Strategien Schrittweise und Stellenweise besonders häufig verwendet wurden, die Kinder aber *auch* andere Strategien wie Hilfsaufgabe und Vereinfachen nutzten (vgl. ebd., S. 598). Im Vergleich der Gruppen fällt auf, dass Schüler*innen des explizierenden Ansatzes häufiger die Strategien Stellen- und Schrittweise verwendeten als die Kinder des problemlöseorientierten Ansatzes, während diese häufiger die Strategien Vereinfachen, Hilfsaufgabe und Ergänzen[2] nutzten. Allerdings gab es in der problem-solving Gruppe auch deutlich mehr unpassende Wege[3] und fehlende Lösungen. Mit anderen Worten nutzten die Schüler*innen des problemlöseorientierten Ansatzes also signifikant häufiger effiziente Strategien, während Kinder des explizierenden Ansatzes vor allem die – in diesem Fall als nicht effizient codierten – Strategien Stellenweise und Schrittweise nutzten, damit jedoch insgesamt erfolgreicher waren (vgl. ebd., S. 599 f.).

Auch in der Studie von Sievert, van den Ham, Niedermeyer und Heinze (2019) wurden Effekte von Schulbüchern auf die Flexibilität/Adaptivität von Kindern unter-

---

[2] Beim Zitieren von Studienergebnissen wird im Folgenden die jeweils in der Studie verwendete Bezeichnung der Vorgehensweisen angegeben. Insbesondere beim Ergänzen entspricht dies in der Regel nicht der in Abschnitt 1.2 dargestellten Kategorisierung, weil das Ergänzen häufig als eine weitere Strategie beim Subtrahieren und nicht übergeordnet als Rechenrichtung ausgewiesen wird.

[3] Darunter wurden verschiedene Strategien zusammengefasst, die nicht zur richtigen Lösung führen können (vgl. Heinze, Marschick und Lipowsky 2009, S. 597).

sucht. In dieser Sekundäranalyse längsschnittlicher Daten (von Klasse 1 bis 3)[4] von 1404 Kindern aus 82 Klassen wurden neben den Vorgehensweisen der Kinder beim Lösen von vier Additions- und Subtraktionsaufgaben mit besonderen Merkmalen auch die verwendeten Schulbücher (‚Denken und Rechnen‘, ‚Einstern‘, ‚Flex und Flo‘, ‚Welt der Zahl‘) hinsichtlich der Qualität zur Förderung von Flexibilität/Adaptivität analysiert (vgl. Sievert, van den Ham, Niedermeyer und Heinze 2019, S. 4 ff.). Die Adaptivität beziehungsweise Effizienz der Vorgehensweisen der Kinder wurde in dieser Untersuchung – ebenso wie bei Heinze, Marschick und Lipowsky (2009) – normativ in Abhängigkeit von den Aufgabenmerkmalen beurteilt (vgl. ebd., S. 6). Bei der kriteriengeleiteten Analyse der Schulbücher[5] für das zweite und dritte Schuljahr schnitt – bezogen auf ein Flexibilität/Adaptivität förderndes Potential – ‚Welt der Zahl‘ am besten und ‚Einstern‘ am schlechtesten ab (vgl. ebd., S. 8 f.). Bezüglich der Vorgehensweisen der Kinder konnte unter anderem ein substantieller Effekt der Qualität des Schulbuches auf die Adaptivität der Kinder festgestellt werden. So verwendeten Kinder, in deren Klassen das Werk ‚Einstern‘ eingesetzt worden ist, seltener effiziente Strategien als die Schüler*innen, die mit den anderen drei Schulbüchern gelernt hatten (vgl. ebd., S. 8 f.).

In der Untersuchung von Torbeyns, Hickendorff und Verschaffel (2017) wurden ebenfalls keine gezielten unterrichtlichen Interventionen durchgeführt. Stattdessen wurde in dieser binationalen Untersuchung – den üblichen Traditionen und curricularen Vorgaben der Länder entsprechend – ein Unterricht angenommen, in dem vielfältige Vorgehensweisen von Beginn an (Niederlande) oder nach einer Phase der Übung von Zerlegungsstrategien (Belgien) thematisiert werden. 318 Dritt- bis Sechstklässler*innen aus verschiedenen niederländischen und belgischen Schulen wurde ein Test mit acht Subtraktionsaufgaben mit dreistelligen Zahlen und je zwei Stellenübergängen vorgelegt. Dabei beinhalteten vier Aufgaben einen Subtrahenden, der auf 98 oder 99 endete, was den Einsatz der Strategie Hilfsaufgabe forcieren sollte (vgl. Torbeyns, Hickendorff und Verschaffel 2017, S. 67 f.). Aus den Vorgehensweisen der Kinder konnten fünf Strategieprofile entwickelt werden (vgl. ebd., S. 68 ff.):

---

[4] In einer anderen Analyse dieser längsschnittlichen Daten konnten auch weitere Effekte der Schulbücher auf die mathematischen Kompetenzen der Kinder festgestellt werden (vgl. van den Ham und Heinze 2018, S. 136 ff.).

[5] Analysiert wurde die Qualität der Einführung verschiedener Strategien (strategy repertoire), die Häufigkeit im Schulbuch (strategy distribution) sowie Aufgabenstellungen zum Strategievergleich (vgl. Sievert, van den Ham, Niedermeyer und Heinze 2019, S. 5).

- consistent digit-based (34 %[6]) – überwiegender Einsatz schriftlicher Verfahren
- consistent decomposition (31 %) – überwiegender Einsatz der Strategie Stellenweise
- consistent sequential (11 %) – überwiegender Einsatz der Strategie Schrittweise
- varied number-based (10 %) – Einsatz verschiedener Strategien; bei 98/99-Aufgaben manchmal Strategie Hilfsaufgabe
- flexible compensation (15 %) – Einsatz der Strategie Hilfsaufgabe bei 98/99-Aufgaben, keine klare Präferenz bei den anderen Aufgaben

Insgesamt haben also etwa drei Viertel der Kinder überwiegend Zerlegungsstrategien oder die schriftlichen Verfahren zum Lösen der vorgegebenen Subtraktionsaufgaben (darunter auch solche mit Subtrahenden, die auf 98 oder 99 enden) verwendet, obwohl vielfältige Vorgehensweisen zumindest laut curricularer Vorgaben im Unterricht thematisiert werden sollten[7].

Obwohl in zwei Untersuchungen (Heinze, Marschick und Lipowsky 2009 und Sievert, van den Ham, Niedermeyer und Heinze 2019) zwar Effekte der verwendeten Schulbücher auf die Adaptivität beziehungsweise Unterschiede bei den Vorgehensweisen der Kinder beobachtet werden konnten, bleibt offen, wie genau der Unterricht in den verschiedenen Klassen gestaltet wurde. Gleiches gilt für die Studie in den Niederlanden und Belgien (Torbeyns, Hickendorff und Verschaffel 2017). In allen drei Studien konnten zwar zum Teil flexible/adaptive Vorgehensweisen beobachtet werden, allerdings immer in sehr überschaubarem Maße, während viele Kinder vermehrt das schritt- und stellenweise Rechnen beziehungsweise die schriftlichen Verfahren zum Lösen der Aufgaben mit besonderen Merkmalen verwendeten[8].

Der Einsatz spezifischer Schulbücher beziehungsweise geltende curriculare Vorgaben sind also offenbar nicht ausreichend, um möglichst viele Kinder zu flexiblem/

---

[6] In Klammern wird jeweils der Anteil der Kinder, deren Vorgehensweisen dem jeweiligen Profil zugeordnet wurde, angegeben.

[7] In dieser binationalen Untersuchung konnten auch Länderunterschiede festgestellt werden, da diese aber den Annahmen widersprachen und nicht erklärt werden konnten, wird hier auf deren Darstellung verzichtet (vgl. Diskussion in Torbeyns, Hickendorff und Verschaffel 2017 auf S. 72).

[8] In der Untersuchung von Heinze, Marschick und Lipowsky (2009) wurden insgesamt nur 15,7 % der Aufgaben (mit besonderen Merkmalen) mithilfe der Strategien Vereinfachen, Hilfsaufgabe oder Ergänzen gelöst (vgl. ebd., S. 602). In der Untersuchung von Sievert, van den Ham, Niedermeyer und Heinze (2019) lagen die Mittelwerte bzgl. der Adaptivität bei höchstens 2,33 Punkten (von maximal 8 Punkten)(vgl. ebd., S. 9). In der Untersuchung von Torbeyns, Hickendorff und Verschaffel (2017) waren nur 25 % der Vorgehensweisen nicht vom überwiegenden Einsatz von Zerlegungsstrategien oder der schriftlichen Verfahren geprägt (vgl. ebd., S. 68 ff.).

adaptivem Rechnen anzuregen. Um den Unterricht gezielter beeinflussen zu können, wurden deshalb auch stärker kontrollierte Interventionsstudien durchgeführt.

Im TigeR-Projekt (**Ti**pps zum **ge**schickten **R**echnen) wurden in einer experimentellen Studie mit 73 Drittklässler*innen Effekte von einwöchigen, außerschulischen Ferienprogrammen (im Umfang von 16 Unterrichtsstunden) untersucht, wobei zwei Instruktionsansätze verglichen worden sind. Im „explizierenden Ansatz [wurden] die einzelnen halbschriftlichen Rechenstrategien sukzessive eingeführt, automatisiert und in Verbindung mit Aufgabenkriterien deren Einsatz diskutiert" (Schwabe, Grüßing, Heinze und Lipowsky 2014, S. 7), während im „problemlöseorientierten Ansatz (...) neben dem Vergleich von individuellen Rechenwegen der Schülerinnen und Schüler sog. Zahlenblickschulungen im Vordergrund [standen], welche zur Erkennung und Nutzung von Aufgabenkriterien für den Lösungsprozess beitragen sollten" (ebd., S. 7 f.).

Die Vorgehensweisen der Kinder beim Addieren und Subtrahieren im Zahlenraum bis 1000 wurden in Prä-, Post- und zwei Follow-up-Tests (nach 3 bzw. 8 Monaten) erhoben. Zum ersten und dritten Testzeitpunkt wurden die Aufgaben auch den Mitschüler*innen, die nicht an den Ferienprogrammen teilgenommen haben, vorgelegt. Die Kinder wurden jeweils dazu aufgefordert, die Aufgaben möglichst geschickt zu rechnen und ihren Lösungsweg zu notieren (vgl. Heinze, Arend, Gruessing und Lipowsky 2018, S. 877 ff.). Die Lösungen wurden hinsichtlich des Erfolges, der verwendeten Strategien sowie der Adaptivität analysiert, wobei die Adaptivität normativ in Abhängigkeit von den Aufgabenmerkmalen beurteilt wurde (vgl. ebd., S. 879 ff.).

Es zeigte sich, dass die Interventionen insgesamt einen positiven Einfluss hatten, da die Kinder des TigeR-Projekts nach dem Ferienprogramm im Vergleich zu ihren Mitschüler*innen häufiger adaptive Strategien einsetzten. Bezüglich der Adaptivität konnten keine signifikanten Unterschiede im Vergleich beider Instruktionsansätze festgestellt werden, die Ergebnisse deuten aber darauf hin, dass sich die Effekte auf das Strategierepertoire der Kinder unterscheiden (vgl. Heinze, Arend, Gruessing und Lipowsky 2018, S. 882 f.). „Während in der Gruppe des explizierenden Ansatzes eher idealtypische Strategien eingesetzt werden, verwendet die Gruppe des problemlöseorientierten Ansatzes eine größere Breite von verschiedenen Strategien" (Grüßing, Schwabe, Heinze und Lipowsky 2013, S. 390). Obwohl die Kinder nach der Intervention vermehrt Strategien wie Hilfsaufgabe und Vereinfachen verwendeten, wurde auch in dieser Untersuchung gut die Hälfte[9] der Aufgaben (mit besonderen Merkmalen) mithilfe der Strategien Stellen- oder Schrittweise beziehungsweise

---

[9] Eigene Berechnungen auf Grundlage der Ergebnisse auf S. 885 des Artikels von Heinze, Arend, Gruessing und Lipowsky (2018): Demnach wurden zum Untersuchungszeitpunkt T2 51,1 %, zu T3 58,8 % und zu T4 64,5 % der Aufgaben mithilfe der Strategien Schrittweise oder

Mischformen davon oder (vor allem zum letzten Untersuchungszeitpunkt) mithilfe der schriftlichen Algorithmen gelöst (vgl. Heinze, Arend, Gruessing und Lipowsky 2018, S. 885).

Ein anderes experimentelles Design wurde in der LIMIT-Studie (Verschachteltes **L**ernen **im M**athemat**i**kunterrich**t**) umgesetzt, in der Vorgehensweisen von 236 Kindern aus 12 Klassen verglichen wurden. Zur Thematisierung der halbschriftlichen[10] und schriftlichen Subtraktion im Zahlenraum bis 1000 im dritten Schuljahr wurden zwei explizierende Unterrichtskonzepte (im Umfang von 14 Unterrichtsstunden) entwickelt: „In der verschachtelten Lernbedingung wurden diese Subtraktionsstrategien abwechselnd behandelt und von den Schüler*innen hinsichtlich ihrer Adaptivität für bestimmte Aufgaben verglichen. In der geblockten Bedingung wurden die genannten Subtraktionsstrategien dagegen nacheinander behandelt und die Charakteristika der einzelnen Strategie erarbeitet, bevor eine weitere Strategie thematisiert wurde" (Flückiger, Nemeth und Lipowsky 2020, S. 282).

Die Vorgehensweisen der Kinder wurden in Prä-, Post- und zwei Follow-up-Tests (nach 1 bzw. 5 Wochen) erhoben und hinsichtlich des Erfolges, der verwendeten Strategien, der Flexibilität (d. h. der Verwendung *verschiedener* Strategien) sowie der Adaptivität (normativ bzgl. der Aufgabenmerkmale beurteilt) analysiert (vgl. Nemeth, Werker, Arend, Vogel und Lipowsky 2019, S. 9 ff.).

Zusammenfassend lassen sich im Vergleich Vorteile des verschachtelten Lernens gegenüber dem geblockten Lernen hinsichtlich der Flexibilität/Adaptivität der Schüler*innen feststellen. Kinder, in deren Unterricht das verschachtelte Design umgesetzt worden ist, nutzten in den Tests die Strategien Hilfsaufgabe und Ergänzen häufiger, während die Mitschüler*innen aus dem geblockten Unterricht häufiger schrittweise und schriftlich rechneten. Auch die Adaptivität der verwendeten Lösungswege wurde bei den Kindern aus der verschachtelten Lernumgebung besser beurteilt (vgl. ebd., S. 11 ff.; Lipowsky, Nemeth und Flückiger 2020, S. 39 f.). Direkt im Anschluss an die Interventionen wurden beispielsweise nur etwa 40 % der Lösungen im verschachtelten Design dem schrittweisen, stellenweisen oder schriftlichen Rechnen zugeordnet, während im geblockten Design etwa 76 % der Wege einer dieser drei Kategorien zugeordnet wurden (vgl. Nemeth, Werker, Arend, Vogel und Lipowsky 2019, S. 12).

Gezielte Interventionen wie den beiden zuvor Genannten scheinen also einen positiven Einfluss auf die Flexibilität/Adaptivität der Kinder zu haben, da

---

Stellenweise (in Rein- und Mischform) oder unter Verwendung der schriftlichen Algorithmen gelöst.

[10] Thematisiert wurden hier die Strategien Schrittweise, Stellenweise, Hilfsaufgabe und Ergänzen (vgl. Flückiger, Nemeth und Lipowsky 2020, S. 282).

anschließend durchaus verschiedene Strategien genutzt wurden und die Kinder diese z. T. in Abhängigkeit von den Aufgabenmerkmalen adaptiv verwendeten[11]. Allerdings wurden dennoch beachtliche Anteile an schrittweisen, stellenweisen und schriftlichen Lösungswegen (die jeweils als nicht adaptiv galten) beobachtet, was die Annahme stützt, dass nicht nur besondere Aufgabenmerkmale das Lösungsverhalten beeinflussen, sondern dieses auch von weiteren Faktoren wie persönlichen Präferenzen und dem soziokulturellen Kontext abhängig sein könnte (vgl. Diskussion in Heinze, Arend, Gruessing und Lipowsky 2018, S. 888 und Nemeth, Werker, Arend, Vogel und Lipowsky 2019, S. 19; siehe auch Abschnitt 2.3).

Unter Bezugnahme auf das Strategiewahlmodell von Siegler (2001) kann in Studien mit sogenanntem Choice/No-Choice-Design die Beurteilung der Adaptivität nicht nur anhand der Aufgabenmerkmale, sondern auch in Bezug auf individuelle Faktoren (wie den Erfolg mit den verwendeten Strategien sowie die Geschwindigkeit bei der Ausführung) erfolgen.

Eine solche Untersuchung führten Torbeyns, De Smedt, Ghesquière und Verschaffel (2009) mit 60 Drittklässler*innen durch, denen Aufgaben im Zahlenraum bis 100 vorgelegt wurden. Im Unterricht dieser Schüler*innen wurde zunächst die Strategie Schrittweise eingeführt und umfangreich geübt. Anschließend wurde die Strategie Hilfsaufgabe thematisiert und als besonders effizient bei Zahlen mit der Einerziffer 8 oder 9 herausgestellt. Die Vorgehensweisen der Kinder beim Lösen der Additions- und Subtraktionsaufgaben mit zweistelligen Zahlen wurden in zwei No-Choice-Conditions, bei denen die Kinder sämtliche Aufgaben mithilfe der Strategie Schrittweise *oder* Hilfsaufgabe lösen *mussten* und einer Choice-Condition erhoben, bei der die Kinder entscheiden durften, welche der beiden Strategien (Schrittweise oder Hilfsaufgabe) sie verwenden wollen. Neben den Lösungen und Lösungswegen wurde auch die Bearbeitungszeit erfasst (vgl. Torbeyns, De Smedt, Ghesquière und Verschaffel 2009b, S. 584 f.).

Flexibilität/Adaptivität wurde in dieser Untersuchung zum einen daran gemessen, inwiefern die Kinder ihre Vorgehensweisen in der Choice-Condition von besonderen Aufgabenmerkmalen abhängig machen (dazu wurde vorab normativ bestimmt, welche der beiden Strategien für die jeweiligen Aufgaben als passender galt). Zudem wurde die individuelle Performanz bei der Anwendung der Strategien in den beiden No-Choice-Conditions herangezogen, um zu beurteilen, ob Kinder

---

[11] Ergebnisse einer anderen, kurzzeitigen Intervention deuten in eine ähnliche Richtung (vgl. Marschick und Heinze 2011). Hier wurden in einer dreistündigen Intervention mit leistungsstarken Kindern nach der unterrichtlichen Thematisierung der schriftlichen Verfahren erneut halbschriftliche Strategien und deren adaptive Wahl thematisiert, woraufhin sich die Adaptivität der Lösungswege dieser Kinder von 20 % auf 36 % erhöhte (vgl. ebd., S. 6).

ihr Lösungsverhalten davon abhängig machen, wie erfolgreich beziehungsweise schnell sie Aufgaben mit den jeweiligen Strategien lösen können (vgl. ebd., S. 585 f.).

Insgesamt haben 68 % der Kinder beide Strategien in der Choice-Condition verwendet, wobei die Strategie Hilfsaufgabe häufiger zum Lösen von Subtraktionsaufgaben genutzt wurde und beide Strategien gleich erfolgreich waren, Hilfsaufgaben aber schneller ausgeführt wurden als schrittweise Rechenwege. Bezüglich der Flexibilität/Adaptivität ließ sich weder der Einfluss besonderer Aufgabenmerkmale noch des individuellen Erfolgs mit der jeweiligen Strategie feststellen (vgl. ebd., S. 586 ff.). Die Autor*innen vermuten, dass dies unter anderem auf die Art und Weise der unterrichtlichen Thematisierung zurückzuführen sein könnte, da die Kinder zunächst nur die Strategie Schrittweise kennengelernt und geübt haben: „The strong focus on the standard sequential strategy during the first months of instruction presumably did not stimulate the development of the necessary conceptual, procedural and motivational tools that allow children to flexibly apply various strategies" (ebd., S. 589)[12].

Eine ähnliche Beobachtung konnte in einer Untersuchung im vierten Schuljahr gemacht werden, die in einer Klasse durchgeführt wurde, in der zuvor vor allem das schrittweise Rechnen und die schriftlichen Algorithmen thematisiert worden sind. Hier zeigte sich nach umfangreichen Interventionen[13] im vierten Schuljahr (nach der Einführung der schriftlichen Verfahren), dass viele Kinder (z. B. auf Nachfrage im Interview) zwar durchaus dazu in der Lage waren, andere Lösungswege zu nutzen und diese auch korrekt auszuführen, viele dies aber selten aus eigenem Antrieb taten und stattdessen bevorzugt schriftliche Algorithmen oder das schrittweise beziehungsweise stellenweise Rechnen einsetzten (vgl. Nowodworski 2013, S. 76 ff.). Die zuerst gelernten und vergleichsweise lange geübten Vorgehensweisen dominierten also auch hier.

---

[12] In einer anderen Untersuchung dieser Forscher*innengruppe wurde mithilfe eines ähnlichen Choice/No-Choice-Designs die Verwendung der Strategien Schrittweise und Stellenweise vor und nach der unterrichtlichen Thematisierung des schrittweisen Rechnens erhoben. Dort zeigte sich, dass leistungsstarke Kinder die Strategien in Abhängigkeit von Aufgabenmerkmalen (Stellenweise bevorzugt bei Additionsaufgaben und Schrittweise bei Subtraktionsaufgaben) sowie der individuellen Performanz (hinsichtlich des Erfolges mit der Strategie und der Ausführungsgeschwindigkeit) adaptiv einsetzten (vgl. Torbeyns, Verschaffel und Ghesquière 2006, S. 452 ff.).

[13] Die Intervention umfasste insgesamt 22 Unterrichtsstunden und erstreckte sich über 8 Schulwochen, wobei die ersten sieben Stunden direkt aufeinander folgten, während die restlichen Lernangebote in einmal wöchentlich stattfindenden, meist zweistündigen Sequenzen durchgeführt wurden.

Zusammenfassend kann festgehalten werden, dass bei gezielter Förderung durchaus bereits im Grundschulalter flexible/adaptive Vorgehensweisen angeregt werden können. Auch wenn spätere und sogar kurzzeitige Interventionen (Heinze, Arend, Gruessing und Lipowsky 2018; Nemeth, Werker, Arend, Vogel und Lipowsky 2019) bereits einen positiven Einfluss haben können, legen die meisten Studien die Vermutung nahe, dass mit der Förderung von Flexibilität/Adaptivität möglichst früh begonnen werden sollte, da viele Kinder die zuerst gelernten (und ggf. ausführlich geübten) Strategien im weiteren Verlauf auch dann präferierten, wenn später gezielt hinsichtlich flexiblem/adaptivem Vorgehen interveniert wurde (vgl. z. B. Blöte, van der Burg und Klein 2001; Torbeyns, De Smedt, Ghesquière und Verschaffel 2009b)

Studien zum Wechsel der Rechenrichtungen beim Subtrahieren
Aufgrund der ernüchternden Ergebnisse zur Verwendung verschiedener Rechenrichtungen bei der Subtraktion (vgl. z. B. Selter 2000 oder Torbeyns, De Smedt, Ghesquière und Verschaffel 2009a; siehe Abschnitt 1.3) haben in den letzten Jahren verschiedene Forscher*innengruppen einen besonderen Schwerpunkt auf die Förderung des Ergänzens gelegt. Im Folgenden sollen wichtige Erkenntnisse einiger dieser Untersuchungen zusammenfassend dargestellt werden, um dadurch die Bedeutung einer unterrichtlichen Förderung herauszustellen. In vielen der folgenden Untersuchungen wurden zwar keine gezielten unterrichtlichen Interventionen bezüglich der Verwendung verschiedener Rechenrichtungen durchgeführt (häufig ist sogar basierend auf Schulbuchanalysen und Lehrer*innenbefragungen davon auszugehen, dass das Ergänzen nie unterrichtlich thematisiert worden ist), da aber vom methodischen Setting vermutlich eine Beeinflussung ausgehen kann (z. B. durch die Vorgabe bestimmter Lösungswege oder die besondere Form der Aufgabenpräsentation), wurden diese Studien nicht bereits in Abschnitt 1.3 thematisiert und werden nun etwas umfangreicher vorgestellt.

Choice/No-Choice-Experimente: Eine Gruppe belgischer Forscher*innen hat bei der Befragung von Erwachsenen (vgl. Torbeyns, De Smedt, Peters, Ghesquière und Verschaffel 2011; Torbeyns, Ghesquière und Verschaffel 2009) und Kindern (vgl. Torbeyns, Peters, De Smedt, Ghesquière und Verschaffel 2018) Choice/No-Choice-Designs (vgl. Siegler und Lemaire 1997, S. 76 ff.) verwendet, bei denen den Teilnehmenden Subtraktionsaufgaben im Zahlenraum bis 1000 in drei verschiedenen Settings präsentiert wurden. In einer anfänglichen Choice-Variante durften die Teilnehmer*innen entscheiden, wie sie die Aufgaben lösen möchten und in den anschließenden beiden No-Choice-Varianten wurden zu Beginn bestimmte abziehende beziehungsweise ergänzende Vorgehensweisen[14] vorgegeben, die zur Lösung sämtlicher Aufgaben verwendet werden *mussten* (vgl. z. B. Torbeyns, Peters, De Smedt, Ghesquière und Verschaffel 2018, S. 221). Neben den Lösungen und Bearbeitungszeiten wurden auch verbal beschriebene Lösungswege erfasst. Die Daten wurden anschließend codiert und verschiedenen Varianzanalysen unterzogen, um Einblicke in die Strategieverwendung, die Effizienz (im Hinblick auf die Lösungsrichtigkeit und -geschwindigkeit) und die Strategiewahl zu erhalten (vgl. z. B. ebd., S. 222).

Zusammenfassend kann festgehalten werden, dass die Studierenden und die Sechstklässler*innen ergänzende Wege häufig erfolgreicher und schneller anwendeten als das Abziehen, insbesondere – aber interessanterweise nicht nur – bei Aufgaben mit kleinen Differenzen (vgl. Torbeyns, De Smedt, Peters, Ghesquière und Verschaffel 2011, S. 591 f.; Torbeyns, Peters, De Smedt, Ghesquière und Verschaffel 2018, S. 223 f.). Bezüglich der Adaptivität konnte festgestellt werden, dass in der Choice-Condition ergänzende Wege sowohl in Abhängigkeit von besonderen Aufgabenmerkmale (hier: kleine Differenzen) als auch abhängig von der Geschwindigkeit bei der Verwendung des Ergänzens genutzt wurden, während der individuelle Erfolg nicht berücksichtigt wurde (vgl. Torbeyns, Ghesquière und Verschaffel 2009, S. 5 ff.; Torbeyns, De Smedt, Peters, Ghesquière und Verschaffel 2011, S. 590 ff.; Torbeyns, Peters, De Smedt, Ghesquière und Verschaffel 2018, S. 225). Mit anderen Worten verwendeten Erwachsene und Kinder in diesen Untersuchungen das Ergänzen bevorzugt bei Aufgaben mit kleinen Differenzen und taten dies insbesondere dann, wenn sie diesen Weg besonders schnell ausführen konnten, ohne dabei den eigenen Erfolg beim Verwenden des Ergänzens zu berücksichtigen.

Ein ähnliches Choice/No-Choice-Design setzte auch Hickendorff (2020) in einer niederländischen Untersuchung mit 124 Viertklässler*innen ein, wobei diese Forscherin die Kinder zusätzlich in drei Gruppen einteilte, von denen eine die Lösungswege zwingend notieren musste, eine andere alle Aufgaben im Kopf rechnen musste und die Rechenform in der dritten Gruppe freigestellt war (vgl. Hickendorff 2020, S. 3). In dieser Studie wechselte ein Drittel der Kinder die Rechenrichtung in Abhängigkeit von besonderen Aufgabenmerkmalen, während der Rest der Schüler*innen durchgängig dieselbe Rechenrichtung verwendete. Auffällig war, dass Kinder insbesondere dann adaptiv die Rechenrichtungen wechselten, wenn sie im Kopf rechnen mussten oder durften, während Schüler*innen, die den Lösungsweg notieren mussten, häufig ausschließlich abziehend vorgegangen sind (vgl. ebd., S. 4 f.).

---

[14] In der Untersuchung von Torbeyns, Peters, De Smedt, Ghesquière und Verschaffel (2018) waren das beispielsweise das schrittweises Abziehen mit Zerlegen des Subtrahenden in seine Stellenwerte und das schrittweise Ergänzen mit glatten Zwischenergebnissen.

Verschiedene Präsentationsformate: In anderen Untersuchungen der belgischen Forscher*innen wurden Erwachsenen (vgl. Peters, De Smedt, Torbeyns, Ghesquière und Verschaffel 2010) und Kindern (vgl. Peters, De Smedt, Torbeyns, Ghesquière und Verschaffel 2012, 2013; Peters, De Smedt, Torbeyns, Verschaffel und Ghesquière 2014) in computergestützten Tests Subtraktionsaufgaben in zwei verschiedenen Formaten vorgelegt ($a - b = ?$ und $a + ? = b$), wobei in diesen Untersuchungen nur die Lösungen und die Bearbeitungsgeschwindigkeiten, nicht aber die Lösungswege erhoben wurden. Mithilfe verschiedener Regressionsmodelle sollten Rückschlüsse auf die verwendeten Rechenrichtungen ermöglicht werden (vgl. z. B. Peters, De Smedt, Torbeyns, Ghesquière und Verschaffel 2010, S. 325).

In drei dieser Untersuchungen mit Aufgaben im Zahlenraum bis 100 stellte sich heraus, dass Modelle, in denen ein Wechsel zwischen dem Abziehen und Ergänzen angenommen wurde, am besten zu den gemessenen Bearbeitungsgeschwindigkeiten passten. Demnach wird vermutet, dass die Studierenden und die Kinder unterschiedlichen Alters (darunter auch solche, denen sonderpädagogischer Unterstützungsbedarf zugewiesen wurde, vgl. Peters, De Smedt, Torbeyns, Verschaffel und Ghesquière 2014) die Rechenrichtung wechselten, wenn der Unterschied zwischen Subtrahend und Differenz groß war[15]. Vom Präsentationsformat ($a - b = ?$ und $a + ? = b$) ging hingegen kein Effekt aus (vgl. Peters, De Smedt, Torbeyns, Ghesquière und Verschaffel 2010, S. 325 ff.; Peters, De Smedt, Torbeyns, Verschaffel und Ghesquière 2013, S. 501 ff.; Peters, De Smedt, Torbeyns, Verschaffel und Ghesquière 2014, S. 3 ff.).

In einer anderen Untersuchung mit Dritt- bis Sechstklässler*innen, denen Aufgaben im Zahlenraum bis 20 vorgelegt wurden, konnte ein solcher flexibler/adaptiver Wechsel zwischen dem Abziehen und dem Ergänzen in Bezug auf die Aufgabenmerkmale nicht rekonstruiert werden, allerdings lassen die Daten dieser Untersuchung vermuten, dass die Kinder bei Aufgaben im Format $a - b = ?$ abgezogen haben und Aufgaben im Format $a + ? = b$ ergänzend lösten (vgl. Peters, De Smedt, Torbeyns, Ghesquière und Verschaffel 2012, S. 339 ff.). Hier schien das Präsentationsformat also einen Effekt zu haben.

Als mögliche Erklärung für die unterschiedlichen Vorgehensweisen von Kindern im Zahlenraum bis 20 (vgl. ebd.) und im Zahlenraum bis 100 (vgl. Peters, De Smedt, Torbeyns, Ghesquière und Verschaffel 2013) führen die Autor*innen zum einen die Unterschiede in der unterrichtlichen Thematisierung an. Während in Belgien im Zahlenraum bis 20 vor allem abziehende Wege thematisiert werden, wird im Zahlenraum bis 100 zwar auch das schrittweise Abziehen als Musterlösung thematisiert,

---

[15] Sie verwendeten abziehende Wege, wenn der Subtrahend kleiner als die Differenz war und das Ergänzen, wenn der Subtrahend größer als die Differenz war.

woraufhin zum Teil aber auch andere (auch ergänzende) Wege als ‚clevere' Strategien thematisiert werden. Zum anderen wird vermutet, dass der kognitive Aufwand beim Rechenrichtungswechsel vergleichsweise hoch sei und sich gegebenenfalls erst beim Subtrahieren im Zahlenraum bis 100 lohne (vgl. ebd., S. 505 f.).

Den zuvor erwähnten Untersuchungen zum Einsatz verschiedener Rechenrichtungen beim Subtrahieren lag in der Regel ein Unterricht nach Musterlösungen (v. a. schrittweises Abziehen) zugrunde, in dem das Ergänzen selten oder gar nicht thematisiert wurde (vgl. z. B. Torbeyns, Peters, De Smedt, Ghesquière und Verschaffel 2018). Die Ergebnisse zur Effizienz des Rechenrichtungswechsels (im Hinblick auf den Erfolg und insbesondere die Lösungsgeschwindigkeit) stützen aber die theoretische Annahme, derzufolge das Ergänzen als weitere Rechenrichtung beim Subtrahieren nicht nur hinsichtlich eines umfassenden Operationsverständnisses, sondern auch bezüglich einer Flexibilität/Adaptivität beim Rechnen relevant ist. Ohne gezielte Intervention beziehungsweise entsprechende Untersuchungssettings wechseln Schüler*innen die Rechenrichtungen beim Subtrahieren jedoch selten, sodass es offensichtlich entsprechender Unterrichtsideen zur gezielten Förderung des Rechenrichtungswechsels bedarf.

Interventionen: Einen dahingehenden Versuch haben De Smedt, Torbeyns, Stassens, Ghesquière und Verschaffel (2010) unternommen. Drittklässler*innen, in deren Unterricht das Ergänzen nicht thematisiert worden ist und die in einem Prätest ausschließlich abziehend gerechnet haben, wurden dafür zwei Interventionsgruppen zugeteilt. In einer Gruppe (*implicit*) sollten die Schüler*innen das Ergänzen anhand des vermehrten Einsatzes von Subtraktionsaufgaben mit besonders kleinen Differenzen eigenständig entdecken, während das Ergänzen in der anderen Gruppe (*explicit*) direkt thematisiert und von den Kindern eingefordert wurde. Die Interventionen, die von drei Tests sowie einer Transfer- und einer Auffrischungssitzung durchzogen waren, bestanden allerdings nur aus vier computergestützten Settings, in denen die Kinder 12 Subtraktionsaufgaben in Einzelarbeit lösen und dem/der Interviewer*in ihren Lösungsweg beschreiben sollten (vgl. De Smedt, Torbeyns, Stassens, Ghesquière und Verschaffel 2010, S. 207 ff.). So verwundert es auch nicht, dass das Ergänzen im Untersuchungsverlauf zwar häufiger verwendet wurde, die Werte aber insgesamt sehr niedrig sind (höchstens 10,63 % der Items wurden ergänzend gelöst), wobei nur Kinder aus der explicit Gruppe diese Rechenrichtung verwendeten (vgl. ebd., S. 209 ff.). Deshalb fordern die Autor*innen selbst den Einsatz eines „more powerful learning environment" (ebd., S. 213).

Eine solche, deutlich umfangreichere Intervention führte Schwätzer (2013) in einer dritten Klasse durch. In dieser qualitativen Längsschnittuntersuchung wurde das Ergänzen und indirekte Subtrahieren im Unterricht von einer entsprechend instruierten Lehrerin verstärkt angeregt. Die Vorgehensweisen der Kinder wurden unter anderem anhand von Videos der Unterrichtsstunden sowie innerhalb dieser Stunden entstandener schriftlicher Bearbeitungen der Schüler*innen und mithilfe von drei schriftlichen Tests rekonstruiert (vgl. Schwätzer 2013, S. 78 ff.). Die insgesamt 35 Stunden umfassende Unterrichtseinheit wurde mit Kontextaufgaben begonnen, die verschiedene Rechenrichtungen ansprechen (z. B. „Im Kino können 624 Leute sitzen, 293 sind schon da." oder „Im Kino sitzen 526 Leute, 389 davon gehen zur Pause." (ebd., S. 93)). Im Sinne fortschreitender Schematisierung (vgl. Treffers 1983) wurde an informelle Rechenstrategien der Kinder angeknüpft und die Anwendung geeigneter(er) Strategien angeregt (vgl. Schwätzer 2013, S. 84 ff.). Schwätzer (2013) spricht zwar davon, dass es „weniger um einen explizierenden Ansatz" (ebd., S. 86) gehe, allerdings wurden die Strategien im weiteren Verlauf des Unterrichts gruppiert und dazu passende, standardisierte Notationsformen erarbeitet und die Kinder gezielt zum Nutzen anderer, als der bis dahin jeweils präferierten Strategien angeregt (vgl. ebd., S. 86 f.). Dies widerspricht eher einem problemlöseorientierten Unterricht und passt gut zur Konzeption des explizierenden Unterrichts.

Im Anschluss an einige Unterrichtsblöcke zum halbschriftlichen Rechnen wurden daran anknüpfend die Verfahren der schriftlichen Addition und Subtraktion (Ergänzen mit Auffüllen) thematisiert, woraufhin im letzten Block anhand von Kontextaufgaben halbschriftliche (ggf. sogar mentale) und schriftliche Rechenwege verglichen werden sollten (vgl. ebd., S. 87).

Die Auswertung der vielfältigen Daten zeigt, dass unterschiedsbildende Vorgehensweisen (v. a. Ergänzen, deutlich seltener indirekt Subtrahieren) mit einem Anteil von etwa 1 : 2 (verglichen mit abziehenden Vorgehensweisen) in dieser Klasse von allen Kindern vergleichsweise häufig verwendet wurden – und das auch nach der Einführung der schriftlichen Verfahren (vgl. ebd., S. 109 ff.). Bezüglich der Strategien konnte eine Dominanz schrittweiser Lösungswege (in vielfältiger Form) beobachtet werden, wobei aber auch andere Strategien (darunter vor allem Hilfsaufgaben) verwendet wurden (vgl. ebd., S. 140 ff.). Als mögliche Auslöser für das Ergänzen beziehungsweise indirekte Subtrahieren wurden dabei insbesondere entsprechende Kontexte, unterrichtliche Anregungen, individuelle Vorlieben und seltener besondere Zahlenwerte (wie kleine Differenzen) herausgearbeitet, wobei sich direkte Bezüge aufgrund der Komplexität der unterrichtlichen Situation nicht belegen ließen (vgl. ebd., S. 214 ff.).

Zusammenfassend lässt sich festhalten, dass sich ergänzende Vorgehensweisen in verschiedenen Untersuchungen als sehr effizient (im Hinblick auf den Erfolg und insbesondere die Lösungsgeschwindigkeit) herausgestellt haben – wobei dies vor allem, aber nicht nur für Aufgaben mit kleinen Differenzen gilt (vgl. z. B.

Torbeyns, De Smedt, Peters, Ghesquière und Verschaffel 2011; Torbeyns, Peters, De Smedt, Ghesquière und Verschaffel 2018). Ohne gezielte unterrichtliche Intervention nutzen Kinder das Ergänzen aber eher selten (vgl. auch Abschnitt 1.3) und auch nach kurzzeitigen Interventionen wird diese Rechenrichtung nicht adaptiv hinsichtlich besonderer Aufgabenmerkmale eingesetzt (vgl. De Smedt, Torbeyns, Stassens, Ghesquière und Verschaffel 2010). Umfangreichere Interventionen scheinen aber eine vielversprechende Möglichkeit zu sein, um Kinder zum Nutzen verschiedener Rechenrichtungen beim Lösen von Subtraktionsaufgaben anzuregen (vgl. Schwätzer 2013).

2.3   Zahlenblick und Zahlenblickschulung

Bei einem Großteil der bisher angeführten Studien wurden in Interventionen Varianten explizierenden Unterrichts erprobt und/oder Vorgehensweisen von Kindern basierend auf dem Strategiewahlansatz erhoben. Studien, denen der Emergenzansatz bei der Konzeption des Unterrichts sowie bei der Art der Datenerhebung und Auswertung zugrunde liegt, sind deutlich seltener und sollen in diesem Abschnitt detaillierter beleuchtet werden. Dafür werden zunächst die Begriffe Zahlensinn und Zahlenblick aus verschiedenen Perspektiven betrachtet, um darauf aufbauend die Konzeption der Zahlenblickschulung als am Emergenzansatz orientierte Möglichkeit der Förderung flexibler/adaptiver Rechenkompetenzen im Mathematikunterricht zu beschreiben. Anschließend werden dazu passende Studien vorgestellt.

Zahlensinn und Zahlenblick

Neurobiologische Perspektive: Verschiedene kognitionspsychologische Untersuchungen legten bereits vor vielen Jahren nahe, dass schon Säuglinge und auch Tiere Mengen (approximativ) erfassen, vergleichen und zum Teil auch einfache Operationen (vor allem Additionen und Subtraktionen) durchführen können (vgl. z. B. Überblick in Dehaene 1999, S. 23 ff.). Diese Ergebnisse führten wiederum zu der Vermutung, dass es einen evolutionsbiologisch angelegten Zahlensinn – im Sinne eines „elementaren Gespürs für Zahlen" (ebd., S. 14 f.) – geben könnte, der sich unabhängig von der Sprache entwickeln könne und gegebenenfalls angeboren sei (vgl. Dehaene 1992, S. 19 ff.).

Untersuchungen mit Menschen mit verschiedenen Hirnläsionen und später vor allem Experimente mit zerebraler Bildgebung lieferten erste Hinweise darauf, was beim Umgang mit Zahlen im Gehirn passiert (vgl. z. B. Kucian und von Aster 2013, S. 59 ff.). Insbesondere das Rechnen(lernen) scheint aber ein kognitiv sehr komplexer Prozess zu sein, der sich nicht nur in einem oder wenigen Hirnarealen abspielt und neurowissenschaftlich noch nicht eindeutig erklärt werden kann (vgl. z. B. Burr, Anobile und Arrighi 2017, S. 8 f.; Delazer 2003, S. 401 ff.; Wilkey und Ansari 2020, S. 82 ff.).

Ein weit verbreitetes Modell der neuronalen Zahlrepräsentation und -verarbeitung ist das Triple-Code-Model von Dehaene (1992). Demzufolge lassen sich drei unterschiedliche, aber miteinander verbundene, neuronale Netzwerke identifizieren, die in verschiedenen Regionen des Gehirns lokalisiert und für die Repräsentation und Verarbeitung von Zahlen verantwortlich sind: Ein sprachliches Modul, in dem gesprochene oder geschriebene Zahlwörter verarbeitet werden; ein visuell-arabisches Modul, das der Verarbeitung von Ziffern dient; und ein semantisches Modul, das für die mentale Zahlvorstellung sowie vergleichendes und approximatives Vorgehen verantwortlich ist (vgl. Dehaene 1992, S. 30 ff.). Während näherungsweise Mengenvergleiche unter bestimmten Bedingungen bereits Säuglingen oder Tieren gelingen und gegebenenfalls angeboren sind oder sich automatisch entwickeln, bedarf die Entwicklung präziser Repräsentationen und Vergleiche von Zahlen sowie insbesondere das Rechnen vermutlich einer kulturellen Entwicklung und sozialer Interaktion (vgl. Dehaene 1999, S. 109 ff.; Gersten und Chard 1999, S. 20 f.).

Grundsätzlich lässt sich festhalten, dass sich ein intuitiver Zahlensinn neurobiologisch begrifflich schwer fassen lässt, wodurch auch eine mögliche Verortung im Gehirn erschwert wird (vgl. z. B. Wilkey und Ansari 2020, S. 79 ff.). Bezüglich der mentalen Zahlenrepräsentation beim Menschen liefern verschiedene Untersuchungen und Selbstberichte aber Hinweise darauf, dass Zahlen im Hirn auf einem mentalen Zahlenstrahl repräsentiert sein könnten (vgl. Überblick in Grond, Schweiter und von Aster 2013, S. 45 ff.). So existieren beim Vergleich zweier Zahlen beispielsweise Distanz- und Größeneffekte, denen zufolge es uns in der Regel leichter fällt, zu entscheiden, welche von zwei Zahlen größer ist, je weiter diese Zahlen auseinander liegen und je größer der Unterschied im Verhältnis zu den Zahlen ist (vgl. z. B. Pinel, Dehaene, Rivière und LeBihan 2001, S. 1017 ff.). 2 und 8 können also schneller verglichen werden als 6 und 8 und dies gelingt wiederum schneller als der Vergleich von 56 und 58.

Während Distanz- und Größeneffekte nicht zwangsläufig auf eine ordinal geprägte mentale Zahlenrepräsentation schließen lassen (da diese Phänomene durchaus auch bei kardinalen Repräsentationen zu erwarten wären), wird dies vom sogenannten SNARC-Effect (spatial numerical association of response codes) deutlicher nahegelegt. In einfachen Versuchen, bei denen beispielsweise schnell entschieden werden soll, ob präsentierte Zahlen gerade oder ungerade sind, stellte sich heraus, dass die Proband*innen mit der linken Hand schneller bei vergleichsweise kleinen Zahlen reagierten, während mit der rechten Hand schneller Entscheidungen über vergleichsweise große Zahlen getroffen werden konnten (vgl. z. B. Dehaene 1999, S. 97 ff.). Dieser SNARC-Effect scheint amodal und kulturell geprägt zu sein, weil er bei unterschiedlich präsentierten Zahlen (z. B. Ziffer, geschriebenes oder gehörtes Zahlwort) beobachtet (vgl. z. B. Nuerk, Wood und Willmes 2005, S. 189 ff.) und auch in entsprechender Form in Kulturkreisen mit von rechts nach links oder von oben nach unten orientieren Schriftarten festgestellt werden kann (vgl. z. B. Ito und Hatta 2004, S. 664 ff.; Zebian 2005, S. 174 ff.).

Insbesondere die Kulturabhängigkeit solcher Studienergebnisse wirft aber auch die Frage auf, inwiefern solche ordinal geprägten mentalen Zahlvorstellungen angeboren sind, beziehungsweise sich automatisch ausbilden, oder gegebenenfalls durch kulturelle (auch schulische) Einflüsse in ihrer Entwicklung erst angeregt oder zumindest begünstigt werden.

Fachdidaktische Perspektive: In der fachdidaktischen Diskussion wird ein solcher äußerer (schulischer) Einfluss auf die Entwicklung eines Zahlensinns stets angenommen, aber auch hier herrscht keine Einigkeit hinsichtlich einer begrifflichen Klärung. Während einige Didaktiker*innen den neurobiologisch konnotierten Begriff Zahlensinn übernommen und in fachdidaktischem Sinne interpretiert beziehungsweise konkretisiert haben (vgl. z. B. Anghileri 2000, S. 2 ff.; Berch 2005, S. 333 ff.; McIntosh, Reys und Reys 1992, S. 2 ff.; Lorenz 2006b, S. 116 ff.), verwendet beispielsweise Schütte mit dem Wort Zahlenblick (vgl. z. B. Schütte 2008, S. 103 ff.) eine andere Bezeichnung, wodurch eine bessere Abgrenzung zu dem intuitiven Zahlensinn (aus neurobiologischer Perspektive) erreicht werden soll.

Die fachdidaktischen Sichtweisen unterscheiden sich aber nicht nur in der Wahl des Hauptbegriffs, sondern auch in dessen Konkretisierung. Häufig wird Zahlensinn beziehungsweise Zahlenblick (in Verbindung mit der Entwicklung flexibler/adaptiver Rechenkompetenzen) als Sammlung verschiedener Fähigkeiten oder Merkmale beschrieben, wobei dies theoriegeleitet (vgl. z. B. Lorenz 2006b, S. 118; McIntosh, Reys und Reys 1992, S. 4; Schütte 2008, S. 104 f.) und/oder empiriebasiert (vgl. z. B. Heirdsfield und Cooper 2002, S. 66; Heirdsfield und Cooper

2004, S. 457 f.; Rathgeb-Schnierer 2006b, S. 270 f.; Schütte 2004b, S. 142 ff.) geschehen kann.[16]

Über eine Analyse verschiedener Fähigkeitskataloge kristallisieren sich diverse Gemeinsamkeiten heraus: Viele Didaktiker*innen betonen die Relevanz der *Verständnisorientierung* als Grundlage für die Entwicklung und flexible/adaptive Verwendung verschiedener Lösungswege (vgl. z. B. McIntosh, Reys und Reys 1992, S. 4; Lorenz 2006b, S. 118), wobei der Fokus auf dem *Erkennen und Nutzen von Zahl- und Aufgabeneigenschaften und -beziehungen* liegen sollte (vgl. Rathgeb-Schnierer 2006b, S. 270 f.; Rechtsteiner und Rathgeb-Schnierer 2017, S. 2 ff.; Schütte 2008, S. 104 f.).

Zudem kommt *metakognitiven Kompetenzen* (z. B. beim Einschätzen von Aufgabenschwierigkeiten und Vergleichen von Lösungswegen) eine besondere Bedeutung bei (vgl. Rathgeb-Schnierer 2006b, S. 270 f.; Schütte 2004b, S. 142 f.) und auch *affektive Komponenten* (z. B. die eigene Einstellung zum Fach) scheinen eine Rolle zu spielen (vgl. z. B. Heirdsfield und Cooper 2002, S. 66).

Als exemplarische Übersicht soll die theorie- und empiriebasierte Übersicht von Rathgeb-Schnierer (2010) herangezogen werden (vgl. Abbildung 2.2), in der das wechselseitige Zusammenspiel aus vorhandenem Wissen und situativem Erkennen und Nutzen dieses Wissens betont wird:

> Lösungswege „werden nicht allein vom Wissen über strategische Werkzeuge, Zahlen und Rechenoperationen beeinflusst, sondern hängen von den im konkreten Fall erkannten spezifischen Eigenschaften der Aufgabe ab. (...) Die Zahlwahrnehmung steht im Zusammenhang mit dem engeren Lösungskontext, worunter wir den Operationskontext und den Aufgabenfolgekontext fassen. Ob die erkannten Eigenschaften im Lösungsprozess Anwendung finden können, hängt mitunter vom Wissen über die Regeln im Umgang mit Zahlen und Operationen sowie von den individuellen Zahlpräferenzen [im Sinne erfahrungsbedingter, persönlicher Neigungen zu bestimmten Zahlen] ab." (Rathgeb-Schnierer 2010, S. 274)

---

[16] In enger Verbindung zur Diskussion um den Zahlensinn bzw. Zahlenblick steht auch der Begriff Struktursinn. Dieser wurde unter anderem im Zusammenhang mit Studien zu algebraischen Fähigkeiten in der Sekundarstufe (vgl. Janßen 2016; Linchevski und Livneh 1999) und auch Fähigkeiten von Kindern zu Beginn (vgl. Lüken 2012) und am Ende (vgl. von Ostrowski 2020) der Grundschulzeit geprägt. Auch hier erfolgte die begriffliche Klärung häufig über eine Beschreibung von Fähigkeiten (vgl. z. B. Lüken 2012, S. 221; von Ostrowski 2020, S. 277 f.), wobei sich durchaus Überschneidungen zwischen den Fähigkeiten, die dem Zahlensinn/Zahlenblick zugeordnet werden, finden lassen (z. B. beim Erkennen von Beziehungen und Zusammenhängen), auch wenn beim Struktursinn häufig stärker der prozesshafte Charakter beim Bearbeiten entsprechender Aufgabenstellungen herausgestellt wird (vgl. ebd., S. 261 ff.).

Abbildung 2.2 Bausteine eines Zahlenblicks (Rathgeb-Schnierer 2010, S. 275)

Die Entwicklung (flexibler/adaptiver) Rechenwege vollzieht sich Rathgeb-Schnierer (2006, 2010) zufolge dann „im Kreislauf von eigenständiger Konstruktion (interne „Rechenwege"), Artikulation und Reflexion (externe Rechenwege)" (Rathgeb-Schnierer 2010, S. 279; vgl. Abbildung 2.3). Eigenständige Konstruktionen von Rechenwegen werden von den o. a. Bausteinen ‚Verfügen über strategische Werkzeuge', ‚Wissen über Zahlen und Rechenoperationen', ‚Individuelle Zahlpräferenzen', ‚Zahlwahrnehmung' und ‚Lösungskontext' beeinflusst (vgl. Abbildung 2.2). Darüber hinaus kommt der Artikulation und dem Austausch im sozialen Kontext eine besondere Bedeutung bei, weil sie zum einen Außenstehenden (z. B. Lehrpersonen und Mitschüler*innen) einen Einblick in die eigenständigen Konstruktionen liefern und gleichzeitig auch bei dem/der Lernenden zur Klärung und Bewusstmachung der eigenen Wege beitragen können. Zum anderen können die kommunizierten Wege Ausgangspunkt für weitere Überlegungen sein und damit wiederum die gedachten Rechenwege beeinflussen. Zur Förderung von Flexibilität/Adaptivität bedarf es demnach einer Lernumgebung, in der die eigenständige Auseinandersetzung mit geeigneten Aufgaben und die Kommunikation über Lösungswege im Mittelpunkt stehen (vgl. Zusammenfassung in ebd., S. 279 ff.).

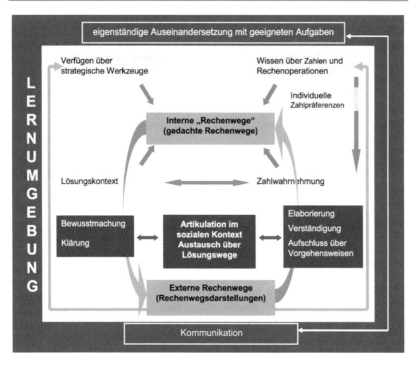

Abbildung 2.3 Modell der Rechenwegsentwicklung (Rathgeb-Schnierer 2010, S. 280)

Soziokulturelle Perspektive: Sowohl neurobiologische als auch fachdidaktische Annahmen und Studienergebnisse deuten darauf hin, dass die Entwicklung eines Zahlensinns beziehungsweise Zahlenblicks auch vom jeweiligen soziokulturellen Kontext beeinflusst wird. Yackel und Cobb (1996) prägten im Zusammenhang mit dem Mathematiklernen den Begriff ‚sociomathematical norms‘, worunter sie normative Aspekte mathematischer Diskussion und Interaktion fassen (vgl. Yackel und Cobb 1996, S. 460 ff.). Demnach ist die Entwicklung mathematischer Fähigkeiten auch von der jeweiligen Unterrichtskultur und insbesondere davon abhängig, was im Unterricht als wertvoll und wichtig erachtet und deshalb besonders befördert wird.

Es ist durchaus naheliegend, dass die unterrichtliche Behandlung einen Einfluss auf die individuelle Vielfalt an Lösungswegen hat; wenn im Unterricht beispielsweise primär ein Lösungsweg thematisiert und ausführlich geübt wird, ist zu erwarten, dass das Repertoire an verschiedenen Lösungswegen entsprechend kleiner ausfällt. In verschiedenen Studien stellte sich aber zudem heraus, dass der soziokulturelle Kontext auch einen Einfluss auf die tatsächliche Verwendung verschiedener Strategien hat (vgl. Überblick in Ellis 1997, S. 497 ff.). In (teils vergleichenden) Untersuchungen konnten kulturelle Unterschiede in verschiedenen Bereichen festgestellt werden: In manchen Kulturen wird Schnelligkeit besonders geschätzt und manchmal ist es besonders wichtig, Fehler zu vermeiden. Die Verwendung von Hilfsmitteln ist manchmal verpönt und wird andernorts befördert. In einigen Kulturen gilt es als angemessener, sein (Lösungs-)Verhalten einer Gruppe anzupassen, als individuelle Wege zu gehen und manchmal sind eigenständige Lösungen deutlich mehr wert als in Zusammenarbeit erzielte (vgl. ebd.). All diese Faktoren können einen Einfluss auf die Flexibilität/Adaptivität der Lösungswege von Kindern haben. So kommen Verschaffel, Luwel, Torbeyns und Van Dooren (2009) zu folgendem Schluss:

> „one will agree that there is no easy and direct shortcut to becoming adaptive, and that adaptive expertise is not something that can be *trained or taught* but rather something that has to be *promoted* or *cultivated*." (Verschaffel, Luwel, Torbeyns und Van Dooren 2009, S. 348, Herv. i. O.)

Während in einem traditionellen (Rechen-)Unterricht der Schwerpunkt eher auf Prozeduren und dem schnellen und richtigen Lösen von (möglichst vielen) Aufgaben lag, sollte ein Unterricht, in dem die oben angeführten Fähigkeiten (vgl. Abbildung 2.2) und damit das flexible/adaptive Rechnen gefördert werden, auf Verständnis abzielen und verschiedene Vorgehensweisen sowie die Diskussion darüber befördern (vgl. Ellis 1997, S. 497 ff.; Hatano 1988, S. 62 ff.). Es bedarf also nicht nur geeigneter Aufgabenstellungen, sondern auch der Etablierung einer entsprechenden Unterrichtskultur, wobei davon auszugehen ist, dass es sich dabei um einen längerfristigen, kontinuierlichen Prozess handelt (vgl. Yackel und Cobb 1996, S. 462 ff.).

Schulung des Zahlenblicks

Ausgehend von den fachdidaktischen und soziokulturellen Annahmen[17] lassen sich Konsequenzen für die Gestaltung eines Unterrichts ableiten, der besonders auf die Förderung flexiblen/adaptiven Rechnens im Sinne des Emergenzansatzes ausgerichtet ist. Schütte (2002a,b, 2004b, 2008) entwickelte dafür eine Konzeption zur kontinuierlichen Zahlenblickschulung, die verschiedene Aufgabenstellungen zur kontinuierlichen und kumulativen Förderung in allen Schuljahren umfasst. Im

---

[17] Die eingangs angeführte neurobiologische Perspektive lässt aufgrund der Unsicherheiten keine direkten Konsequenzen für die Unterrichtspraxis zu.

Folgenden werden zentrale Aktivitäten, die diese Unterrichtskonzeption im Wesentlichen charakterisieren, exemplarisch vorgestellt[18] (vgl. auch Kapitel 5).

Im Gegensatz zum explizierenden Unterricht besteht ein zentrales Merkmal der Zahlenblickschulung darin, dass im Unterricht **keine Lösungswege vorgegeben** werden. Während eines Unterrichtsversuchs stellte Schütte (2004) fest, dass ein Rechnen nach Musterlösungen „das mathematische Denken der Schüler/innen und anspruchsvolle mathematische Denkprozesse im Entstehen blockieren" (Schütte 2004b, S. 138) kann. Darüber hinaus hält sie es für problematisch, Kinder vorgegebene Rechenwege – wie im explizierenden Unterricht üblich (‚Rechne-wie-...'-Aufgaben) – nachahmen zu lassen, da viele Kinder fremde Rechenwege nicht immer auf Anhieb nachvollziehen können und die Rechenwege beim Nachahmen dann gegebenenfalls nicht auf Verständnis beruhen (vgl. ebd., S. 141 f.). Stattdessen plädiert sie dafür, Schüler*innen konsequent eigene Lösungswege entwickeln zu lassen. Auf der Grundlage eines fundierten Zahl- und Operationsverständnisses sollen Kinder verschiedene strategische Werkzeuge materialgestützt erarbeiten und deren Anwendung in produktiven Übungsformaten erproben (vgl. Rathgeb-Schnierer 2006b, S. 55 f.; Schütte 2008, S. 115 ff.). Dem Austausch der Kinder untereinander kommt dabei eine große Bedeutung zu (vgl. auch Modell von Rathgeb-Schnierer 2010 in Abbildung 2.3), wobei fremde Lösungen (vgl. z. B. Abbildung 2.4) durchaus als Beispiele (und nicht Musterlösungen) dienen können (vgl. Schütte 2008. S. 128 ff.).

Ein wesentliches Merkmal flexibler/adaptiver Rechner*innen besteht darin, dass sie **Zahl- und Aufgabeneigenschaften und -beziehungen im Lösungsprozess erkennen und nutzen**. Deshalb wird der Blick der Kinder im problemlöseorientierten Unterricht besonders auf Aufgabenmerkmale gerichtet. Dies kann beispielsweise mithilfe von Aktivitäten zum Experimentieren und Erforschen von strukturierten Aufgabenserien (sogenannten Entdeckerpäckchen) erfolgen (vgl. Schütte 2002b, S. 4 f.).

> „In der Regel neigen die Kinder dazu, sich sofort an das Rechnen zu machen. Sie sind es aus eigenem Antrieb nicht gewohnt, sich die Aufgabe erst einmal anzuschauen und zu überlegen, mit welchen Verfahren und Strategien man sie am geschicktesten löst." (Schütte 2008, S. 124).

---

[18] Für weitere Beispiele sei auf Schütte (2002a,b, 2004b, 2008), Rathgeb-Schnierer (2006b), Rechtsteiner-Merz (2013) und Rathgeb-Schnierer und Rechtsteiner (2018) verwiesen.

Erkläre, wie die Kinder die Aufgabe gerechnet haben.
Welche Lösungswege findest du besonders geschickt?

$$197 + \underline{5} = 202$$

$$202 - 100 = 102$$
$$102 - 7 = 95$$
$$95 - 90 = 5$$

$$\begin{array}{r} 1\,\overset{9}{\cancel{2}}\,\overset{1}{\cancel{0}} \\ \cancel{2}\cancel{0}\cancel{2} \\ -\,197 \\ \hline 005 \end{array}$$

$$202 - 197$$

$$30\underset{2}{5} - \underset{9}{7} 0\underset{9}{0} = 5$$
$$20\underset{7}{2} - 197 = 5$$

$$200 - 100 = 100 - 90 = 10 - 7 = 3 + 2 = 5$$

Abbildung 2.4 Verschiedene Rechenwege

Damit Kinder besondere Aufgabenmerkmale im Lösungsprozess wahrnehmen
(und anschließend auch nutzen können), werden in der Zahlenblickschulung Aufgabenstellungen eingesetzt, die diesen Rechendrang gezielt aufhalten. In diesem
Zusammenhang hat sich insbesondere das Format des Aufgabensortierens bewährt
(vgl. Beispiel in Abbildung 2.5). Hierbei sollen vorgegebene oder selbst erfundene
Aufgaben nach verschiedenen Kriterien sortiert werden, wodurch der Blick der
Kinder *vor* dem Rechnen auf die jeweiligen Zahl- und Aufgabenmerkmale gelenkt
werden kann (vgl. Rathgeb-Schnierer 2006a, S. 10 ff.; siehe auch Kapitel 5). Die
erkannten Merkmale können anschließend beim Lösen der Aufgabe genutzt werden,
um den Lösungsprozess zu vereinfachen (vgl. Schütte 2008, S. 123 ff.).

Sortiere diese Plusaufgaben. Welche Aufgabe gehört in welche Kiste?

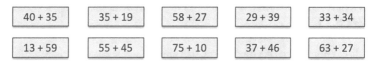

Erfinde für jede Kiste noch eine eigene Plusaufgabe.

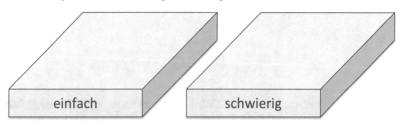

Abbildung 2.5 Aufgaben sortieren

Forschungsergebnisse

Eine zentrale Grundannahme des Emergenzansatzes und der darauf aufbauenden Zahlenblickschulung besteht darin, dass Kinder Lösungswege eigenständig entwickeln können. Deshalb werden zunächst Ergebnisse einiger Studien vorgestellt, die darauf hindeuten, dass dies prinzipiell gelingen kann.

Entwicklung eigener Lösungswege

Im Gegensatz zur im deutschen Mathematikunterricht herrschenden Dominanz halbschriftlichen Rechnens (vgl. Abschnitt 1.1), wird beispielsweise in den USA, ein weit größerer Schwerpunkt auf die schriftlichen Verfahren gelegt, die dort oft schon beim Rechnen im Zahlenraum bis 100 thematisiert werden. Da aber in verschiedenen Studien festgestellt wurde, dass Kinder vielfach nur über ein prozedurales Wissen verfügten und ein wünschenswertes Verständnis der Algorithmen nicht beobachtet werden konnte (vgl. z. B. Brown und VanLehn 1980, S. 379 ff., Carroll 1996, S. 146 ff.), wurden in den 1990er-Jahren einige Reformansätze entwickelt. In vielen dieser Ansätze sollte das konzeptuelle Wissen zum Umgang mit Zahlen und zum Stellenwertverständnis aufgebaut werden, indem Kinder materialgestützt (*base-ten-materials*) und zum Teil mithilfe kontextbezogener Aufgabenstellungen dazu angeregt wurden, eigene Lösungswege zu entwickeln (vgl. z. B. Fuson, Wearne, Hiebert, Murray, Human, Olivier, Carpenter und Fennema 1997, S. 133 ff.).

In zwei längsschnittlichen Untersuchungen mit 82 Kindern vom ersten bis zum dritten Schuljahr (vgl. Carpenter, Franke, Jacobs, Fennema und Empson 1997, S. 7 ff.) beziehungsweise mit 70 Kindern vom ersten bis zum vierten Schuljahr (vgl. Hiebert und Wearne 1996, S. 256 ff.) konnte beispielsweise bestätigt werden, dass Kinder im Rahmen eines solchen Reformunterrichts dazu in der Lage waren, eigene Lösungswege zu entwickeln (vgl. Carpenter, Franke, Jacobs, Fennema und Empson 1997, S. 10 ff.; Hiebert und Wearne 1996, S. 263 ff.). Die Verwendung der selbst erfundenen Lösungswege konnte bei einem Teil der Kinder – insbesondere bei der Addition – über alle Jahre hinweg beobachtet werden und das auch, nachdem die schriftlichen Verfahren eingeführt worden sind (vgl. Carpenter, Franke, Jacobs, Fennema und Empson 1997, S. 12 ff.). Zudem zeigten Kinder, die eigene Lösungswege verwendeten, in beiden Untersuchungen früh ein ausgeprägtes Stellenwertverständnis (vgl. ebd. S. 14; Hiebert und Wearne 1996, S. 263 ff.).

In der Studie von Fuson und Burghardt (2003) wurde ebenfalls die Entwicklung eigener Lösungswege untersucht. Hier wurden 26 leistungsstarke Zweitklässler*innen (nach einer zwei- bis dreitägigen Einführung zum Umgang mit base-ten blocks) mit verschiedenen Additions- und Subtraktionsaufgaben mit vierstelligen Zahlen konfrontiert. In Kleingruppen sollten diese Kinder, in deren Unterricht das

Lösen solcher Aufgaben zuvor noch nicht thematisiert worden ist, materialgestützt und möglichst eigenständig passende Lösungswege entwickeln (vgl. Fuson und Burghardt 2003, S. 270 f.). Es zeigte sich, dass die Kinder verschiedene, teils algorithmische[19] Vorgehensweisen eigenständig entwickelten und dass fehlerhafte Verfahren vor allem dann beobachtet werden konnten, wenn Kinder zuvor die schriftlichen Normalverfahren (z. B. von ihren Eltern) kennengelernt, aber offenbar nicht verstanden hatten (vgl. Fuson und Burghardt 2003, S. 272 ff.). Fuson und Burghardt (2003) plädieren deshalb dafür, (auch) Algorithmen im Unterricht von Kindern eigenständig entwickeln zu lassen, um dadurch ein verständnisorientiertes Vorgehen zu ermöglichen (vgl. ebd., S. 289 ff.).

Verschiedene Verfahren zum Lösen von Additionsaufgaben wurden auch in einer Untersuchung von Thompson (1994) von Viertklässler*innen entwickelt, in deren Unterricht weder schriftliche Verfahren noch halbschriftliche Musterlösungen thematisiert wurden und sogar der Einsatz von Taschenrechnern erlaubt war (vgl. Thompson 1994, S. 326 ff.). Dabei stellte sich heraus, dass viele Kinder anstelle der beim halbschriftlichen und vor allem schriftlichen Rechnen üblichen vertikalen Darstellungen horizontale Notationen bevorzugten und dass die meisten Kinder auch bei (selbst erfundenen) algorithmischen Wegen von links nach rechts vorgingen (also anders als bei schriftlichen Normalverfahren) und eventuelle Überträge in einem weiteren Schritt berücksichtigten (vgl. ebd., S. 329 ff.). Auch Thompson sieht in eigenständig erfundenen Lösungswegen – im Vergleich zu schriftlichen Verfahren – vor allem den Vorteil der Verständnisorientierung und hält fest: „the research reported in this study suggests that children *can* develop into creative mathematicians, inventing unorthodox written algorithms which not only work, but which sometimes possess a degree of unexpected elegance" (ebd., S. 343, Herv. i. O.).

Die zuvor erwähnten Studien zielten zwar nicht direkt auf die Förderung von Flexibilität/Adaptivität beim Rechnen ab, die Ergebnisse sind in diesem Zusammenhang aber dennoch interessant, weil sie unter anderem die Annahme stützen, dass Kinder durchaus dazu in der Lage sind, eigene Vorgehensweisen zum Lösen von Additions- und Subtraktionsaufgaben zu entwickeln und dass solche selbst erfundenen Wege oft auf Verständnis basieren und zum Teil nachhaltig sind, weil sie von den Kindern auch nach der Einführung der schriftlichen Verfahren verwendet werden. Von verschiedenen oder adaptiven Vorgehensweisen wurde in diesen Studien allerdings nicht berichtet.

---

[19] Dies waren (insbesondere bei der Subtraktion) nicht die Standardverfahren und deren übliche Notationsformen.

Studien zur Zahlenblickschulung

In den letzten Jahren wurden einige Studien durchgeführt, in denen flexibles/ adaptives Vorgehen dezidiert im Sinne des Emergenzansatzes erhoben und/oder gefördert wurde. Wichtige Erkenntnisse werden im Folgenden zusammengefasst.

Rathgeb-Schnierer (2006, 2010) untersuchte im Rahmen einer qualitativen Studie die Entwicklung flexiblen/adaptiven Rechnens bei Kindern im zweien Schuljahr am Beispiel der Subtraktion im Zahlenraum bis 100. Im Zeitraum von knapp einem Schuljahr wurden von der Forscherin – auf dem Emergenzansatz basierend – konstruktivistisch orientierte Unterrichtsaktivitäten gestaltet, bei denen kindereigene Rechenwege und offene Lernangebote zur Schulung des Zahlenblicks im Vordergrund standen. Die Rechenwegsentwicklungen der Kinder wurden in drei Interviews (zu Beginn, in der Mitte und am Ende der Studie) erhoben, in denen die Kinder verschiedene Subtraktionsaufgaben lösen und ihr Vorgehen beschreiben sollten (vgl. Rathgeb-Schnierer 2006b, S. 104 ff.).

Im Rahmen der Datenanalyse kristallisierten sich verschiedene Varianten im Lösungsverhalten der Kinder heraus (vgl. Abbildung 2.6), die von mechanischen Rechenwegen über Hauptrechenwege bis hin zu verschiedenen aufgabenadäquaten Rechenwegen reichen. Dabei stellt die Forscherin fest: „Flexibles Rechnen ist kein „Alles-oder-Nichts-Phänomen", sondern ein Entwicklungsprozess, der sich in unterschiedlichem Lösungsverhalten äußern kann." (ebd., S. 271). Zu Beginn der Untersuchung konnten vor allem die Varianten 1 bis 4 beobachtet werden, während am Ende die Varianten 7 und 8 dominierten, sodass sich die besondere Unterrichtskonzeption der Zahlenblickschulung positiv auf die Entwicklung von Flexibilität/ Adaptivität auszuwirken schien (vgl. ebd., S. 267 ff.).

Auf Grundlage der Daten und in Anlehnung an Untersuchungsergebnisse von Heirdsfield und Cooper (2002, 2004) stellte Rathgeb-Schnierer (2006, 2010) verschiedene Merkmale flexibler Rechner*innen zusammen (vgl. Abbildung 2.2) und konzipierte darauf aufbauend ein Modell der Rechenwegsentwicklung (vgl. Abbildung 2.3). Zusammenfassend geht die Forscherin davon aus, dass die Entwicklung eigenständiger Rechenwege „eine Lernumgebung [erfordert], in der die eigenständige Auseinandersetzung mit geeigneten Aufgaben und die Kommunikation über Lösungsideen und Rechenwege zentrale Rollen einnehmen" (Rathgeb-Schnierer 2006b, S. 289).

Die Entwicklung von Flexibilität/Adaptivität auf Grundlage des Emergenzansatzes und mithilfe von Aktivitäten zur Zahlenblickschulung wurde auch von Rechtsteiner-Merz (2013) untersucht. In dieser Studie wurden die Rechenwegsentwicklungen von 20 Erstklässler*innen beobachtet, bei denen aufgrund von Tests und Beobachtungen davon auszugehen war, dass sie Schwierigkeiten beim Rechnenlernen zeigen würden. Diese Kinder aus acht verschiedenen Klassen wurden im

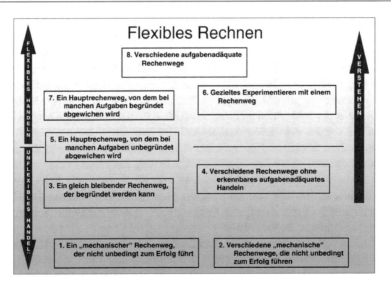

Abbildung 2.6 Varianten im Lösungsverhalten (Rathgeb-Schnierer 2006b, S. 271)

Verlauf des Schuljahres viermal interviewt und dabei zu ihren Rechenwegen beim Lösen von Additionsaufgaben im Zahlenraum bis 20 (und bis 100 im letzten Interview) befragt. Parallel dazu wurden in fünf dieser Klassen kontinuierlich Aktivitäten zur Zahlenblickschulung im Unterricht eingesetzt (vgl. Rechtsteiner-Merz 2013, S. 167 ff.). In den Interviews wurde das aus der Zahlenblickschulung bekannte Format des Sortierens von Aufgaben (vgl. z. B. Abbildung 2.5) eingesetzt, um Kinder unter anderem dazu anzuregen, ihre Vorgehensweisen zu begründen. Die Datenauswertung erfolgte mittels qualitativer Inhaltsanalyse und anschließender Typenbildung, bei der die Argumente der Kinder beim Sortieren und Lösen der Aufgaben analysiert wurden, um dadurch Rückschlüsse auf die zugrunde liegenden Referenzen (vgl. Ebenenmodell von Rathgeb-Schnierer 2011b in Abbildung 2.1) zu ermöglichen (vgl. Rechtsteiner-Merz 2013, S. 167 ff.).

In Abhängigkeit vom Grad der Ablösung vom Zählen sowie dem Grad der Beziehungsorientierung in der Argumentation rekonstruierte die Forscherin vier Haupt- und fünf Zwischentypen (vgl. Abbildung 2.7, Haupttypen grau) und stellte fest, dass die Beziehungsorientierung eine wesentliche Voraussetzung für die Ablösung vom zählenden Rechnen ist. Alle Kinder, deren Vorgehen am Ende der Untersuchung als flexibles oder mechanisches Rechnen eingeordnet wurde (die sich also vom Zählen gelöst hatten), zeigten mindestens zu einem Zeitpunkt im Untersuchungsverlauf beziehungsorientierte Vorgehensweisen (vgl. ebd., S. 282 ff.). Darüber hinaus hat sich der Einsatz der Aktivitäten zur Zahlenblickschulung auch in dieser Untersuchung bewährt, da Kinder aus diesen Klassen überwiegend auf Basis von Beziehungen agierten, während Kinder ohne Zahlenblickschulung im Zählen verblieben oder sich zu verfahrensorientierten oder mechanischen Rechner*innen entwickelten (vgl. ebd., S. 284 ff.).

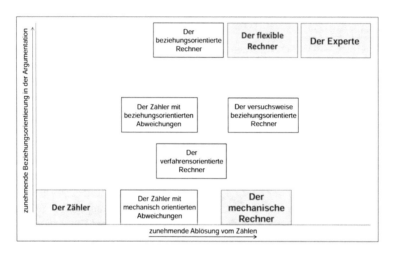

Abbildung 2.7 Typologie für das erste Schuljahr (Rechtsteiner-Merz 2013, S. 243)

In der binationalen Untersuchung von Rathgeb-Schnierer und Green (2017) wurden zwar keine unterrichtlichen Fördermaßnahmen umgesetzt, aber die Vorgehensweisen von Kindern im Sinne des Emergenzansatzes (also unter Einbezug der Ebene der Referenzen, siehe Abbildung 2.1) erhoben und analysiert. In dieser Studie wurden 69 Zweit- und Viertklässler*innen aus zehn verschiedenen deutschen und us-amerikanischen Klassen in Interviews zu ihren Vorgehensweisen beim Lösen von Additions- und Subtraktionsaufgaben im Zahlenraum bis 100 befragt. Wie schon in der Untersuchung von Rechtsteiner-Merz (2013) wurde auch hier (unter anderem) das bewährte Format des Aufgabensortierens eingesetzt, um anhand der Begründungen Rückschlüsse auf die zugrunde liegenden Referenzen ziehen zu können (vgl. Rathgeb-Schnierer und Green 2017, S. 4 ff.).

In den Datenanalysen zeigte sich, dass hinsichtlich der Begründungen der Kinder für deren Einschätzung der Aufgabenschwierigkeit zwischen dem Begründen über

Aufgabenmerkmale und dem Begründen über Rechenwege unterschieden werden konnte. Die Ergebnisse legen die Vermutung nahe, dass Kinder, die ihre Einschätzung der Aufgabenschwierigkeit über Aufgabenmerkmale begründeten, anschließend auch beziehungsorientiert agierten, während bei Begründungen über Rechenwege eher die Präferenz für einen Hauptrechenweg beobachtet wurde, was für eine Verfahrensorientierung spricht. Zudem konnte festgestellt werden, dass nur wenige Kinder ausschließlich beziehungsorientiert oder ausschließlich verfahrensorientiert argumentierten. Bei einem Großteil (60,9 %) traten beide Begründungsformen auf (vgl. ebd., S. 7 ff.).

In einem Teil der Daten zeigten sich auch unerwartete Unterschiede zwischen Schüler*innen aus dem zweiten und vierten Schuljahr. Deutsche Viertklässler*innen zogen häufiger Aufgabenmerkmale beim Begründen heran und äußerten ein breiteres Repertoire an Begründungen, während deutsche Zweitklässler*innen ihre Sortierungen häufig über Rechenwege begründeten[20]. Die Viertklässler*innen agierten also nach der Einführung der schriftlichen Verfahren (die üblicherweise im dritten Schuljahr erfolgt) flexibler/adaptiver als die Zweitklässler*innen – anders als beispielsweise in der Untersuchung von Selter (2000). Rathgeb-Schnierer und Green (2017) vermuten, dass dieses Ergebnis sowohl auf den Zahlenraum der eingesetzten Aufgaben (Aufgaben mit zweistelligen Zahlen, während bei Selter 2000 dreistellige Zahlen eingesetzt wurden) als auch auf die der Lösung vorangestellte Sortierung zurückzuführen sein kann, weil dadurch der Rechendrang der Kinder aufgehalten und ihr Blick auf Merkmale gerichtet wurde (vgl. Rathgeb-Schnierer und Green 2017, S. 10 ff.).

Während die Studien von Rathgeb-Schnierer (2006) und Rechtsteiner-Merz (2013) von dem kontinuierlichen Einsatz von Aktivitäten zur Zahlenblickschulung über einen längeren Zeitraum geprägt waren, konnte Korten (2020) zeigen, dass sich schon der kurzzeitige Einsatz entsprechender Aufgabenformate als gemeinsame Lernsituationen im inklusiven Mathematikunterricht positiv auswirkt. Einem design-based-research-Ansatz folgend entwickelte die Forscherin eine Lernumgebung zum Erforschen von Summen von Nachbarzahlen (vgl. Abbildung 2.8), deren Einsatz sie mit mehreren Kinderpaaren erprobte, in denen jeweils ein Kind mit sonderpädagogischem Unterstützungsbedarf und eines mit durchschnittlichen schulischen Leistungen zusammenarbeiteten (vgl. Korten 2020, S. 162 ff.).

Die detaillierten Analysen der Design-Experimente belegen, dass interaktiv-kooperatives und gleichzeitig individuell-zieldifferentes Lernen in dieser Lernum-

---

[20] Dieser Unterschied konnte bei den us-amerikanischen Kindern nicht beobachtet werden, was vor allem beachtlich ist, weil die schriftlichen Verfahren in den USA häufig sehr früh (d. h. im ersten/zweiten Schuljahr für die Addition/Subtraktion) unterrichtlich thematisiert werden.

gebung ermöglicht werden konnte und dass alle Kinder ihre individuellen Zugänge und Lösungsprozesse in diesem Rahmen weiterentwickeln konnten. Dabei erwies sich insbesondere eine intensive und aufgabenbezogene Interaktion als lernförderlich (vgl. ebd., S. 356 ff.).

Abbildung 2.8 Horizontale, vertikale und diagonale Nachbarzahlen auf der 20er-Tafel (Korten 2020, S. 162)

Zusammenfassend kann festgehalten werden, dass sich der Einsatz von Aktivitäten zur Zahlenblickschulung positiv auf die Entwicklung von Flexibilität/Adaptivität auszuwirken scheint (vgl. Rathgeb-Schnierer 2006b; Rechtsteiner-Merz 2013) und dass sich das häufig eingesetzte Format des Aufgabensortierens darüber hinaus auch als diagnostisches Instrument im Sinne des Emergenzansatzes eignet (vgl. Rathgeb-Schnierer und Green 2013; Rechtsteiner-Merz 2013). Die Forschung von Rechtsteiner-Merz (2013) und Korten (2020) liefert zudem Hinweise darauf, dass auch Kinder mit Schwierigkeiten beim Rechnenlernen oder mit sonderpädagogischem Unterstützungsbedarf von der Beziehungsorientierung und der Interaktion profitieren (vgl. Korten 2020; Rechtsteiner-Merz 2013).

Zusammenfassung und Konsequenzen für die vorliegende Untersuchung

3

Nachdem in Kapitel 1 und 2 theoretische Grundlagen zum Addieren und Subtrahieren sowie zur Entwicklung und Förderung von Flexibilität/Adaptivität entfaltet und jeweils durch relevante Studienergebnisse gestützt wurden, werden die wichtigsten Begriffe für die vorliegende Arbeit nun abschließend geklärt (vgl. Abschnitt 3.1). Daraufhin werden zentrale Aspekte zusammengefasst und Konsequenzen für die geplante Untersuchung formuliert (vgl. Abschnitt 3.2).

3.1 Begriffsklärung

Strategien und strategische Werkzeuge: In der vorliegenden Arbeit wird allgemein von Lösungswegen oder Vorgehensweisen gesprochen, wenn Kinder Additions- und Subtraktionsaufgaben lösen. Als strategisch werden solche Vorgehensweisen – in Abgrenzung zum Auswendigwissen, Zählen oder dem Verwenden von Algorithmen – bezeichnet, wenn sie auf dem Zerlegen und/oder Verändern einer oder mehrerer Zahlen basieren, sodass einfachere (Teil-)Aufgaben entstehen, deren Ergebnis das Kind kennt (vgl. Rathgeb-Schnierer und Rechtsteiner 2018, S. 50 ff.).

Für diese Arbeit wird eine doppelte Perspektive auf ein solches strategisches Vorgehen eingenommen. Zum einen werden die Vorgehensweisen der Kinder im Gesamten den gängigen Hauptstrategien zugeordnet, wobei zwischen Zerlegungs- und Ableitungsstrategien unterschieden wird (vgl. Abschnitt 1.2). Hierbei handelt es sich um eine retrospektive Einordnung, die offen lässt, ob das Kind das Vorgehen vorab in dieser Form geplant hat, beziehungsweise bewusst oder unbewusst ausführt (vgl. Threlfall 2002, S. 37 ff.). Diese Kategorisierung hat den Vorteil, dass es sich dabei um vergleichsweise wenige, gut unterscheidbare Strategien handelt, wodurch ein schneller Überblick über die Lösungswege eines Kindes geschaffen wird. Zudem

A. Körner, *Flexibles Rechnen im Grundschulverlauf*, Mathematikdidaktik im Fokus, https://doi.org/10.1007/978-3-658-44057-2_3

wird dadurch der Vergleich mit anderen Studien (in denen in der Regel solche Hauptstrategien zugrunde gelegt wurden) erleichtert (vgl. Abschnitt 1.3 und 2.2).

Zum anderen werden die Lösungswege der Kinder auch detailliert hinsichtlich der verwendeten strategischen Werkzeuge analysiert (vgl. Rathgeb-Schnierer und Rechtsteiner 2018, S. 50 ff.). Diese Perspektive unterscheidet sich im Zahlenraum bis 20 häufig nicht von den gängigen Hauptstrategien. Beim Rechnen in erweiterten Zahlenräumen reicht aber oft ein strategisches Werkzeug zum Lösen der Aufgabe nicht aus, sodass mehrere Werkzeuge kombiniert werden müssen. Hier sind häufig diverse Varianten möglich, zwischen denen bei der Zuordnung zu Hauptstrategien nicht differenziert wird. Diese Detailsicht könnte also einen besseren Einblick in gegebenenfalls unterschiedliches Vorgehen beim Lösen von Teilrechnungen ermöglichen (vgl. Beispiele in Abschnitt 6.2.2).

Flexibilität und Adaptivität: In dieser Arbeit wird die in der englischsprachigen Literatur gängige Unterscheidung zwischen Flexibilität im Sinne der Verwendung verschiedener Lösungswege und Adaptivität im Sinne der Verwendung passender Vorgehensweisen genutzt (vgl. Abschnitt 2.1). Adaptivität wird dabei primär darauf bezogen, dass Lösungswege vereinfacht werden, indem besondere Aufgabenmerkmale erkannt und genutzt werden (vgl. Heinze, Arend, Gruessing und Lipowsky 2018; Rathgeb-Schnierer 2011b, zur konkreten Umsetzung siehe Abschnitt 6.2.2). Gleichzeitig werden individuelle Faktoren und Präferenzen sowie Kontextbedingungen (vgl. Abschnitt 2.1) bei der Planung des Unterrichts ebenfalls berücksichtigt und auch bei der fallbezogenen Auswertung der Daten herangezogen (vgl. Abschnitt 7.2.4).

Im Allgemeinen und insbesondere im Zusammenhang mit der Unterrichtsplanung wird vor allem der Dualterm Flexibilität/Adaptivität verwendet (vgl. Verschaffel, Luwel, Torbeyns und van Dooren 2009), was deutlich machen soll, dass im Unterricht nicht nur die Entwicklung verschiedener Wege, sondern auch das Erkennen und Nutzen von Merkmalen gefördert wird.

Zahlenblick und Zahlenblickschulung: In Anlehnung an Schütte (2002b, 2004b, 2008) und Rathgeb-Schnierer (2006a,b, 2011a) wird der Zahlenblick als Fähigkeit aufgefasst, Aufgabenmerkmale zu erkennen und so zu nutzen, dass der Lösungsprozess vereinfacht wird. Aktivitäten zur Zahlenblickschulung zielen darauf ab, die Teilkompetenzen flexiblen Rechnens zu fördern (vgl. Kapitel 5). Dies umfasst das Wissen über Zahlen und Rechenoperationen, das Verfügen über strategische Werkzeuge und Basisfakten sowie das Wahrnehmen von Zahl- und Aufgabenmerkmalen und -beziehungen (vgl. auch Abbildung 5.1).

3.2   Zusammenfassung und Konsequenzen

Im Allgemeinen sind beim Lösen von Additions- und Subtraktionsaufgaben unterschiedliche Vorgehensweisen möglich, wobei zwischen verschiedenen Strategien des Zahlenrechnens, die sowohl mündlich als auch halbschriftlich ausgeführt werden können, und standardisierten schriftlichen Algorithmen unterschieden werden kann (vgl. z. B. Padberg und Benz 2021). In der mathematikdidaktischen Diskussion wird dabei schon seit langem eine Verschiebung des unterrichtlichen Stellenwerts zugunsten des verständnisorientierten Zahlenrechnens gefordert (vgl. z. B. Krauthausen 1993).

In verschiedenen nationalen und internationalen Studien konnte allerdings gezeigt werden, dass eine alleinige Schwerpunktverschiebung nicht automatisch dazu führt, dass Grundschüler*innen flexibel/adaptiv rechnen (vgl. Abschnitt 1.3). Vielfach stellte sich heraus, dass Kinder beim Zahlenrechnen die Strategien Schrittweise und Stellenweise bevorzugt zum Lösen *sämtlicher* Aufgaben verwendeten und damit wenig Flexibilität/Adaptivität zeigten (vgl. z. B. Benz 2005; Csíkos 2016; Fast 2017; Selter 2000; Thompson und Smith 1999; Torbeyns, De Smedt, Ghesquière und Verschaffel 2009a). Insofern verwundert es auch nicht, dass diese halbschriftlichen Hauptstrategien von den schriftlichen Verfahren als Standardlösungswege abgelöst wurden, die viele Kinder nach der unterrichtlichen Einführung unabhängig von besonderen Aufgabenmerkmalen grundsätzlich zum Lösen von Additions- und Subtraktionsaufgaben bevorzugten (vgl. z. B. Selter 2000; Torbeyns und Verschaffel 2016).

> Die Ergebnisse verschiedener Studien legen nahe, dass sich flexible/adaptive Vorgehensweisen vermutlich nicht automatisch entwickeln und deshalb gezielt unterrichtlich gefördert werden müssen.

Zur Entwicklung und Förderung von Flexibilität/Adaptivität werden idealtypisch zwei theoretische Ansätze und darauf aufbauende Unterrichtskonzeptionen unterschieden (vgl. Abschnitt 2.1 und Überblick in Tabelle 2.1):

Beim Strategiewahlansatz wird davon ausgegangen, dass Rechnende beim Lösen von Aufgaben – bewusst oder unbewusst – eine passende Strategie aus dem eigenen Strategierepertorie auswählen (vgl. z. B. Blöte, van der Burg und Klein 2001; Heinze, Marschick und Lipowsky 2009; Nemeth, Werker, Arend, Vogel und Lipowsky 2019; Siegler und Lemaire 1997). Demnach sollte im Rahmen eines explizierenden Unterrichts ein solches Strategierepertorie aufgebaut und die adaptive Strategiewahl diskutiert werden (vgl. Lorenz 2006a; Lorenz 2006c; Schwabe, Grüßing, Heinze und Lipowsky 2014).

Beim Emergenzansatz hingegen wird aufgrund der Vielfalt möglicher Vorgehensweisen und der Bedeutung individueller Kenntnisse und Fähigkeiten davon ausgegangen, dass Lösungswege in Abhängigkeit von erkannten Aufgabenmerkmalen situationsbedingt generiert werden (vgl. Rathgeb-Schnierer 2006b; Rechtsteiner-Merz 2013; Threlfall 2002, 2009). In einem darauf aufbauenden problemlöseorientierten Unterricht sollte deshalb die Entwicklung eigener Lösungswege befördert und das Erkennen und Nutzen von Aufgabenmerkmalen angeregt werden (vgl. Rathgeb-Schnierer 2006b, 2010; Rechtsteiner-Merz 2013; Schütte 2008; Schwabe, Grüßing, Heinze und Lipowsky 2014).

Folgende Begriffsklärung von Selter (2009) durchbricht diese idealtypische Trennung der beiden theoretischen Ansätze:

„Adaptivity is the ability to creatively develop or to flexibly select and use an appropriate solution strategy in a (un)conscious way on a given mathematical item or problem, for a given individual, in a given sociocultural context." (Selter 2009, S. 624)

Dies kann als Zusammenführung der beiden theoretischen Ansätze verstanden werden, weil Flexibilität/Adaptivität sowohl als situative, kreative Entwicklung eines neuen Lösungsweges (→ Emergenzansatz) als auch als Auswahl eines bekannten Weges aus dem eigenen Repertoire (→ Strategiewahlansatz) verstanden wird.

Daran anschließend könnte man sich zudem gegen eine starre Zuweisung der beiden Unterrichtskonzeptionen zu den jeweiligen theoretischen Ansätzen aussprechen. Es ist nämlich prinzipiell denkbar, dass Kinder im Rahmen eines problemlöseorientierten Unterrichts mit Aktivitäten zur Zahlenblickschulung ein Vorgehen im Sinne des Strategiewahlansatzes zeigen, wenn sie beispielsweise bestimmte, selbst entwickelte Strategien favorisieren und als eigenes Repertoire aufbauen, aus dem sie im Lösungskontext gezielt passende Wege auswählen.

Umgekehrt gilt dies vermutlich nur eingeschränkt, denn es ist fraglich, ob Kinder aus eigenem Antrieb weitere, eigene Lösungswege entwickeln, während im Unterricht beispielsweise mithilfe von Musterlösungen (‚Rechne-wie...-Aufgaben') fertige Strategien vorgegeben und geübt werden. In Studien, in denen zunächst eine Strategie ausführlich thematisiert und geübt worden ist, woraufhin durchaus noch weitere Vorgehensweisen unterrichtlich behandelt worden sind, bevorzugten viele Kinder dennoch die zuerst gelernte Strategie und das Erfinden eigener Wege konnte in diesem Zusammenhang nur sehr selten beobachtet werden (vgl. z. B. Blöte, van der Burg und Klein 2001; Torbeyns, De Smedt, Ghesquière und Verschaffel 2009b; Nowodworski 2013).

Ein explizierender Unterricht wird also vermutlich vor allem die Strategiewahl befördern, während mit Aktivitäten zur Zahlenblickschulung durchaus die Entwicklung von Flexibilität/Adaptivität im Sinne beider theoretischer Ansätze angeregt werden könnte.

Auf empirischer Ebene existiert bisher nur eine Untersuchung, in der die beiden idealtypisch unterschiedenen Unterrichtskonzeptionen direkt verglichen wurden (vgl. Heinze, Arend, Gruessing und Lipowsky 2018). Aus den Ergebnissen dieser Studie lässt sich keine eindeutige Präferenz für eine der Unterrichtskonzeptionen ableiten. Auch der Vergleich verschiedener Untersuchungen mit unterschiedlichen Ausrichtungen lässt keine deutlichen Vorteile einer der Konzeptionen erkennen. Die Untersuchungen zeigen, dass sowohl explizierende Konzeptionen (vgl. z. B. Heinze, Arend, Gruessing und Lipowsky 2018; Nemeth, Werker, Arend, Vogel und Lipowsky 2019) als auch Aktivitäten zur Zahlenblickschulung (vgl. Rathgeb-Schnierer 2006b; Rechtsteiner-Merz 2013) geeignet sind, um flexible/adaptive Vorgehensweisen anzuregen.

Die Zahlenblickschulung hat aber den oben erwähnten Vorzug, dass damit gegebenenfalls die Entwicklung von Flexibilität/Adaptivität im Sinne *beider* theoretischer Ansätze gefördert werden kann. Zudem konnte in der Untersuchung von Rechtsteiner-Merz (2013) gezeigt werden, dass sich diese Unterrichtskonzeption auch insbesondere zur Förderung von Kindern, die Schwierigkeiten beim Rechnenlernen zeigen, eignet.

> Die Zahlenblickschulung ist eine erfolgversprechende Möglichkeit zur Förderung von Flexibilität/Adaptivität für alle Kinder.

In verschiedenen Studien konnte gezeigt werden, dass bei gezielter Förderung auch schon Grundschüler*innen flexibel/adaptiv rechnen lernen können (vgl. Abschnitt 2.2 und 2.3). Dabei stellte sich heraus, dass schon die Verwendung bestimmter Schulbücher, die verschiedenen theoretischen Ansätzen zur Förderung von Flexibilität/Adaptivität zuzuordnen sind, einen positiven Einfluss auf die Vorgehensweisen der Kinder haben kann (vgl. Heinze, Marschick und Lipowsky 2009; Sievert, van den Ham, Niedermeyer und Heinze 2019). Insbesondere in zwei Interventionsstudien, in denen die unterrichtlichen Bedingungen gezielt kontrolliert wurden, konnten nach der Intervention mehr flexible/adaptive Lösungswege beobachtet werden (vgl. Heinze, Arend, Gruessing und Lipowsky 2018; Nemeth,

Werker, Arend, Vogel und Lipowsky 2019). Allerdings nutzten einige Kinder nach diesen kurzzeitigen Interventionen (im Umfang von 14-16 Unterrichtsstunden) im dritten Schuljahr auch weiterhin bevorzugt die als nicht adaptiv eingeschätzten Strategien zum Lösen von Aufgaben mit besonderen Merkmalen (vgl. Heinze, Arend, Gruessing und Lipowsky 2018; Nemeth, Werker, Arend, Vogel und Lipowsky 2019).

Diese Ergebnisse stützen die Annahme, dass es für die Entwicklung von Flexibilität/Adaptivität hilfreich ist, kontinuierlich eine entsprechende Unterrichtskultur aufzubauen, in der nicht (nur) das schnelle und richtige Lösen von Aufgaben im Mittelpunkt steht, sondern stets die Vielfalt möglicher Vorgehensweisen diskutiert wird. Dies gilt insbesondere im Kontext der Zahlenblickschulung, bei der die Kinder konsequent dazu angeregt werden, Aufgaben vor dem Ausrechnen zunächst hinsichtlich besonderer Merkmale zu untersuchen und in Abhängigkeit davon eigene Wege zu generieren (vgl. Abschnitt 2.3).

> Kontinuierlich eingesetzte Aktivitäten zur Zahlenblickschulung helfen, eine Flexibilität/Adaptivität fördernde Unterrichtskultur zu etablieren.

Eine Dominanz lässt sich nicht nur bei der Verwendung bestimmter Strategien, sondern auch beim Einsatz verschiedener Rechenrichtungen beim Subtrahieren beobachten. Hier nutzten Kinder in verschiedenen Studien deutlich häufiger abziehende Wege als das Ergänzen oder das indirekte Subtrahieren (vgl. z. B. Benz 2005; Heinze, Marschick und Lipowsky 2009; Selter 2000; Torbeyns, De Smedt, Stassens, Ghesquière und Verschaffel 2009). Gleichzeitig erwiesen sich ergänzende Vorgehensweisen als sehr effizient beim Subtrahieren (vgl. z. B. Torbeyns, De Smedt, Peters, Ghesquière und Verschaffel 2011; Torbeyns, Peters, De Smedt, Ghesquière und Verschaffel 2018). Während in einer Studie mit kurzen Trainings im Umfang von vier Sitzungen nur wenige Kinder zum Rechenrichtungswechsel angeregt werden konnten (vgl. De Smedt, Torbeyns, Stassens, Ghesquière und Verschaffel 2010), verwendeten in der Untersuchung von Schwätzer (2013), in der das Ergänzen und indirekte Subtrahieren im Rahmen von 35 über das zweite Halbjahr der dritten Klasse verteilten Schulstunden kontinuierlich angeregt wurde, deutlich mehr Kinder diese Rechenrichtungen. Auch in diesem Zusammenhang ist also anzunehmen, dass eine frühzeitige und kontinuierliche Förderung sinnvoll ist.

Zur Förderung von Flexibilität/Adaptivität bei der Subtraktion ist ein frühes und bewusstes Thematisieren der Rechenrichtungen Ergänzen und indirekt Subtrahieren wichtig.

In den letzten Jahren sind national und international einige Studien durchgeführt worden, in denen der Schwerpunkt auf der Erforschung flexibler/adaptiver Vorgehensweisen von Grundschüler*innen lag. Die vergleichsweise neue Konzeption der Zahlenblickschulung wurde bislang im ersten und zweiten Schuljahr erfolgreich umgesetzt (vgl. Rathgeb-Schnierer 2006b; Rechtsteiner-Merz 2013). Insbesondere mit Blick auf die in verschiedenen Studien auch im Zahlenraum bis 1000 beobachtete Dominanz von Hauptstrategien beziehungsweise später der schriftlichen Verfahren, wäre auch die Erforschung von Vorgehensweisen im dritten und vierten Schuljahr interessant. Bisher existiert aber noch keine Studie, in der die Entwicklung von Kindern im gesamten Grundschulverlauf beobachtet wurde, während im Unterricht kontinuierlich Aktivitäten zur Zahlenblickschulung angeboten wurden. Mit der vorliegenden Arbeit soll diese Forschungslücke geschlossen werden.

Zentrales Forschungsinteresse
Wie entwickeln sich die Vorgehensweisen von Kindern beim Lösen von Additions- und Subtraktionsaufgaben, wenn im Verlauf des Arithmetikunterrichts in der Grundschule kontinuierlich Flexibilität/Adaptivität gefördert wird?

Teil II
Untersuchung zur Förderung und Entwicklung von Flexibilität/Adaptivität

Untersuchungsdesign

4

Nachdem im ersten Teil dieser Arbeit theoretische und empirische Grundlagen zum Thema entfaltet wurden, werden im zweiten Teil Konzeption und Ergebnisse der Untersuchung zur Förderung und Entwicklung von Flexibilität/Adaptivität im Grundschulverlauf vorgestellt. Dafür wird zunächst das in Abschnitt 3.2 bereits formulierte zentrale Forschungsinteresse dieser Arbeit anhand ausdifferenzierter Forschungsfragen konkretisiert (vgl. Abschnitt 4.1), um davon ausgehend das Design der Studie zu begründen (vgl. Abschnitt 4.2) und schließlich Gütekriterien zu beleuchten (vgl. Abschnitt 4.3).

4.1 Forschungsfragen

In der vorliegenden Untersuchung soll vor dem aktuellen theoretischen und empirischen Hintergrund zur Entwicklung von Flexibilität/Adaptivität (vgl. Teil I) folgender, zentraler Forschungsfrage nachgegangen werden:

Wie entwickeln sich die Vorgehensweisen von Kindern beim Lösen von Additions- und Subtraktionsaufgaben, wenn im Verlauf des Arithmetikunterrichts in der Grundschule kontinuierlich Flexibilität/Adaptivität gefördert wird?

Ergänzende Information Die elektronische Version dieses Kapitels enthält Zusatzmaterial, auf das über folgenden Link zugegriffen werden kann https://doi.org/10.1007/978-3-658-44057-2_4.

Damit gliedert sich die Untersuchung in einen Teil zur Entwicklung einer passenden Unterrichtskonzeption und einen Forschungsteil, in dem die Entwicklung der Kinder im Rahmen dieses Unterrichts beobachtet und analysiert wird. Die folgenden Fragen differenzieren das Forschungsinteresse weiter aus.

Welche Aktivitäten eignen sich zur kontinuierlichen Förderung von Flexibilität/ Adaptivität vom ersten bis zum vierten Schuljahr?

Im **Entwicklungsteil** geht es darum, aus bereits vorhandenen konzeptionellen Überlegungen und Unterrichtsaktivitäten (vgl. z. B. Rathgeb-Schnierer 2006b; Rechtsteiner-Merz 2013; Schütte 2002a, 2004b, 2008) passendes Material auszuwählen und eigene Konkretisierungen zu ergänzen, um einen unterrichtlichen Rahmen zur Entwicklung von Flexibilität/Adaptivität im gesamten Verlauf der Grundschulzeit zu planen.

Wie lösen Kinder Additions- und Subtraktionsaufgaben zu unterschiedlichen Untersuchungszeitpunkten?
Wie entwickeln sich diese Vorgehensweisen im Verlauf der Grundschulzeit?

Im **Forschungsteil** sind insbesondere Fragen nach dem Einsatz verschiedener strategischer Werkzeuge und Strategien interessant: Welche Werkzeuge/Strategien nutzen die Kinder? Lassen sich im Untersuchungsverlauf Entwicklungen und Veränderungen beobachten?

Da eine wesentliche Besonderheit des problemlöseorientierten Ansatzes darin liegt, dass Kindern von Beginn an keine Lösungswege vorgegeben werden (vgl. Abschnitt 2.3), stellt sich zudem die Frage, ob und inwiefern in diesem unterrichtlichen Rahmen tatsächlich *alle* Kinder eigene Rechenwege entwickeln lernen.

Wie flexibel und wie adaptiv sind die Vorgehensweisen der Kinder?

Die im Untersuchungsverlauf erhobenen Vorgehensweisen sollen nicht nur deskriptiv beschrieben, sondern auch hinsichtlich der Flexibilität und Adaptivität beurteilt werden: Bevorzugen die Kinder bestimmte Wege oder nutzen sie verschiedene strategische Werkzeuge/Strategien? Inwiefern erkennen und nutzen die Kinder Zahl- und Aufgabenmerkmale und -beziehungen, um den Lösungsprozess zu vereinfachen? Lassen sich Rückschlüsse auf die dem Rechnen zugrunde liegenden Referenzen (Verfahrens- oder Beziehungsorientierung) ziehen?

Welche Rechenrichtungen werden beim Subtrahieren genutzt?

Aufgrund des Forschungsstandes ist davon auszugehen, dass die wenigsten Kinder ohne entsprechende Intervention verschiedene Rechenrichtungen beim Subtrahieren nutzen (vgl. Abschnitt 1.3). Deshalb soll sowohl bei der Unterrichtskonzeption als auch bei der Analyse der Vorgehensweisen ein Schwerpunkt auf der Verwendung verschiedener Rechenrichtungen liegen.

Wie wirkt sich die Einführung der schriftlichen Rechenverfahren auf die Vorgehensweisen der Kinder aus?

Verschiedene Studien legen nahe, dass die Einführung der schriftlichen Rechenverfahren eine neuralgische Stelle im Lernprozess darstellt, weil viele Kinder die schriftlichen Verfahren nach deren Einführung bevorzugt verwenden und kaum flexibel und adaptiv agieren (vgl. Abschnitt 1.3). Dies soll sowohl bei der Unterrichtsplanung als auch bei der Rekonstruktion der Entwicklungen besonders beachtet werden.

Wie erfolgreich sind die Kinder beim Addieren und Subtrahieren?

Insbesondere in einem sehr offenen unterrichtlichen Setting mit dem Schwerpunkt auf der Entwicklung eigener Rechenwege könnte die Gefahr bestehen, dass Kinder vermehrt Fehler machen oder dass der Einsatz verschiedener Werkzeuge/Strategien zulasten der Korrektheit geht. Aus diesem Grund soll der Erfolg beim Addieren und Subtrahieren auch in den Blick genommen werden, wenngleich dies nicht der wichtigste Faktor ist.

4.2   Methodologische Überlegungen

Um den zuvor formulierten Forschungsfragen nachgehen zu können, wird eine Studie konzipiert, deren Design im Folgenden vorgestellt und begründet wird.

Qualitativer Forschungszugang

Für die empirische Sozialforschung unterscheidet Bohnsack (2014) zwischen hypothesenprüfenden Verfahren, in denen häufig standardisierte, kontrollierte Methoden zum Einsatz kommen, um vorab festgelegte Hypothesen zu prüfen, und rekonstruktiven Verfahren, die stärker auf das Verstehen ausgerichtet sind und sich in explorativer Form meist qualitativer Methoden bedienen (vgl. Bohnsack 2014, S. 16 ff.).

Zur problemlöseorientierten Förderung von Flexibilität/Adaptivität liegen bislang nur sehr wenige empirische Studien vor (vgl. Abschnitt 2.3) und es ist davon auszugehen, dass eine kontinuierliche Umsetzung dieser Konzeption in der Praxis bisher nur sehr selten geschieht. Deshalb liegt für die vorliegende Untersuchung forschungsmethodisch ein explorativer Zugang nahe, bei dem die Unterrichtskonzeption in einer **Interventionsstudie** umgesetzt und die Vorgehensweisen der Kinder in diesem unterrichtlichen Setting im Rahmen einer qualitativen **Fallstudie** erhoben werden.

Interventionsstudie

Für die Durchführung von Interventionsstudien existieren in der Mathematikdidaktik diverse Möglichkeiten (vgl. z. B. Kelly und Lesh 2000). Neben evaluierenden Designs, wie beispielsweise experimentellen, gegebenenfalls vergleichenden Untersuchungen (vgl. z. B. Heinze, Arend, Gruessing und Lipowsky 2018), werden auch teaching- (vgl. z. B. Rathgeb-Schnierer 2006b) und design-Experimente (vgl. z. B. Korten 2020) durchgeführt, in denen neue Konzepte explorativ erprobt und weiterentwickelt werden.

Auf Grundlage theoretischer Überlegungen und empirischer Ergebnisse (vgl. Kapitel 1 und 2) ist anzunehmen, dass die Entwicklung flexibler/adaptiver Vorgehensweisen einer kontinuierlichen Förderung bedarf, sodass in dieser Studie der vergleichsweise lange Zeitraum der ersten vier Schuljahre in einer Längsschnittstudie (vgl. z. B. Rost 2013, S. 147 ff.) in den Blick genommen werden soll. Experimentelle Untersuchungen, die aufgrund ihrer methodischen Kontrolle (vgl. z. B. Döring und Bortz 2016, S. 193 ff.) keine Freiheiten und Möglichkeiten der situativen Anpassung lassen, sind für einen so langen Zeitraum und die Erprobung einer vergleichsweise neuen Konzeption nicht gut geeignet. Stattdessen wird die vorliegende Studie im Sinne Wittmanns (1998) ‚systemisch-evolutionärer design science‘ als klinisches Unterrichtsexperiment gestaltet, bei dem „die Schlüsselfragen definiert sind und die Auflage besteht, dem Denken der Kinder zu folgen" (Wittmann 1998, S. 339). Diese Freiheitsgrade lassen sich besonders gut mit der konstruktivistisch orientierten Konzeption der Zahlenblickschulung vereinbaren, weil das Vorgehen im Unterricht nicht vollständig vorab festgelegt sein muss, sondern situationsbedingt angepasst werden kann (und soll).

Es existieren auch im Bereich der teaching- und design-Experimente durchaus diverse, methodisch stärker kontrollierte Untersuchungssettings (vgl. z. B. Prediger, Link, Hinz, Hußmann, Thiele und Ralle 2012). Da es in der vorliegenden Studie aber nicht darum gehen soll, die Unterrichtskonzeption (vergleichend) zu evaluieren (was durchaus ein lohnender Schwerpunkt für folgende Forschungen sein könnte, vgl. Abschnitt 9.3), sondern zunächst Entwicklungen von Kindern in diesem Rahmen zu beobachten und zu rekonstruieren, ist ein methodisch offenes Format sehr passend (vgl. Wittmann 1998, S. 337 ff.; Yackel 2001, S. 20 ff.; Steffe und Thompson 2000, S. 237 ff.).

Der geplante Umfang der Untersuchung macht es notwendig, den Unterricht nicht selbst durchzuführen, sondern mit Lehrkräften zu kooperieren, welche die ausgewählten Aktivitäten zur Zahlenblickschulung (vgl. Kapitel 5) kontinuierlich im Grundschulverlauf einsetzen. Ausgewählt werden dafür die Klassen von drei Kolleginnen, die seit Jahren mit dem Arbeitsbereich Mathematikdidaktik der Universität Bremen kooperieren und zu Projektbeginn die Leitung einer ersten Klasse übernehmen sollten.

Diese Lehrerinnen werden im Untersuchungsverlauf in mehreren Schulungen auf die konkrete Umsetzung der Unterrichtsaktivitäten in ihren Klassen vorbereitet und in regelmäßig stattfindenden Austauschtreffen kontinuierlich begleitet (vgl. Abschnitt 5.3). Die engmaschige Begleitung ersetzt zusammen mit einer durch die Lehrerinnen geführten kurzen Dokumentation der Unterrichtsaktivitäten eine systematische Kontrolle des durchgeführten Unterrichts. Grundlegende Prinzipien der Unterrichtskonzeption sowie ausgewählte konkrete Aktivitäten zur Förderung von Flexibilität/Adaptivität in der vorliegenden Studie ($\rightarrow$ Forschungsfrage des Entwicklungsteils) werden im 5. Kapitel dargestellt.

Fallstudie

Im Zentrum der vorliegenden Untersuchung steht die Rekonstruktion der langfristigen Entwicklung der Vorgehensweisen von Kindern im Rahmen eines Unterrichts mit kontinuierlicher Förderung von Flexibilität/Adaptivität. Bei der Planung der Studie muss demnach entschieden werden, in welcher Form und Frequenz diese Lösungswege erhoben werden sollen.

In verschiedenen Studien der letzten Jahre wurde eine Reihe unterschiedlicher Methoden zur Erforschung der Vorgehensweisen von Kindern beim Lösen von Rechenaufgaben eingesetzt (vgl. Abschnitt 1.3, 2.2 und 2.3). Dabei lassen sich schriftliche und mündliche Erhebungsmethoden unterscheiden, die jeweils unterschiedlich stark strukturiert sein können.

In (standardisierten) schriftlichen Tests werden Kinder dazu aufgefordert, die Aufgabenlösungen (und z. T. auch ihre Lösungswege) schriftlich darzulegen. Diese Daten können anschließend qualitativen und/oder quantitativen Auswertungen unterzogen werden, wobei das Material dafür beispielsweise hinsichtlich der Rechenformen (mental, halbschriftlich, schriftlich) und insbesondere bezüglich der verwendeten Strategien analysiert wird (vgl. z. B. Heinze, Arend, Gruessing und Lipowsky 2018; Selter 2000). Aussagen über die Flexibilität/Adaptivität der Kinder können dann getroffen werden, indem die Vorgehensweisen zum Beispiel

hinsichtlich einer (normativ vorab bestimmten) Passung zwischen den verwendeten Strategien und den Aufgabenmerkmalen untersucht werden (vgl. z. B. Heinze,
Arend, Gruessing und Lipowsky 2018). Um neben den Aufgabenmerkmalen auch
weitere Kriterien, wie die Geschwindigkeit bei der Ausführung verschiedener Strategien sowie den Erfolg der Kinder bei der Verwendung der Strategien einzubeziehen, ist der Einsatz computergestützter Erhebungen sinnvoll, weil damit neben den
Lösungswegen auch Bearbeitungszeiten genau erfasst werden können (vgl. z. B.
Peters, De Smedt, Torbeyns, Ghesquière und Verschaffel 2013; Torbeyns, Peters,
De Smedt, Ghesquière und Verschaffel 2018).

Im Vergleich zu Interviews bieten schriftliche Tests den Vorteil, dass Daten auch
in größerem Umfang zügig erhoben werden können und diese dann quasi direkt für
die Auswertung bereitstehen, während mündliche Erhebungen deutlich zeitintensi-
ver sind und die Daten anschließend für Analysezwecke oft noch aufgearbeitet (z. B.
transkribiert) werden müssen. Allerdings ist davon auszugehen, dass eine Verschriftlichung der Gedanken insbesondere jungen Kindern in der Regel deutlich schwerer fällt als mündliche Erklärungen der eigenen Vorgehensweisen. Darüber hinaus
sind Notationen im Kontext der Entwicklung von Flexibilität/Adaptivität grundsätzlich ambivalent einzuschätzen, weil sie insbesondere komplexere Rechenwege
einschränken und zur Verwendung anderer Wege verleiten könnten, die einfacher
schriftlich zu kommunizieren sind (vgl. z. B. Schütte 2004b, S. 138 ff.).

Deshalb werden Vorgehensweisen von Kindern häufig auch mithilfe von Interviews erhoben, in denen die Kinder ihre Überlegungen mündlich erläutern sollen,
wobei sich hier durchaus unterschiedliche Grade der Standardisierung beobachten
lassen (vgl. z. B. Trautmann 2010, S. 71 ff.). Als Beispiel für stark standardisierte
Formen lassen sich die Choice/No-Choice-Experimente anführen, bei denen Kindern in den No-Choice-Settings bestimmte Strategien vorgegeben werden, die diese
zur Lösung der Aufgaben verwenden müssen (vgl. z. B. Siegler und Lemaire 1997;
Torbeyns, Ghesquière und Verschaffel 2009). Im Vergleich dazu bieten halbstan-
dardisierte Interviews mehr Freiheiten, weil zwar vorbereitete Fragen oder Aufgaben das Gespräch strukturieren, die Art der Bearbeitung aber nicht festgelegt sein
muss (vgl. z. B. Rechtsteiner-Merz 2013). Gleichzeitig wird mit halbstandardisierten Methoden dennoch eine Vergleichbarkeit der Ergebnisse ermöglicht, weil alle
Teilnehmenden dieselben Aufgaben bearbeiten.

In der vorliegenden Untersuchung sollen die Vorgehensweisen mündlich erhoben werden, um diesen jungen Grundschulkindern die Kommunikation zu erleichtern und die Lösungswege (ggf. mithilfe entsprechender Rückfragen) möglichst
detailliert erfassen zu können. Für eine solche, auf das Verstehen kindlicher Vorgehensweisen ausgerichtete, empirische Forschung hat sich in der Mathematikdidaktik zur Datenerhebung das sogenannte klinische Interview bewährt (vgl. z. B.

Beck und Maier 1993, S. 149 ff.; Ginsburg 1981, S. 4 ff.; Selter und Spiegel 1997, S. 100 ff.; Wittmann 1982, S. 36 ff.). Hierbei handelt es sich um ein halbstandardisiertes, problemzentriertes Interview, in dem Kindern Problemstellungen vorgelegt werden, wobei die Art der Bearbeitung nicht festgelegt ist und insbesondere die Rückfragen der Interviewenden sehr flexibel situativ angepasst werden können, um die Denkwege der Kinder bestmöglich nachvollziehen zu können (vgl. ebd.).

Diese Form der Datenerhebung hat also den Vorteil, dass die Vorgehensweisen der Kinder möglichst detailliert erhoben werden können, gleichzeitig handelt es sich dabei um eine sehr aufwändige Methode, wodurch die Frequenz der Datenerhebungen im Untersuchungsverlauf begrenzt wird. In dieser Untersuchung sollen die Kinder insgesamt sieben Mal zu ihren Vorgehensweisen beim Lösen verschiedener Additions- und Subtraktionsaufgaben befragt werden, und zwar jeweils in der Mitte und am Ende der ersten drei Schuljahre und in der Mitte des vierten Schuljahres[1], sodass Entwicklungen im Grundschulverlauf beobachtet und rekonstruiert werden können.

Die konkrete Umsetzung der Datenerhebungsmethoden und darauf aufbauend die Begründung und Beschreibung der Auswertungsmethoden wird in Abschnitt 6.1 und 6.2 näher erläutert.

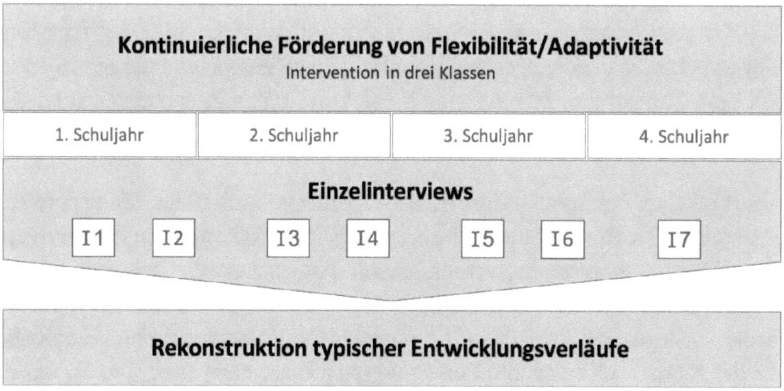

Abbildung 4.1 Überblick über die Untersuchung

---

[1] Im zweiten Halbjahr der vierten Klasse werden die Addition und Subtraktion nur noch vergleichsweise selten im Unterricht thematisiert (da der Schwerpunkt im Arithmetikunterricht auf der halbschriftlichen/schriftlichen Multiplikation und Division liegt), weshalb auf ein letztes Interview am Ende des vierten Schuljahres verzichtet wird.

Zur Förderung und Rekonstruktion flexibler/adaptiver Vorgehensweisen von Kindern beim Lösen von Additions- und Subtraktionsaufgaben wird also eine längsschnittliche Interviewstudie durchgeführt, in der Kinder aus drei Interventionsklassen mit kontinuierlicher Förderung von Flexibilität/Adaptivität sieben Mal im Grundschulverlauf interviewt werden (vgl. Abbildung 4.1).

4.3 Gütekriterien

Die Formulierung von Gütekriterien für qualitative Forschung wird – im Gegensatz zu weitestgehend akzeptierten Kriterien für quantitative Forschung – seit Jahren kontrovers diskutiert (vgl. Überblick in Döring und Bortz 2016, S. 106 ff.). Im Laufe der Zeit sind im Rahmen dieser Diskussion verschiedene Kriterienkataloge entstanden (vgl. z. B. Einsiedler, Fölling-Albers, Kelle und Lohrmann 2013, S. 17 ff.; Mayring 2016, S. 140 ff.; Przyborski und Wohlrab-Sahr 2014, S. 21 ff.), die sich in diversen Punkten stark ähneln.

Die sieben Kernkriterien zur Bewertung qualitativ-empirischer Forschung nach Steinke (1999) haben den Vorteil, dass sie prinzipiell in großen Teilen als „übergreifende Kriterien wissenschaftlicher Qualität" (Döring und Bortz 2016, S. 111) angesehen werden können, weshalb sie bei der Planung und Umsetzung der vorliegenden Untersuchung zugrunde gelegt worden sind (vgl. Steinke 1999, S. 205 ff.).

Die Kriterien werden an dieser Stelle kurz zusammenfassend erläutert und auf die vorliegende Studie bezogen, wobei jeweils auch auf entsprechende Passagen in der Arbeit beziehungsweise dem Anhang im elektronischen Zusatzmaterial verwiesen wird, in denen sich weitere Erläuterungen finden.

Intersubjektive Nachvollziehbarkeit: Durch größtmögliche Transparenz soll intersubjektive Nachvollziehbarkeit als zentrales Gütekriterium (insbesondere) qualitativer Forschung erreicht werden, damit Außenstehende den gesamten Forschungsprozess nachvollziehen und bewerten können (vgl. Steinke 1999, S. 207 ff.). In der vorliegenden Arbeit wurde dafür zunächst das theoretische Vorverständnis sowie der thematisch relevante Forschungsstand dargelegt (vgl. Teil I), um daran anknüpfend das Forschungsinteresse entfalten und das Design der Studie beschreiben zu können (vgl. Kapitel 4). Da sich die Daten dieser Studie aufgrund der Komplexität eines mehrjährigen, explorativen, nicht-standardisierten Projekts vermutlich nicht identisch reproduzieren lassen, ist es von besonderer Bedeutung, die Prozesse der Datenerhebung (vgl. Abschnitt 6.1) und vor allem der Datenauswertung möglichst genau zu dokumentieren. Neben einer zusammenfassenden Beschreibung der Datenauswertung (vgl. Abschnitt 6.2) wird im Anhang im elektronischen

Zusatzmaterial zusätzlich ein Codiermanual mit weiteren Erläuterungen und Anker-beispielen aus den Transkripten (vgl. Anhang C), nebst Transkriptionsregeln (vgl. Anhang B) sowie eine Übersicht über die Ergebnisse der deskriptiven Analysen im gesamten Untersuchungsverlauf (vgl. Anhang D) beigefügt.

Indikation des Forschungsprozesses und der Bewertungskriterien: Ein wei-teres wichtiges Qualitätsmerkmal qualitativer Forschung liegt in der Begründung der Angemessenheit des Forschungsprozesses für das gegebene Forschungsproblem (vgl. Steinke 1999, S. 215 ff.). In Abschnitt 4.2 wurde das Design deshalb ausgehend von den Forschungsfragen (vgl. Abschnitt 4.1) ausführlich begründet und auch die Datenauswertung wird theoriegeleitet erörtert (vgl. Abschnitt 6.2) und an Beispielen begründend dargestellt (vgl. Anhang C).

Empirische Verankerung der Theoriebildung und -prüfung: Bei diesem Güte-kriterium stellt sich die Frage, inwiefern die gebildeten und/oder geprüften Hypo-thesen und Theorien mit empirischen Daten begründet werden (vgl. Steinke 1999, S. 221 ff.).

Mit der vorliegenden Untersuchung soll ein Beitrag zum Verständnis der Rechen-wegsentwicklung von Kindern unter den besonderen Bedingungen der Förderung von Flexibilität/Adaptivität geleistet werden, wobei die entsprechende Unterrichts-konzeption aus theoretischen Grundlagen abgeleitet wird (vgl. Abschnitt 2.3). Auch die Nähe sämtlicher Ergebnisse (vgl. Kapitel 7) zu den daraus resultierenden päd-agogischen Implikationen (vgl. Abschnitt 9.2) ist genuin im Forschungsinteresse angelegt.

Limitation: Mit dem gerade beschriebenen Forschungsinteresse sind auch starke Limitationen (vgl. Steinke 1999, S. 227 ff.) verbunden, da davon auszugehen ist, dass die Daten nicht identisch reproduzierbar und damit auch nicht direkt verallge-meinerbar sind. Interpretationen und Implikationen werden deshalb stets vorsichtig und unter Vorbehalt vor- und angenommen (vgl. Kapitel 7 und 9).

Reflektierte Subjektivität: Die subjektiven Positionen von mir als Forscherin (vgl. Steinke 1999, S. 231 ff.) spielen in der vorliegenden Untersuchung vor allem in der Konzeption der Unterrichtsaktivitäten eine entscheidende Rolle, weshalb zu Beginn des Kapitels 5 grundlegende Entscheidungen dargelegt werden. Darüber hinaus sollen typische Auswertungsfehler (z. B. aufgrund eines vorhandenen Ein-drucks von den Vorgehensweisen eines Kindes aus vorherigen Interviews) mög-lichst minimiert werden, indem die Daten nicht personen-, sondern aufgabenweise analysiert und die Daten im Allgemeinen anonymisiert ausgewertet werden (vgl. Abschnitt 6.2).

Kohärenz: Bezüglich der Kohärenz des Vorgehens (vgl. Steinke 1999, S. 239 ff.) sind für die vorliegende Untersuchung vor allem Aspekte der Datenauswertung und Ergebnisdarstellung relevant. Beim Codieren der Daten können nämlich manchmal keine eindeutigen Zuordnungen vorgenommen werden, weshalb für einige Hauptkategorien die Subkategorie ‚unklar' gebildet werden muss, damit die anderen Subkategorien möglichst eindeutig bleiben (vgl. Anhang C). Darüber hinaus werden besondere Ergebnisse, die gegebenenfalls im Widerspruch zu den anderen Resultaten stehen, an verschiedenen Stellen im Ergebnisteil (vgl. Kapitel 7) dezidiert thematisiert und diskutiert.

Relevanz: Der Beitrag der Studie für den wissenschaftlichen Erkenntnisfortschritt (vgl. Steinke 1999, S. 241 ff.) schließlich liegt vor allem im längsschnittlichen Design, welches aus pragmatischen Gründen in der (deutschsprachigen und internationalen) Mathematikdidaktik nur selten umgesetzt wird. Die vorliegenden Ergebnisse (vgl. Kapitel 7) können wiederum Ausgangspunkte für weitere Forschungsvorhaben sein (vgl. Abschnitt 9.3).

Unterrichtskonzeption zur Förderung von Flexibilität/Adaptivität

5

Ausgehend von bereits entwickelten und erprobten Aktivitäten (vgl. z. B. Schütte 2002b; Rathgeb-Schnierer 2006b; Rechtsteiner-Merz 2013) sowie eigenen (Weiter-) Entwicklungen und Konkretisierungen werden im Laufe des Projektzeitraums Aktivitäten zur kontinuierlichen Förderung flexiblen/adaptiven Rechnens zusammengestellt. Dieses Kapitel gibt einen Überblick über zentrale Elemente der Unterrichtskonzeption. Dafür werden zunächst die grundlegenden Entscheidungen dargelegt (vgl. Abschnitt 5.1) und anschließend zahlreiche Unterrichtsaktivitäten vorgestellt (vgl. Abschnitt 5.2), die in besonderer Weise zur Förderung von Flexibilität/Adaptivität beitragen. Das Kapitel schließt mit einer kurzen Beschreibung der Umsetzung der Unterrichtskonzeption in den Projektklassen (vgl. Abschnitt 5.3).

5.1 Grundlegende Entscheidungen

Die folgenden grundlegenden Entscheidungen bilden das Fundament der Unterrichtskonzeption zur Förderung von Flexibilität/Adaptivität im Grundschulverlauf. Sie stützen sich auf die in Kapitel 1 und 2 herausgearbeiteten und in Abschnitt 3.2 zusammengefassten Faktoren zur Förderung flexiblen/adaptiven Rechnens.

Rechnen auf eigenen Wegen im Austausch untereinander: Vor dem Hintergrund der positiven empirischen Ergebnisse zur Förderung von Flexibilität/Adaptivität mithilfe von Aktivitäten zur Zahlenblickschulung im ersten und zweiten Schuljahr (vgl. Rathgeb-Schnierer 2006b; Rechtsteiner-Merz 2013) sowie der Vermutung, dass sich innerhalb eines solchen Unterrichts sowohl die Emergenz als auch die bewusste Auswahl von Strategien beziehungsweise strategischen Werkzeugen fördern lässt (vgl. Abschnitt 3.2), kommen in den Projektklassen vorwiegend

© Der/die Autor(en), exklusiv lizenziert an Springer Fachmedien Wiesbaden GmbH, ein Teil von Springer Nature 2024
A. Körner, *Flexibles Rechnen im Grundschulverlauf*, Mathematikdidaktik im Fokus, https://doi.org/10.1007/978-3-658-44057-2_5

Aktivitäten zur Zahlenblickschulung zum Einsatz. Die grundsätzliche Annahme besteht darin, dass Kinder durchaus in der Lage dazu sind, eigenständig Lösungswege zu entwickeln und dass diese Wege durch entsprechende Unterrichtsaktivitäten und den Austausch unter den Lernenden weiterentwickelt werden können (vgl. z. B. Schütte 2005b, S. 3 ff.). Anders als im explizierenden Unterricht, in dem Vorgehensweisen beispielsweise in Form von Musterlösungen im Unterricht eingeführt werden (vgl. z. B. Sundermann und Selter 1995, S. 174 f.), werden in den Projektklassen keine Rechenwege vorgegeben. Stattdessen kommen – der sozialkonstruktivistischen[1] Grundhaltung der Zahlenblickschulung entsprechend – Aktivitäten zum Einsatz, die das eigenständige Generieren von Lösungswegen unterstützen, den Blick der Kinder auf Zahl- und Aufgabenbeziehungen lenken, metakognitive Kompetenzen entwickeln und den Austausch untereinander befördern (vgl. Schütte 2005b, S. 3 ff.).

Das Ziel der Entwicklung von Flexibilität/Adaptivität wird dabei für *alle* Kinder formuliert. Die These, dass dies für leistungsschwächere Kinder nicht wichtig oder diese gar dazu nicht in der Lage seien (vgl. z. B. Schipper 2009a, S. 360 f.; Verschaffel, Torbeyns, De Smedt, Luwel und van Dooren 2007, S. 22 ff.), wird nicht zuletzt vor dem Hintergrund vorliegender empirischer Ergebnisse (vgl. Korten 2020; Rathgeb-Schnierer 2006b; Rechtsteiner-Merz 2013) kritisch hinterfragt. Es wird aber erwartet, dass sich Flexibilität/Adaptivität in vielfältigen Ausprägungen (vgl. z. B. Rathgeb-Schnierer 2006b, Rechtsteiner-Merz 2013) zeigen kann und dass das Lösungsverhalten durchaus von weiteren Faktoren (vgl. z. B. Verschaffel, Luwel, Torbeyns und van Dooren 2009, S. 340 ff.) beeinflusst wird, sodass sich in diesem unterrichtlichen Rahmen verschiedene Varianten flexiblen/adaptiven Verhaltens entwickeln können (sollen).

Einsatz von Arbeitsmitteln und Veranschaulichungen: Wenn im Unterricht keine Lösungswege vorgegeben werden, bedarf es alternativer Aktivitäten zur Zahlbegriffs- und Rechenwegsentwicklung. Zum Aufbau tragfähiger Zahl- und Operationsvorstellungen als Grundlage für die eigenständige Entwicklung von Lösungswegen werden deshalb im Unterricht kontinuierlich und ausgiebig ausgewählte Arbeitsmittel und Veranschaulichungen eingesetzt (vgl. Abschnitt 5.2.1). Ausgehend von konkreten Handlungen mit solchen Materialien wird der Aufbau mentaler Vorstellungsbilder von Zahlen und Rechenoperationen unterstützt, um den Kindern eine verständnisorientierte Entwicklung eigener Wege zu ermöglichen

---

[1] An dieser Stelle wird auf eine vertiefende Darstellung lerntheoretischer Hintergründe verzichtet, weil auf dahingehende Ausführungen von Schütte (2008, S. 45 ff.), Rathgeb-Schnierer (2006b, S. 25 ff.) sowie Rathgeb-Schnierer und Rechtsteiner (2018, S. 3 ff.) verwiesen werden kann.

(vgl. Aebli 1993, S. 181 ff.; Fricke 1965, S. 102 ff.; Schipper 2009a, S. 288 ff.). Darüber hinaus dienen Arbeitsmittel und Veranschaulichungen auch als Kommunikations- und Argumentationshilfe beim Austausch der Schüler*innen untereinander (vgl. z. B. ebd., S. 291 f.) und werden deshalb kontinuierlich (nicht nur zu Beginn des Lernprozesses) eingesetzt.

Es ist bekannt, dass Arbeitsmittel und Veranschaulichungen nicht selbsterklärend und prinzipiell mehrdeutig sind (vgl. z. B. Schipper und Hülshoff 1984, S. 54 ff.; Söbbeke 2005, S. 23 ff.; Voigt 1993, S. 147 ff.) und dass Bedeutungen und Strukturen aktiv von den Lernenden hineingedeutet werden müssen (vgl. z. B. Lorenz 1992, S. 183 ff.; Mason 1992, S. 3 ff.; Söbbeke 2005, S. 63 ff.; Steinbring 1997, S. 16 ff.). Deshalb wird eine bewusste Auswahl weniger Arbeitsmittel und Veranschaulichungen getroffen und der Umgang mit den Materialien im Unterricht intensiv behandelt (vgl. z. B. Lorenz 2011, S. 39 ff.; Schipper 2009a, S. 357 ff.; Wittmann 1993, S. 394 ff.).

Förderliche Unterrichtskultur: Aufgrund theoretischer Überlegungen und empirischer Ergebnisse liegt die Vermutung nahe, dass es insbesondere zur Entwicklung von Flexibilität/Adaptivität einer förderlichen Unterrichtskultur bedarf (vgl. z. B. Ellis 1997, S. 493 ff.; Verschaffel, Luwel, Torbeyns und van Dooren 2009, S. 340 ff.; Yackel und Cobb 1996, S. 460 ff.). Im längsschnittlichen Design der vorliegenden Studie (vgl. Kapitel 4) ist eine kontinuierliche Förderung von Beginn an bereits angelegt. In der konkreten Umsetzung bedeutet dies, dass die eigenständige Entwicklung vielfältiger Rechenwege im Austausch untereinander *durchgängig* im Arithmetikunterricht der gesamten Grundschulzeit als wertvoll und erstrebenswert etabliert wird. Es soll ein Bewusstsein darüber aufgebaut werden, dass es zu einer Aufgabe immer eine Vielzahl möglicher Lösungswege gibt und dass die Diskussion dieser Lösungswege ebenso wichtig ist, wie die Lösung der Aufgabe selbst. Zudem soll es zum Lösungsprozess möglichst häufig dazugehören, dass die Aufgabe vor dem Lösen genauer betrachtet und hinsichtlich ihrer Merkmale und Schwierigkeit analysiert wird.

Insbesondere in einer sehr freien Unterrichtskonzeption ist es naheliegend, dass den Lernenden beim Entwickeln eigener Wege auch Fehler unterlaufen. Diese werden im Unterricht als selbstverständliche Bestandteile und sogar als Chancen im Lernprozess angesehen (vgl. z. B. Schütte 2008, S. 161 ff.).

Das Ziel, eine solche Unterrichtskultur zu etablieren, kann vermutlich nicht erreicht werden, indem nur punktuell geeignete Aufgabenformate eingesetzt werden. Diese Haltung sollte stattdessen durchgängig gefördert werden. Deshalb wird in den Projektklassen ein Großteil des Arithmetikunterrichts durch entsprechend vorbereitetes Material gestaltet (vgl. weitere Erläuterungen in Abschnitt 5.3). Obwohl der Schwerpunkt der vorliegenden Studie auf der Entwicklung von Flexibilität/

Adaptivität beim Addieren und Subtrahieren liegt, wird auch unterrichtliches Material zum Multiplizieren und Dividieren entwickelt und eingesetzt. So verläuft die Thematisierung aller Rechenarten vergleichbar und trägt damit zur Bildung der angestrebten Unterrichtskultur bei.

5.2   Unterrichtsaktivitäten

Die Erörterung sämtlicher fachdidaktischer Grundlagen der Konzeption des Arithmetikunterrichts im gesamten Grundschulverlauf würde den Rahmen dieser Arbeit sprengen. Deshalb erfolgt die Darstellung an vielen Stellen zusammenfassend und es wird auf entsprechende Theorien und Studien sowie passende Praxisbeispiele nur verweisen. Umfangreiche Erläuterungen werden vorgenommen, wenn die Unterrichtsaktivitäten in besonderem Maße auf die Förderung von Flexibilität/Adaptivität abzielen.

Die Beschreibung der Unterrichtsaktivitäten orientiert sich an der übersichtlichen Darstellung von Voraussetzungen für flexibles/adaptives Rechnen (vgl. Abbildung 5.1) von Rathgeb-Schnierer und Rechtsteiner (2018). In dieser Darstellung wird bereits angedeutet, dass die zum flexiblen/adaptiven Rechnen notwendigen Fähigkeiten als sich wechselseitig bedingendes Geflecht zu verstehen sind, das im Folgenden zwar sequentiell und thematisch gegliedert beschrieben wird, während in der Unterrichtspraxis aber einzelne Aktivitäten häufig mehrere Aspekte adressieren.

Eine wichtige Grundlage zum (flexiblen/adaptiven) Rechnen bildet das Wissen über Zahlen und Rechenoperationen (vgl. Abbildung 5.1). Es ist also relevant,

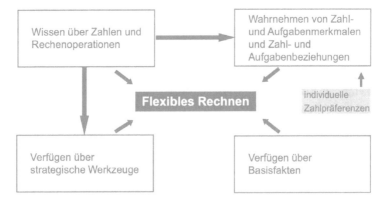

Abbildung 5.1 Voraussetzungen für flexibles/adaptives Rechnen (Rathgeb-Schnierer und Rechtsteiner 2018, S. 74.)

über alle Schuljahre hinweg tragfähige Zahlvorstellungen in verschiedenen Zahlenräumen aufzubauen und ein Operations- sowie Stellenwertverständnis grundzulegen. Die diesbezüglichen konzeptionellen Entscheidungen und Unterrichtsaktivitäten werden in Abschnitt 5.2.1 dargestellt. Dieses Wissen über Zahlen und Rechenoperationen bildet wiederum die Grundlage für die Entwicklung strategischer Werkzeuge und das Automatisieren von Basisfakten, wozu weitere Erläuterungen in Abschnitt 5.2.2 folgen. Da die schriftlichen Verfahren hinsichtlich der Flexibilität/Adaptivität beim Rechnen eine neuralgische Stelle im Lernprozess zu bilden scheinen (vgl. Abschnitt 1.3), wird der unterrichtlichen Thematisierung der Normalverfahren im darauf folgenden Abschnitt 5.2.3 besondere Bedeutung beigemessen. Und abschließend werden in Abschnitt 5.2.4 Unterrichtsaktivitäten vorgestellt, die das Wahrnehmen und Nutzen von Zahl- und Aufgabenmerkmalen und -beziehungen anregen sollen.

5.2.1 Zahl- und Operationsvorstellungen

In der fachdidaktischen Diskussion werden verschiedene Konzepte und Tätigkeiten angeführt, die für die Zahlbegriffsentwicklung relevant sind (vgl. Übersicht in Rathgeb-Schnierer und Rechtsteiner 2018, S. 88 f.), wobei zum Aufbau von Zahl- und Operationsvorstellungen insbesondere das simultane und quasi-simultane Erfassen und Darstellen von Anzahlen und die Entwicklung eines Teile-Ganzes-Konzepts (vgl. z. B. Gerster 2013, S. 203 ff.) sowie das Ordnen und Verorten von Zahlen (vgl. z. B. Lorenz 2004, S. 94 ff.) relevant sind. In den Projektklassen werden deshalb von Beginn an sowohl kardinale (Punktefelder und Mehrsystemblöcke) als auch ordinale (Zahlenstrahl und Rechenstrich) Arbeitsmittel und Veranschaulichungen eingesetzt. Wohlwissend, dass solche Materialien zwar Lernhilfen sein sollen, aber gleichzeitig auch immer Lernstoff sind (vgl. z. B. Lorenz 2011, S. 39 ff.; Schipper 2009a, S. 357 ff.; Wittmann 1993, S. 394 ff.), werden im Unterricht vielfältige Aktivitäten zum Umgang mit den Materialien und dem anschließenden Aufbau mentaler Vorstellungsbilder angeboten. Im Folgenden wird die Auswahl der kardinalen und ordinalen Materialien jeweils kurz begründet und der Einsatz im Unterricht anhand exemplarischer Aktivitäten vorgestellt. Am Ende des Abschnitts folgen einige Anmerkungen zum Aufbau von Stellenwert- und Operationsverständnis.

Arbeitsmittel und Veranschaulichungen

Es wird angenommen, dass „die wesentlichen visuellen Vorstellungsbilder und mentalen visuellen Operationen in der Eingangsklasse ausgebildet werden, vor allem während des Erlernens der Operationen im Zahlenraum bis 20" (Lorenz 1992,

S. 186). Einen wichtigen Schritt auf dem Weg vom Zählen zum Rechnen bildet dabei die Entwicklung der simultanen und quasi-simultanen Zahlerfassung und der strukturierten Zahldarstellung als Grundlage für den Aufbau eines Teile-Ganzes-Konzepts (vgl. z. B. Gaidoschik 2007, S. 69 ff.; Gerster und Schulz 2004, S. 74 ff.; Padberg und Benz 2011, S. 92 ff.; Schipper 2009a, S. 98 ff.). Dafür eignen sich insbesondere kardinale Arbeitsmittel.

Aus der Fülle verschiedener, mehr oder weniger geeigneter Arbeitsmittel für den Anfangsunterricht (vgl. z. B. Radatz 1991, S. 46 ff.) empfehlen verschiedene Autor*innen zum Aufbau von Zahlvorstellungen insbesondere die Verwendung von Zehnerfeldern (vgl. Abbildung 5.2) mit anschließender Erweiterung auf Zwanziger-felder (vgl. z. B. Gaidoschik 2007, S. 53 ff.; Gerster 2013, S. 198 ff.; Rechtsteiner-Merz 2013, S. 230 ff.; Schütte 2008, S. 107 f.). Schütte fasst die Vorteile der Punktebilder in Blockdarstellung (vgl. obere Reihe in Abbildung 5.2) im Zehnerfeld wie folgt zusammen:

- „Die Untergliederung in zwei mal fünf Felder ist überschaubar.
- Die kompakte Anordnung ist gut zu überblicken.
- Verschiedene Teile-Ganzes-Beziehungen sind sichtbar (z. B. 5 als 3 + 2 und 4 + 1).
- Gerade und ungerade Zahlen sind auf einen Blick erkennbar.
- Ergänzung zum vollen Zehner wird immer mit gesehen." (ebd., S. 108)

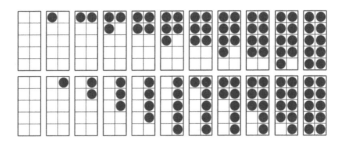

Abbildung 5.2 Zahlbilder im Zehnerfeld in Block- und Reihendarstellung

Darüber hinaus ist es möglich und sinnvoll, neben der Block- auch die Reihendarstellung im Zehner- (und Zwanzigerfeld) zu verwenden (vgl. untere Reihe in Abbildung 5.2), weil dadurch mehr Zahlzerlegungen und -beziehungen sichtbar werden, was unter anderem das Nutzen verschiedener strategischer Werkzeuge beim Lösen von Additions- und Subtraktionsaufgaben befördern kann (vgl. Kaufmann und Wessolowski 2011, S. 53; Rechtsteiner-Merz 2011a, S. 45 ff.; vgl. auch Abschnitt 5.2.2).

Zusammenfassend weist die kombinierte Verwendung von Zehner-, Zwanziger- und (später) Hunderterfeldern folgende Vorteile auf: Durch die Fünfer- und Zehnergliederung wird die quasi-simultane Zahlerfassung und -darstellung unterstützt, während aufgrund der einzeln sichtbaren Punkte weiterhin auch das zählende Erfassen, Darstellen und auch Rechnen möglich ist, sodass die Kinder ihre Vorkenntnisse einbringen können. Mithilfe geeigneter Aktivitäten (s. u.) kann mit diesen Arbeitsmitteln die Ablösung vom zählenden Rechnen unterstützt werden, wobei vielfältige Lösungswege von den Kindern eigenständig entwickelt werden können (vgl. auch Abschnitt 5.2.2). Die Strukturgleichheit der Zehner-, Zwanziger- und Hunderterfelder erleichtert darüber hinaus die jeweiligen Zahlraumerweiterungen. Demnach genügen solche Punktefelder den zentralen fachdidaktischen Ansprüchen an Arbeitsmittel für den arithmetischen Anfangsunterricht (vgl. z. B. Radatz, Schipper und Ebeling 1996, S. 34 ff.; Schipper 2009a, S. 288 ff.) und eignen sich aufgrund der Vielfalt möglicher Deutungen und Vorgehensweisen in besonderem Maße zur Förderung von Flexibilität/Adaptivität von Beginn an (vgl. Rathgeb-Schnierer und Rechtsteiner 2018, S. 92 f.).

Aufgrund der besonderen Bedeutung des Aufbaus von Zahlvorstellungen im Anfangsunterricht werden kontinuierlich verschiedene Aktivitäten mit Punktefeldern[2] angeboten, um ausgehend von einer strukturierten Zahlerfassung und -darstellung die Entwicklung verschiedener, nicht-zählender Lösungswege zu Additions- und Subtraktionsaufgaben anzubahnen. Zur Illustration werden im Folgenden einige, teils spielerische Aktivitäten zum Umgang mit Zehnerfeldern detailliert vorgestellt und mögliche Erweiterungen auf größere Punktefelder kurz skizziert.

Aktivitäten mit Zehnerfeldern: Das (quasi-)simultane Erfassen der Anzahlen im Zehnerfeld – im Unterricht **BlitzBlick** genannt – kann auf vielfältige Weise mit Zehnerfeldkarten[3] gefördert werden (vgl. z. B. Gaidoschik 2007, S. 53 ff.). Zu Beginn bietet es sich an, das schnelle Erkennen der Punkteanzahlen (nachdem die Karten

---

[2] Eine Übersicht über verschiedene Aktivitäten mit Zehnerfeldern findet sich in Rathgeb-Schnierer und Rechtsteiner (2018, S. 117 ff.). Da dieses Werk zum Zeitpunkt der Unterrichtskonzeption noch nicht vorgelegen hat, wird im Folgenden vor allem auf andere Publikationen verwiesen, die bei der Planung der Unterrichtsaktivitäten tatsächlich herangezogen worden sind.

[3] Um einzelnen Aktivitäten einen spielerischen Charakter zu verleihen und damit die Motivation im Umgang mit diesem Arbeitsmittel zu steigern, sind die verschiedenen Zahldarstellungen im Zehnerfeld auf Spielkarten gedruckt worden und in den Projektklassen haben jeweils so viele Kartensätze zur Verfügung gestanden, dass die Kinder paarweise damit arbeiten konnten.

nur kurz gezeigt worden sind) im Plenum oder in angeleiteten Kleingruppen zu thematisieren, um einen Austausch über mögliche Vorgehensweisen (*Wie hast du die Anzahl so schnell gesehen?*) anzuregen und die Vielfalt der Deutungen (*Kann man das auch anders herausfinden?*) thematisieren zu können (vgl. Abbildung 5.3). Zur Übung ist es dann aber durchaus sinnvoll, diese Aktivität in Einzel- oder Partner*innenarbeit durchzuführen, da die einzelnen Kinder dann stärker eingebunden sind als im Gruppengespräch. Der Blitzblick kann dann als Übungsaktivität eingesetzt werden und erhält durch zusätzliche Regeln einen eher spielerischen Charakter. So ist es beispielsweise möglich, allein *gegen die Zeit* anzutreten, also beim Durchgehen eines gesamten Kartensatzes (und Nennen der jeweiligen Anzahlen) die Zeit zu stoppen. Bei mehrfacher Durchführung innerhalb einiger Wochen können hier auch Entwicklungen beobachtet werden. Und in Partner*innenarbeit wird der Wettbewerbscharakter dadurch einbezogen, dass die Kinder gleichzeitig gegeneinander spielen und das Kind, welches die richtige Anzahl zuerst nennt, die Karte erhält.

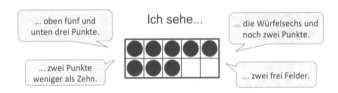

Abbildung 5.3 Verschiedene Sichtweisen auf acht Punkte im Zehnerfeld

Beim Spiel **Stechen** geht es um den Vergleich von Punkteanzahlen (vgl. z. B. Haller und Schütte 2004, S. 15). Zwei (oder mehr) Spieler*innen decken dabei gleichzeitig jeweils eine Karte auf; wer mehr (oder weniger) Punkte auf der Karte hat, gewinnt die ausgespielten Karten. Hierbei ist es nicht (immer) notwendig, die Punkteanzahlen tatsächlich genau zu bestimmen, der Größenvergleich kann beispielsweise auch durch 1:1-Zuordnung der Punkte erfolgen. Als Variante des Spiels kann im Anschluss an den relativen Größenvergleich auch die genaue Differenzbildung eingefordert werden, indem der/die Spieler*in nicht die ausgespielten Karten, sondern die Differenz der Punkte zum Beispiel in Form von Muggelsteinen gewinnt (Beispiel: Die Karten zeigen 7 und 3, also erhält ein*e Spieler*in 4 Muggelsteine). Darüber hinaus ist es auch möglich, dass die Karten nicht nur einzeln, sondern paarweise miteinander verglichen werden. Dann kommt es darauf an, wer die größere (oder kleinere) Summe hat. Bei großen Unterschieden zwischen den Paaren ist auch hier ein relativer Größenvergleich möglich. Bei kleineren Unterschieden und gemischten Darstellungen (Reihen- und Blockdarstellung), bei denen das Zusammensehen der Punkteanzahlen nicht so schnell möglich ist, ist es hingegen hilfreich oder sogar notwendig, die Anzahlen und Summen genau zu bestimmen.

Das Spiel **Zehnerdieb** ist an das Gesellschaftsspiel Halli Galli (Amigo-Spieleverlag) angelehnt, wobei nicht Zerlegungen der Zahl Fünf (wie bei Hali Galli), sondern die Zerlegungen der Zehn von Interesse sind. Zwei (oder mehr) Spieler*innen decken gleichzeitig eine Karte vom Stapel auf, während in der Tischmitte ein Quader aus 2x5 Steckwürfeln (der Zehner) steht. Sobald die Summe der Punkte auf (einer oder) mehreren Karten zehn ergibt, muss der Steckwürfelzehner schnell geschnappt werden, wofür der/die Erste die ausliegenden Karten erhält.

Das schnelle Zusammensehen von Punkten ist auch bei der Aktivität **über oder unter Zehn** relevant (vgl. Rechtsteiner-Merz 2013, S. 109 f.). Hierbei werden jeweils zwei Karten gleichzeitig aufgedeckt und es soll entschieden werden, ob die Summe der Punkte über, unter oder genau Zehn ist. Diese Aktivität kann ohne Zeitdruck in Einzel- oder Partner*innenarbeit durchgeführt werden, wobei sich eine anschließende Analyse der sortierten Paare anbietet (z. B. *Bei welchen Paaren hast du ganz schnell gesehen, wohin sie gehören? Warum?*). Es kann aber – insbesondere als spätere Übungsaufgabe – auch eine Wettbewerbssituation geschaffen werden, bei der es nur darum geht, möglichst viele Karten zu sammeln, die man dann erhält, wenn man als Erste*r die richtige Einschätzung abgibt.

Die bisher beschriebenen Aktivitäten eignen sich gut zur Förderung der (quasi-)simultanen Zahlerfassung mit besonderem Fokus auf verschiedene Zahlzerlegungen und die dem Arbeitsmittel innewohnende Fünfer- und Zehnergliederung. Nach ersten erklärenden Einführungen werden die Aktivitäten kontinuierlich im gesamten Verlauf des ersten Schuljahres eingesetzt, um die nicht-zählende Anzahlerfassung regelmäßig zu üben.

Der erste Schritt von der Anzahlerfassung zum Rechnen kann beim Umgang mit Zehnerfeldern auch schon früh erfolgen, indem die Überlegungen zu Anzahlen und deren Zerlegungen (vgl. Abbildung 5.3) mithilfe passender Terme notiert werden (z. B. *Ich habe 8 Punkte gesehen, weil oben 5 Punkte waren und unten noch 3. Im Mathematikunterricht kann man das so aufschreiben:* $5 + 3 = 8$). An die Einführung dieser Notationsform im gemeinsamen Gespräch kann die Aktivität **ein Punktebild – viele Rechenaufgaben** (vgl. z. B. Rechtsteiner-Merz 2011b, S. 9) anschließen, bei der verschiedene Zahlensätze zu einem Punktebild erfunden werden sollen.

Da beim Bestimmen der Punkteanzahlen im Zehnerfeld vor allem Zerlegungen von Zahlen genutzt werden, die sich gut in Additionsaufgaben darstellen lassen, sind zum Einbezug der Subtraktion oft weitere Impulse notwendig. Über die Anzahl der freien Felder kann bei jedem Bild die Beziehung der jeweiligen Anzahl zur Zehn gut thematisiert werden (*8 Punkte sind zu sehen, wie viele Felder sind frei? Welche Rechenaufgaben passen dazu?*), wobei sowohl die Zerlegung der Zehn (*8 + 2 = 10*) als auch die entsprechenden Umkehraufgaben (*10 – 2 = 8 oder 10 – 8 = 2*) angesprochen werden können. Mit dem Aufsetzen imaginärer **Plus- und Minusbrillen** (in Anlehnung an Selter 2002) kann der Blick der Kinder zusätzlich auf weitere, passende Subtraktionsaufgaben gelenkt werden (*Wir setzen mal die Minusbrille auf. Welche Minusaufgaben könnten zu dem Bild passen? Warum?*). Neben dem selbstständigen Erfinden zum Punktebild passender Additions- und Subtraktionsaufgaben, können auch vorgegebene Aufgaben hinsichtlich der Passung eingeschätzt werden (*Passt die Aufgabe 7 + 4 zu dem Punktebild der 7? Warum (nicht)?*).

Der **Aufbau mentaler Vorstellungsbilder** von Zahlen und Rechenoperationen muss durch gezielte Aktivitäten unterstützt werden, da nicht davon ausgegangen werden kann, dass sich diese Entwicklung bei Kindern allein durch die Handlung an geeignetem Material vollzieht (vgl. z. B. Lorenz 2011, S. 41 ff.). Das Versprachlichen von Deutungen des Arbeitsmittels sowie Handlungen mit demselben, was mit den zuvor beschriebenen Aktivitäten angeregt wird, bildet eine wesentliche Grundlage für die Ausbildung mentaler Vorstellungsbilder (vgl. z. B. Schipper 2009a, S. 301 ff.). Darüber hinaus ist es sinnvoll, mit den Schüler*innen auf einer kindgerechten Meta-Ebene über Strukturen im Arbeitsmittel (beim Zehner- und Zwanzigerfeld insbesondere die Fünfer- und Zehnergliederung) zu sprechen, die beispielsweise zur quasi-simultanen Zahlerfassung und -darstellung genutzt werden können (vgl. Söbbeke 2005, S. 373 ff.). Hierfür kann man die Kinder beispielsweise Zehner- und Zwanzigerfelder (ohne Sicht auf das entsprechende Material) zeichnen lassen. Neben ihrer Funktion als diagnostisches Instrument (*Welche Strukturen wurden in der Zeichnung berücksichtigt?*) können diese Zeichnungen anschließend auch als Ausgangspunkt für gemeinsame Gespräche über Strukturen des Arbeitsmittels dienen (vgl. Röhr 2002, S. 3 ff.).

Da insbesondere leistungsschwache Schüler*innen beim Lösen von Rechenaufgaben nicht automatisch Vorstellungen von Handlungen am Arbeitsmittel aktivieren, sondern auf das Zählen als bewährtes Lösungswerkzeug zurückgreifen, ist es notwendig, den Prozess des Aufbaus mentaler Vorstellungsbilder gezielt zu unterstützen (vgl. z. B. Lorenz 2011, S. 41 ff.). Hierzu wird bereits beim Vorstellen von Anzahlen im Zehner- und Zwanzigerfeld begonnen, indem eine Person verdeckt auf ein entsprechendes Punktefeld blickt und dieses beschreibt (*auf meinem Zehnerfeld sind oben 4 Punkte und unten 3 Punkte*), woraufhin die andere(n) das entsprechende Bild zeichnen. Daran anknüpfend werden Handlungen am Arbeitsmittel beschrieben (*Ich zeichne in meinem Zwanzigerfeld oben 7 Punkte und unten 6 Punkte. Welche Rechenaufgabe könnte dazu passen?*), welche anschließend tatsächlich durchgeführt werden. Umgekehrt werden die Kinder dazu aufgefordert, eine Rechenaufgabe nicht selbst mithilfe des Zehner- oder Zwanzigerfeldes zu lösen, sondern einem anderen Kind die notwendigen Handlungsschritte zu diktieren (vgl. z. B. Rechtsteiner-Merz 2011a, S. 45 ff.; Schipper 2005, S. 21 ff.; Wartha und Schulz 2012, S. 62 ff.). Zur Differenzierung können diese Aktivitäten zunächst mit Sicht auf das Material und die konkreten Handlungen durchgeführt werden. Anschließend wird die Materialhandlung für den/die Beschreibende verdeckt ausgeführt, sodass bei Bedarf jederzeit ein Rückgriff auf das Material möglich ist. Im letzten Schritt erfolgt die Handlung dann rein mental (vgl. z. B. Vierphasenmodell in ebd., S. 62).

Bei all diesen Aktivitäten geht es darum, die Anzahlerfassung und/oder -darstellung sowie Rechenoperationen im Gesamten gedanklich vorwegzunehmen und gegebenenfalls anschließend oder schon zwischenzeitlich am realen Anschauungsmittel zu verfolgen, wobei im Verlauf der Anteil mentaler Aktivität immer weiter steigt, um die Handlungen schließlich in Gänze mental ausführen zu können.

Aktivitäten mit Zwanzigerfeldern: Viele der Aktivitäten mit Zehnerfeldern lassen sich auf den Umgang mit Zwanzigerfeldern übertragen, wobei insbesondere das schnelle Erfassen von Anzahlen (*BlitzBlick*) und das dazugehörige Erfinden verschiedener Rechenaufgaben zu einem Punktebild bei der Einführung dieses Arbeitsmittels im Unterricht thematisiert werden, woraufhin das Zwanzigerfeld auf verschiedene Weise zur Lösung von Additions- und Subtraktionsaufgaben verwendet und der Prozess des Aufbaus mentaler Vorstellungsbilder durch entsprechende Aktivitäten unterstützt wird. Ebenso wie im Zehnerfeld wird auch im Zwanzigerfeld sowohl die Block- als auch die Reihendarstellung verwendet (vgl. Abbildung 5.4), um verschiedene Zahlbeziehungen zu veranschaulichen (vgl. z. B. Kaufmann und Wessolowski 2011, S. 53; Rechtsteiner-Merz 2011b). Parallel werden im Unterricht weiter auch Aktivitäten mit Zehnerfelden angeboten, sodass das Zwanzigerfeld das Zehnerfeld nicht ablöst, sondern ergänzt.

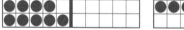 

Abbildung 5.4 Neun Punkte im Zwanzigerfeld in Block- und Reihendarstellung

Aktivitäten mit Hunderterfeldern: Das Hunderterfeld wird unter anderm als zentrales Mittel zur Darstellung der Aufgaben des kleinen Einmaleins verwendet (vgl. Abschnitt 5.2.2), deshalb müssen die Kinder mit den Strukturen dieser Darstellung vertraut sein, um diese nutzen zu können. Dabei ist es naheliegend, die bereits vom Zehner- und Zwanzigerfeld bekannte Aktivität *BlitzBlick* auf das Hunderterfeld zu übertragen (wobei auch immer die Ergänzung zur 100 mit der Frage *wie viele Felder sind frei?* mitgedacht werden kann)(vgl. z. B. Haller, Jestel, Hinrichs, Schütte und Verboom 2004, S. 68 ff.). Darüber hinaus können verschiedene Muster im Hunderterfeld (vgl. Abbildung 5.5), bei denen die Punkteanzahl geschickt ermittelt werden soll, das Erkennen und Nutzen der entsprechenden Strukturen fördern und den Austausch darüber anregen, weil verschiedene Deutungen möglich und erwünscht sind.

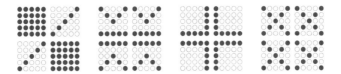

Abbildung 5.5 Muster im Hunderterfeld

Die Darstellung von Anzahlen in strukturierten Punktefeldern lässt sich prinzipiell zu einem Tausend-Punkte-Feld fortführen, welches eine strukturierte Übersicht über diese große Anzahl liefert (vgl. Schütte 2005b, S. 80 f.). Und darauf aufbauend lassen sich große Zahlen (sogar bis eine Million) auf Millimeterpapier darstellen (vgl. Schütte 2006, S. 16 f.). Diese Darstellungen eignen sich aufgrund ihres Detailreichtums gut zur Veranschaulichung der Mächtigkeit der Mengen, sind aber aus ebendiesem Grund für die Darstellung von Rechenwegen im Tausender- und Millionenraum zu umständlich und zu wenig flexibel. Deshalb werden sie nur kurz beim Aufbau von Zahlvorstellungen[4] genutzt, aber anschließend nicht vertiefend thematisiert.

Einsatz von Mehrsystemblöcken: Aufgrund der Nachteile von Punktefeldern für Anzahlen über 100 werden als zusätzliche kardinale Arbeitsmittel auch die Mehrsystemblöcke (mit Einerwürfeln, Zehnerstangen, Hunderterplatten und Tausenderwürfeln) verwendet. Ein Vorteil dieses Materials liegt darin, dass eine rasche, ikonische Darstellung (v. a. Punkte, Striche, Quadrate) möglich ist[5], sodass die Veranschaulichung von Rechenwegen auch im Tausenderraum vereinfacht wird. Die mangelnde Fünfergliederung kann allerdings dazu führen, dass innerhalb der einzelnen Stellenwerte Anzahlen zählend bestimmt werden (vgl. Schipper 2009a, S. 123). Neben

---

[4] Zusätzlich werden zum Aufbau von Zahlvorstellungen im erweiterten Zahlenraum auch verschiedene Fermi-Aufgaben eingesetzt (vgl. z. B. Nührenbörger 2004).

[5] Selbstredend muss diese abstraktere Darstellungsform im Unterricht zunächst erarbeitet werden (vgl. dazu z. B. Schütte 2005a, S. 19).

Aktivitäten zum quasi-simultanen Erfassen (*BlitzBlick*) wird deshalb in den Projektklassen auch gezielt mit den Kindern besprochen, auf welche Art Anzahlen mit Mehrsystemblöcken gelegt (und gezeichnet) werden können, sodass diese schnell erfasst werden können. Daran schließen direkt Aktivitäten zum Übersetzen zwischen verschiedenen Zahlrepräsentationen an: Die mit Material gelegten Zahlen[6] sollen ikonisch, sprachlich (Zahlwort) und symbolisch (Zahlzeichen mit und ohne Stellenwerttafel) dargestellt werden (vgl. Abbildung 5.6).

Abbildung 5.6 Verschiedene Zahldarstellungen

Ein weiterer Vorteil der Mehrsystemblöcke liegt darin, dass sich damit die für den Aufbau des Stellenwertkonzepts notwendigen Bündelungs- und Entbündelungsaktivitäten sehr gut visualisieren lassen (vgl. z. B. Schulz 2014, S. 184 ff.). Hier ist es sinnvoll, im Anschluss an eigene Bündelungsaktivitäten mit unstrukturiertem Material, das fortgesetzte Bündeln (und Entbündeln) mit Mehrsystemblöcken anhand verschiedener Beispiele durchzuführen. Dabei können nicht vollständig gebündelte Zahldarstellungen in der Stellenwerttafel (vgl. Abbildung 5.7) zum Bündeln anregen (vgl. z. B. ebd., S. 184 ff.) und das Entbündeln kann beispielsweise mit Aufgaben zum Halbieren (*Was ist die Hälfte von 50?*) oder zum Abziehen von glatten Zehnerzahlen (*Wie kann ich von 6 Zehnern 3 Einer wegnehmen?*) forciert werden (vgl. z. B. Gaidoschik 2014, S. 28 ff.).

Abbildung 5.7 Unvollständig gebündelte Darstellung der Zahl 445

---

[6] Darstellungen mit Mehrsystemblöcken erfolgen bewusst auch ungeordnet, um so einem unverstandenen Anwenden der Notationsregel entgegenzuwirken (vgl. Gaidoschik 2007, S. 169 ff.).

Auch zum Aufbau von Vorstellungen von größeren Zahlen (über Tausend) können die Mehrsystemblöcke herangezogen werden, wobei mangels vorhandenen Materials in entsprechenden Mengen vermutlich einige Fragen in der Vorstellung geklärt werden müssen. Wenn zuvor Zahlen mit diesem Material so dargestellt und gebündelt worden sind, dass aus zehn Einerwürfeln eine Zehnerstange, aus zehn Zehnerstangen eine Hunderterplatte und aus zehn Hunderterplatten ein Tausenderwürfel wird, könnten prinzipiell auch zehn Tausenderwürfel zu einer Zehntausendertstange, zehn solcher Stangen zu einer Hunderttausenderplatte und zehn dieser Platten zu einem Millionenwürfel gebündelt werden. Während eine Zehntausenderstange vermutlich noch mit konkretem Material dargestellt werden kann, müssen die Hunderttausenderplatte und vor allem der Millionenwürfel in der Vorstellung ‚erbaut‘ werden[7].

Neben der kardinalen Bedeutung von Zahlen, die im Umgang mit Punktefeldern und Mehrsystemblöcken im Vordergrund steht, ist für den Aufbau eines umfassenden Zahlbegriffs auch die Funktion von Zahlen als Ordinalzahlen relevant (vgl. z. B. Hasemann und Gasteiger 2014, S. 109 ff.). Neurobiologische Erkenntnisse weisen beispielsweise darauf hin, dass Zahlen bei Erwachsenen (auch) linear, d. h. auf einem mentalen Zahlenstrahl repräsentiert werden (vgl. z. B. Grond, Schweiter und von Aster 2013, S. 45 ff.; siehe auch Abschnitt 2.3). Zudem lassen sich bestimmte Beziehungen von Zahlen ordinal besser darstellen als kardinal (so ist beispielsweise am Zahlenstrahl die 11 der 10 räumlich näher als der 11. Punkt dem 10. Punkt in einer reihenweisen Darstellung im Zwanzigerfeld). Deshalb werden in den Projektklassen im Grundschulverlauf auch kontinuierlich Zahlenstrahlen sowie der Rechenstrich thematisiert.

Aktivitäten am (leeren) Zahlenstrahl: Ordinale Relationen von Zahlen können gut mit Aktivitäten zum **Verorten von Zahlen** auf unterschiedlich gegliederten Zahlenstrahlen (z. B. von 0 bis 10) thematisiert werden (vgl. Abbildung 5.8). Je weniger Stützpunkte auf dem Zahlenstrahl eingetragen sind, desto wichtiger ist es, Zahlbeziehungen (z. B. Halbierungen, Vorgänger/Nachfolger) zu berücksichtigen (vgl. z. B. Häsel-Weide, Nührenbörger, Moser Opitz und Wittich 2015, S. 92 ff.; Lorenz 2003, S. 36 ff.; Rechtsteiner-Merz 2013, S. 234 f.). Die Zahl 7 kann beispielsweise in den Zahlenstrahlen in Abbildung 5.8 unterschiedlich einfach verortet werden. Im ersten ist sie direkt angegeben, im zweiten kann man die Nachbar-

---

[7] Eine Visualisierung der Dimensionen beispielsweise durch Abkleben der Maße einer Hunderttausenderplatte mit Klebeband auf dem Boden kann diesen Prozess unterstützten (vgl. z. B. Buschmeier, Eidt, Hacker, Lack, Lammel und Wichmann 2012, S. 26 ff.).

zahlen 6 und 8 nutzen und die 7 mittig davon platzieren und im dritten Zahlenstrahl wird es noch schwieriger, weil die 7 zwischen 5 und 10 aber nicht genau mittig in diesem Abschnitt zu verorten ist.

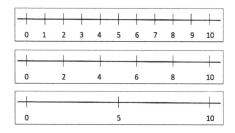

Abbildung 5.8 Zahlenstrahlen mit unterschiedlichen Gliederungen

Zur Übung im Umgang mit Zahlenstrahlen eignen sich auch **Spaziergänge auf dem Zahlenstrahl** gut, wobei neben dem Verorten der Zahlen (*Ich stehe auf der 7*) auch das Identifizieren von Vorgängern und Nachfolgern (*Welche Zahl ist links/ rechts von mir?*) und Bewegungen auf dem Zahlenstrahl (*Ich gehe 5 Schritte vor oder 2 Schritte zurück. Wo bin ich dann?*) thematisiert werden können. Wie auch bei Handlungen am Zehner- und Zwanzigerfeld, ist es dabei sinnvoll, die enaktive oder ikonische Darstellung des Vorgangs am Zahlenstrahl mit der symbolischen Darstellung entsprechender Terme zu verknüpfen ($7 + 5 = 12$ bzw. $7 - 2 = 5$). Nach einer ersten Phase mit visueller Unterstützung können die Aktivitäten anschließend zur Förderung des Aufbaus mentaler Vorstellungen in Gedanken durchgeführt werden.

Auf solche gedanklichen Vorstellungen fokussiert auch das Spiel Mister X (vgl. z. B. Wittmann und Müller 2004, S. 129), bei dem eine Person an eine Zahl denkt und die andere(n) diese durch eingrenzende Nachfragen (z. B. *Ist die Zahl größer als 10? Liegt sie zwischen 10 und 15?*) identifizieren sollen. Anfangs können die einzelnen Schritte noch auf einem sichtbaren Zahlenstrahl dokumentiert werden, um das Spiel später nur in der Vorstellung spielen zu können.

Aktivitäten am Rechenstrich: Insbesondere in erweiterten Zahlenräumen können detaillierte Darstellungen an Zahlenstrahlen schnell unübersichtlich werden beziehungsweise schwierig zu zeichnen sein. Um neben den kardinalen Veranschaulichungen aber auch ordinale Darstellungsmittel für Lösungswege zur Addition und Subtraktion anbieten zu können, wird in den Projektklassen der sogenannte Rechenstrich eingesetzt. Dabei handelt es sich um einen leeren Zahlenstrahl, auf dem Additionen und Subtraktionen – analog zum Zahlenstrahl – als Sprünge dargestellt werden können, wobei aber auf detaillierte Zeichnungen verzichtet wird und Abstände nur grob eingehalten werden müssen (vgl. z. B. Sundermann und Selter 1995, S. 167).

Der Einsatz des Rechenstriches zum Lösen von Additions- und Subtraktionsaufgaben wird dabei schon in der Phase der Orientierung im jeweiligen Zahlenraum mithilfe folgender Aktivitäten angebahnt. Ausgehend vom Bestimmen des Vorgängers beziehungsweise Nachfolgers einer Zahl sowie der Nachbarzehner, -hunderter, -tausender, usw. sollen von einer gegebenen Zahl aus Sprünge zu verschiedenen dieser 'Nachbarn' ausgeführt werden. Durch die Verknüpfung dieser Handlungen am leeren Zahlenstrahl mit der symbolischen Ebene, indem zu solchen Sprüngen passende Gleichungen notiert werden (vgl. z. B. Lorenz 2004, S. 96 ff.), werden Beziehungen zur Addition und Subtraktion hergestellt.

Die vielfältigen Aktivitäten mit verschiedenen Arbeitsmitteln und Veranschaulichungen bilden eine wesentliche Grundlage zum Aufbau von Zahl- und Operationsvorstellungen. Die Aktivitäten werden jeweils zu Beginn der Orientierung in neuen Zahlenräumen (i. d. R. zu Beginn der Schuljahre, zwischen den Sommer- und Herbstferien) intensiv im Unterricht eingesetzt, aber auch darüber hinaus im Schuljahresverlauf regelmäßig wiederholt. Dadurch wird das Nutzen der den Materialien innewohnenden Strukturen kontinuierlich geübt.

Zur Förderung der Flexibilität im Umgang mit den verschiedenen Arbeitsmitteln und Veranschaulichungen werden zudem auch Aktivitäten angeboten, die Übersetzungsprozesse zwischen verschiedenen Darstellungen (vgl. z. B. Söbbeke und Steenpaß 2010, S. 237 ff.; Wittmann und Müller 1994b, S. 18) anregen (z. B. *Zeige die Zahl 356 am Zahlenstrahl. Stelle sie mit Mehrsystemblöcken dar. Notiere sie in der Stellenwerttafel. Springe am Zahlenstrahl/Rechenstrich zum nächsten Hunderter. Ergänze zum vollen Hunderter mit Mehrsystemblöcken.*).

Stellenwertverständnis

Spätestens bei der Erweiterung des Zahlenraums bis 100 dienen Aktivitäten mit Materialien auch dem Aufbau des Stellenwertkonzepts, für das insbesondere das Bündelungsprinzip (d. h. die fortgesetzte Bündelung in Zehnerpäckchen in unserem Dezimalsystem) und das Stellenwertprinzip (demzufolge in einer als Ziffernfolge notierten Zahl die Ziffer nicht nur die Anzahl der entsprechenden Bündel angibt, sondern die Position der Ziffer auch den jeweiligen Wert des Bündels bezeichnet) relevant sind (vgl. z. B. Krauthausen 2018, S. 54 f.). Zum Aufbau von Stellenwertverständnis eignen sich besonders die bereits beschriebenen Aktivitäten mit Mehrsystemblöcken zum Bündeln und Entbündeln, wobei insbesondere unvollständig gebündelte sowie ungeordnete Darstellungen zum Einsatz kommen, um einem unverstandenen Anwenden der Notationsregeln entgegenzuwirken (siehe Abbildung 5.6 und 5.7). Darüber hinaus tragen auch Aktivitäten, die Übersetzungen zwischen verschiedenen Zahlrepräsentationen anregen (z. B. Zahlwort, Zahlzeichen, Darstellungen mit Material, Darstellungen in der Stellenwerttafel; siehe auch Abbildung 5.6), zum Aufbau des Stellenwertkonzepts bei (vgl. z. B. Schulz 2014, S. 183 ff.).

Die regelmäßige Bildung und symbolische Darstellung von Zahlen im dezimalen Stellenwertsystem schlägt sich leider nicht in der deutschen Zahlwortbildung nieder, die von verschiedenen Unregelmäßigkeiten geprägt ist (vgl. z. B. Übersicht in ebd., S. 172 f.). In einer vergleichenden Untersuchung zum Stellenwertverständnis von Kindern in verschiedenen Ländern konnte festgestellt werden, dass beispielsweise französische Erstklässler*innen[8] zur Darstellung zweistelliger Zahlen bevorzugt auf das einzelne Abzählen zurückgreifen, während Kinder, in deren Sprachen die Zahlworte sehr regelmäßig gebildet werden (z. B. Chinesisch und Japanisch), zur Anzahlbestimmung häufig die Strukturierung der Mehrsystemblöcke nutzen, was auf ein schon teilweise ausgebildetes Stellenwertverständnis hindeutet (vgl. Miura, Okamoto, Kim, Steere und Fayol 1993, S. 27 ff.).

Es ist also möglich, dass eine unregelmäßige Zahlensprechweise (wie im Deutschen) den Aufbau des Stellenwertkonzepts erschwert[9] (vgl. z. B. Wartha und Schulz 2012, S. 66 f.). Van de Walle (2004) schlägt daher eine regelmäßige, an den dezimalen Stellenwerten orientierte Sprechweise vor, die er *base-ten language* nennt (z. B. 74 – *seven tens and four*) und die diesen Problemen vorbeugen soll (vgl. van de Walle 2004, S. 189)[10]. In den Projektklassen wird deshalb das Benennen von Zahlen nach diesem Prinzip (z. B. 74 – *sieben Zehner und vier (Einer) oder siebzig und vier*) ebenfalls angeboten.

Operationsverständnis
Parallel zum Aufbau von Zahlvorstellungen und Stellenwertverständnis werden mithilfe der verschiedenen Aktivitäten mit unterschiedlichen Arbeitsmitteln und Veranschaulichungen auch Vorstellungen zu den vier in der Grundschule relevanten Rechenoperationen aufgebaut.

Im Mathematikunterricht können Zahlen und Rechenaufgaben Schüler*innen in vielfältiger Form dargeboten werden, wobei im Allgemeinen zwischen der *enaktiven Ebene* (Handlungen mit konkretem Material), der *ikonischen Ebene* (bildli-

---

[8] Im Französischen lassen sich ebenfalls diverse Besonderheiten der Zahlwortbildung beobachten.

[9] vgl. dazu auch Ergebnisse der Untersuchung von Deutscher 2012, S. 287 ff.

[10] vgl. dazu auch Ergebnisse der Untersuchung von Browning und Beauford 2011

che Darstellungen von Zahlen und Operationen), der *symbolischen Ebene* (Darstellungen mathematischer Symbole) und der *Sprachebene* (Rechengeschichten[11] und verbale Erläuterungen) unterschieden wird. Aebli (1993) zufolge werden Operationen (wie u. a. die Grundrechenarten) als abstrakte Handlungen schrittweise über verschiedene Phasen verinnerlicht. Die Verinnerlichung „ist durch den Fortschritt vom Handeln mit wirklichen Gegenständen (a), zum Durchdenken der Operation aufgrund ihrer Bilder (b) und zum Operieren mit Zeichen (c) gekennzeichnet. (...) Auf jeder Stufe werden die erarbeiteten Zusammenhänge auch mündlich (d) formuliert" (Aebli 1993, S. 239). Hierbei handelt es sich aber nicht um eine starre Reihenfolge, in der die Phasen durchlaufen werden müssen; vielmehr sollte die Vernetzung der verschiedenen Repräsentationsebenen (*intermodaler Transfer*) sowie das flexible Agieren innerhalb einer Form (*intramodaler Transfer*) angestrebt werden, um ein tiefes Operationsverständnis aufzubauen (vgl. Bönig 1994, S. 59 f.). Deshalb werden in den Projektklassen diverse Aktivitäten angeboten, in denen ebendiese Übersetzungsprozesse (vgl. Abbildung 5.9) eingefordert werden (vgl. z. B. Cottmann 2013, S. 18 ff.; Gaidoschik 2014, S. 38 ff.; Kaufmann und Wessolowski 2011, S. 25; Selter 2002, S. 12 ff.).

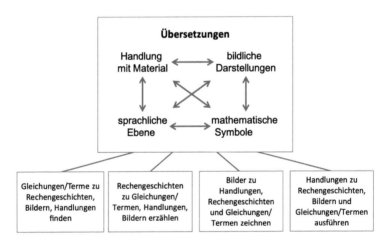

Abbildung 5.9 Intermodale Transfers zwischen den Repräsentationsformen (modifiziert nach Kaufmann und Wessolowski 2011, S. 25)

---

[11] Als Rechengeschichten werden im Unterricht Kontextaufgaben bezeichnet, die in der Regel sehr knapp formuliert sind und über die mathematisch relevanten Inhalte hinaus keine/wenige weitere Informationen enthalten.

Die bisher beschriebenen Aktivitäten mit Punktefeldern adressieren dabei vor allem Übersetzungen zwischen der ikonischen und der symbolischen Ebene (z. B. Aktivität ‚ein Punktebild – viele Rechenaufgaben'), während beispielsweise bei Handlungen mit Mehrsystemblöcken auch die enaktive Ebene einbezogen wird. Insbesondere zu Beginn der Erarbeitung der Rechenoperationen werden zudem auch Rechengeschichten eingesetzt, damit Kinder verschiedene Situationen mit den jeweiligen Rechenoperationen in Verbindung bringen lernen. Für ein umfassendes Bild werden dabei das Verändern, Verbinden, Vergleichen sowie Aus- und Angleichen als Additions- und Subtraktionskontexte thematisiert (vgl. z. B. Schipper 2009a, S. 98 ff.). Darüber hinaus werden beim Subtrahieren regelmäßig Kontextaufgaben, die das Ergänzen beziehungsweise indirekte Subtrahieren nahelegen, eingesetzt, um auch diese beiden, oft unterrepräsentierten Rechenrichtungen frühzeitig und kontinuierlich zu thematisieren. Bei der Multiplikation werden zeitlichsukzessive Handlungen, räumlich simultane Anordnungen und kombinatorische Kontexte angesprochen (vgl. Padberg und Benz 2021, S. 147 ff.) und beim Dividieren schließlich das Aufteilen und Verteilen (vgl. ebd., S. 173 ff.).

Zusammenfassend soll festgehalten werden, dass dem Aufbau tragfähiger Zahl- und Operationsvorstellungen im Kontext der Entwicklung von Flexibilität/ Adaptivität beim Rechnen eine besondere Bedeutung beikommt. Dies gilt insbesondere dann, wenn – dem Emergenzansatz entsprechend – keine Lösungswege vorgegeben werden, sondern der Unterricht konsequent von den kindereigenen Lösungswegen ausgeht und diese durch geeignete Aktivitäten weiterentwickelt werden. Anhand von intensivem und reflektiertem Materialeinsatz vor allem im ersten Schuljahr, aber auch über die weitere Grundschulzeit hinweg, werden die relevanten Zahl- und Operationsvorstellungen kontinuierlich entwickelt und ausgebaut. Diese Materialhandlungen bilden zugleich die Basis für die Entwicklung strategischer Werkzeuge und das Festigen von Basisfakten (vgl. Abbildung 5.1).

5.2.2 Strategische Werkzeuge und Basisfakten

In der deutschsprachigen Fachdidaktik werden Lösungen beim Zahlenrechnen oft hinsichtlich einiger, zentraler Hauptstrategien kategorisiert (vgl. Abschnitt 1.2). Diese Unterscheidung von zumeist vier Hauptstrategien (zzgl. möglicher Mischformen) hat den Vorteil, verschiedene Vorgehensweisen grob einteilen und vergleichen zu können. Gleichzeitig besteht der Nachteil, dass damit die tatsächliche Vielfalt an möglichen Lösungswegen nicht abgebildet werden kann, weshalb eine detailliertere Sicht auf strategische Werkzeuge, die verschieden kombiniert werden können, empfohlen wird (vgl. Kapitel 2).

Im weiteren Verlauf der vorliegenden Arbeit (vgl. Abschnitt 6.2) werden zur Kategorisierung der Vorgehensweisen der Kinder beide Sichtweisen verwendet. Mithilfe weniger Hauptstrategien im Sinne geschlossener Lösungsmethoden lassen sich die Lösungswege auf einfache Weise grob kategorisieren und auch zügig mit den Ergebnissen anderer Studien vergleichen. Der Blick auf strategische Werkzeuge erlaubt hingegen eine detailliertere Sicht auf individuell verschiedene Lösungswege.

Bei der Planung des Unterrichts spielt diese detaillierte Sicht ebenfalls eine zentrale Rolle, da den Kindern – dem Konzept der Zahlenblickschulung folgend – keine Lösungswege (bspw. in Form der Hauptstrategien) vorgegeben werden. Stattdessen geht es um die (Weiter-)Entwicklung eigener Wege, sodass mithilfe entsprechender Unterrichtsaktivitäten gezielt verschiedene strategische Werkzeuge angesprochen werden.

Im Folgenden wird zunächst erläutert, wie die Grundaufgaben der verschiedenen Rechenoperationen im Unterricht der Projektklassen erarbeitet werden, woraufhin die Beschreibung des Zahlenrechnens in erweiterten Zahlenräumen folgt.

Erarbeitung von Grundaufgaben

In verschiedenen Untersuchungen konnte gezeigt werden, dass Kinder zu Schulbeginn bereits über arithmetische Vorkenntnisse verfügen und beispielsweise einfache Additions- und Subtraktionsaufgaben auf vielfältige Weise lösen können, vor allem dann, wenn diese informell präsentiert werden (vgl. z. B. Deutscher 2012, S. 440 ff.; Selter 1995, S. 13 ff.; Spiegel 1992, S. 22 f.). An derartige ersten Ideen der Kinder anknüpfend, werden im Anfangsunterricht der Projektklassen weitere Lösungswege, ausgehend von und unterstützt durch passende Handlungen am Material, entwickelt, um die Ablösung vom zählenden Rechnen als zentrales Ziel des arithmetischen Anfangsunterrichts zu erreichen (vgl. z. B. Häsel-Weide, Nührenbörger, Moser Opitz und Wittich 2015, S. 44 ff.; Hasemann und Gasteiger 2014, S. 141 f.; Krauthausen 2018, S. 268 f.; Gaidoschik 2010, S. 490 ff.; Padberg und Benz 2021, S. 108 ff.; Schipper 2009a, S. 335 ff.; Wartha und Schulz 2012, S. 42 ff.).

In der Fachdidaktik herrscht weitgehend Konsens darüber, dass die Grundaufgaben der vier Rechenoperationen (kleines Einspluseins, Einsminuseins, Einmaleins und Einsdurcheins)[12] nicht Reihe für Reihe, sondern verständnis- und beziehungsorientiert erarbeitet werden sollten. Dabei wird mit der Erarbeitung soge-

---

[12] Obwohl in diesem Projekt schwerpunktmäßig die Entwicklung flexibler/adaptiver Rechenkompetenzen bei der *Addition und Subtraktion* erforscht wird, sind auch entsprechende Aktivitäten zur Zahlenblickschulung für die *Multiplikation und Division* entwickelt worden, um Kontinuität in der Unterrichtsgestaltung (vgl. Abschnitt 5.1) zu ermöglichen. In der vorlie-

nannter Kernaufgaben begonnen, von denen die restlichen Aufgaben anhand von Ableitungsstrategien erschlossen werden können. Das Automatisieren erfolgt vornehmlich anhand produktiver und operativer Übungsformate (vgl. z. B. Gaidoschik 2014, S. 15 ff.; Krauthausen 2018, S. 70 ff.; Padberg und Benz 2011, S. 101 ff. und S. 117 ff.; Wittmann und Müller 1994a, S. 43 ff.). In den Projektklassen sind wir deshalb wie folgt vorgegangen.

Kernaufgaben der Addition und Subtraktion: Die Aufgabenstellungen zum intermodalen Transfer und dem Umgang mit Punktefeldern (vgl. Abschnitt 5.2.1) bilden die Grundlage für die Erarbeitung der Kernaufgaben des kleinen Einspluseins und Einsminuseins. Ausgehend von Punktebildern, die (quasi-)simultan erfasst, zerlegt, vorgestellt, beschrieben und in Zusammenhang mit entsprechenden Additions- und Subtraktions-Termen gebracht werden, werden die Grundaufgaben bis 10 (am Zehnerfeld) und bis 20 (am Zwanzigerfeld) in vielfältiger Form thematisiert.

Als Kernaufgaben – also diejenigen Aufgaben, die von den Kindern möglichst früh automatisiert werden sollen – werden die Addition von 0, 1 und 10, die Zehnerzerlegung und die Verdopplungsaufgaben, die Aufgaben mit 5 als Summand (insbesondere im Zahlenraum bis 10) sowie deren Umkehrungen (im kleinen Einsminuseins) festgelegt (vgl. auch ebd., S. 43 ff.). Dabei können Additionsaufgaben mit 0 und 1 beziehungsweise 10 als Summanden (und deren Umkehrungen) verständnisorientiert anhand von Rechengeschichten beziehungsweise der Darstellung im Zwanzigerfeld thematisiert werden. Die Automatisierung der anderen Kernaufgaben wird durch den häufigen Einsatz in (teils spielerischen) Aktivitäten angebahnt (z. B. Spiel Zehnerdieb für die Zehnerzerlegung).

Strategische Werkzeuge beim Addieren und Subtrahieren: Dem problemlöseorientierten Ansatz und der Konzeption der Zahlenblickschulung folgend (vgl. Kapitel 2), werden bei der Planung des Unterrichts in den Projektklassen anstelle von Ableitungsstrategien im Sinne „geschlossener Lösungsmethoden" (Rathgeb-Schnierer 2006b, S. 56) strategische Werkzeuge betrachtet, die flexibel kombiniert werden können (vgl. ebd., S. 55 f.; Threlfall 2002, S. 42; Threlfall 2009, S. 547 ff.)[13]. Die Grundlage dafür bilden vielfältige Aktivitäten mit Material (vgl. Abschnitt 5.2.1). Beim Format ‚Ein Punktebild – viele Rechenaufga-

---

genden Darstellung der Unterrichtskonzeption wird an entsprechenden Stellen deshalb auch jeweils kurz auf Aktivitäten zur Multiplikation und Division eingegangen.

[13] Im Zahlenraum bis 20 unterscheidet sich diese Sichtweise nicht wesentlich von den beispielsweise in Padberg und Benz (2011) angeführten Kopfrechenstrategien, da häufig die Verwendung eines strategischen Werkzeugs zur Lösung der Aufgaben ausreicht. Dies ändert sich beim Rechnen in erweiterten Zahlenräumen.

ben' wird beispielsweise schon die Verbindung zwischen der ikonischen und der symbolischen Ebene hergestellt. Die Umkehrung, d. h. das Entwicklen passender Punktebilder zu einer gegebenen Rechenaufgabe, ist ein sinnvoller nächster Schritt. Deshalb werden die Kinder zunächst dazu aufgefordert, gegebene Additions- und Subtraktionsaufgaben auf unterschiedliche Weisen im Zwanzigerfeld darzustellen (vgl. z. B. Abbildung 5.10[14]).

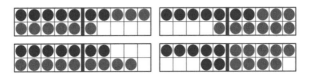

Abbildung 5.10 Verschiedene Darstellungen zur Aufgabe 7 + 9

Diese unterschiedlichen Darstellungen können dann wiederum Grundlage für diverse Zerlegungen und Veränderungen sein, sodass die wichtigen strategischen Werkzeuge zur Addition und Subtraktion im Zahlenraum bis 20 (siehe Tabelle 5.1 und 5.2) eigenständig von den Kindern entwickelt werden können. Die materialgestützte Entwicklung ermöglicht dabei in besonderem Maße eine Verständnisorientierung, wenn sowohl beim Entwickeln der Lösungswege als auch beim Beschreiben derselben nicht nur das Ergebnis relevant ist, sondern auch der Weg. Dadurch können die relevanten mathematischen Gesetzmäßigkeiten, die den strategischen Werkzeugen zugrunde liegen, verständnisorientiert erarbeitet werden.

Eine besondere Herausforderung bei der Entwicklung verschiedener Lösungswege am Zwanzigerfeld liegt dabei auch darin, dass „die Kinder für die Aufgabendarstellung und das Ablesen des Ergebnisses häufig zwischen der Reihen- und der Blockdarstellung wechseln" (Rathgeb-Schnierer und Rechtsteiner 2018, S. 103) müssen. Beispielsweise können beide Summanden der Aufgabe 7+9 zunächst untereinander dargestellt werden (Reihendarstellung, siehe Abbildung 5.10, links unten), sodass die Zerlegungen im Sinne der Kraft-der-Fünf (7 = 5 + 2 und 9 = 5 + 4) durch die Fünfergliederung des Zwanzigerfeldes gut zu erfassen sind. Das Zusammensetzen der beiden Fünfen zum vollen Zehner und das Erfassen der restlichen sechs Punkte erfolgt dann wiederum teils unter Verwendung der Blockdarstellung (volles linkes Zehnerfeld und z. B. sechs als Würfelvier plus zwei auf der rechten

---

[14] Zur Förderung eines flexiblen Umgangs mit diesem Arbeitsmittel werden auch unkonventionellere Darstellungen (wie z. B. die beiden rechten Darstellungen in Abbildung 5.10) thematisiert, wenn sie von den Schüler*innen entwickelt werden.

Tabelle 5.1 Wichtige strategische Werkzeuge zur Addition im Zahlenraum bis 20

strategisches Werkzeug	Beispiel[a][b]
Kraft-der-5 beide Summanden werden in $5 + x$ zerlegt und die Zerlegung neu zusammengefügt	$7 + 9$ $= (5 + 2) + (5 + 4)$ $= (5 + 5) + (2 + 4)$ $= 10 + 6$
Zerlegen-zur-10 ein Summand wird so zerlegt, dass er den anderen zu Zehn ergänzt	$7 + 9$ $= 7 + (3 + 6)$ $= (7 + 3) + 6$ $= 10 + 6$
Nachbaraufgabe Ableiten von einer direkten (oder entfernteren) Nachbaraufgabe	$7 + 9$ $= 7 + (10 - 1)$ $= (7 + 10) - 1$ $= 17 - 1$
Fastverdopplung Ableiten von einer Verdopplungsaufgabe	$7 + 9$ $= 7 + (7 + 2)$ $= (7 + 7) + 2$ $= 14 + 2$
gegensinniges Verändern basierend auf dem Gesetz der Konstanz der Summe bei gegensinnigem Verändern der Summanden	$7 + 9$ $= (7 - 1)(9 + 1)$ $= 6 + 10$
Auffüllen-zur-20[c] Erfassen der freien Felder und Subtraktion dieser von 20	$7 + 9$ $= (10 - 3) + (10 - 1)$ $= (10 + 10) - (3 + 1)$ $= 20 - 4$
Tauschen[d] Nutzen des Kommutativgesetzes durch Perspektivwechsel oder Drehen des Feldes	$7 + 9 = 9 + 7$ 7 oben und 9 unten 9 unten und 7 oben
Analogiebildung Nutzen dekadischer Analogien	$15 + 4$ $= (10 + 5) + 4$ $= 10 + (5 + 4)$ $= 10 + 9$

[a] Die Veranschaulichungen am Zwanzigerfeld verstehen sich als Beispiele, es sind ebenso andere Darstellungen möglich. [b] Die Zahlensätze dienen nur der Erläuterung und werden so nicht im Unterricht thematisiert. [c] Das Auffüllen-zur-20 kann ein im Zwanzigerraum hilfreiches Werkzeug sein, es lässt sich aber nicht sinnvoll in den Hunderterraum übertragen. [d] Das Tauschen tritt schon im Zahlenraum bis 20 in der Regel in Kombination mit anderen Werkzeugen auf, da es allein häufig zur Aufgabenlösung nicht ausreicht.

Tabelle 5.2 Wichtige strategische Werkzeuge zur Subtraktion im Zahlenraum bis 20

strategisches Werkzeug	Beispiel[ab]
Zerlegen-zur-10 der Minuend wird zur 10 zerlegt	$16 - 9$ $= 16 - (6 + 3)$ $= (16 - 6) - 3$ $= 10 - 3$
Zerlegen-der-10 der Zehner des Minuenden wird zuerst zerlegt	$16 - 9$ $= (10 + 6) - 9$ $= (10 - 9) + 6$ $= 1 + 6$
Ergänzen-über-10[c] der Subtrahend wird schrittweise über 10 zum Minuenden ergänzt	$9 + ? = 16$ $= 9 + 1 + 6 = 16$ $= 9 + 7 = 16$
Nachbaraufgabe abziehend Ableiten von einer direkten (oder entfernteren) Nachbaraufgabe	$16 - 9$ $= 16 - (10 - 1)$ $= 16 - 10 + 1$
Nachbaraufgabe ergänzend Ableiten von einer direkten (oder entfernteren) Nachbaraufgabe	$9 + ? = 16$ $= 9 + 9 = (16 + 2)$ $= 9 + (9 - 2) = 16$
Fasthalbierung Ableiten von einer Halbierungsaufgabe	$16 - 9$ $= 16 - (8 + 1)$ $= (16 - 8) - 1$ $= 8 - 1$
gleichsinniges Verändern[d] basierend auf dem Gesetz der Konstanz der Differenz bei gleichsinnigem Verändern von Minuend und Subtrahend	$16 - 9$ $= (16 + 1) - (9 + 1)$ $9 + ? = 16$ $(9 + 1) + ? = (16 + 1)$
Analogiebildung Nutzen dekadischer Analogien	$18 - 3$ $= (10 + 8) - 3$ $= 10 + (8 - 3)$ $= 10 + 5$
Umkehraufgabe Nutzen einer passenden Umkehraufgabe	$16 - 9$ $\rightarrow 9 + ? = 16$ $\rightarrow ? + 9 = 16$

[a] Die Veranschaulichungen am Zwanzigerfeld verstehen sich als Beispiele, es sind ebenso andere Darstellungen möglich; abziehende Wege können bspw. auch anhand des Durchstreichens des Subtrahenden veranschaulicht werden. [b] Die Zahlensätze dienen nur der Erläuterung und werden so nicht im Unterricht thematisiert. [c] Exemplarisch werden einige Werkzeuge hier sowohl abziehend als auch ergänzend dargestellt; prinzipiell wären immer alle drei Rechenrichtungen möglich (vgl. Abschnitt 1.2) [d] Insbes. die Darstellung des gleichsinnigen Veränderns ist nicht selbsterklärend und muss im Unterricht besprochen werden, falls sie kardinal veranschaulicht wird.

Seite). Diese notwendige Flexibilität in der Deutung der Darstellungen unterstreicht noch einmal die Bedeutung der vielfältigen Aktivitäten am Zehner- und Zwanzigerfeld (vgl. Abschnitt 5.2.1) und die Relevanz des Einbezugs selbiger im gesamten Verlauf des ersten Schuljahres (und sogar darüber hinaus).

Um im Unterricht eine möglichst breite Vielfalt an Werkzeugen behandeln zu können, erfolgt nach einer eigenständigen Arbeitsphase ein Gespräch mit anderen Mitschüler*innen sowie der Austausch im Plenum. In solchen Austauschphasen wird neben dem Sammeln verschiedener Wege auch direkt die metakognitive Ebene angesprochen, indem die gesammelten Lösungen miteinander verglichen werden (*Welchen Weg findest du besonders einfach/praktisch/schwierig? Warum?*). Sollten einzelne strategische Werkzeuge im Plenum nicht vorkommen, können sie durchaus als Impulse von der Lehrkraft eingebracht werden. Dies kann beispielsweise anhand fiktiver Kinderlösungen erfolgen: z. B. *Ein Kind hat das mal so gemacht. Was hat es sich dabei überlegt? Wie findet ihr die Lösung?* Dabei geht es – anders als beim Strategiewahlansatz (vgl. Kapitel 2) – aber nicht darum, dass die Kinder diese Lösungswege anschließend verwenden *müssen*. Sie verstehen sich vielmehr als Möglichkeiten, die beispielsweise beim Sammeln verschiedener Lösungswege zu einer anderen Aufgabe adaptiert werden *können*. Das Gespräch über andere Wege ist also obligatorisch, ihre Verwendung hingegen nicht.

Es ist anzunehmen, dass sich operationsbezogene Unterschiede in der Vielfalt der Werkzeuge zeigen, weil Zerlegungen bereits bei der Anzahlerfassung oft geübt und häufiger mit Additions- als mit Subtraktionsaufgaben in Verbindung gebracht werden (vgl. auch Minusbrillen in Abschnitt 5.2.1). Das gegensinnige Verändern kann vermutlich materialgestützt durchaus eigenständig von den Kindern entwickelt werden (bei Bedarf kann dies mit entsprechenden Impulsen unterstützt werden: z. B. *Wie könntest du das Bild (im Zwanzigerfeld) verändern, damit du die Lösung einfacher sehen kannst?*). Das gleichsinnige Verändern beim Subtrahieren wird hingegen vielleicht von keinem Kind in der Klasse eigenständig entdeckt. Hier können aber Bezüge zwischen den Operationen hergestellt werden, indem vom gegensinnigen Verändern beim Addieren ausgegangen wird: z. B. *Bei Plusaufgaben kann man von der einen Zahl etwas zur anderen schieben. Wie ist das bei Minusaufgaben? Was darf man da machen, ohne dass sich das Ergebnis ändert?* (vgl. dazu auch Aktivitäten in Abschnitt 5.2.4).

Um die Vielfalt der Wege nicht einzuschränken, wird darauf verzichtet, ihnen vorgegebene Namen (bspw. in der Fachdidaktik übliche Namen, wie in Tabelle 5.1 und 5.2) zu geben. Stattdessen werden die kindereigenen Beschreibungen und Benennungen verwendet, um den Austausch zu erleichtern (so ist bspw. das gegensinnige Verändern in einer der Projektklassen als 'Verschieben' bezeichnet worden).

Die Unterrichtszeit, die frei wird, weil Kinder keine vorgegebenen Strategien kennenlernen und üben müssen (wie es im traditionellen Unterricht üblich wäre), wird also im Rahmen der Zahlenblickschulung konsequent dafür genutzt, Aufgaben auf eigenen Wegen und nicht nur einmal, sondern auf vielfältige Weise zu lösen sowie über diese verschiedenen Lösungswege reflektierend in Austausch mit anderen Mitschüler*innen zu treten. Das verständnisorientierte Thematisieren der verschiedenen strategischen Werkzeuge wird durch kontinuierlichen Materialeinsatz angebahnt.

Kernaufgaben der Multiplikation und Division: In Anlehnung an Gaidoschik (2014) werden die Grundaufgaben der Multiplikation nicht reihenweise, sondern ganzheitlich – also nach mathematischen Zusammenhängen geordnet – thematisiert. Als Kernaufgaben werden das Verdoppeln, Verzehnfachen und Verfünffachen sowie Aufgaben mit 0 und 1 als Faktor festgelegt (vgl. Gaidoschik 2014, S. 15 ff.). Diese Kernaufgaben werden nicht zusammenhangslos auswendig gelernt, sondern verständnisorientiert erschlossen beziehungsweise erarbeitet: Beim Verdoppeln wird der Bezug zur Addition hergestellt (die Verdopplungsaufgaben sollten schließlich bereits als Kernaufgaben des kleinen Eins*plus*eins bekannt sein) und beim Verzehnfachen das Vorrücken der Ziffer(n) um eine Stelle veranschaulicht (vgl. ebd., S. 76 ff.). Das Verfünffachen kann anschließend aus den 10mal-Aufgaben durch Halbieren abgeleitet werden (vgl. ebd., S. 88 ff.). Einen Sonderfall bilden die Aufgaben mit 0 und 1 als Faktor, deren Lösung sich mithilfe eines soliden Operationsverständnisses herleiten lässt (vgl. ebd., S. 97 ff.). Um die Anzahl an verfügbaren Kernaufgaben zu erhöhen und das Verständnis weiter zu vertiefen, wird das Tauschen als strategisches Werkzeug regelmäßig thematisiert (inkl. entsprechender Veranschaulichungen im Hunderterfeld).

Als letzte in der Grundschule relevante Grundrechenart wird auch die Division nicht reihenweise erarbeitet. Kernaufgaben sind hier das Teilen durch 1, 2, 5, 10 und sich selbst, wobei bei der Erarbeitung dieser Kernaufgaben – neben dem Bezug zu passenden Rechengeschichten zum Aufteilen und Verteilen – stets auf die bekannten Umkehrungen in der Multiplikation verwiesen wird (z. B. *Die Ergebnisse von 5-mal-Aufgaben und mal-5-Aufgaben kennst du bestimmt schon auswendig. Denke beim Teilen durch 5 also immer an die passenden Malaufgaben.*). Im Gegensatz zur engen Verzahnung der Addition und Subtraktion von Beginn an werden die Multiplikation und Division im Unterricht also nacheinander erarbeitet, da der Rückgriff auf entsprechende Umkehraufgaben ein zentrales strategisches Werkzeug zum Lösen von Divisionsaufgaben ist (vgl. z. B. ebd., S. 26; Padberg und Benz 2011, S. 152; Schipper 2009a, S. 153).

Wie auch bei der Addition und Subtraktion erfolgt der Aufbau von Grundvorstellungen in den Projektklassen mit vielfältigen Aufgabenstellungen zum intermodalen Transfer (vgl. z. B. Cottmann 2013, S. 18 ff.; Gaidoschik 2014, S. 38 ff.; Selter 2002, S. 12 ff.), die in verschiedenen Lernformen angeboten werden (z. B. spielerische Aktivitäten, Austausch im Plenum, Stationenarbeit). Ergänzt wird dies durch die entwickelten Hefte *Einmaleins verstehen'* und *Einsdurcheins verstehen'*, mit entsprechenden Aufgabenstellungen, die von den Schüler*innen überwiegend selbstständig bearbeitet werden können[15].

Strategische Werkzeuge beim Multiplizieren und Dividieren: Für die Entwicklung von Lösungswegen zur Multiplikation (und die Veranschaulichung derer zur Division) ist die Darstellung in rechteckigen Punktefeldern sinnvoll (vgl. z. B. Gaidoschik 2014, S. 64 ff.). Aufgrund des Bezugs zum bereits bekannten Zehner- und Zwanzigerfeld werden in den Projektklassen die Grundaufgaben der Multiplikation schwerpunktmäßig im Hunderterfeld dargestellt. Die multiplikative Deutung rechteckiger Punktefelder und umgekehrt die entsprechende Darstellung von Multiplikationsaufgaben im Hunderterfeld werden deshalb schon frühzeitig in diversen Aktivitäten eingefordert. Von Beginn an werden dabei auch mögliche Zerlegungen thematisiert, ohne dass anfangs die Ermittlung des Ergebnisses relevant ist. Die Darstellung der Aufgabe 8 · 7 im Hunderterfeld legt aufgrund der Fünfertrennung des Arbeitsmittels beispielsweise die multiplikativen Zerlegungen in Abbildung 5.11 nahe.

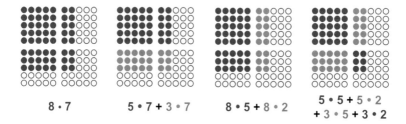

Abbildung 5.11 Verschiedene multiplikative Zerlegungen der Aufgabe 8 · 7

Ausgehend von entsprechenden Darstellungen von Multiplikationsaufgaben im Hunderterfeld können verschiedene strategische Werkzeuge zur Multiplikation (vgl. Tabelle 5.3) materialgestützt eigenständig von den Schüler*innen entwickelt

---

[15] Diese Ergänzung wurde auf Wunsch der Lehrerinnen entwickelt (vgl. Abschnitt 5.3).

werden. In Anlehnung an Gaidoschik (2014) wird das Ableiten von bekannten Kernaufgaben anhand entsprechender Darstellungen im Hunderterfeld angeregt (vgl. z. B. Abbildung 5.12), wobei – wie auch bei der Addition und Subtraktion – häufig verschiedene Lösungswege zu derselben Aufgabe möglich sind (siehe Übersicht in Tabelle 5.3). Diese Vielfalt wird selbstverständlich auch beim Multiplizieren eingefordert und wertgeschätzt. Zur Festigung der Verwendung strategischer Werkzeuge werden in den Projektklassen unbekannte Ergebnisse von Multiplikationsaufgaben konsequent aus Kernaufgaben abgeleitet (nicht über die sukzessive Addition bzw. das Aufsagen der Malreihen).

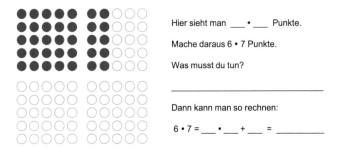

Abbildung 5.12 Ableiten von Kernaufgaben (in Anlehnung an Gaidoschik 2014, S. 70 f.)

Bei der Division lassen sich die meisten strategischen Werkzeuge leider nicht direkt aus Handlungen am Material entwickeln (vgl. z. B. Freudenthal 1983, S. 114 ff.; Schipper 2009a, S. 143 ff.). Es ist aber möglich, die verwendeten multiplikativen Zerlegungen und damit den gesamten Lösungsweg retrospektiv (bspw. am Hunderterfeld) darzustellen (vgl. Übersicht über wichtige strategische Werkzeuge in Tabelle 5.4). Bei den meisten strategischen Werkzeugen wird auf entsprechende Umkehraufgaben zurückgegriffen, was unterstreicht, dass es hilfreich ist, wenn bereits möglichst viele Aufgaben des kleinen Einmaleins automatisiert sind beziehungsweise zügig abgeleitet werden können, bevor Divisionsaufgaben im Hunderterraum gelöst werden.

Die beschriebene Erarbeitung der Grundaufgaben aller Grundrechenarten anhand von Kernaufgaben und Ableitungen soll dazu beitragen, dass die Kinder vielfältige strategische Werkzeuge eigenständig entwickeln und die eigenen Wege im Austausch untereinander weiterentwickeln. Zeitgleich sollen zunächst die Ergebnisse der Kernaufgaben und zunehmend auch die Ergebnisse aller anderen Grundaufga-

Tabelle 5.3 Wichtige strategische Werkzeuge zur Multiplikation im Zahlenraum bis 100

strategisches Werkzeug	Beispiel[a][b]
additive Zerlegung eines Faktors	$6 \cdot 8$ $= 5 \cdot 8 + 1 \cdot 8$
subtraktive Zerlegung eines Faktors	$6 \cdot 8$[c] $= 6 \cdot 10 - 6 \cdot 2$
additive Zerlegung beider Faktoren[d]	$6 \cdot 8$ $= 5 \cdot 5 + 5 \cdot 3 + 1 \cdot 5 + 1 \cdot 3$
multiplikative Zerlegung eines Faktors	$6 \cdot 8$ $= (3 \cdot 2) \cdot 8$ $= 2 \cdot 8 + 2 \cdot 8 + 2 \cdot 8$
gegensinniges Verändern[e]	$6 \cdot 5$ $= (6 : 2) \cdot (5 \cdot 2)$ $= 3 \cdot 10$
Tauschen[f]	$6 \cdot 8 = 8 \cdot 6$
sukzessive Addition[g]	$6 \cdot 8$ $= 8 + 8 + 8 + 8 + 8 + 8$

[a] Die Veranschaulichungen am Hunderterfeld verstehen sich als Beispiele, es sind ebenso andere Darstellungen möglich. [b] Die Zahlensätze dienen nur der Erläuterung und werden so nicht im Unterricht thematisiert. [c] Da dieser Ableitungsweg häufig schwieriger ist, könnte hier auch zuerst getauscht werden, um $6 \cdot 8 = 8 \cdot 6 = 10 \cdot 6 - 2 \cdot 6$ zu rechnen. [d] Diese Zerlegung liegt bei der Darstellung im Hunderterfeld nahe; auf der symbolischen Ebene ist sie aber vergleichsweise umständlich. [e] Das gegensinnige Verändern bietet sich bei der Multiplikation – im Gegensatz zu äquivalenten strategischen Werkzeugen bei der Addition und Subtraktion – nur bei bestimmten Zahlenkombinationen an. [f] Das Tauschen tritt in der Regel in Kombination mit anderen Werkzeugen auf, da es allein häufig zur Aufgabenlösung nicht ausreicht. [g] Die sukzessive Addition wird als strategisches Werkzeug zum Lösen von Multiplikationsaufgaben nicht vertiefend thematisiert, da dieses Werkzeug insbesondere in erweiterten Zahlenräumen sehr zeitaufwändig und fehleranfällig ist.

Tabelle 5.4 Wichtige strategische Werkzeuge zur Division im Zahlenraum bis 100

strategisches Werkzeug	Beispiel[ab]
additive Zerlegung des Dividenden	$48 : 8$ $= (40 + 8) : 8$ $= 40 : 8 + 8 : 8$
subtraktive Zerlegung des Dividenden	$48 : 8$ $= (64 - 16) : 8$ $= 64 : 8 - 16 : 8$
multiplikative Zerlegung des Dividenden	$48 : 8$ $= (2 \cdot 24) : 8$ $= 2 \cdot (24 : 8)$
gleichsinniges Verändern[c]	$48 : 8$ $= (48 : 2) : (8 : 2)$ $= 24 : 4$
Umkehraufgabe	$48 : 8$ $\rightarrow 6 \cdot 8 = 48$ $\rightarrow 8 \cdot 6 = 48$
sukzessive Subtraktion bzw. Addition[d]	$48 : 8$ $\rightarrow 48 - 8 - 8 - 8 - 8 - 8 - 8 = 0$ $\rightarrow 8+8+8+8+8+8 = 48$

[a] Die Veranschaulichungen am Hunderterfeld verstehen sich als Beispiele, es sind ebenso andere Darstellungen möglich. [b] Die Zahlensätze dienen nur der Erläuterung und werden so nicht im Unterricht thematisiert. [c] Das gleichsinnige Verändern bietet sich bei der Division – ebenso wie das gegensinnige Verändern bei der Multiplikation – nur bei bestimmten Zahlenkombinationen an. [d] Die sukzessive Subtraktion bzw. Addition wird als strategisches Werkzeug zum Lösen von Divisionsaufgaben nicht vertiefend thematisiert, da dieses Werkzeug insbesondere in erweiterten Zahlenräumen sehr zeitaufwändig und fehleranfällig ist.

ben aus dem Gedächtnis abgerufen oder zügig von anderen Aufgaben abgeleitet werden, damit die Grundaufgaben für das Rechnen in erweiterten Zahlenräumen als Basisfakten verfügbar sind (vgl. dazu Abschnitt 5.2.4).

Zahlenrechnen in erweiterten Zahlenräumen

Krauthausen plädierte schon 1993 dafür, das (mentale und halbschriftliche) Zahlenrechnen zum Schwerpunkt des Mathematikunterrichts der Grundschule zu machen und das schriftliche Rechnen, nicht mehr – wie im traditionellen Unterricht üblich – als den krönenden „Höhepunkt des Mathematiklernens in der Grundschule" (Krauthausen 1993, S. 191) zu betrachten, sondern nur als *eine weitere Möglichkeit* zur Aufgabenlösung, die die anderen (mentalen oder halbschriftlichen) Lösungswege nicht ersetzen, sondern ergänzen soll (vgl. ebd., S. 201 ff.; siehe auch Abschnitt 1.1). Dem ist natürlich hinsichtlich der Förderung von Flexibilität/Adaptivität im Besonderen zuzustimmen. In den Projektklassen wird also im erweiterten Zahlenraum schwerpunktmäßig das Zahlenrechnen thematisiert und die schriftlichen Verfahren werden erst spät[16] eingeführt, wobei Bezüge zum halbschriftlichen Rechnen hergestellt und parallel weiterhin kontinuierlich Aktivitäten zur Zahlenblickschulung in den Unterricht eingebunden werden (vgl. dazu Abschnitt 5.2.3).

Beim Zahlenrechnen in erweiterten Zahlenräumen gilt es, die beim Lösen von Grundaufgaben entwickelten strategischen Werkzeuge weiterzuentwickeln, wobei weiterhin keine Lösungswege vorgegeben, sondern von den Schüler*innen eigenständig, materialgestützt entwickelt werden (vgl. Abschnitt 5.1). Im Folgenden werden zunächst förderliche Aktivitäten zur Addition und Subtraktion beschrieben, woraufhin thematisiert wird, wie im Unterricht mit Fehlern beim Verwenden strategischer Werkzeuge umgegangen wird. Anschließend folgt ein Exkurs zu verschiedenen Rechenrichtungen beim Subtrahieren, da Ergebnisse verschiedener Studien darauf hindeuten, dass diese im Unterricht gezielt angeregt werden sollten (vgl. Abschnitt 1.3 und 2.2). Außerdem werden einige Anmerkungen zum Thema Rechenwegsnotation formuliert, weil diese in erweiterten Zahlenräumen gegebenenfalls notwendig wird. Zum Schluss wird kurz darauf eingegangen, welche Aktivitäten zur (Weiter-)Entwicklung strategischer Werkzeuge beim Multiplizieren und Dividieren in erweiterten Zahlenräumen eingesetzt werden.

---

[16] Die Verfahren der schriftlichen Addition und Subtraktion werden im letzten Viertel des dritten Schuljahres (nach den Osterferien) und die der schriftlichen Multiplikation und Division im zweiten Halbjahr des vierten Schuljahres eingeführt.

Strategische Werkzeuge beim Addieren und Subtrahieren: Beim Rechnen mit Zahlen, die über die Grundaufgaben hinausgehen, geht es vor allem darum, die Aufgaben so zu zerlegen und wieder neu zusammenzusetzen oder zu verändern, dass dadurch einfachere (Teil-)Aufgaben entstehen, die man auf die Grundaufgaben zurückführen kann. Oft reicht nun nicht mehr ein strategisches Werkzeug zur Aufgabenlösung aus, sodass mehrere Werkzeuge kombiniert werden müssen (vgl. Beispiel in Abbildung 5.13), wobei zu den im vorherigen Abschnitt aufgeführten strategischen Werkzeugen (vgl. Tabelle 5.1 und 5.2) im erweiterten Zahlenraum noch das Werkzeug des Zerlegens einer oder mehrerer Zahl(en) in Stellenwerte (z. B. $56 = 50 + 6$) hinzukommt.

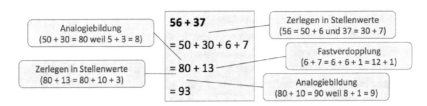

Abbildung 5.13 Kombination strategischer Werkzeuge beim Addieren im Hunderterraum

Da in den Projektklassen auch in erweiterten Zahlenräumen keine Lösungswege vorgegeben werden, kommen verschiedene Aktivitäten zum Einsatz, in denen wichtige strategische Werkzeuge angesprochen werden, um die Kinder beim Übertragen bereits bekannter Werkzeuge und dem entsprechenden (Weiter-)Entwickeln in erweiterten Zahlenräumen zu unterstützen.

Erste Ideen zum Lösen von Additions- und Subtraktionsaufgaben in erweiterten Zahlenräumen können bereits mithilfe von Aktivitäten zum Bündeln und Entbündeln mit Mehrsystemblöcken sowie Sprüngen auf dem (leeren) Zahlenstrahl (vgl. Abschnitt 5.2.1) entwickelt werden. Hierbei wird insbesondere das Werkzeug *Zerlegen und Zusammensetzen* angesprochen. Während beim Umgang mit kardinalen Arbeitsmitteln (wie z. B. den Mehrsystemblöcken) das Zerlegen *beider* Zahlen in ihre Stellenwerte durchaus möglich und auch naheliegend ist, bietet sich dieser Lösungsweg beim Einsatz ordinaler Arbeitsmittel (wie z. B. dem Zahlenstrahl) nicht an. Hier lassen sich dafür besser verschiedene Wege entwickeln, bei denen nur *eine* Zahl zerlegt und anschließend sukzessive zum anderen Summanden addiert beziehungsweise vom Minuenden subtrahiert wird. Dabei sind nicht nur Zerlegungen der Zahl in Stellenwerte, sondern auch weitere Zerlegungen (z. B. mit dem Ziel, glatte Zwischenergebnisse zu erhalten) möglich (vgl. Abbildung 5.14).

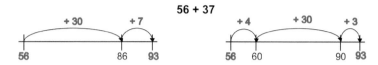

Abbildung 5.14 Exemplarische Lösungswege am Rechenstrich

Das Herstellen und Nutzen von *Analogien* zwischen Aufgaben in erweiterten Zahlenräumen und den bereits bekannten Grundaufgaben kann mit der Aktivität ‚eine kleine – viele große Aufgaben' angeregt werden (vgl. Rathgeb-Schnierer 2011a, S. 42 f.; Anghileri 2000, S. 57 ff.). Ausgehend von einer ‚kleinen' Aufgabe im Zwanzigerraum können durch Veränderung einer oder beider Zahlen verschiedene ‚große' Aufgaben im erweiterten Zahlenraum entwickelt werden (vgl. z. B. Abbildung 5.15).

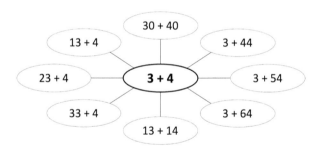

Abbildung 5.15 Eine kleine – viele große Aufgaben (in Anlehnung an Rathgeb-Schnierer 2011a, S. 42)

Darüber hinaus ist auch der Einsatz verschiedener Entdeckerpäckchen sinnvoll (vgl. auch Abschnitt 5.2.4), bei denen Additions- und Subtraktionsaufgaben systematisch verändert und die Auswirkungen dieser Veränderungen auf die Ergebnisse analysiert werden (vgl. z. B. Rathgeb-Schnierer 2006b, S. 175 ff.). Hier lassen sich beispielsweise auch die Konstanzeigenschaften der Operationen einbeziehen. Das *gleich- und gegensinnige Verändern* kann zudem mit Zahlenwaagen und entsprechenden Gleichungen sowie mit Zahlenhäusern[17] (vgl. z. B. Nührenbörger und Pust 2018, S. 89 ff.) thematisiert werden (vgl. Abbildung 5.16). Dabei bietet es sich an, die Aktivitäten sowohl intensiv und mit anschließendem Austausch (z. B. *Wie konntest du so schnell so viele Aufgaben mit dem vorgegebenen Ergebnis finden?*) als auch später als kurze Übungen zur Wiederholung einzusetzen (z. B. indem innerhalb einer vorgegebenen Zeit möglichst viele ‚Stockwerke' der Zahlenhäuser ausgefüllt werden, vgl. auch Abschnitt 5.2.4).

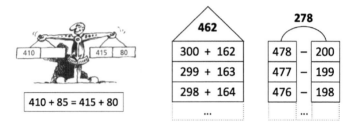

Abbildung 5.16 Zahlenwaage (Schütte 2002a, S. 11) und Zahlenhäuser

Zusätzlich zu diesen Aktivitäten, die kontinuierlich im Unterricht eingesetzt werden, wird auch in erweiterten Zahlenräumen weiterhin nicht nur Wert auf die Lösungen von Aufgaben, sondern besonders auf die Lösungs*wege* gelegt. Deshalb werden wieder möglichst oft verschiedene Wege zu ein und derselben Aufgabe entwickelt, gesammelt und miteinander verglichen. Darüber hinaus kommen Aufgabenstellungen zum Einsatz, die den Blick der Kinder besonders auf Zahl- und Aufgabenmerkmale richten (vgl. dazu Abschnitt 5.2.4).

Umgang mit Fehlern bei der Verwendung strategischer Werkzeuge: Fehler sind ein selbstverständlicher Bestandteil eines jeden Lernprozesses. Zur Entwicklung eines lernförderlichen Unterrichtsklimas ist es deshalb bedeutsam, von Beginn an herauszustellen, dass Fehler Chancen zum Weiterlernen sein können (vgl. z. B. Schütte 2008, S. 161 ff.). Dies kann man unter anderem dadurch erreichen, dass tatsächliche und potenzielle Fehler gezielt zum Unterrichtsgegenstand gemacht und im gemeinsamen Austausch analysiert werden (*Was hat sich das Kind überlegt?*

---

[17] Als Pendant für die Subtraktion wurde die rechte Darstellung in Abbildung 5.16 entwickelt, wobei es hier – wie auch beim Additionsformat – darum geht, zu einem vorgegebenen Ergebnis verschiedene *Subtraktions*aufgaben zu finden.

Warum ist die Lösung nicht richtig? Kannst du mit Material zeigen, warum es nicht richtig ist?).

Nicht nur, aber insbesondere dann, wenn Schüler*innen Lösungswege eigenständig entwickeln, ist es naheliegend, dass dabei Fehler entstehen können. Dies passiert beispielsweise, wenn strategische Werkzeuge zum Lösen von Additionsaufgaben ohne entsprechende Anpassung auf die Subtraktion übertragen werden. So darf bei der Subtraktion beispielsweise das Werkzeug *Tauschen* nicht verwendet werden, weil diese Operation anti-kommutativ ist. Insbesondere in Kombination mit dem Zerlegen beider Zahlen in Stellenwerte und dem anschließend getrennten, stellengerechten Verarbeiten könnten Kinder bei Aufgaben mit Stellenübergängen die Idee entwickeln, das Tauschen einzusetzen (z. B. $53 - 37$ lösen über: $50 - 30 = 20$ und $3 - 7 \rightarrow 7 - 3 = 4$ und $20 + 4 = 24$) und an den entsprechenden Stellen die absolute Differenz bilden (vgl. z. B. Beishuizen 1993, S. 307 ff.; Benz 2005, S. 243 ff.; Fast 2017, S. 219 ff.). Laut Schipper (2009a) gibt es hinsichtlich der Reaktion auf diese Schwierigkeit verschiedene didaktische Positionen. „Sie reichen von einer schlichten Missachtung des Verfahrens (...) bis hin zu der Forderung diese Methode besonders intensiv und ausführlicher als alle anderen zu behandeln" (Schipper 2009a, S. 136). In den Projektklassen wird das Thematisieren dieses Fehlers (mit Bezug zur entsprechenden Materialhandlung bspw. mit Mehrsystemblöcken) als Mittelweg umgesetzt. Dies kann dazu führen, dass Kinder das Zerlegen von Minuend und Subtrahend in ihre Stellenwerte als strategisches Werkzeug nicht nutzen oder so mit anderen Werkzeugen kombinieren, dass ein negatives Teilergebnis verhindert wird (z. B. $53 - 37$ lösen über: $50 - 30 = 20$ und $20 + 3 = 23$ und $23 - 7 = 16$). Alternativ ist es aber auch möglich, dass Kinder diesen Lösungsweg inkl. des Stellenübergangs materialgebunden gut nachvollziehen und dann auch korrekt umsetzen können (z. B. $53 - 37$ lösen über: $50 - 30 = 20$ und $3 - 7 = -4$[18] und $20 - 4 = 16$) (vgl. auch Schütte 2004b, S. 139). Im Sinne des problemlöseorientierten Ansatzes wird den Kindern freigestellt, welche Konsequenz sie ziehen möchten; das (mehrfache) Thematisieren dieser Schwierigkeit soll sie aber dafür sensibilisieren. Gleiches gilt für das Problematisieren des gegensinnigen Veränderns von Subtraktionsaufgaben (z. B. $426 - 199 \neq 425 - 200$) und des fehlerhaften Ausgleiches bei der Verwendung von Hilfsaufgaben beim Subtrahieren (z. B. $426 - 199 \neq 426 - 200 - 1$).

Diese typischen (und auch weitere) Fehler können sowohl dann thematisiert werden, wenn sie in der Klasse tatsächlich auftreten, aber auch unabhängig davon

---

[18] Dieses Ergebnis muss dabei nicht als negative Zahl, sondern als Anweisung, von dem Zwischenergebnis 20 noch 4 abziehen zu müssen, gedeutet werden (vgl. z. B. Padberg und Benz 2011, S. 120).

als fiktive, fremde Lösungen eingebracht und gemeinsam analysiert werden (vgl. Abbildung 5.17). „Metakognitive Prozesse sind einfacher, wenn sie sich auf die dargestellten Denkwege anderer Kinder beziehen. Eigenes Denken ist der Introspektion weniger gut zugänglich, auch nachträglich. Daher ist (...) die Arbeitsmethode vorzuziehen, die fremdes Denken thematisiert" (Lorenz 2006b, S. 115).

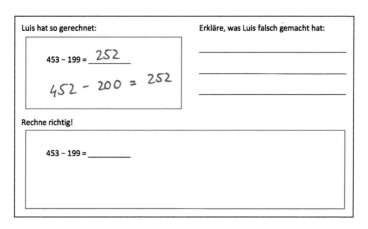

Abbildung 5.17 Fehler in fremden Lösungen finden, erklären und berichtigen

Abziehen und Ergänzen: Freudenthal betonte bereits 1983, dass die primär abziehende Deutung von Subtraktionsaufgaben zu einseitig ist und dem Ergänzen (bzw. Bestimmen des Unterschieds) im Mathematikunterricht eine größere Bedeutung beigemessen werden sollte (vgl. Freudenthal 1983, S. 106 f.; siehe z. B. auch van den Heuvel-Panhuizen und Treffers 2009, S. 108 ff.). Entgegen der populären Sichtweise, dass das Ergänzen als weitere Strategie für die Subtraktion gilt (vgl. z. B. Padberg und Benz 2011; Schipper 2009a; Torbeyns, De Smedt, Ghesquière und Verschaffel 2009a), betonen Selter, Prediger, Nührenbörger und Hußmann (2012) und Schwätzer (2013), dass man bei der Subtraktion zwei beziehungsweise drei Rechenrichtungen (abziehen, ergänzen, indirekt subtrahieren) unterscheiden kann und dass sich sämtliche Strategien mit diesen Rechenrichtungen kombinieren lassen (vgl. Abschnitt 1.2) – was natürlich auch für die zu Beginn dieses Abschnitts beschriebenen strategischen Werkzeuge gelten muss (vgl. Beispiele in Tabelle 5.2).

    Anders als bei Schwätzer (2013) werden in den Projektklassen auch in diesem Zusammenhang keine fertigen Lösungswege oder gar standardisierte Notationsformen vorgegeben (vgl. Schwätzer 2013, S. 85 ff.). Es gilt weiterhin die Annahme, dass jede Aufgabe auf sehr vielfältige Weise gelöst werden kann, wobei die Vielfalt bei der Subtraktion (verglichen mit der Addition) durch die drei möglichen Rechenrichtungen noch höher ist. Die Kinder werden für verschiedene Rechenrichtungen sensibilisiert, indem sie regelmäßig dazu angeregt werden, einige Aufgaben sowohl abziehend als auch ergänzend[19] mit verschiedenen, individuell entwickelten, strategischen Werkzeugen zu lösen (vgl. Abbildung 5.18) und beide Lösungswege vergleichend zu diskutieren (*Welchen Weg findest du besser? Warum? Wann ist das Abziehen besser? Wann das Ergänzen?*). In diesen Diskussionen wird herausgestellt, dass sich *alle* Rechenrichtungen bei *sämtlichen* Subtraktionsaufgaben einsetzen lassen (nicht nur: Ergänzen bei kleinem Abstand)[20].

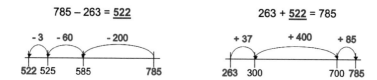

Abbildung 5.18 Beispiele für abziehende und ergänzende Wege am Rechenstrich

Rechenwegsnotationen: Insbesondere wenn Aufgaben im erweiterten Zahlenraum in mehrere Teilaufgaben zerlegt werden, kann es hilfreich und notwendig sein, Zwischenrechnungen oder Teilergebnisse zu notieren, was in sehr vielfältiger Form geschehen kann (vgl. z. B. Thompson 1994, S. 330 ff.). Solche schriftlichen Artikulationen haben (wie auch verbale Darstellungsformen) verschiedene Funktionen im Lösungsprozess. Rathgeb-Schnierer (2006) unterscheidet zwischen Artikulationen als Medium der Entwicklung und als Medium der Beobachtung (vgl. Rathgeb-Schnierer 2006b, S. 90 ff.). Demnach können (schriftliche) Darstellungen eine Hilfsfunktion erfüllen, weil sie zur „Bewusstmachung des eigenen Denkens und (...) Klärung der Gedanken" (ebd., S. 91) beitragen können. Dar-

---

[19] Da das indirekte Subtrahieren in anderen Studien (vgl. z. B. Schwätzer 2013, S. 140 ff.) sehr selten beobachtet werden konnte, werden im Unterricht vor allem die Rechenrichtungen Abziehen und Ergänzen befördert. Sollten Kinder aber eigenständig indirekt subtrahieren, wird dies selbstverständlich einbezogen.

[20] Dies gilt insbesondere vor dem Hintergrund der überraschend positiven Ergebnisse verschiedener Studien, in denen festgestellt werden konnte, dass ergänzende Wege nicht nur bei kleinen Differenzen den abziehenden Wegen hinsichtlich der Ausführungsgeschwindigkeit und teilweise auch bzgl. des Erfolges überlegen sind (vgl. Abschnitt 2.2).

über hinaus können Artikulationen beispielsweise im gemeinsamen Austausch im Unterricht anderen Personen Einblicke in die eigenen Vorgehensweisen geben und damit Lernprozesse für die Lehrer*innen und auch für Mitschüler*innen sichtbar machen (vgl. ebd., S. 90 ff.; auch Carpenter und Lehrer 1999, S. 29 f.).

Schütte (2004) betont aber auch die Ambivalenz von Rechenwegsnotationen, weil sie darin einerseits die Chance als Darstellungsmittel im Austausch untereinander, aber gleichzeitig auch eine Einschränkung beziehungsweise Kanalisierung der Denkwege der Kinder sieht, da das Übersetzen teils komplexer Gedankengänge in einen kommunizier- und für andere nachvollziehbaren Zeichencode sehr anspruchsvoll ist und dazu führen kann, dass im Nachhinein andere (einfacher zu notierende) Rechenwege aufgeschrieben werden (vgl. Schütte 2004b, S. 138 ff.), sodass die Vielfalt an Lösungswegen eingeschränkt wird.

In den Projektklassen werden deshalb zwei Formen von Notationen unterschieden. Zum einen gibt es Notationen, die die Kinder nur für sich anfertigen und die dann auch nicht für andere nachvollziehbar sein müssen. Dadurch soll verhindert werden, dass die Kinder bei *jeder* Notation auch die Verständlichkeit für andere im Blick behalten müssen. Zum anderen werden aber auch gezielt Aufgaben eingesetzt, in denen es darauf ankommt, dass die eigenen Lösungswege so notiert werden, dass andere Personen sie nachvollziehen können, um die dafür notwendigen Fähigkeiten des Kommunizierens (und ggf. Argumentierens) zu fördern. Darüber hinaus wird beispielsweise beim Aufgabensortieren (vgl. auch Abschnitt 5.2.4) auch betont, dass nicht zu jedem Lösungsweg eine Notation erfolgen muss; so können Aufgaben, die als einfach eingeschätzt werden, weil dort beispielsweise die Lösung sofort ‚gesehen' wird, ohne zusätzliche Notationen gelöst werden (vgl. dazu auch ebd., S. 141 und S. 146 f.).

Strategische Werkzeuge beim Multiplizieren und Dividieren: Auch bei der Multiplikation und Division in erweiterten Zahlenräumen lassen sich zu ein- und derselben Aufgabe stets verschiedene Lösungswege entwickeln, sodass auch hier die Förderung von Flexibilität/Adaptivität erstrebenswert ist.

Beim (beispielsweise stellengerechten) Zerlegen beider Faktoren einer Multiplikationsaufgabe erhält man aufgrund des Distributivgesetzes relativ viele Teilprodukte (z. B. $42 \cdot 54 = 40 \cdot 50 + 40 \cdot 4 + 2 \cdot 50 + 2 \cdot 4$). Im Malkreuz können diese Teilprodukte übersichtlich notiert werden (vgl. z. B. Padberg und Benz 2011, S. 186), sodass dieses Instrument den Schüler*innen der Projektklassen als Unterstützung angeboten wird (vgl. Abbildung 5.19).

•	50	4	
40	2 000	160	2 160
2	100	8	108
	2 100	168	2 268

Abbildung 5.19 Multiplikation im Malkreuz und passende Darstellung auf Millimeterpapier

Damit der Umgang mit dem Malkreuz nicht unverstanden erfolgt, werden neben der symbolischen Notation auch immer wieder ikonische Darstellungen in Punktefeldern angeboten und eingefordert (beim Multiplizieren von größeren Zahlen bietet sich der Einsatz von Millimeterpapier an, vgl. Abbildung 5.19). Im Rückbezug zu solchen Darstellungen im Punktefeld können auch typische Fehler (wie beispielsweise das Vergessen von Teilprodukten oder der fehlerhafte Ausgleich bei der Verwendung von Hilfsaufgaben) anschaulich geklärt werden.

Wie schon beim kleinen Einsdurcheins ist es auch beim Dividieren im erweiterten Zahlenraum sinnvoll, Bezüge zur Multiplikation herzustellen und Divisionsaufgaben beispielsweise so zu zerlegen, dass Teilaufgaben entstehen, deren Ergebnis man automatisiert hat oder schnell aus der entsprechenden Umkehraufgabe ableiten kann. Im Unterricht werden deshalb neben verschiedenen Möglichkeiten, Divisionsaufgaben zu zerlegen, insbesondere Aktivitäten eingesetzt, mit denen Bezüge zwischen den beiden Operationen hergestellt werden (vgl. z. B. Abbildung 5.20).

Abbildung 5.20 Erfinden verschiedener Multiplikations- und Divisionsaufgaben zu einer vorgegebenen Zahl

Zusammenfassend soll festgehalten werden, dass der eigenständigen, materialgestützten Entwicklung von Lösungswegen im gesamten Gundschulverlauf besondere Bedeutung beigemessen wird. Bei der Erarbeitung der Grundaufgaben der Grundrechenarten wird von Kernaufgaben ausgegangen, von denen anhand verschiedener strategischer Werkzeuge die Ergebnisse der anderen Aufgaben abgeleitet werden sollen. In erweiterten Zahlenräumen bilden dann diese Grundaufgaben als Basisfakten das Fundament für das Rechnen mit größeren Zahlen, bei dem weiterhin auf Vorgaben verzichtet und konsequent von den Ideen der Kinder ausgegangen wird. Vielfältige Wege und die Verwendung verschiedener strategischer Werkzeuge werden durch diverse, häufig materialgestützte Aktivitäten angeregt, wobei beim Subtrahieren auch ein besonderer Schwerpunkt auf der Verwendung verschiedener Rechenrichtungen liegt.

5.2.3   Schriftliche Verfahren

In verschiedenen Studien konnte festgestellt werden, dass viele Kinder die schriftlichen Algorithmen nach deren Einführung bevorzugen und diese Normalverfahren dann zur Lösung *sämtlicher* Aufgaben verwenden (vgl. Abschnitt 1.3). Demnach kommt der Thematisierung der schriftlichen Verfahren bei der Entwicklung von Flexibilität/Adaptivität eine besondere Bedeutung zu.

In diesem Abschnitt wird zunächst das beim schriftlichen Subtrahieren gewählte Verfahren kurz begründet, woraufhin einige Anmerkungen zur verständnisorientierten Einführung der Algorithmen und die Beschreibung verschiedener Übungsformate folgen.

Verfahren der schriftlichen Subtraktion: Wie in Abschnitt 1.2 bereits ausgeführt, existieren für die schriftliche Subtraktion aufgrund verschiedener Rechenrichtungen und Übergangstechniken mehrere Verfahren. Zum Zeitpunkt der Unterrichtsplanung hat sich in ersten Ergebnissen einer vergleichenden Untersuchung (vgl. Jensen und Gasteiger 2018)[21] gezeigt, dass Kindern, die das Abziehen mit Entbündeln verwenden – im Vergleich zu Schüler*innen, die das Ergänzen mit Erweitern nutzen – die Beschreibung der Übergangstechnik deutlich besser gelingt, wodurch man ein tieferes Verständnis der Technik annehmen könnte. Zudem haben sich beide Gruppen „nicht signifikant in den Lösungsraten des Gesamttests unterschieden" (ebd., S. 508), sodass festgehalten werden kann, dass viele Schüler*innen

---

[21] Die umfangreiche Darstellung der Studienergebnisse (Jensen und Gasteiger 2019) lag zum Zeitpunkt der Unterrichtsplanung noch nicht vor.

dieser Untersuchung das Verfahren Abziehen mit Entbündeln erfolgreich durchführen und vor allem nachvollziehen konnten.

Aufgrund der theoretisch begründeten und empirisch bestätigten Vorteile des Abziehens mit Entbündeln wird dieses Verfahren der schriftlichen Subtraktion für die Projektklassen gewählt, wobei bei der unterrichtlichen Behandlung auch die Nachteile dieses Verfahrens im Blick behalten und möglichst abgemildert werden sollen. Es ist anzunehmen (vgl. z. B. Gerster 2012, S. 42 f.; Padberg und Benz 2011, S. 240 ff.), dass Aufgaben mit mehreren Stellenübergängen und Aufgaben mit (mehreren) Nullen im Minuenden mit dem Entbündeln vergleichsweise schwierig zu lösen sind, da die Rechnung durch mehrfache Durchstreichungen unübersichtlich und dadurch fehleranfällig werden kann[22]. Aufgaben mit solchen Merkmalen werden in den Projektklassen deshalb bei der verständnisorientierten Erarbeitung und beim Üben besonders berücksichtigt. Ein wesentlicher Vorteil der anderen beiden gängigen Verfahren ist zudem, dass mit ihnen die selten verwendete Rechenrichtung Ergänzen thematisiert wird und diese durch die Verwendung im schriftlichen Algorithmus gegebenenfalls besser verankert werden könnte (vgl. auch Wittmann 2010, S. 35 ff.). Im Umkehrschluss bedeutet dies, dass bei der Verwendung des schriftlichen Verfahrens Abziehen mit Entbündeln dem Ergänzen beim Zahlenrechnen eine besondere Bedeutung beigemessen werden sollte (vgl. Abschnitt 5.2.2).

Verständnisorientierte Einführung der Verfahren: Bei der Thematisierung der Algorithmen im Grundschulunterricht sollte „das *gründliche Verständnis* der schriftlichen Rechenverfahren [...] und *nicht* einseitig eine hohe Rechensicherheit" (Padberg und Benz 2011, S. 222, Herv. i. O.) im Vordergrund stehen, sodass der Veranschaulichung der Übergangstechnik mit Material eine große Bedeutung zukommt. Da Mehrsystemblöcke[23] eines der zentralen Arbeitsmittel des bisherigen Unterrichts in den Projektklassen sind (vgl. Abschnitt 5.2.1), liegt es nahe, die Übergangstechniken der schriftlichen Addition und Subtraktion ebenfalls damit zu veranschaulichen[24]. Aufbauend auf bereits vorhandenen Kenntnissen zum Bün-

---

[22] Diese Annahme wird in den Ergebnissen von Jensen und Gasteiger (2018, 2019) bestätigt, von Mosel-Göbel (1988) hingegen nicht.

[23] Das in Schulbüchern häufig vorzufindende Spielgeld als Veranschaulichungsmittel hat m. E. den Mehrsystemblöcken gegenüber keinen Vorteil hinsichtlich der Veranschaulichung des Entbündelns als Übergangstechnik; gleichzeitig besteht der Nachteil, dass der vermeintliche Realitätsbezug nur über realitätsferne Einschränkungen durch die Beschränkung auf 1 Eurostücke, 10 Euroscheine und 100 Euroscheine zu realisieren ist (vgl. auch Padberg und Benz 2011, S. 226).

[24] Bei der Multiplikation und Division wird zudem auf die bekannten Darstellungen in Punktefeldern (vgl. Abschnitt 5.2.2) zurückgegriffen. Als Unterstützung auf dem Weg vom halb-

deln und Entbündeln (vgl. Abschnitt 5.2.1) lassen sich die schriftlichen Verfahren materialgestützt anschaulich herleiten, wobei im Sinne fortschreitender Schematisierung (vgl. Treffers 1983, S. 16 ff.) Bezüge zwischen dem halbschriflichen und schriftlichen Rechnen hergestellt werden können und sollen. Dabei wird (entgegen dem schrittweisen Vorgehen in einigen Schulbüchern) direkt mit Aufgaben *mit Stellenübergängen* begonnen, da das (gestützte) Kopfrechnen für Aufgaben ohne Übergänge häufig vorteilhafter ist und der Mehrwert der Algorithmen unter anderem besonders darin liegt, dass der Umgang mit Stellenübergängen durch entsprechende Techniken vereinfacht wird. Das Lösen verschiedener Aufgaben mit (mehreren) Stellenübergängen mithilfe konkreter, zum Algorithmus passender Handlungen mit Mehrsystemblöcken sowie die ikonische und symbolische Darstellung dieser Handlungen bildet deshalb den Schwerpunkt bei der Einführung der Verfahren in den Projektklassen. Das Verständnis der schriftlichen Verfahren wird anschließend mithilfe verschiedener Übungsformate vertieft.

Übungsformate: Das **Erklären des Vorgehens** beim schriftlichen Rechnen (vgl. Abbildung 5.21) zielt darauf ab, dass die einzelnen Schritte der Algorithmen in den Blick genommen und möglichst detailliert beschrieben werden. Die Erläuterungen der Kinder sind wiederum eine gute diagnostische Grundlage, da sie Aufschluss darüber geben, ob das Verfahren korrekt durchgeführt und beschrieben wird und ob auch Begründungen der Übergangstechniken angeführt werden. Solche Begründungen werden gegebenenfalls zudem durch entsprechende Rückfragen direkt forciert (z. B. *Warum hast du diese Zahl durchgestrichen? Warum kommen hier jetzt 10 dazu?*, vgl. auch entsprechende Testaufgabe in Jensen und Gasteiger 2019).

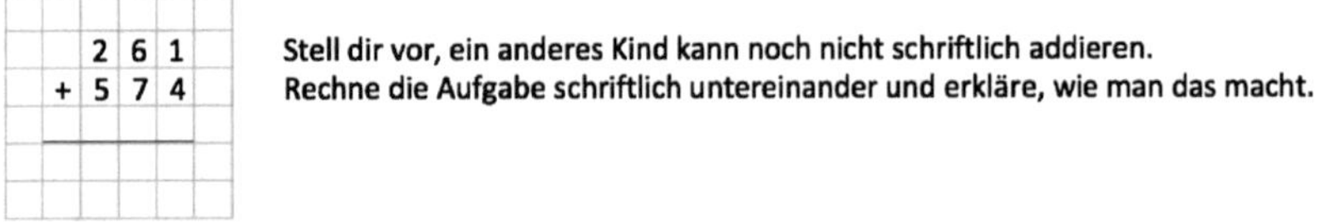

	2	6	1
+	5	7	4

Stell dir vor, ein anderes Kind kann noch nicht schriftlich addieren.
Rechne die Aufgabe schriftlich untereinander und erkläre, wie man das macht.

Abbildung 5.21 Aufgabenstellung zum Erklären der schriftlichen Addition

Auch sogenannte **Klecksaufgaben** – d. h. bereits ausgerechnete Aufgaben, bei denen einige Ziffern durch ‚Kleckse‘ verdeckt sind – zielen auf die Vertiefung des

---

schriftlichen zum schriftlichen Multiplizieren wird außerdem die Gittermethode eingesetzt (vgl. Höhtker und Selter 1998, S. 17 ff.; Winkel 2008, S. 25 ff.; Winter 1985, S. 4 ff.).

Verständnisses ab. Bei diesen Aufgaben ist es nicht ausreichend, die Algorithmen in der gängigen Schrittfolge zu durchlaufen, stattdessen muss verstanden worden sein, welche Bedeutung die einzelnen Ziffern haben und wie sie gebildet werden (vgl. z. B. Padberg und Benz 2011, S. 236). Die Beispiele in Abbildung 5.22 zeigen, dass sich durch Variation der Anzahl und Anordnung der ‚Kleckse' zwecks Differenzierung Aufgaben unterschiedlichen Schwierigkeitsgrads entwickeln lassen.

Welche Ziffern sind hinter den Klecksen versteckt?

Abbildung 5.22 Klecksaufgaben zur schriftlichen Addition

Wie schon beim Zahlenrechnen (vgl. Abschnitt 5.2.2) werden auch bei der Behandlung der schriftlichen Verfahren Fehler gezielt zum Unterrichtsgegenstand gemacht. Beim **Finden, Erklären und Berichtigen von Fehlern** (vgl. Abbildung 5.23) geht es nicht primär um die Anwendung der Algorithmen, sondern um das Nachvollziehen und Begründen fehlerhafter Bearbeitungen (vgl. z. B. Kobr 2009, S. 16 ff.). Durch entsprechende Erläuterungen der Fehler und die Korrektur der Rechnungen (bspw. auch unter Rückgriff auf entsprechende Materialhandlungen) wird zum einen das Verständnis für die Algorithmen weiter vertieft, zum anderen werden die Schüler*innen dadurch auch für besondere Schwierigkeitsmerkmale sensibilisiert, was dazu beitragen kann, dass entsprechenden Fehlern (z. B. im Umgang mit mehreren Stellenübergängen oder Nullen im Minuenden) vorgebeugt wird.

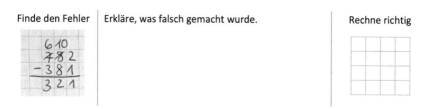

Abbildung 5.23 Fehler finden, erklären und berichtigen

Neben einem gründlichen Verständnis geht es im Mathematikunterricht natürlich *auch* darum, Sicherheit und Geläufigkeit bei der Verwendung der schriftlichen Verfahren zu gewinnen, was besonders gut durch den Einsatz **produktiver Übungsformate** erreicht werden kann (vgl. dazu auch Abschnitt 5.2.4). Bei der Bildung verschiedener Aufgaben mit demselben oder einem möglichst kleinen/großen Ergebnis mithilfe vorgegebener Ziffernkarten (vgl. z. B. Sander 1995, S. 2 ff.; Wittmann und Müller 1994b, S. 33 ff.) oder der Subtraktion verwandter IRI- oder ANNA-Zahlen (vgl. z. B. Steinweg, Schuppar und Gerdiken 2007, S. 21 ff.; Verboom 1998, S. 48 f.) werden die schriftlichen Verfahren eingeübt, darüber hinaus sind aber auch weitere Entdeckungen sowie das Erforschen und Begründen von Zusammenhängen möglich, sodass solche Aufgaben bevorzugt zur Übung eingesetzt werden.

Wichtig ist zudem, dass Aufgaben mit besonderen Merkmalen möglichst nicht zum Üben der schriftlichen Verfahren genutzt werden. In diversen Aufgabensammlungen und Schulbüchern lassen sich häufig Aufgaben wie in Abbildung 5.24 finden. Zur Übung (insbesondere der Übergangstechnik) ist es natürlich vorteilhaft, dass diese Aufgaben mehrere Stellenübergänge haben, allerdings wäre es zur Förderung von Flexibilität/Adaptivität hier kontraproduktiv, die Verwendung der schriftlichen Verfahren einzufordern, da sich diese Aufgaben aufgrund der Hunderternähe eines Summanden sehr geschickt im Kopf oder halbschriftlich lösen lassen.

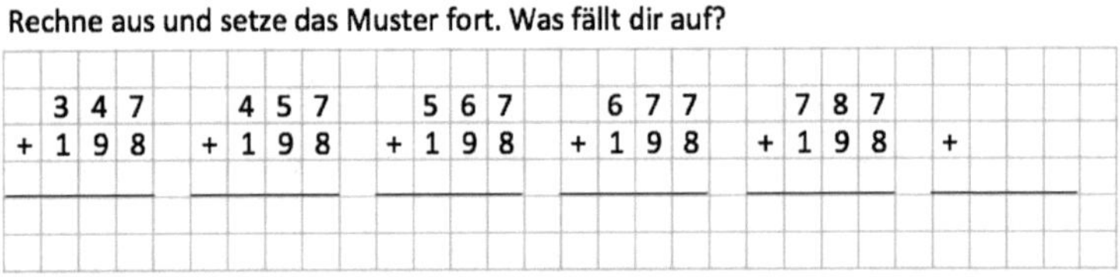

Rechne aus und setze das Muster fort. Was fällt dir auf?

Abbildung 5.24 Entdeckerpäckchen zur schriftlichen Addition

Zusammenfassend soll festgehalten werden, dass es sich bei der Einführung der schriftlichen Verfahren um eine neuralgische Stelle in der Entwicklung von Flexibilität/Adaptivität handelt (vgl. Abschnitt 1.3). Deshalb liegt auch in erweiterten Zahlenräumen ein Schwerpunkt auf dem Zahlenrechnen und die schriftlichen Verfahren werden vergleichsweise spät thematisiert, wobei besonders Wert auf das Verständnis der Übergangstechniken gelegt wird. Um eine Dominanz der Algorithmen (die in anderen Studien beobachtet werden konnte) zu verhindern, werden bereits während der Einführung und Einübung der Algorithmen auch weiterhin Aktivitäten eingesetzt, in denen das Zahlenrechnen thematisiert wird und die den

Blick der Kinder besonders auf Merkmale und Beziehungen lenken (vgl. dazu auch Abschnitt 5.2.4).

5.2.4 Zahl- und Aufgabenmerkmale und -beziehungen

Eine wichtige Voraussetzung für flexibles/adaptives Rechnen bildet das Wahrnehmen und Nutzen von Zahl- und Aufgabenmerkmalen und -beziehungen (vgl. Abschnitt 2.3). Zahlreiche Aktivitäten aus den vorherigen Abschnitten zum Aufbau von Zahl- und Operationsvorstellungen, der Entwicklung strategischer Werkzeuge sowie der Erarbeitung und Übung der schriftlichen Verfahren, zielen ebenfalls auf das Erkennen und Nutzen von Merkmalen und Beziehungen ab. Beim Erfassen von Punkteanzahlen in Zehner-, Zwanziger- oder Hunderterfeldern kann man sich beispielsweise verschiedene Zerlegungen und Beziehungen zu anderen Anzahlen zunutze machen. Die materialgebundene Entwicklung *verschiedener* strategischer Werkzeuge ermöglicht und erfordert das Wahrnehmen und Nutzen von besonderen Zahl- und Aufgabenmerkmalen. Zusätzlich zu den zuvor beschriebenen Aktivitäten und der allgemeinen (Flexibilität/Adaptivität fördernden) Unterrichtskultur, werden noch folgende, weitere Aufgabenformate eingesetzt, die im Besonderen auf Zahl- und Aufgabenmerkmale und -beziehungen fokussieren.

Eine Aufgabe – viele Wege: Für das vorliegende Forschungsprojekt wird angenommen, dass die Entwicklung flexiblen/adaptiven Rechnens einer kontinuierlichen Förderung bedarf, damit eine Unterrichtskultur etabliert werden kann, in der der Fokus auf der Vielfalt von Rechenwegen liegt (vgl. Abschnitt 3.2 und 5.1). Nachvollziehen, Beschreiben und Vergleichen verschiedener Wege sind deshalb von Beginn an zentrale Bestandteile des Unterrichts.

Über alle Schuljahre hinweg werden im Unterricht also nicht nur die Lösungen von Rechenaufgaben, sondern die Lösungswege in den Mittelpunkt gerückt. Das Aufgabenformat ‚Eine Aufgabe – viele Wege' (vgl. auch Abschnitt 5.2.2) kommt deshalb regelmäßig zum Einsatz. Neben eigenständigen Sammlungen und dem Austausch in Kleingruppen beziehungsweise im Plenum können hier auch fremde Wege eingesetzt werden. Dabei können verschiedene richtige und auch fehlerhafte Lösungswege zum Einsatz kommen (vgl. z. B. Abbildung 5.25), die von den Kindern zunächst nachvollzogen und beschrieben werden sollen. Anschließend können mögliche Ursachen und Lösungsmöglichkeiten für Fehler thematisiert werden (z. B. *Wie kommt Ken auf die Idee, die Aufgabe so zu verändern? Erkläre (ihm), warum das nicht richtig ist. Wie könnte man die Aufgabe stattdessen verändern?*). Darüber hinaus können solche Sammlungen verschiedener Lösungswege zu

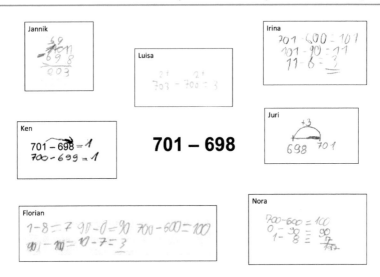

Abbildung 5.25 Verschiedene Wege zur Aufgabe 701 − 698

einer Aufgabe wiederum Grundlage für Gespräche bezüglich der Adaptivität sein (*Welchen Weg findest du besonders einfach/schwierig/geschickt? Warum?*), wobei sowohl die jeweiligen Aufgabenmerkmale als auch individuelle Präferenzen zur Begründung herangezogen werden können.

Aufgaben sortieren: Ein zentrales Aufgabenformat der Zahlenblickschulung ist das Aufgabensortieren (vgl. auch Abschnitt 2.3), weil es darauf abzielt, den Rechendrang der Kinder aufzuhalten und ihren Blick auf Zahl- und Aufgabenmerkmale und -beziehungen zu lenken. Das Wahrnehmen selbiger ist wiederum eine wichtige Grundlage für die Entwicklung und Verwendung verschiedener strategischer Werkzeuge (vgl. Rathgeb-Schnierer 2008, S. 8 ff.).

Rathgeb-Schnierer (2006) führt verschiedene Lernangebote zum Sortieren an, sodass der regelmäßige Einsatz dieses Aufgabenformats vielfältig gestaltet werden kann. Dabei können sowohl vorgegebene als auch selbst erfundene Aufgaben nach subjektiven oder objektiven Kategorien sortiert werden (vgl. Übersicht in Rathgeb-Schnierer 2006a).

Bereits im ersten Schulhalbjahr wird beispielsweise damit begonnen, bei vorgegebenen Aufgaben zu entscheiden, ob man sie *einfach* oder *schwierig* findet (vgl. auch Abbildung 2.5). Die entsprechenden Sortierungen sind dann wiederum

Grundlage für einen Austausch, in dem verschiedene Ideen zum Lösen (insbesondere) der schwierigen Aufgaben (z. B. am Zwanzigerfeld) gemeinsam diskutiert werden. Werden bestimmte Aufgaben im Verlauf mehrfach sortiert, lassen sich zudem auch Lernentwicklungen beobachten (z. B. *Diese Aufgabe habe ich beim letzten Mal noch schwierig gefunden, jetzt weiß ich, wie ich sie mir vereinfachen kann*, vgl. Rathgeb-Schnierer 2011a, S. 41 ff.).

Neben solchen subjektiven Kriterien können auch objektive Merkmale zum Sortieren herangezogen werden. Ab dem zweiten Schuljahr wird zum Beispiel mit der Sortiermaschine in Abbildung 5.26, die mit verschiedenen Subtraktionsaufgaben ‚gefüttert' werden soll, der Blick auf Stellenübergänge gelenkt, sodass sich eine gute Gelegenheit zum Austausch über diesen besonderen Schwierigkeitsfaktor (insbesondere beim Subtrahieren) bietet (z. B. *Welche Aufgaben sind einfach/schwierig zu rechnen? Woran liegt das? Wie kann man die Aufgaben, die unter den Zehner gehen, lösen?*).

Um verschiedene Rechenrichtungen beim Subtrahieren in den Blick zu nehmen, werden Subtraktionsaufgaben beispielsweise auch dahingehend sortiert, ob sie besser abziehend oder ergänzend gelöst werden könnten (vgl. Abbildung 5.27) (*Bei welchen Aufgaben ergänzt du lieber? Wann ziehst du lieber ab? Warum?*, vgl. dazu auch Abschnitt 5.2.2).

Sobald die schriftlichen Verfahren im Unterricht thematisiert worden sind, dienen darüber hinaus auch die verschiedenen Rechenformen als Sortierkategorien, sodass beispielsweise entschieden werden muss, ob eine Aufgabe im Kopf oder schriftlich gerechnet werden soll.

Beim Aufgabensortieren existieren also verschiedene Variationsmöglichkeiten, was einen regelmäßigen Einsatz dieses Aufgabenformats erleichtert. Dies zielt darauf ab, dass die Kinder das Betrachten und Analysieren von Aufgaben hinsichtlich ihrer Zahl- und Aufgabenmerkmale und -beziehungen als selbstverständlichen Bestandteil des Lösungsprozesses verstehen und möglichst oft (nicht nur in diesem Aufgabensetting) praktizieren.

Produktive Übungsformate: Das zunehmende Automatisieren der Grundaufgaben der Grundrechenarten ist ein wesentliches Ziel des Arithmetikunterrichts der ersten Schuljahre, da dies die Grundlage für das Rechnen in erweiterten Zahlenräumen bildet (vgl. z. B. Gaidoschik 2010, S. 167 ff.). Zudem wird angenommen, dass prozedurales Training durchaus auch das konzeptuelle Wissen positiv beeinflussen kann (vgl. Rittle-Johnson, Schneider und Star 2015, S. 589 ff.). Ausgehend von einer verständnisorientierten, materialgestützten Erarbeitung der Grundaufgaben und entsprechender strategischer Werkzeuge (vgl. Abschnitt 5.2.1 und 5.2.2) bedarf es zum Automatisieren auch der Wiederholung. Wittmann plädierte bereits 1994 dafür, das

Abbildung 5.26 Sortiermaschine für Minus-Aufgaben (Schütte 2002a, S. 9)

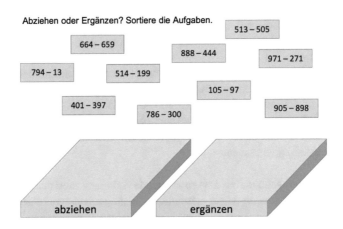

Abbildung 5.27 Subtraktionsaufgaben sortieren

Lernen aktiv-entdeckend zu gestalten und anstelle von ‚bunten Hunden' und ‚grauen Päckchen' produktive Übungsformate einzusetzen (vgl. Wittmann 1994, S. 157 ff.). Dem operativen Prinzip (vgl. Wittmann 1985, S. 7 ff.) entsprechend, erfolgt das Üben in den Projektklassen deshalb vor allem im Rahmen produktiver Aufgabenformate, in denen auch jeweils ein besonderer Schwerpunkt auf dem Erkennen und Nutzen von Merkmalen liegt (vgl. auch Steinweg 2004, S. 232 ff.). Zur Illustration werden im Folgenden einige Beispiele vorgestellt.

Ein immer wiederkehrendes Übungsformat sind sogenannte Entdeckerpäckchen, also operativ strukturierte Aufgabenserien (vgl. Beispiele in Abbildung 5.28). Hier steht das Erkennen und Nutzen von Beziehungen zwischen den einzelnen Aufgaben im Mittelpunkt, weil damit das Lösen erleichtert und das Fortsetzen ermöglicht wird. Solche Aufgabenserien können hervorragend variiert werden, indem Zahlen verschiedener Größe sowie unterschiedliche Beziehungen zwischen den Aufgaben thematisiert werden (vgl. z. B. Selter 1994, S. 188 ff.; Wieland 2004, S. 80 ff.; Wittmann und Müller 1994a, S. 46 ff.). Damit werden regelmäßig Gesetzmäßigkeiten, die den strategischen Werkzeugen zugrunde liegen (z. B. Gesetz der Konstanz der Summe bei gegensinnigem Verändern der Summanden), sowie typische Fehlerpotentiale (z. B. Veränderung des Ergebnisses, wenn Subtraktionsaufgaben gegensinnig verändert werden) im Unterricht thematisiert.

34 + 58 = 92	72 − 38 = 34	3 • 1 + 2 = 5	96 : 6 = 16
35 + 57 = 92	71 − 39 = 32	3 • 2 + 4 = 10	48 : 6 = 8
36 + 56 = 92	70 − 40 = 30	3 • 3 + 6 = 15	24 : 6 = 4
37 + 55 = 92	69 − 41 = 28	3 • 4 + 8 = 20	12 : 6 = 2
. . .	. . .	. . .	. . .

Abbildung 5.28 Exemplarische Entdeckerpäckchen

Eine noch größere Anzahl an Aufgaben kann in den Blick genommen werden, wenn strukturierte Übersichten aller Grundaufgaben einer Rechenoperation verwendet werden (z. B. die Einsminuseinstafel). Verbunden mit der Idee des Sortierens markieren Kinder in einer nicht gefärbten Tafel zunächst eigenständig, welche Aufgaben sie einfach finden (vgl. Beispiel in Abbildung 5.29). Davon ausgehend werden die schwierigeren Aufgaben in den Blick genommen und dazu mögliche Lösungswege (z. B. durch Ableitung von den einfachen Aufgaben) entwickelt. Darüber hinaus können die Anordnungen der Aufgaben in der Tafel (ebenso wie strukturierte Aufgabenserien) dazu anregen, über Beziehungen zwischen nebeneinander liegenden Aufgaben (z. B. den Aufgaben einer Zeile oder Reihe) oder auch anderen Ausschnitten (z. B. kleineren Rauten) untersucht werden. Hier bietet sich also eine

Fülle beziehungshaltiger Aufgabenstellungen für alle Rechenoperationen (vgl. z. B. Hess 2016, S. 164 ff.; Hirt und Wälti 2022, S. 48 ff.; Wittmann und Müller 2019, S. 81 ff.).

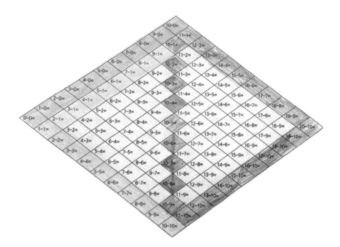

Abbildung 5.29 Einfärbung einfacher Aufgaben in der Einsminuseinstafel

Auch Einmaleinssonnen (vgl. Spiegel und Selter 2003, S. 31 f.) rücken Beziehungen zwischen Multiplikationsaufgaben (und ggf. auch Divisionsaufgaben) in den Fokus und mit sogenannten Mal-Plus-Häusern (vgl. z. B. Verboom 2012, S. 14 ff.) wird zum Beispiel das Distributivgesetz angesprochen, während beim Entdecken und Erforschen von Teilbarkeitsregeln (vgl. Bezold 2012, S. 335 ff.; Bönig 2007, S. 32 ff.) Besonderheiten der Division eine Rolle spielen.

Das Aufgabenformat ‚kaputte Tasten auf dem Taschenrechner' (vgl. z. B Hoffmann und Spiegel 2006, S. 44 ff.) wird schließlich als Beispiel angeführt, bei dem operationsübergreifend Beziehungen hergestellt werden können und sollen. Beim Ersetzen der ‚defekten' Tasten, um beispielsweise vorgegebene Zahlen erzeugen zu können (vgl. Abbildung 5.30), wird das flexible Zerlegen und Zusammensetzen von Zahlen sowie ein Verändern von Aufgaben (bspw. unter Verwendung der Konstanzeigenschaften der Operationen) gefördert. Dies gilt insbesondere auch dann, wenn eine Zahl oder Aufgabe auf verschiedene Weise mit einem solchen ‚defekten' Taschenrechner erzeugt werden soll. Die Vielfalt möglicher Vorgehensweisen bietet dabei zum einen Möglichkeiten der natürlichen Differenzierung, zum anderen ist dies für einen anschließenden Austausch besonders bereichernd.

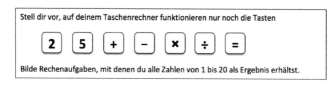

Abbildung 5.30 Kaputte Tasten auf dem Taschenrechner

Kurze Wiederholungsübungen: Viele der bisher beschriebenen Unterrichtsaktivitäten (vgl. Abschnitt 5.2.1–5.2.4) mit dem Fokus auf Aufgabenmerkmalen und -beziehungen sind sehr reichhaltig und lassen dadurch die Gestaltung umfangreicher Unterrichtssequenzen zu. Insbesondere zu Beginn des Lernprozesses wird mit solchen Aufgaben die gewünschte Beziehungsorientierung grundgelegt, sodass eine intensive Thematisierung sinnvoll ist. Im späteren Grundschulverlauf werden verschiedene Aktivitäten dann aber auch in verkürzter Form eingesetzt, um den Blick auf Beziehungen kontinuierlich anzuregen und gegebenenfalls auch vielfältige strategische Werkzeuge regelmäßig zu üben.

Das Aufgabensortieren erfolgt beispielsweise auch in kurzen Sequenzen zu Stundenbeginn oder -ende. So können einige vorgegebene Aufgaben nur sortiert werden, ohne dass anschließend alle Lösungen erfolgen müssen, oder die Kinder erfinden mehrere Aufgaben nach bestimmten Vorgaben (z. B. Ergebnis ist 100, Differenz ist kleiner als 10). Mithilfe solcher Formate erfolgt ein kurzer Austausch über Zahl- und Aufgabenmerkmale und -beziehungen, die dadurch präsent gehalten werden.

Auch das Erstellen eines möglichst hohen Zahlenhauses (vgl. Abschnitt 5.2.2) zu einer vorgegebenen Zahl (z. B. möglichst viele Stockwerke in einer Minute) ist ein probates Mittel, um beispielsweise das gegensinnige Verändern in einer kurzen Übung zu wiederholen. Zudem wird mit einem ‚Wettrechnen gegen den Taschenrechner‘ ein motivierender Kontext zum Nutzen geschickter Rechenwege geschaffen. Dabei rechnet die Lehrperson (oder ein Kind) eine Serie von Aufgaben (mit besonderen Merkmalen) mit einem Taschenrechner, während die (anderen) Schüler*innen dieselben Aufgaben im Kopf lösen. Bei entsprechender Aufgabenauswahl ist das Kopfrechnen häufig schneller als die Verwendung des Taschenrechners, was viele Kinder zusätzlich für das geschickte Rechnen motivieren könnte. Insbesondere im vierten Schuljahr, in dem der Schwerpunkt im Arithmetikunterricht auf der Thematisierung der schriftlichen Multiplikation und Division liegt, sind solche kurzen Wiederholungen wertvoll, damit der über die ersten drei Schuljahre aufgebaute Blick der Schüler*innen für Zahl- und Aufgabenmerkmale und -beziehungen und die Entwicklung verschiedener Lösungswege nicht in Vergessenheit gerät und schlimmstenfalls von den schriftlichen Algorithmen verdrängt wird.

Zusammenfassend soll festgehalten werden, dass der Fokus auf Zahl- und Aufgabenmerkmalen und -beziehungen genuin in der Konzeption der Zahlenblickschulung verankert ist. Das Sammeln und Vergleichen verschiedener Wege zu ein und derselben Aufgabe sowie das Sortieren von Aufgaben nach verschiedenen Kriterien sind wiederkehrende Aufgabenformate, in denen Beziehungen im Mittelpunkt stehen. Darüber hinaus zielen auch diverse produktive Übungsformate auf das Erkennen und Nutzen von Zahl- und Aufgabenmerkmalen und -beziehungen ab.

5.3 Umsetzung der Aktivitäten in den Projektklassen

Zum Abschluss dieses Kapitels wird kurz beschrieben, in welchem Rahmen die zuvor beschriebenen Unterrichtsaktivitäten in den Projektklassen umgesetzt wurden, wobei zunächst auf die Schulung der Lehrerinnen und anschließend kurz auf die Zusammenarbeit mit den Erziehungsberechtigten der Schüler*innen eingegangen wird.

Schulung der Lehrerinnen

Die Aktivitäten zur kontinuierlichen Förderung von Flexibilität/Adaptivität wurden von drei erfahrenen und interessierten Lehrerinnen in ihren Klassen vom ersten bis zum vierten Schuljahr umgesetzt (vgl. Abschnitt 4.2). Alle drei Lehrerinnen (von verschiedenen Schulen) sind sehr an der Weiterentwicklung ihres Unterrichts interessiert, was sich beispielsweise an der Mitarbeit in Schulbegleitforschungsprojekten oder freiwilligen, schulübergreifenden Arbeitsgruppen zu verschiedenen mathematikdidaktischen Themen zeigt. Die Zusammenarbeit in diesem Projekt erfolgte ebenfalls freiwillig und aus Interesse am Thema Flexibilität/Adaptivität.

Die Begleitung der Lehrerinnen beinhaltete verschiedene Schulungen sowie regelmäßig stattfindende Austauschtreffen. In den jeweils zu Schuljahresbeginn[25] durchgeführten Schulungen wurden Grundideen für die Gestaltung des Unterrichts thematisiert sowie diverse Aktivitäten zur Förderung von Flexibilität/Adaptivität im entsprechenden Schuljahr vorgestellt (vgl. Übersicht in Tabelle 5.5). Das konkrete Unterrichtsmaterial wurde im Projektverlauf kontinuierlich entwickelt und den Lehrerinnen digital (über die Plattform StudIP) zur Verfügung gestellt. Bei diesem Material handelte es sich nicht um kleinschrittig geplante Mathematikstunden oder gesamte Unterrichtseinheiten; die Aktivitäten wurden vielmehr so gestaltet, dass sie flexibel zusammen- und eingesetzt werden können. So konnten die Lehrerinnen

---

[25] Im zweiten und vierten Schuljahr wurden zudem während des Schuljahres jeweils zusätzliche Schulungen (vor allem) zur Multiplikation und Division durchgeführt (vgl. Tabelle 5.5).

Tabelle 5.5 Übersicht über die Schulungsinhalte

Schulung I: Flexibles/adaptives Rechnen von Beginn an | September 2015

- theoretische und empirische Grundlagen zur Zahlenblickschulung (Kap. 2)
- grundlegende Entscheidungen für den Unterricht in den Projektklassen (Abschn. 5.1)
- Aktivitäten mit Zehner- und Zwanzigerfeldern (Abschn. 5.2.1)
- beziehungsorientierte Erarbeitung des kleinen Einspluseins und Einsminuseins (Abschn. 5.2.2)

Schulung IIa: Flexibles/adaptives Rechnen im zweiten Schuljahr | August 2016

- Orientierung im Zahlenraum bis 100 und Förderung des Stellenwertverständnises (Abschn. 5.2.1)
- Aktivitäten mit Mehrsystemblöcken (Abschn. 5.2.1)
- Aktivitäten zum Aufgabensortieren (Abschn. 5.2.4)
- Addition und Subtraktion im Zahlenraum bis 100 (Abschn. 5.2.2)

Schulung IIb: Flexibles/adaptives Rechnen im zweiten Schuljahr | Oktober 2016

- Schwierigkeiten der Rechenwegsnotation (Abschn. 5.2.2)
- Bedeutung des Ergänzens beim Subtrahieren (Abschn. 5.2.2)
- beziehungsorientierte Erarbeitung des kleinen Einmaleins und Einsdurcheins (Abschn. 5.2.2)

Schulung III: Flexibles/adaptives Rechnen im dritten Schuljahr | August 2017

- Orientierung im Zahlenraum bis 1000 und Förderung des Stellenwertverständnises (Abschn. 5.2.1)
- Aktivitäten mit Mehrsystemblöcken und am Zahlenstrahl/Rechenstrich (Abschn. 5.2.1)
- Zahlenrechnen im Zahlenraum bis 1000 (Abschn. 5.2.2)
- Bedeutung des Ergänzens beim Subtrahieren (Abschn. 5.2.2)
- verständnisorientierte Einführung der schriftlichen Addition und Subtraktion (Abschn. 5.2.3)
- Übungsformate zur schriftlichen Addition und Subtraktion sowie zur parallelen Zahlenblickschulung (Abschn. 5.2.3 und 5.2.4)

Schulung IVa: Flexibles/adaptives Rechnen im vierten Schuljahr | August 2018

- Orientierung im Zahlenraum bis 1 Million und Förderung des Stellenwertverständnises (Abschn. 5.2.1)
- Aktivitäten mit Mehrsystemblöcken, auf Millimeterpapier und am Zahlenstrahl (Abschn. 5.2.1)
- Aktivitäten zur Zahlenblickschulung im vierten Schuljahr (Abschn. 5.2.4)

Schulung IVb: Flexibles/adaptives Rechnen im vierten Schuljahr | Januar 2019

- verständnisorientierte Erarbeitung der schriftlichen Multiplikation und Division (Abschn. 5.2.3)
- Übungsformate zur schriftlichen Multiplikation und Division sowie zur parallelen Zahlenblickschulung (Abschn. 5.2.3 und 5.2.4)

die Aktivitäten zur Förderung von Flexibilität/Adaptivität – unter Berücksichtigung der grundlegenden Entscheidungen (vgl. Abschnitt 5.1) – passend in ihren Unterricht integrieren. Das Material verstand sich durchaus auch als Diskussionsgrundlage, sodass Wünsche oder Ergänzungen der Lehrerinnen berücksichtigt werden konnten. Dies ist beispielsweise im zweiten Schuljahr erfolgt, als der Bedarf nach Unterrichtsmaterial zum eigenständigen Üben beim Einmaleins und Einsdurcheins mithilfe entsprechender Themenhefte gedeckt wurde (vgl. Abschnitt 5.2.2).

Zusätzlich zu den Schulungen fanden alle sechs bis acht Schulwochen Austauschtreffen statt. Diese dienten – angereichert durch erste Erkenntnisse aus den Grobauswertungen der Interviews (vgl. Abschnitt 6.1.2) – vor allem der kontinuierlichen unterrichtspraktischen Evaluation des Materials, sodass das folgende Material entsprechend optimiert werden konnte. So zeichnete sich beispielsweise sowohl im Unterricht als auch in den Interviews im zweiten Schuljahr eine relative Dominanz der Rechenrichtung Abziehen im Vergleich zum Ergänzen ab, weshalb dazu zusätzliches Material entwickelt wurde (vgl. Abschnitt 5.2.2). Insbesondere im dritten Interview (in der Mitte des zweiten Schuljahres) stellte sich heraus, dass die Kategorien *einfach* und *schwierig* zum Sortieren verschiedener Additions- und Subtraktionsaufgaben zu wenig differenziert sind. Einige Kinder deklarierten pauschal alle Aufgaben als *einfach*, da sie diese haben lösen können – sie legten also besondern Wert auf die Lösbarkeit, wobei die Explikation von Aufgabenmerkmalen in den Hintergrund rückte. Aufgrund dieser Beobachtung ist anschließend – sowohl im Unterricht als auch in den Interviews – das *Vereinfachen* (im umgangssprachlichen Sinne) als dritte Sortierkategorie eingeführt worden (vgl. Abschnitt 6.1.1).

Innerhalb dieser Rahmung aus Schulungen und regelmäßigen Austauschtreffen setzten die Lehrerinnen die verschiedenen Aktivitäten zur Förderung von Flexibilität/Adaptivität (vgl. Abschnitt 5.2.1–5.2.4) individuell um, wobei daneben im Arithmetikunterricht nur wenig mit den in den Klassen vorhandenen Schulbüchern (Zahlenbuch und Einstern) oder anderem Material gearbeitet wurde[26].

Zusammenarbeit mit Erziehungsberechtigten
Zum Gelingen eines vierjährigen Projekts zur Förderung von Flexibilität/Adaptivität im Rechnen trägt auch eine gute Zusammenarbeit mit den Erziehungsberechtigten der Kinder bei. Unter der Annahme, dass sich viele Erziehungsberechtigte für das Lernen ihrer Kinder interessieren, sie vielleicht auch dabei unterstützen möchten, wurden die Erziehungsberechtigten direkt auf einem der ersten Elternabende über das Projekt informiert. Anhand einiger Beispiele wurden dabei wichtige Kernideen

---

[26] Die evtl. eingesetzten Aufgabenformate haben jedenfalls nicht den grundlegenden Entscheidungen widersprochen (vgl. Abschnitt 5.1).

(vgl. Abschnitt 5.1) kurz vorgestellt, da davon auszugehen ist, dass sich dieser Unterricht von dem unterscheidet, was die Erziehungsberechtigten in ihrer eigenen Schulzeit kennengelernt hatten. Zudem ist es potentiell möglich, dass Erziehungsberechtigte ihren Kindern – sicherlich wohlwollend – helfen möchten und dabei den Kernideen des Unterrichts in den Projektklassen widersprechen könnten. Dies betrifft insbesondere das frühzeitige Thematisieren der schriftlichen Verfahren (beispielsweise schon im Zahlenraum bis 100)[27]. Um dies zu verhindern, wurde den Erziehungsberechtigten bereits auf einem Elternabend im zweiten Schuljahr anhand von Beispielen aus der Untersuchung von Selter (2000)[28] aufgezeigt, welche negativen Folgen dies haben könnte und die Bitte formuliert, die schriftlichen Verfahren nicht vorzeitig zu thematisieren. Zusätzlich wurde eine Übersicht mit einigen kurzen Aktivitäten (z. B. ‚Eine Aufgabe – viele Wege', ‚Mister X' – siehe Abschnitt 5.2.1) entwickelt, in der die Erziehungsberechtigten bei Interesse Anregungen für passende mathematische Aktivitäten fanden, die sie selbst mit ihren Kindern umsetzen *konnten*.

---

[27] Anhaltspunkte dafür liefert beispielsweise das Auftreten solcher Lösungswege vor dem unterrichtlichen Thematisieren in der Untersuchung von Selter (2000).

[28] Hier wurden zum Beispiel die zahlreichen, fehlerhaften und häufig unter Verwendung des schriftlichen Algorithmus erfolgten Berechnungen der ‚augenscheinlich' einfachen Aufgabe 701–698 gezeigt.

Interviewstudie zur Rekonstruktion der Entwicklung von Flexibilität/Adaptivität

In diesem Kapitel wird die Planung und Durchführung der Interviewstudie dargestellt und begründet. Dafür werden zunächst Methoden der Datenerhebung thematisiert (vgl. Abschnitt 6.1), um daraufhin transparent darzulegen, wie diese Daten ausgewertet werden (vgl. Abschnitt 6.2).

6.1   Datenerhebung

6.1.1   Interviewaufgaben

Aufbauend auf den methodologischen Überlegungen (vgl. Abschnitt 4.2) muss zunächst entschieden werden, welche Aufgaben in den Interviews eingesetzt werden. In verschiedenen Studien hat sich das Format des Sortierens von Aufgaben als sehr gewinnbringend nicht nur zur Förderung von Flexibilität/Adaptivität, sondern auch als diagnostisches Instrument erwiesen (vgl. Rathgeb-Schnierer 2006b, Rathgeb-Schnierer und Green 2017, Rechtsteiner-Merz 2013). Deshalb wird dieses Aufgabenformat inklusive des Lösens von (ausgewählten) Aufgaben über alle Schuljahre hinweg mit wechselnden Additions- und Subtraktionsaufgaben als zentrales Erhebungsinstrument in den Interviews eingesetzt.

Die im Untersuchungszeitraum gleichbleibende Interviewstruktur (vgl. Abbildung 6.1) beinhaltet eine operationsbezogene Trennung, um unnötige Fehler beim Vertauschen der Operationen zu vermeiden. Begonnen wird jeweils mit Additions-

---

Ergänzende Information   Die elektronische Version dieses Kapitels enthält Zusatzmaterial, auf das über folgenden Link zugegriffen werden kann https://doi.org/10.1007/978-3-658-44057-2_6.

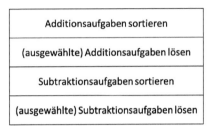

Abbildung 6.1 Interviewstruktur

aufgaben, deren Lösung Kindern grundsätzlich leichter fällt, sodass ein gelungener Einstieg in das Interview ermöglicht werden kann. Die vorgelegten Aufgaben sollen immer erst sortiert werden, woraufhin anschließend (ausgewählte) Aufgaben gelöst werden. In Anhang A.1 im elektronischen Zusatzmaterial findet sich ein exemplarischer Interviewleitfaden und in Tabelle 6.1 und 6.2 eine Übersicht über die im Untersuchungsverlauf eingesetzten Additions- und Subtraktionsaufgaben.

Aufgaben sortieren
Mit dem Sortieren von Aufgaben wird primär das Ziel verfolgt, den Rechendrang von Kindern aufzuhalten und ihren Blick auf besondere Merkmale der Aufgaben, Aufgabentypen und -schwierigkeiten zu richten, die sie anschließend im Lösungsprozess berücksichtigen könnten (vgl. z. B. Rathgeb-Schnierer 2006a, S. 11 ff.; Schütte 2004b, S. 144 f.; vgl. Abschnitt 2.3 und 5.2.4). Darüber hinaus eignet es sich gut als diagnostisches Instrument zur Erhebung flexibler/adaptiver Rechenkompetenzen, da mit dem Begründen der Zuordnungen ein für Kinder sinnstiftender Kontext geschaffen wird, um über Aufgabenmerkmale und -schwierigkeiten zu sprechen. Diese Explikationen können dann Hinweise darauf liefern, ob die Kinder beim Rechnen verfahrens- oder beziehungsorientiert vorgehen, was wiederum eine Möglichkeit darstellt, die Flexibilität/Adaptivität der Kinder zu beurteilen (vgl. Rathgeb-Schnierer und Green 2017, S. 5 ff.; Rechtsteiner-Merz 2013, S. 214 ff.; vgl. Abschnitt 2.1 und 2.3).

Das Sortieren von Aufgaben kann dabei auf sehr vielfältige Art und Weise erfolgen; es können beispielsweise vorgegebene oder von den Kindern erfundene Aufgaben nach subjektiven oder objektiven Kriterien sortiert werden (vgl. Rathgeb-Schnierer 2006a, S. 11; vgl. Abschnitt 5.2.4). Zum Zwecke der Vergleichbarkeit der Vorgehensweisen der Kinder, sollen in den Interviews der vorliegenden Studie *vorgegebene* Additions- und Subtraktionsaufgaben sortiert werden. Diese werden so ausgewählt, dass in jedem Interview Aufgaben mit verschiedenen Merkmale thematisiert werden (vgl. Übersicht der Aufgaben in Tabelle 6.1 und 6.2), wobei bestimmte Merkmale über die Jahre hinweg in strukturgleichen Aufgaben – angepasst an die jeweiligen Zahlenräume – immer wieder angesprochen werden.

Wiederkehrende Aufgabenmerkmale[1]:

- (Fast-)Verdopplungen/(Fast-)Halbierungen (z. B. $3 + 3, 44 - 22$)[2]
- Hunderterpartner/Tausenderpartner (z. B. $650 + 350$)
- Nähe eines oder beider Summanden beziehungsweise des Subtrahenden zum vollen Zehner oder Hunderter (z. B. $199 + 198, 435 - 199$)
- Nähe von Minuend und Subtrahend (z. B. $31 - 29, 634 - 628$)

Als Sortierkategorien werden zunächst die subjektiven Kategorien *einfach* und *schwierig* genutzt[3], um damit ein möglichst offenes Setting zu schaffen, in dem die Kinder vielfältige Aufgabenmerkmale nennen könnten. Dabei ist allerdings – insbesondere im dritten Interview (in der Mitte des zweiten Schuljahres) – das Problem aufgetreten, dass einige (vor allem leistungsstärkere) Kinder keine der vorgegebenen Aufgaben als schwierig eingeschätzt haben. Diese Kinder haben weniger Aufgabenmerkmale expliziert (die sie aber ggf. erkannt haben), weil sie als Begründung für die Sortierung nur angegeben haben, dass sie die jeweilige Aufgabe rechnen könnten. Deshalb ist im zweiten Halbjahr der zweiten Klasse sowohl im Unterricht als auch in den anschließenden Interviews die dritte Kategorie *vereinfachen* eingeführt worden, um insbesondere leistungsstärkeren Kindern eine weitere Differenzierung zu ermöglichen. Dieses Wort beziehungsweise die Kategorie beim Sortieren ist in einem umgangssprachlichen Sinn verwendet worden (*Wie kann ich mir die Aufgabe einfacher machen/vereinfachen?*) und nicht im Sinne einer der Hauptstrategien des halbschriftlichen Rechnens (vgl. Abschnitt 1.2).

Die tatsächlichen Zuordnungen von Aufgaben zu den jeweiligen Kategorien (Beispiel siehe Abbildung 6.2) spielen bei der Auswertung eine untergeordnete Rolle (vgl. Abschnitt 6.2); das Aufgabenformat dient also vor allem als Impuls, der die Kinder zum Explizieren von Aufgabenmerkmalen und -schwierigkeiten anregen soll.

---

[1] Die Auswahl erfolgt in Anlehnung an diverse vorhergehende Studien wie zum Beispiel Benz (2005), Rathgeb-Schnierer (2006b), Rechtsteiner-Merz (2013) und Selter (2000).

[2] Hierbei handelt es sich auch jeweils um besonders einfache Aufgaben (mit vergleichsweise kleinen Zahlen und ohne Stellenübergänge), um damit auch leistungsschwächeren Schüler*innen einen guten Einstieg in das Interview zu ermöglichen.

[3] Einige Kinder nutzten darüber hinaus eine Ausweichkategorie, die sie als *mittel* bezeichneten.

Abbildung 6.2 Im
Interview von Paula
sortierte Additionsaufgaben

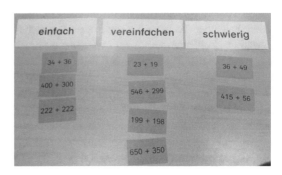

Aufgaben lösen

Beim Sortieren werden die Kinder dazu aufgefordert, die Aufgaben zunächst nur einzuordnen und noch nicht zu lösen. Dies soll in einem zweiten Schritt (nach dem Sortieren aller Aufgaben einer Operation) erfolgen, damit die Kinder zunächst auf besondere Aufgabenmerkmale und -schwierigkeiten und noch nicht (nur) auf die Lösungswege fokussieren. Um die tatsächlich verwendeten Lösungswerkzeuge und Strategien zu erheben, sollen die Kinder nach dem Sortieren ausgewählte Aufgaben lösen und parallel oder anschließend ihren Lösungsweg beschreiben. Solche verbalen Beschreibungen bieten im Vergleich zu schriftlichen Aufgabenbearbeitungen (bspw. in einem Test) den Vorteil, dass die Vorgehensweisen durch entsprechende Nachfragen der Interviewer*innen genauer erhoben werden können. Allerdings besteht auch hier die Möglichkeit, dass Kinder andere als die tatsächlich verwendeten Lösungswege nennen. Durch genaue Beobachtung der Kinder (z. B. hinsichtlich möglicher Hinweise auf zählende Wege) und entsprechende Rückfragen kann dieser Fehler vermutlich in einigen Fällen korrigiert werden (vgl. auch Interviewleitfaden in Anhang A.1).

Grundsätzlich sollen so viele Aufgaben wie möglich gelöst werden. Aufgrund der Heterogenität bezüglich der Bearbeitungszeit ist davon auszugehen, dass einige Schüler*innen durchaus alle vorgegebenen Aufgaben lösen können, was allerdings nicht zwingend für alle Kinder gilt. Deshalb werden zum Zwecke der Vergleichbarkeit jeweils Aufgaben ausgewählt, die von möglichst jedem Kind (zuerst) gelöst werden sollen (vgl. Anhang A.1).

Während des Lösens der Aufgaben und auch zum Beschreiben der Lösungswege stehen den Kindern Schreibutensilien und auch Arbeitsmittel (je nach Schuljahr:

Zwanzigerfeld, Hunderterfeld, Mehrsystemblöcke) zur Verfügung, die sie nutzen dürfen, aber nicht müssen[4].

Zusätzliche Aufgaben

Neben dem Sortieren und Lösen von Additions- und Subtraktionsaufgaben werden die Kinder ab dem fünften Interview (in der Mitte des dritten Schuljahres) auch darum gebeten, zu jeweils einer Additions- und einer Subtraktionsaufgabe (199 + 198 und 202 − 197) einen zweiten Lösungsweg zu entwickeln. Mithilfe dieser Aufgabenstellung soll erhoben werden, inwiefern es den Kindern gelingt, verschiedene Lösungswege zu derselben Aufgabe zu erfinden, um damit zum einen die Flexibilität im Umgang mit verschiedenen strategischen Werkzeugen/Strategien zu erheben. Zum anderen könnte diese Aufgabenstellung Kinder, die zunächst einen Hauptlösungsweg zum Bearbeiten aller Aufgaben nutzen, dazu anregen, andere Wege zu verwenden beziehungsweise zu erheben, ob sie dazu gegebenenfalls in der Lage wären. Die anschließende Rückfrage, welcher der beiden Wege ihrer Meinung nach besser sei, soll die Kinder dann zu entsprechenden Vergleichen anregen.

Im Interview am Ende des dritten Schuljahres werden die Kinder außerdem darum gebeten, je eine Aufgabe pro Operation mithilfe der schriftlichen Normalverfahren zu lösen (falls sie das nicht ohnehin aus eigenem Antrieb getan haben) und das Vorgehen genauer zu erläutern. Die Beschreibungen der Kinder sollen Hinweise darauf liefern, wie verständnisorientiert sie die schriftlichen Verfahren einsetzen. Diese sowie weitere Aufgaben in anderen Interviews (z. B. Blitzblick am Zehnerfeld zu Beginn des ersten Interviews) sind zunächst unterrichtspraktisch relevant, werden aber in der Analyse nicht vertiefend berücksichtigt.

6.1.2 Interviewdurchführung

Klinische Methode

Wie bereits in Abschnitt 4.2 erörtert, passt die in der qualitativen mathematikdidaktischen Forschung verbreitere klinische Methode besonders gut zum Forschungsinteresse in der vorliegenden Studie. Diese Art des halbstandardisierten, problemzentrierten Interviews stammt aus der Psychologie und ist in der didaktischen Diskussion stark mit den Piaget'schen Forschungen zum Denken von Kindern verknüpft. Sie ist als Mischung aus bis dahin in der psychologischen Forschung üblichen standardisierten Tests und freien Beobachtungen entwickelt worden, um Vorteile beider

---

[4] In einigen Fällen werden die Kinder von dem/der Interviewer*in konkret zu Materialhandlungen aufgefordert, damit diese*r die Lösungswege besser nachvollziehen kann.

Tabelle 6.1 Eingesetzte Additionsaufgaben

Aufgabe	ausgewählte besondere Merkmale	Übergänge	Einsatz im Interview						
			I1	I2	I3	I4	I5	I6	I7
3 + 3	Verdopplung, einfache Aufgabe	0	X	X					
8 + 8	Verdopplung	1	X	X					
4 + 3	Fastverdopplung, Nachbaraufgabe von 3 + 3	0	X	X					
5 + 6	Fastverdopplung, 5 als Summand	1	X	X					
7 + 6	Fastverdopplung	1	X	X					
8 + 5	5 als Summand	1	X	X					
2 + 9	ein Summand nahe am vollen Zehner	1	X	X					
9 + 6	ein Summand nahe am vollen Zehner	1	X	X					
22 + 22	Verdopplung, einfache Aufgabe	0			X	X			
34 + 36	Fastverdopplung, Zehnerzerlegung an Einerstelle	1			X	X	X	X	X
65 + 35	Hunderterzerlegung	2			X	X			
23 + 19	ein Summand nahe am vollen Zehner	1			X	X	X	X	X
36 + 49	ein Summand nahe am vollen Zehner	1				X	X	X	X
47 + 28	ein Summand nahe am vollen Zehner	1			X	X			
73 + 26	ohne Übergang mit vglw. großem ersten Summanden	0			X	X			
400 + 300	glatte Hunderterzahlen, einfache Aufgabe	0					X	X	X
222 + 222	Verdopplung, einfache Aufgabe	0					X	X	X
650 + 350	Tausenderzerlegung	2					X	X	X
199 + 198	beide Summanden nahe am vollen Hunderter	2					X	X	X
546 + 299	ein Summand nahe am vollen Hunderter	2					X	X	X
415 + 56	unterschiedliche Stellenzahl	1					X	X	X

Tabelle 6.2 Eingesetzte Subtraktionsaufgaben

Aufgabe	ausgewählte besondere Merkmale	Übergänge	Einsatz im Interview						
			I1	I2	I3	I4	I5	I6	I7
3 − 1	einfache Aufgabe	0	X	X					
8 − 4	Halbierung	0	X	X					
14 − 7	Halbierung	1	X	X					
15 − 7	Fasthalbierung, Nachbaraufgabe von 14 − 7	1	X	X					
8 − 7	Subtrahend nahe Minuend	0	X	X					
11 − 9	Subtrahend nahe Minuend	1	X	X					
16 − 6	Abziehen zum glatten Zehner/Zehner ergänzen	0	X	X					
16 − 10	glatten Zehner abziehen/vom Zehner ergänzen	0	X	X					
44 − 22	Halbierung, einfache Aufgabe	0			X	X	X	X	X
66 − 23	Halbierung an Einerstelle, einfache Aufgabe	0			X	X			
31 − 29	Subtrahend nahe Minuend, Zehnernähe	1			X	X	X	X	
71 − 69	Subtrahend nahe Minuend, Zehnernähe	1			X	X			
46 − 19	Subtrahend nahe am vollen Zehner	1			X	X	X	X	X
56 − 29	Subtrahend nahe am vollen Zehner	1			X	X			
95 − 15	ohne Übergang mit vglw. großem Minuenden	0			X	X			
73 − 25	mit Übergang mit vglw. großem Minuenden	1			X	X			
500 − 200	glatte Hunderterzahlen, einfache Aufgabe	0					X	X	X
666 − 333	Halbierung, einfache Aufgabe	0					X	X	X
634 − 628	Subtrahend nahe Minuend	2					X	X	X
201 − 197	Subtrahend nahe Minuend, Hunderternähe	2					X	X	X
435 − 199	Subtrahend nahe am vollen Hunderter	2					X	X	X
364 − 39	unterschiedliche Stellenzahl, Zehnernähe	1					X	X	X

Methoden zu verknüpfen und im Rahmen halbstandardisierter Interviews zwar einen durch gleiche Aufgaben vergleichbaren Rahmen zu schaffen, der aber gleichzeitig situativ an die interviewten Kinder angepasst werden kann (vgl. Ginsburg 1981, S. 4 ff.; Selter und Spiegel 1997, S. 100 ff.; Wittmann 1982, S. 36 ff.).

Der klinischen Methode folgend sollten Interviewer*innen im Gespräch sehr zurückhaltend agieren und „zwanglos für möglichst viele Äußerungen des Kindes sorgen" (ebd., S. 38). Der Redeanteil der Interviewer*innen sollte sehr gering sein und sich auf die Darstellung der Aufgaben beschränken und nur durch eventuell notwendige zusätzliche Impulse ergänzt werden, die dazu dienen, die Kinder zu detaillierteren Beschreibungen der Vorgehensweisen anzuregen, wobei darauf zu achten ist, den Kindern genug Zeit zum Nachdenken zu lassen und ihnen möglichst nicht ins Wort zu fallen (vgl. Selter und Spiegel 1997, S. 107 ff.; Wittmann 1982, S. 36 ff.).

Klinische Interviews bieten zwar gute Möglichkeiten, Vorgehensweisen von Kindern detailliert zu erfassen, gleichzeitig gehen mit dieser Erhebungsform (insbesondere bei der Befragung von Kindern) durchaus auch einige Herausforderungen einher, die bereits bei der Planung berücksichtigt werden sollten. Im Folgenden werden – einer Übersicht von Beck und Maier (1993) folgend[5] – potentielle Probleme und der Umgang damit im hier beschriebenen Projekt erläutert (vgl. Beck und Maier 1993, S. 157–167).

Herausforderungen beim Einsatz von Interviews (mit Kindern)
Problem der Relevanz der Interviewdaten
Laut Beck und Maier (1993) ist zunächst kritisch zu reflektieren, ob eine mit üblichem Unterricht nicht vergleichbare Interviewsituation einen geeigneten Rahmen bietet, um das Forschungsinteresse zu verfolgen (vgl. Beck und Maier 1993, S. 158 f.).

Die in der vorliegenden Studie geplante Rekonstruktion von Vorgehensweisen beim Lösen von Additions- und Subtraktionsaufgaben soll auf Grundlage einer möglichst detaillierten Beschreibung der Lösungswege der Kinder erfolgen. Solche Beschreibungen könnten prinzipiell auch im Unterricht entstehen, allerdings ist nicht gesichert, dass sich jedes Kind in angemessenem Umfang an einem entsprechenden Unterrichtsgespräch beteiligt. Zudem bieten Interviewsituationen (deutlich besser als reale Unterrichtsgespräche) die Möglichkeit des (mehrfachen) Nachfragens, um möglichst detaillierte Beschreibungen zu erhalten. Im Unterricht besteht – ebenso wie in Gruppeninterviews – zudem die Gefahr, dass sich die Kin-

---

[5] Der letzte Punkt in der Übersicht von Beck und Maier (1993)(Probleme der Auswertung) wird in Abschnitt 6.2 thematisiert.

der gegenseitig beeinflussen, sodass kaum individuelle Vorgehensweisen, sondern immer Ideen des Kollektivs erfasst werden (vgl. Heinzel 2012, S. 107 ff.; Selter und Spiegel 1997, S. 106 f.). Einzelinterviews sind demnach eine zum vorliegenden Forschungsinteresse besonders gut passende Erhebungsmethode (vgl. auch Abschnitt 4.2).

Problem der hypothetischen Schlüsse
Das Problem der hypothetischen Schlüsse entsteht, „wenn das, was im Interview gefunden werden soll, einer direkten Befragung nur schwer oder überhaupt nicht zugänglich ist" (Beck und Maier 1993, S. 159).

Eine solche erschwerte Zugänglichkeit kann man durchaus für das Beschreiben einiger Lösungswege annehmen. Dies kann daran liegen, dass Kinder eventuell nicht das Bedürfnis haben, ihre Lösungen detailliert zu beschreiben und mit dem Nennen des Ergebnisses zufrieden sind (vgl. z. B. Selter und Spiegel 1997, S.108 f.). Eine solche Haltung würde in einer Unterrichtskultur, in der das schnelle und richtige Lösen möglichst vieler Aufgaben als besonders wertvoll erachtet wird, sicherlich befördert werden (vgl. Abschnitt 2.3). Die Tatsache, dass in den Projektklassen im Unterricht allerdings von Beginn an besonders Wert auf das Entwickeln, Beschreiben und Vergleichen verschiedener Wege gelegt wird (vgl. Abschnitt 5.2), sollte aber ein entsprechendes Vorgehen in den Interviews unterstützen. Zusätzlich werden bei Bedarf verschiedene Impulse eingesetzt, mithilfe derer die Kinder zu detaillierten Beschreibungen angeregt werden (vgl. auch exemplarischer Leitfaden in Anhang A.1): z. B. *Wie hast du das herausgefunden? Woher weißt du das? Ich kann leider nicht in deinen Kopf schauen, versuch' mal zu erklären, was du gemacht hast.*

Darüber hinaus kann aber das Problem bestehen, dass es Kindern schwer fällt, komplexe Denkvorgänge in Worte zu fassen, sodass die gedachten Rechenwege nicht zwangsläufig den artikulierten Wegen entsprechen. Hier könnte es eventuell hilfreich sein, auf Notizen oder Material zur Veranschaulichung zurückzugreifen, damit sich die Kinder nicht ausschließlich der verbalen Ebene bedienen müssen. In allen Interviews stehen deshalb immer Schreibutensilien und auch passende Arbeitsmittel (bspw. das Zwanzigerfeld im ersten Schuljahr und Mehrsystemblöcke im dritten und vierten Schuljahr) bereit und diese können von den Kindern sowohl zur Unterstützung beim Lösen der Aufgaben genutzt als auch (ggf. auf Nachfrage durch die Interviewenden) als Hilfsmittel für Erläuterungen eingesetzt werden.

Auffassungs- und Verständigungsprobleme
Insbesondere bei Interviews mit Kindern ist zu berücksichtigen, dass das sprachliche Niveau angepasst werden muss (vgl. Beck und Maier 1993, S. 161; Wittmann 1982, S. 37). So wird im Rahmen der Interviews in der vorliegenden Studie beispielsweise

möglichst auf die Verwendung von Fachvokabular (z. B. Additions- und Subtraktionsaufgaben) verzichtet, wenn gute, leichter verständliche Alternativen (z. B. Plus- und Minusaufgaben) verfügbar sind. Auffassungs- und Verständigungsprobleme seitens der Kinder sollen damit möglichst vermieden werden.

(Rathgeb-Schnierer 2006) betont aber, dass auch Verständnisprobleme seitens der Interviewenden entstehen können, weil die Durchführung klinischer Interviews sehr anspruchsvoll ist:

> „Bei offenen Interviewverfahren sind ausschließlich Impulse oder Leitfragen formuliert. Der Verlauf und somit die Brauchbarkeit eines Interviews hängt wesentlich von den situationsbedingten adäquaten Reaktionen der Interviewerin auf die Handlungen und Aussagen der Interviewten ab." (Rathgeb-Schnierer 2006b, S. 116)

Um sämtliche Interviews in den drei Projektklassen etwa zeitgleich durchführen zu können, werden in dem hier beschriebenen Forschungsprojekt Studierende als Interviewer*innen eingesetzt. Diese Studierenden führen im Rahmen ihrer Studienabschlussarbeiten Interviews in jeweils einer Projektklasse sowohl in der Mitte als auch am Ende der Schuljahre durch, sodass Kontinuität innerhalb eines Schuljahres ermöglicht wird.

Da davon auszugehen ist, dass Studierende mit der besonderen Interviewtechnik noch nicht beziehungsweise wenig vertraut sind und da zudem Ergebnisse einer Untersuchung von Rechtsteiner (2019) darauf hindeuten, dass Studierende beim Rechnen selbst nicht zwangsläufig flexibel/adaptiv agieren (vgl. Rechtsteiner 2019, S. 634 ff.), ist eine intensive Vorbereitung der Interviewer*innen notwendig. In entsprechenden Schulungen erhalten die Studierenden deshalb sowohl eine inhaltliche Einführung in die Entwicklung und Erforschung flexiblen/adaptiven Rechnens (aufbauend auf vorhandenen Kenntnissen aus dem Studium) und die damit verbundenen Forschungsinteressen im Projekt, als auch eine Einführung in die Interviewtechnik. Ein Interviewleitfaden mit Fragen und entsprechenden Impulsen (vgl. Beispiel in Anhang A.1), wird zunächst in Pilotinterviews in einer Parallelklasse der Projektklassen erprobt, woraufhin diese Pilotinterviews zum Zwecke der Optimierung ausführlich besprochen werden (vgl. z. B. Selter und Spiegel 1997, S. 109).

Problem sozialer Wirkungen und interferierender Lernprozesse
Besonders bei der Durchführung von Interviews im schulischen Kontext besteht immer das Problem, dass die Interviewten (vermeintlich) sozial erwünscht handeln, sodass die Vorgehensweisen nicht zwangsläufig dem entsprechen, wie die Personen in einer anderen Situation agieren würden (vgl. Beck und Maier 1993, S. 162 f.; Wittmann 1982, S. 37). Es könnte beispielsweise sein, dass Kinder im Interview

besonders sichere Lösungswege bevorzugen, um keine Fehler zu machen. Im vorliegenden Projekt ist aber davon auszugehen, dass die soziomathematischen Normen in den Projektklassen sehr gut zum Erhebungsinteresse in den Interviews passen, denn im Unterricht wird von Beginn an Wert auf den Einsatz und Vergleich verschiedener Lösungswege gelegt und es kommt nicht primär darauf an, Aufgaben möglichst schnell und richtig zu lösen. Dies wird den Kindern zu Beginn der Interviews auch immer transparent erläutert (*Ich möchte herausfinden, WIE du rechnest, es geht erst mal nicht darum, ob das richtig oder falsch ist.*)(vgl. auch Selter und Spiegel 1997, S. 107). Dass die Interviews von Studierenden und nicht von der Lehrerin, von der die Kinder ja auch beurteilt werden, durchgeführt werden, kann zudem dazu beitragen, dass das Interview für die Kinder nicht wie eine Prüfungssituation wirkt.

Beck und Maier (1993) problematisieren zudem das „Ineinandergreifen von sozialen und inhaltlichen Lernprozessen" (Beck und Maier 1993, S. 162), wenn mehrere Interviews mit denselben Kindern durchgeführt werden. Auf sozialer Ebene ist es im vorliegenden Projekt deshalb wichtig, dass sich die Haltung der Studierenden den Kindern gegenüber im Untersuchungsverlauf nicht ändert, was durch das gleichbleibende Forschungsinteresse, das insbesondere auf die Vorgehensweisen der Kinder (und nicht (nur) auf korrekte Lösungen) ausgerichtet ist, gut realisiert werden kann. Das immer wiederkehrend gleiche Interviewsetting hat zudem den Vorteil, dass sich die Kinder zunehmend besser darauf einstellen können, sodass die Interviewsituation im Untersuchungsverlauf immer selbstverständlicher werden könnte. Auf inhaltlicher Ebene ist aufgrund der zeitlichen Abstände zwischen den Interviews davon auszugehen, dass sich die Kinder nicht an die konkreten Aufgaben aus dem jeweils letzten Interview erinnern, sodass zum Zwecke der einfacheren Vergleichbarkeit jeweils dieselben Aufgaben in der Mitte und am Ende der Schuljahre eingesetzt werden.

Problem der Künstlichkeit der Untersuchungssituation und Situationsdefinition
Bei Einzelinterviews handelt es sich um eine vergleichsweise unbekannte und künstliche Situation, was dadurch, dass das Gespräch audiovisuell aufgenommen wird, noch verstärkt wird (vgl. Beck und Maier 1993, S. 163 f.). Da eine Videoaufzeichnung aber zum Zwecke der detaillierten Auswertung unumgänglich ist, wird versucht, eine angenehme Gesprächsatmosphäre zu schaffen, damit sich die Kinder möglichst wohl fühlen (vgl. Selter und Spiegel 1997, S. 107; Wittmann 1982, S. 37).

Um die Kinder kennenzulernen und erste Beziehungen aufbauen zu können, hospitieren die Studierenden vor der Durchführung der ersten Interviews zunächst mehrere Tage lang in den Klassen, woraufhin für die ersten Interviews diejenigen

Kinder ausgewählt werden sollen, zu denen sie schnell eine Beziehung aufbauen können.

Im Interview wird den Kindern zu Beginn erläutert, dass es sich nicht um eine Prüfungssituation handelt. Stattdessen wird deutlich zum Ausdruck gebracht, dass die Studierenden sehr an den Ideen der Kinder interessiert sind und auch immer wieder diesbezüglich nachfragen werden (vgl. auch Anhang A.1). Die Interviews werden jeweils in einem ruhigen, den Kindern bekannten Raum im Schulgebäude durchgeführt. Insbesondere beim ersten Interview (aber auch bei allen weiteren) wird den Kindern erklärt, warum das Gespräch aufgezeichnet wird und das Kind kann sich ein wenig mit der Kamera vertraut machen, indem es durch sie hindurchschaut und überprüft, ob beispielsweise der Tisch gut sichtbar ist. Um die Künstlichkeit der Situation nicht weiter zu steigern, wird darauf verzichtet, eine zusätzliche Person zur Kameraführung einzubeziehen. Stattdessen wird die Kamera auf einem Stativ befestigt und deren Position im Interviewverlauf nicht verändert.

Um allen Kindern einen guten Start in das Interview zu ermöglichen, werden immer besonders einfache Aufgaben (wie z. B. $3 - 1$ im ersten Schuljahr oder $400 + 300$ im dritten Schuljahr) einbezogen. Darüber hinaus wird während der Interviews im Blick behalten, wie gut die Kinder noch arbeiten können, sodass gegebenenfalls zwischenzeitlich eine Pause gemacht oder das Interview am folgenden Tag fortgeführt wird[6].

Problem der Interviewplanung

Beck und Maier (1993) beschreiben das Dilemma, dass zwar die Forderung nach methodischer Kontrollierbarkeit der Erhebungssituation besteht, aber gleichzeitig auch der Wunsch nach Offenheit für die Perspektive der Interviewten (vgl. Beck und Maier 1993, S. 164). Die klinische Methode bietet hierbei die Möglichkeit der „zielgerichtete[n] Flexibilität" (Selter und Spiegel 1997, S. 107), weil zwar durch die Aufgaben ein Rahmen vorhanden ist, dieser jedoch nicht starr ist und viel Freiraum für die individuellen Vorgehensweisen liefert. Im Rahmen der Pilotierungen des Leitfadens und der ausführlichen Vorbesprechung (s. o.) werden zudem möglichst viele eventuelle Schwierigkeiten vorab durchdacht; dies betrifft insbesondere den Umgang mit Fehlern oder Schwierigkeiten im Lösungsprozess.

In den Interviews geht es nicht primär darum, dass die Kinder zeigen, dass sie möglichst viele Additions- und Subtraktionsaufgaben korrekt lösen können. Viel wichtiger ist es, die Vorgehensweisen (und auch eventuelle Schwierigkeiten) der

---

[6] Viele Kinder haben die Interviews an einem Stück durchgeführt; manchmal wurden die Befragungen aber auch zweigeteilt (i. d. R. operationsbezogen getrennt), wenn die Konzentration der Kinder nachgelassen hat oder aber auch aus organisatorischen Gründen im Klassenalltag.

Kinder detailliert rekonstruieren zu können. Deshalb helfen die Interviewer*innen den Kindern nicht direkt beim Lösen der Aufgaben (z. B. *Du könntest das doch so machen.*), denn dann würde es sich bei dem Vorgehen in besonderem Maße um eine gemeinsame Konstruktionen von Kind und Interviewer*in handeln. Stattdessen werden die Kinder bei Schwierigkeiten unterstützt, indem sie darauf hingewiesen werden, dass sie Notizen oder Material benutzen können. Dieses Mittel kann auch dann eingesetzt werden, wenn Kinder Aufgaben fehlerhaft gelöst haben und unklar ist, ob es sich um Flüchtigkeits- oder Verständnisfehler handelt (*Zeig mir den Lösungsweg bitte nochmal am Hunderterfeld.*). Wenn anschließend zwei verschiedene Lösungen zu derselben Aufgabe vorliegen, kann dies als produktiver kognitiver Konflikt (vgl. z. B. Wittmann 1982, S. 24) genutzt werden (*Welches Ergebnis gehört denn jetzt zu der Aufgabe? Warum?*).

Untersuchungsgruppe

Am vorliegenden Forschungsprojekt haben drei Lehrerinnen mit ihren Schulklassen von verschiedenen Schulen teilgenommen (vgl. Abschnitt 4.2). Die drei Projektklassen haben sich aus insgesamt 70 Kindern zusammengesetzt, von denen 57 am gesamten Projekt[7] teilgenommen haben und insgesamt sieben Mal interviewt worden sind.

Für die Auswertung der Daten muss die Stichprobe aus pragmatischen Gründen reduziert werden. Um bei der Analyse von möglichst vergleichbaren Rahmenbedingungen auszugehen, werden dafür nicht verschiedene Kinder aus allen Klassen, sondern eine der drei Klassen ausgewählt. In dieser Klasse mit der höchsten Kontinuität und Frequenz der eingesetzten Unterrichtsaktivitäten haben insgesamt 22 Kinder am Projekt teilgenommen. Ein Schüler wurde zusätzlich von einer anderen Lehrperson sonderpädagogisch begleitet. Da die im Rahmen dieser Förderung durchgeführten Aktivitäten leider nicht zur Konzeption der Förderung von Flexibilität/Adaptivität im restlichen Unterricht passen beziehungsweise zum Teil sogar im Widerspruch dazu stehen, werden die Daten dieses Kindes bei der Auswertung nicht berücksichtigt.

---

[7] Die Diskrepanz kommt durch Zu- bzw. Wegzug einzelner Kinder zustande; Abwesenheiten an einzelnen Tagen konnten immer kompensiert werden, da sich die Interviewzeiträume jeweils über mehrere Wochen erstreckten.

6.1.3   Datenerfassung und -aufbereitung

Die Interviews in diesem Forschungsprojekt werden audio- und videographiert, um neben den gegebenenfalls vorhandenen Notizen der Kinder auch die Beschreibungen und Handlungen beziehungsweise Gesten erfassen und später in die Analyse einbeziehen zu können. Insgesamt werden 147 Interviews mit einer Gesamtdauer von über 109 Stunden analysiert. Für die Datenauswertung ist aufgrund der Flüchtigkeit des Interviewgeschehens eine Verschriftlichung in Form von Transkripten unabdingbar. Zudem ermöglichen Transkripte – im Vergleich zu Videoaufnahmen – eine bessere Anonymisierung der Daten und damit eine einfachere intersubjektive Nachvollziehbarkeit (vgl. Beck und Maier 1993, S. 37 ff.).

Die Transkripte der Interviews werden von Studierenden im Rahmen ihrer Abschlussarbeit beziehungsweise von studentischen Hilfskräften nach entsprechenden Vorgaben erstellt. In diesen inhaltlich-semantischen Transkripten werden die Aussagen der Kinder wörtlich (nicht lautsprachlich oder zusammenfassend) transkribiert (vgl. z. B. Dresing und Pehl 2018, S. 16 ff.; Kuckartz 2018, S. 164 ff.) und zur Veranschaulichung bei Bedarf durch möglichst wertfreie Beschreibungen der Gesten oder Handlungen ergänzt (vgl. Transkriptionsregeln in Anhang B).

Zunächst werden chronologische Transkripte in tabellarischer Form erstellt, die eine gute Orientierung im Text ermöglichen sollen. Für die weitere Analyse mit der Software MAXQDA (vgl. Abschnitt 6.2) muss allerdings auf die tabellarische Form verzichtet werden, weil dann bestimmte Softwarefunktionen nicht eingesetzt werden können. Zudem erscheint es für die Analyse möglicher Zusammenhänge zwischen den verwendeten Lösungswerkzeugen und den Referenzen sinnvoll, *sämtliche Aussagen* eines Kindes *zu einer Aufgabe* gebündelt vorliegen zu haben. Deshalb wird eine zweite, aufgabenweise Transkriptversion erstellt, welche die Grundlage für die Auswertung bildet.

6.2   Datenauswertung

Für die Auswertung qualitativer Daten existieren in der Sozialforschung diverse Methoden (vgl. z. B. Bohnsack 2014; Döring und Bortz 2016; Kuckartz 2018), die je nach Forschungsinteresse und Art der Daten auszuwählen sind. Im vorliegenden Forschungsprojekt ist davon auszugehen, dass sich die Vorgehensweisen der Kinder innerhalb eines gewissen Rahmens (vgl. z. B. strategische Werkzeuge in Abschnitt 5.2.2) bewegen, der eventuell aufgrund der Analysen noch weiter ausdifferenziert wird, aber voraussichtlich nicht komplett neu gestaltet werden muss. Sehr offene Methoden (wie beispielsweise die dokumentarische Methode, siehe

Bohnsack 2014, S. 33 ff.) sind hier also nicht notwendig. Für die Analyse der Vorgehensweisen besser geeignet ist ein deduktiv-induktives, kategorienbildendes Vorgehen im Rahmen einer qualitativen Inhaltsanalyse (vgl. z. B. Kuckartz 2018, S. 63 ff.), woran sich zum Vergleich der Vorgehensweisen (inter- und intrapersonell) anschließende Fallkontrastierungen und Typenbildungen anbieten (vgl. z. B. Kelle und Kluge 2010, S. 83 ff.).

Diese Auswertungsverfahren werden im Folgenden kurz allgemein beschrieben, bevor anschließend die konkrete Umsetzung in der vorliegenden Untersuchung ausführlich erläutert wird.

6.2.1 Beschreibung der Auswertungsverfahren

Qualitative Inhaltsanalyse

Für die Datenanalyse wird eine inhaltlich strukturierende, qualitative Inhaltsanalyse angewandt, bei der die Identifizierung von Themen und Subthemen sowie die Analyse der wechselseitigen Beziehungen im Mittelpunkt steht (vgl. Kuckartz 2018, S. 97 ff.). In Abbildung 6.3 ist der Ablauf einer solchen Inhaltsanalyse schematisch dargestellt.

Im ersten Schritt der Analyse geht es um einen explorativen Zugang zum Datenmaterial, indem wichtige Textstellen markiert sowie Besonderheiten und Auswertungsideen festgehalten werden. In der zweiten Phase sollen dann thematische Hauptkategorien entwickelt werden, wobei dies sowohl deduktiv – geleitet vom Forschungsinteresse und theoretischen Grundlagen – als auch induktiv – auf Grundlage von Besonderheiten im Datenmaterial – erfolgen kann. In einem ersten Codierprozess wird das Datenmaterial daraufhin mit den Hauptkategorien codiert, wobei durchaus die mehrfache Codierung einzelner Textpassagen möglich ist. Anschließend werden alle Textstellen, die mit der gleichen Kategorie codiert worden sind, zusammengestellt, um induktiv am Material Subkategorien bestimmen zu können. Das ausdifferenzierte Kategoriensystem wird anschließend für die Codierung des gesamten Materials verwendet, sodass schließlich einfache und komplexe Analysen der Daten möglich werden (vgl. ebd., S. 100 ff.).

Für die Auswertung der Daten sieht Kuckartz (2018) sechs verschiedene Möglichkeiten, die je nach Forschungsinteresse und Datenmaterial angewandt werden können (vgl. ebd., S. 117 ff.):

- Kategorienbasierte Auswertung entlang der Hauptkategorien
- Analyse der Zusammenhänge zwischen den Subkategorien einer Hauptkategorie
- Analyse der Zusammenhänge zwischen Kategorien

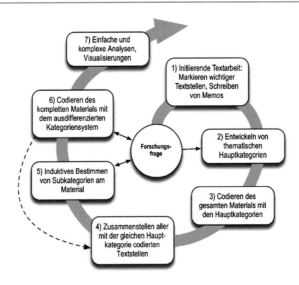

Abbildung 6.3 Ablaufschema einer inhaltlich strukturierenden Inhaltsanalyse (Kuckartz 2018, S. 100)

- Qualitative und quantifizierende Kreuztabellen
- Untersuchung von Konfigurationen von Kategorien
- Visualisieren von Zusammenhängen

Fallkontrastierung und Typenbildung

Zusätzlich zu den zuvor genannten Auswertungsmöglichkeiten kann eine inhaltlich strukturierende, qualitative Inhaltsanalyse die Grundlage für eine typenbildende Analyse sein (vgl. ebd., S. 143 ff.). Bei der empirisch begründeten Typenbildung handelt es sich um ein Verfahren, bei dem durch die Kombination von Kategorien und deren Subkategorien Typen gebildet werden, um anhand vergleichender Kontrastierungen übergreifende Strukturen im Datenmaterial beschreiben zu können. Typologien sind also das Ergebnis von Gruppierungsprozessen, bei denen zu beachten ist, dass sich die Fälle eines Typus weitestgehend ähneln (interne Homogenität), während sich die Typen voneinander möglichst unterscheiden (externe Heterogenität)(vgl. Kelle und Kluge 2010, S. 83 ff.).

Der Prozess der empirisch begründeten Typenbildung lässt sich allgemein in vier Stufen gliedern, die in Abbildung 6.4 dargestellt sind: Zunächst müssen relevante Vergleichsdimensionen, also diejenigen Kategorien mit Hilfe derer Ähnlichkeiten und Unterschiede zwischen den Fällen erfasst werden können, erarbeitet werden. Anhand von Kreuztabellen können dabei auch verschiedene Kategorien und Subkategorien systematisch miteinander kombiniert werden. Anschließend werden die Fälle anhand der definierten Kategorien gruppiert und hinsichtlich empirischer Regelmäßigkeiten untersucht. Daraufhin erfolgt die Analyse inhaltlicher Sinnzusammenhänge, bei der häufig eine inhaltlich begründete Reduktion der Merkmalskombinationen vorgenommen wird, um schließlich nicht nur individuelle Fälle, sondern Gruppen unterscheiden zu können. Bei der Erarbeitung mehrdimensionaler Typologien werden diese ersten drei Stufen in der Regel mehrfach durchlaufen, bevor die gebildeten Typen am Ende umfassend charakterisiert werden (vgl. ebd., S. 91 ff.).

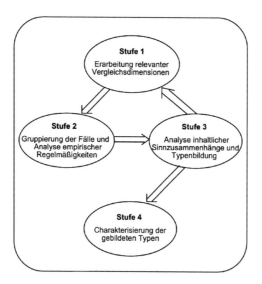

Abbildung 6.4 Stufenmodell empirisch begründeter Typenbildung (Kelle und Kluge 2010, S. 92)

6.2.2 Entwicklung des Kategoriensystems

Für die Entwicklung des Kategoriensystems für die vorliegende Studie wird das Datenmaterial – dem Ablaufschema einer inhaltlich strukturierenden Inhaltsanalyse nach Kuckartz (2018) folgend (vgl. Abbildung 6.3) – in einem ersten Schritt explorativ gesichtet und entsprechend der thematisierten Additions- und Subtraktionsaufgaben gegliedert. Aufgrund der auf den Forschungsfragen (vgl. Abschnitt 4.1) basierenden Struktur der Interviews, in denen zunächst verschiedene Aufgaben sortiert und anschließend gelöst werden, ergeben sich die folgenden Hauptkategorien:

- Sortierung – Wie wird die Aufgabe sortiert?
- Lösungswerkzeuge – Welche(s) Werkzeug(e) wird/werden eingesetzt?
- Strategie – Welche Strategie(n) wird/werden verwendet?
- Rechenrichtungen Subtraktion – Wie wird subtrahiert?
- Lösung – Ist das Ergebnis richtig?

Anhand dieser fünf Hauptkategorien können die Sortierungen und Vorgehensweisen aufgabenweise unterschieden werden. Darüber hinaus soll eine Beurteilung der Adaptivität des jeweiligen Vorgehens erfolgen, wobei zwei Perspektiven eingenommen werden: Zum einen werden die von den Kindern beim Sortieren angeführten Begründungen sowie gegebenenfalls explizierte Aufgabenmerkmale untersucht, um anhand dessen zu versuchen, die zugrunde liegenden Referenzen zu identifizieren und dadurch entscheiden zu können, ob ein Kind verfahrens- oder beziehungsorientiert vorgeht (vgl. Modell von Rathgeb-Schnierer 2011b in Abbildung 2.1). Darüber hinaus wird auch eine normative Perspektive eingenommen, bei der die Adaptivität hinsichtlich der Aufgabenmerkmale beurteilt wird (vgl. z. B. Untersuchung von Heinze, Arend, Gruessing und Lipowsky 2018). Also werden zwei weitere Hauptkategorien gebildet:

- Begründungen und Aufgabenmerkmale – Welche werden expliziert?
- Adaptivität – Sind die Strategien adaptiv hinsichtlich der Aufgabenmerkmale?

Alle Hauptkategorien werden einzeln betrachtet, damit jeweils deduktiv und/oder induktiv passende Subkategorien gebildet werden können (vgl. Kelle und Kluge 2010, S. 73 ff.). Die Codierung des Datenmaterials erfolgt dabei computergestützt mithilfe der Software MAXQDA 2018. Dafür werden die Transkripte in einem ersten Durchgang entlang der thematisierten Additions- und Subtraktionsaufgaben gegliedert. Anschließend erfolgen pro Kategorie aufgabenbezogene Codierdurchgänge (z. B. Lösungswerkzeuge zunächst für alle Bearbeitungen der Aufgabe 23 + 19, dann für 31 − 29 usw.). Diese aufgaben- und nicht personenbezogene Auswertung führt zu einer besseren Trennschärfe der Subkategorien und zu einer größeren Neutralität beim Codieren. Darüber hinaus werden die Transkripte in MAXQDA anonymisiert eingepflegt, sodass auch die anschließenden Codierungen anonymisiert erfolgen können. Dadurch kann der Einfluss eines gegebenenfalls schon vorhandenen Eindrucks von den Vorgehensweisen eines Kindes auf die Datenauswertung minimiert werden.

Die Entwicklung der Subkategorien wird nun für jede Hauptkategorie zusammenfassend erläutert, weitere Erläuterungen und Beispiele finden sich im Codiermanual in Anhang C im elektronischen Zusatzmaterial.

Kategorie Sortierung: Aufgrund der Aufgabenstellung ergeben sich in den ersten Interviews deduktiv zwei Subkategorien, da die Kinder zu Beginn entscheiden sollen, ob sie die vorgelegten Aufgaben ‚einfach'[8] oder ‚schwierig' finden. Ab dem Interview zum Ende des zweiten Schuljahres wird zusätzlich die Sortierkategorie ‚vereinfachen' verwendet (vgl. Erläuterungen in Abschnitt 6.1.1). In seltenen Fällen konnten sich die Kinder nicht entscheiden und schätzten die Aufgabe als ‚mittel' ein, was zu insgesamt vier Subkategorien führt. Manchmal änderten die Kinder im Interviewverlauf ihre Einschätzung der Schwierigkeit, da die konkreten Zuordnungen in der anschließenden Auswertung aber keine wichtige Rolle spielen, werden solche Umsortierungen nicht gesondert erfasst und nur die abschließende Lage der Aufgabenkarten codiert, sodass vier disjunkte Subkategorien entstehen (vgl. auch Anhang C.1).

> einfach | mittel | vereinfachen | schwierig

Kategorie Lösungswerkzeuge: Bezüglich verschiedener Lösungswerkzeuge zur Addition und Subtraktion existieren in der Literatur einige Ausdifferenzierungen (vgl. Rathgeb-Schnierer 2006b, S. 55; Rathgeb-Schnierer und Rechtsteiner 2018, S. 48 ff.; Rechtsteiner-Merz 2013, S. 19 ff.), sodass bereits vorab Subkategorien gebildet werden können, die zusätzlich am Material ausdifferenziert, angereichert und gruppiert werden.

Die verwendeten Lösungswerkzeuge lassen sich in die sechs Subkategorien ‚Wissen', ‚Zählen', ‚Zerlegen', ‚Verändern/Ableiten', ‚Algorithmen' und ‚unklar' zusammenfassen, die jeweils zum Teil noch weiter verfeinert werden können. Beim ‚Zählen' kann zwischen dem ‚Alleszählen', dem ‚Weiterzählen' und dem ‚Rückwärtszählen' unterschieden werden, wobei das Zählen sowohl mündlich als auch mit Finger- oder Materialunterstützung erfolgen kann. Beim ‚Zerlegen' können Zerlegungen einer oder beider Zahlen auf unterschiedliche Weisen (z. B. stellenweise, Zerlegen-zur-10) beobachtet werden. Die Werkzeuge Hilfsaufgabe, gegensinniges Verändern, gleichsinniges Verändern, Tauschen, Analogie, Umkehraufgabe, Abstandsbetrachtung und Ableiten aus vorliegender Aufgabe werden zur

---

[8] In diesem Abschnitt werden die jeweiligen Begriffe in ‚Häkchen' gesetzt, um zu verdeutlichen, dass es sich dabei um Kategoriennamen handelt. Im weiteren Verlauf der Arbeit wird zur besseren Lesbarkeit auf diese Hervorhebung verzichtet.

Subkategorie ‚Verändern/Ableiten'[9] zusammengefasst. Im dritten Schuljahr kommt zudem noch die Verwendung von ‚Algorithmen' (im Sinne schriftlicher Normalverfahren) hinzu. In einer letzten Kategorie ‚andere' werden Vorgehensweisen zusammengefasst, bei denen Material nicht-zählend eingesetzt wird, die Ableitung nach Aufforderung erfolgt oder das Vorgehen unklar bleibt.

Bereits im Zahlenraum bis 20, vor allem aber im Umgang mit größeren Zahlen, werden beim Lösen von Additions- und Subtraktionsaufgaben häufig mehrere Lösungswerkzeuge verwendet, sodass es innerhalb dieser Hauptkategorie durchaus zu Mehrfachcodierungen kommt (vgl. auch Anhang C.2).

> Wissen | Zählen | Zerlegen
> Verändern/Ableiten | Algorithmus | andere

Kategorie Strategien: Die gerade erwähnten Mehrfachcodierungen in der Kategorie Lösungswerkzeuge erlauben zwar einen detaillierten Blick auf die Lösungswege der Kinder, allerdings geht dadurch manchmal der Blick auf den Lösungsweg als Ganzes verloren. Dies ist besonders irritierend, wenn für unterschiedliche Wege dieselben Werkzeuge codiert werden, wie man an folgenden Beispielen zu 23 + 19 gut erkennen kann:

S: Da würde ich erst mal zwanzig plus zehn rechnen, da weiß ich, dass das dreißig ist und von der neun würde ich noch einen von der drei tun, dann wäre die neun ein Zehner und dann hätte ich ähm (...) dreißig plus zehn gerechnet und das wäre dann vierzig und dann würde ich dreißig plus zwei rechnen und das wäre dann zweiundvierzig. (Paula, Mitte 2, Aufgabe 23 + 19)

S: Dann rechne ich hier ähm, ähm hier ein weg (zeigt auf 23), minus eins. Und hier (zeigt auf 19) rechne ich plus eins. Also hab ich dann zwanzig plus zweiundzwanzig. Und dann rechne ich zuerst zwanzig plus zwanzig, das sind dann vierzig. Und dann muss ich noch zwei dazutun, also zweiundvierzig. (Alicia, Mitte 3, Aufgabe 23 + 19)

In beiden Fällen können dieselben Zerlegungs- und Ableitungswerkzeuge codiert werden, im ersten Beispiel ist aber das Zerlegen in Stellenwerte die dominante Idee, während es im zweiten Beispiel das gegensinnige Verändern ist. Um diesen

---

[9] Die Unterscheidung von Werkzeugen zum Zerlegen und Verändern/Ableiten wird in Anlehnung an die Unterscheidung von Zerlegungs- und Ableitungsstrategien vorgenommen, um später (vgl. Abschnitt 7.2.2) einfacher Bezüge zwischen den Kategorien herstellen zu können. Es sind durchaus auch andere Gruppierungen denkbar und sinnvoll (vgl. z. B. Gaidoschik 2010, S. 321 ff.).

Unterschied erfassen zu können, werden neben den detaillierten Unterscheidungen von Lösungswerkzeugen auch Strategien codiert, die den gesamten Lösungsweg charakterisieren[10] (das erste Beispiel wird dann als ‚Stellenweise' codiert, während das zweite der Strategie ‚Vereinfachen' zugeordnet wird). Diese Perspektive hat den Nachteil, dass Details, die in Lösungswerkzeugen erfasst werden, verloren gehen (das gegensinnige Verändern beim ersten Beispiel wird vernachlässigt) – die Kombination der beiden Kategorien Lösungswerkzeuge und Strategien erlaubt aber ein differenziertes Bild der individuellen Vorgehensweise.

Als Strategien werden deduktiv die vier bekannten Hauptstrategien (vgl. Abschnitt 1.2) unterschieden: ‚Stellenweise', ‚Schrittweise', ‚Hilfsaufgabe' und ‚Vereinfachen'. Darüber hinaus existieren (erwartungsgemäß) diverse Wege, die als Mischformen der Strategien ‚Stellen- und Schrittweise' eingeordnet werden können und im ersten Schuljahr können zusätzlich verschiedene Zerlegungsformen im Zwanzigerraum (z. B. Kraft-der-5 und Zerlegen-zur-10) unterschieden werden. Beim Lösen von Subtraktionsaufgaben werden zudem ‚Umkehraufgaben' verwendet und bisweilen erfolgt der Rückgriff auf beziehungsweise das direkte Erkennen von ‚Halbierungen und Verdopplungen'. Weitere, selten vorkommende Strategien werden unter ‚andere' zusammengefasst. In späteren Analysen (vgl. Abschnitt 6.2.3) werden die Strategien übergeordnet in Zerlegungswege (Stellenweise, Schrittweise, Stellen- und Schrittweise, Zerlegen in Klasse 1) und Ableitungswege (Hilfsaufgabe, Vereinfachen, Umkehraufgabe, Halbierung/Verdopplung) gruppiert (vgl. auch Anhang C.3).

> Stellenweise | Schrittweise | Stellen- und Schrittweise | Zerlegen Klasse 1
> Hilfsaufgabe | Vereinfachen | Umkehraufgabe | Halbierung/Verdopplung | andere

Kategorie Rechenrichtung Subtraktion: Fachlich lassen sich beim Lösen von Subtraktionsaufgaben drei Rechenrichtungen unterscheiden (vgl. Abschnitt 1.2), sodass deduktiv die drei Subkategorien Abziehen, Ergänzen und indirekt Subtrahieren gebildet werden können. Bei ersten Analysen des Materials zeigte sich aber, dass die indirekte Subtraktion zum einen sehr selten von den Kindern beschrieben wird und dass manchmal aus den Aussagen der Kinder nicht eindeutig hervorgeht, ob sie ergänzt oder indirekt subtrahiert haben. Deshalb werden ergänzende und indirekt subtrahierende Fälle in der Subkategorie ‚Abstand' zusammengefasst.

---

[10] Hierbei bleibt aber offen, ob die Kinder die Strategie bereits vorab in Gänze durchdacht bzw. geplant haben (im Sinne des Strategiewahlansatzes) oder der Weg situativ generiert wird (im Sinne des Emergensansatzes); es geht lediglich darum, den Lösungsweg als Ganzes retrospektiv kategorisieren zu können, um die Vergleichbarkeit zu erhöhen.

Die Subkategorien ‚Abziehen' und ‚Abstand' werden nur dann codiert, wenn die Erläuterung oder Handlung des Kindes eindeutig zu einer der drei Rechenrichtungen passt. Dies wird an der Verwendung entsprechender Formulierungen (z. B. *abziehen, wegnehmen, bleibt übrig, ergänzen, gucken wie viel dazwischen ist*) oder entsprechender Handlungen am Material (z. B. Richtung am Rechenstrich) festgemacht. Die übrigen Fälle werden als ‚unklar' codiert (vgl. auch Anhang C.4), wobei davon auszugehen ist, dass hier häufig abziehend vorgegangen wurde, da das Abziehen die dominante Rechenrichtung bei vielen Menschen ist (vgl. Studienergebnisse in Abschnitt 1.3 und 2.2).

┌──────────────────────────────┐
│ Abziehen │ Abstand │ unklar │
└──────────────────────────────┘

Kategorie Lösung: Für die Kategorie Lösung ergeben sich deduktiv drei Subkategorien, da die Lösung des Kindes entweder ‚richtig' oder ‚falsch' sein kann und zudem bei der Interviewplanung auch vorgesehen ist, dass Kinder die Aufgabe ‚nicht gelöst' haben (siehe Interviewleitfaden in Anhang A.1). Beim Codieren kamen im Datenmaterial allerdings auch Fälle auf, die nicht auf Anhieb eindeutig einer dieser drei Kategorien zugeordnet werden konnten, sodass das Codesystem induktiv mit weiteren Subkategorien angereichert werden musste. Zur Subkategorie ‚richtig' werden zusätzlich Fälle gezählt, bei denen sich die Kinder beim Erklären ihrer Vorgehensweise selbst korrigieren und auch Operationsfehler (wenn bspw. addiert wurde statt zu subtrahieren) werden nicht berücksichtigt, da auf diesen Fehler in der Regel sofort hingewiesen wurde (vgl. Leitfaden in Anhang A.1). Wenn die Kinder ihre Lösung allerdings korrigieren, nachdem sie zu einer Materialhandlung aufgefordert worden sind (z. B. *Zeig mir das mal am Zwanzigerfeld*) oder nachdem der/die Interviewer*in suggestiv oder unterstützend interveniert hat (z. B. *Und was ist mit dieser 1 hier?*), wird ‚falsch' codiert. Aufgaben, die nur sortiert werden, oder bei denen die Kinder die Aufgabe nicht vollständig oder nur mit Hilfestellung durch den/die Interviewer*in lösen, werden als ‚nicht gelöst' codiert (vgl. auch Anhang C.5 und C.6).

┌──────────────────────────────┐
│ richtig │ falsch │ nicht gelöst │
└──────────────────────────────┘

Kategorie Begründung und Aufgabenmerkmale: Die Beurteilung der Adaptivität der Kinder soll zum einen prozessorientiert erfolgen, indem Rückschlüsse auf die zugrunde liegenden Referenzen (Verfahren oder Merkmale und Beziehungen, vgl. Modell von Rathgeb-Schnierer 2011b in Abbildung 2.1) versucht werden. Rathgeb-Schnierer und Rechtsteiner (2018) betonen aber: „Ob Kinder beim Lösen von Aufgaben verfahrens- oder beziehungsorientiert vorgehen, ist nicht immer einfach herauszufinden" (Rathgeb-Schnierer und Rechtsteiner 2018, S. 47). Rechtsteiner-Merz (2013) zog für diese Unterscheidung die Argumentationen der Kinder beim Begründen der Sortierungen verschiedener Aufgaben heran und unterschied zwischen substanziellen und analytischen Argumentationen, wobei sich die analytischen Argumentationen entweder auf Verfahren oder auf Beziehungen stützten (vgl. Rechtsteiner-Merz 2013, S. 211 ff.; vgl. Abschnitt 2.3).

In einer Untersuchung von Rathgeb-Schnierer und Green (2017) konnten in der Datenanalyse zwei Formen der Begründungen beim Sortieren verschiedener Aufgaben identifiziert werden: Einige Kinder begründeten ihre Zuordnung, indem sie einen Rechenweg beschrieben, während andere die Einschätzung über Merkmale der Aufgaben begründeten und solche Merkmalsbegründungen beeinflussten größtenteils das weitere Vorgehen (vgl. Rathgeb-Schnierer und Green 2017, S. 7 ff.; vgl. Abschnitt 2.3).

Die Analyse der Begründungen der Kinder scheint also eine sinnvolle Möglichkeit zu sein, um Rückschlüsse auf die zugrunde liegenden Referenzen zu ziehen, wobei es zur konkreten Umsetzung durchaus verschiedene Möglichkeiten gibt. Entscheidend für eine positive Beurteilung scheint in beiden zuvor genannten Studien die Explikation von Merkmalen und Beziehungen von Zahlen und Aufgaben zu sein. Deshalb wird ebendies in der vorliegenden Untersuchung auch beleuchtet. Um dabei möglichst offen an das Datenmaterial herangehen zu können, werden innerhalb dieser Kategorie vorab keine Subkategorien theoretisch hergeleitet, sondern alle Begründungen der Kinder induktiv codiert und anschließend gruppiert.

Bereits in den ersten, explorativen Codierdurchgängen fiel auf, dass einige Kinder zwar keine Aufgabenmerkmale beim Sortieren explizierten, dies aber im anschließenden Lösungsteil durchaus noch nachholten. Deshalb werden für diese Kategorie alle Äußerungen eines Kindes zu einer Aufgabe (sowohl beim Sortieren als auch beim Lösen) herangezogen und analysiert (und nicht nur die Sortierbegründungen).

Die Vielzahl verschiedener Begründungen und explizierter Merkmale kann schließlich in acht Subkategorien zusammengefasst werden: In einigen Fällen, vor allem im Zwanzigerraum, wird die Einschätzung der Aufgabenschwierigkeit darüber begründet, ob das Ergebnis gewusst wird, oder nicht. In anderen Fällen, führen die Kinder an, dass sie diese Aufgabe schon oft oder bisher selten geübt haben oder erläutern, dass man das schnell oder nicht so schnell rechnen könne – solche Begründungen werden in der Subkategorie ‚Übung/Routine' zusammengefasst. Häufig wird als Sortierbegründung angeführt, dass die Zahlen klein/groß oder einfach/schwierig seien und manchmal benennen Kinder einzelne Zahlen oder Ziffern (z. B. *die Aufgabe ist schwierig, weil da eine 8 ist*) ohne nähere Erläuterung.

Während die bisherigen Begründungen (isoliert betrachtet) inhaltlich wenig gehaltvoll und vergleichsweise vage bleiben, gilt das für die folgenden drei Gruppen nicht. In der Subkategorie ‚Zahleigenschaften' werden verschiedene explizierte Eigenschaften zusammengefasst, darunter zum Beispiel gerade/ungerade Zahlen, Zahlen mit Nähe zum nächsten Zehner/Hunderter und Zahlen mit 9/99. Wenn Verbindungen zwischen den Zahlen einer Aufgabe oder zwischen Aufgaben expliziert werden, wird dies in der Subkategorie ‚Aufgabeneigenschaften' zusammengefasst. Wichtige Aufgabenmerkmale sind hier ein (nicht) vorhandener Stellenübergang, Stufenzahlzerlegungen, Verdopplungen/Halbierungen oder die Nähe zweier Zahlen zueinander. In einigen Fällen werden die Zuordnungen darüber begründet, dass sich bestimmte ‚besondere Lösungswege' bei der jeweiligen Aufgabe anbieten würden. Dies betrifft insbesondere die Veränderung der Aufgabe zu einer Aufgabe mit glattem Zehner/Hunderter sowie den Rechenrichtungswechsel (vgl. auch Anhang C.7).

Wissen/Nichtwissen | Übung/Routine kleine/große, einfache/schwierige Zahlen | Zahl(en) oder Ziffer(n) benannt Zahleigenschaften | Aufgabeneigenschaften | besonderer Lösungsweg

Kategorie Adaptivität: Zur Beurteilung der von den Kindern verwendeten Wege soll auch eine normative Perspektive eingenommen werden, in der die Wege hinsichtlich ihrer Passung zu den besonderen Aufgabenmerkmalen eingeschätzt werden. In Anlehnung an Nemeth, Werker, Arend, Vogel und Lipowsky (2019) sowie Heinze, Arend, Gruessing und Lipowsky (2018) wird ein Weg als adaptiv eingeschätzt, wenn er

- vergleichsweise wenige Lösungsschritte erfordert und
- kognitiv weniger anspruchsvolle Rechnungen umfasst (v. a. durch die Vermeidung oder Vereinfachung von Stellenübergängen).

Eine solche Unterscheidung führt insbesondere bei Aufgaben mit Nähe einer oder beider Zahlen zur Stufenzahl (z. B. 198 + 199) und bei Aufgaben, bei denen Minuend und Subtrahend nahe beieinander liegen (z. B. 202 − 197), zu deutlichen Unterschieden beim Einsatz verschiedener Strategien. Am Beispiel der Lösungswege zur Aufgabe 198 + 199 (vgl. Tabelle 6.3) ist gut ersichtlich, dass bei Verwendung der Strategien Hilfsaufgabe und Vereinfachen im Vergleich zum Nutzen der Strategien Stellenweise und Schrittweise weniger Lösungsschritte nötig sind und Stellenübergänge vereinfacht beziehungsweise vermieden werden.

Tabelle 6.3 Vergleich verschiedener Strategien zu $199 + 198$

Stellenweise	$100 + 100 = 200$, $90 + 90 = 180$, $9 + 8 = 17$, $200 + 180 + 17 = 397$
	4 Lösungsschritte, 2 Stellenübergänge
Schrittweise	z. B. $199 + 100 = 299$, $299 + 90 = 389$, $388 + 8 = 397$
	3 Lösungsschritte, 2 Stellenübergänge
Hilfsaufgabe	$200 + 200 = 400$, $400 - 3 = 197$
	2 Lösungsschritte, 1 vereinfachter Stellenübergang
Vereinfachen	$199 + 198$ → $200 + 197 = 397$
	2 Lösungsschritte, kein Stellenübergang

Bei Aufgaben im Zahlenraum bis 100 ist dieser Unterschied nicht derart deutlich (vgl. Tabelle 6.4). Hier verändert sich die Anzahl der notwendigen Lösungsschritte nicht oder kaum und die Tatsache, dass ein Stellenübergang vermieden wird, steht dem gegenüber, dass die (durchaus anspruchsvolle) Verwendung der Strategien Hilfsaufgabe und Vereinfachen die Kenntnis und sichere Verwendung der entsprechenden Werkzeuge erfordert. Hier ist fraglich, ob die Bewältigung eines Stellenübergangs oder der korrekte Ausgleich beziehungsweise die korrekte Veränderung (insbesondere bei der Subtraktion) kognitiv weniger anspruchsvoll sind. Vergleichbare Schwierigkeiten bezüglich der Einschätzung bestehen beim Rechnen im Zwanzigerraum.

Tabelle 6.4 Vergleich verschiedener Strategien zu $23 + 19$

Stellenweise	$20 + 10 = 30$, $3 + 9 = 12$, $30 + 12 = 42$
	3 Lösungsschritte, 1 Stellenübergang
Schrittweise	z. B. $23 + 10 = 33$, $33 + 9 = 42$
	2 Lösungsschritte, 1 Stellenübergang
Hilfsaufgabe	$23 + 20 = 43$, $43 - 1 = 42$
	2 Lösungsschritte, kein Stellenübergang
Vereinfachen	$23 + 19$ → $22 + 20 = 42$
	2 Lösungsschritte, kein Stellenübergang

Deshalb wird die Adaptivität in der vorliegenden Studie normativ nur bei Aufgaben im Zahlenraum bis 1000 beurteilt. Hier werden insgesamt fünf Aufgaben aufgrund ihrer besonderen Merkmale für die Beurteilung der Adaptivität betrachtet:

- Addition: $199 + 198$ und $546 + 299$
- Subtraktion: $435 - 199$ und $202 - 197$ und $634 - 628$

Aus normativer Perspektive sind für diese Aufgaben die Strategien Hilfsaufgabe, Vereinfachen und bei der Subtraktion schrittweise Abstandsbetrachtungen ‚adaptiv‘, während andere (abziehende und abstandsbetrachtende) Arten der Zerlegung und die Verwendung der schriftlichen Algorithmen als ‚nicht adaptiv‘ eingeschätzt werden. Mischformen und Fälle, die nicht eindeutig einer Strategie zugeordnet werden können, werden vor dem Hintergrund der o. a. Kriterien gesondert betrachtet. Dabei erweist sich für die Aufgabe $435 - 199$ ein weiterer Weg als adaptiv ($400 - 199 = 201, 201 + 35 = 236$), weil hier nur zwei Lösungsschritte notwendig sind und nur ein vereinfachter Stellenübergang ausgeführt werden muss.

Bei der Beurteilung der Adaptivität wird nicht berücksichtigt, ob der Lösungsweg korrekt ausgeführt wird oder nicht. Auch fehlerhafte Wege (z. B. gegensinniges Verändern bei der Subtraktion) werden also als adaptiv beurteilt, weil angenommen werden könnte, dass die Verwendung solcher Wege häufig aufgrund des Erkennens besonderer Aufgabenmerkmale erfolgt. Die vergleichende Betrachtung der Lösungsquoten adaptiver und nicht adaptiver Wege wird erst anschließend in bivariaten Analysen vorgenommen (vgl. Abschnitt 7.1; vgl. auch Anhang C.8).

> adaptiv | nicht adaptiv

6.2.3   Entwicklung der Typologie

Über die deskriptiven Analysen hinaus werden die Vorgehensweisen der Kinder auch einer Einzelfallanalyse unterzogen, um anhand dessen verschiedene Varianten im Lösungsverhalten identifizieren und auch gegebenenfalls vorhandene Unterschiede im Untersuchungsverlauf beobachten zu können. Für solche Analysen eignen sich insbesondere fallkontrastierende und typenbildende Verfahren (vgl. z. B. Kelle und Kluge 2010).

Grundlage dieser fallbezogenen Auswertung sind Fallzusammenfassungen sämtlicher Interviews, in denen die Vorgehensweisen der Kinder übersichtlich dargestellt werden. Die Bestimmung der relevanten Vergleichsdimensionen als erste Stufe der empirisch begründeten Typenbildung (vgl. Abbildung 6.4 auf S. 147) erfolgt anhand der ersten Sichtung dieser Fallzusammenfassungen. Aufgrund der Fülle an Datenmaterial werden im ersten Zugriff innerhalb der wesentlichen Hauptkategorien verschiedene Gruppen gebildet, in die die Vorgehensweisen eines Kindes eingeordnet werden können. Da (erwartungsgemäß) Unterschiede zwischen den

Vorgehensweisen beim Addieren und Subtrahieren zu beobachten sind, werden pro Kind zwei Fälle (Addition und Subtraktion) betrachtet, sodass bei 21 Kindern zu sieben Untersuchungszeitpunkten insgesamt 294 Fälle unterschieden werden.

Anhand der Eingruppierungen innerhalb verschiedener Kategorien lässt sich das Lösungsverhalten eines Kindes facettenreich beschreiben. Die Berücksichtigung sämtlicher Facetten bei der Entwicklung der Typologie würde allerdings die Anzahl verschiedener Typen extrem erhöhen. Bei der Entwicklung einer Typologie liegt eine zentrale Herausforderung darin, die Fälle in einer angemessenen Anzahl von Typen zu gruppieren. Während weniger Typen übersichtlicher sind, bilden mehr Typen die realen Differenzen besser ab (vgl. ebd., S. 91 ff.). Im vorliegenden Fall soll mithilfe der Typologie insbesondere die Entwicklung der Vorgehensweisen im Grundschulverlauf nachgezeichnet werden. Demnach ist es zielführend, eine Typologie zu entwickeln, in der die Vorgehensweisen der Kinder in jedem Schuljahr (d. h. in verschiedenen Zahlenräumen) und operationsübergreifend (d. h. gleiche Typen für die Addition und Subtraktion) eingeordnet werden können. Bei dieser Zielsetzung ist es sinnvoller, mit vergleichsweise wenigen Typen zu arbeiten, um Entwicklungen einfacher nachzeichnen und Muster schneller identifizieren zu können. Eine geringere Anzahl an Typen führt bei 294 Fällen aber unweigerlich zu geringerer interner Homogenität innerhalb der Typen, weil nicht alle Facetten berücksichtigt werden, sodass sich die Fälle, die demselben Typus zugeordnet werden, durchaus in einigen Aspekten unterscheiden können. Deshalb werden weitere, relevante Vergleichsdimensionen und ihre Verteilung auf die Typen gesondert beleuchtet.

Typologie der Vorgehensweisen

Zum Charakterisieren der Vorgehensweisen der Kinder zu verschiedenen Zeitpunkten im Untersuchungsverlauf werden operationsgetrennt Art und Anzahl der verwendeten Strategien analysiert. Bei der Art der Strategien kann beim Lösen von Additions- und Subtraktionsaufgaben zwischen *Zerlegungswegen* (Stellenweise, Schrittweise, Mischformen aus Stellen- und Schrittweise) und *Ableitungswegen* (Vereinfachen, Hilfsaufgabe sowie Rechenrichtungswechsel und Verwenden von Umkehraufgaben bei der Subtraktion) unterschieden werden. Je nach Verwendung lassen sich dann drei Gruppen bilden:

- Gruppe 1: Zerlegungs- und Ableitungsstrategien
- Gruppe 2: nur Ableitungsstrategien
- Gruppe 3: nur Zerlegungsstrategien

Hinsichtlich einer erstrebenswerten Vielfalt an Vorgehensweisen, ist zudem interessant, ob jeweils nur eine oder verschiedene Strategien einer Art verwendet werden.

Durch Kreuzung dieser Gruppen (Anzahl und Art der verwendeten Strategien) erhält man die sechs in Tabelle 6.5 dargestellten Typen.

Tabelle 6.5 Bildung der Typen

Anzahl und Art der Strategien	mehrere Strategien	(je) 1 Strategie
Zerlegen und Ableiten	**verschiedene Zerlegungs- und Ableitungswege** mindestens drei verschiedene Strategien	**Zerlegungs- und Ableitungsweg** je eine Zerlegungs- und eine Ableitungsstrategie
Ableiten	**verschiedene Ableitungswege** zwei oder mehr Ableitungsstrategien	**Hauptableitungsweg** eine Ableitungsstrategie zum Lösen aller Aufgaben
Zerlegen	**verschiedene Zerlegungswege** zwei oder mehr Zerlegungsstrategien	**Hauptzerlegungsweg** eine Zerlegungsstrategie zum Lösen aller Aufgaben

In einer ersten Sichtung einiger Fälle aus unterschiedlichen Schuljahren und zu beiden Operationen, hat sich diese Unterscheidung von sechs Typen als durchaus tragfähig erwiesen, wenn folgende Besonderheiten berücksichtigt werden:

Im ersten Schuljahr lösen einige Kinder die Aufgaben überwiegend zählend, was im weitesten Sinne auch als ein Hauptzerlegungsweg betrachtet werden könnte. Es ist aber durchaus wertvoll, dieses fehleranfällige Verhalten gesondert zu erfassen, sodass ein **siebter Typus** gebildet wird, dem Fälle zugeordnet werden, in denen das Zählen dominiert.

Im dritten und vierten Schuljahr verwenden die meisten Kinder beim Lösen der Aufgaben 44 − 22 und 666 − 333 Ableitungsstrategien (z. B. Umkehraufgaben). Die Verdopplung/Halbierung scheint also ein sehr starkes Merkmal zu sein, das die meisten Kinder von einem gegebenenfalls nicht flexiblen/adaptiven Verhalten beim Lösen aller anderen Aufgaben abweichen lässt. Würde diese Abweichung berücksichtigt werden, würde dies den Eindruck erwecken, dass die Kinder flexibler/adaptiver beim Subtrahieren agieren als beim Addieren. Damit die Typen aber operationsübergreifend vergleichbar sind, wird bei der Subtraktion das Ableiten bei den Aufgaben 44 − 22 und 666 − 333 nicht gewertet.

In den letzten beiden Interviews verwenden einige Kinder zum Lösen der Aufgaben auch schriftliche Algorithmen. Da dies vergleichsweise selten vorkommt, wird kein neuer Typus gebildet und das schriftliche Rechnen stattdessen als weiterer Zerlegungsweg gewertet. Bei anderer Datenlage hätte es aber durchaus sinnvoll sein können, das schriftliche Rechnen in einem gesonderten Typus zu erfassen, wenn es nicht nur punktuell, sondern immer oder überwiegend erfolgt (vergleichbar mit dem gesondert unterschiedenen Typus Zählen).

Weitere Vergleichsdimensionen

Die Typologie mit sieben Typen dient der zentralen Unterscheidung der Vorgehensweisen der Kinder beim Lösen verschiedener Aufgaben. Innerhalb dieser Typen existieren aber durchaus Differenzen hinsichtlich weiterer Kriterien, die beim Charakterisieren der Typen (vgl. Abschnitt 7.2) beleuchtet werden sollen. Um eine zu große Anzahl an Typen zu vermeiden, wird also keine mehrdimensionale Typologie entwickelt, weitere Vergleichsdimensionen und ihre Verteilung auf die Typen werden aber zusätzlich betrachtet.

Dafür werden auch innerhalb der Hauptkategorien ,Lösungswerkzeuge', ,Rechenrichtungen', ,Lösung' und ,Adaptivität' sowie auf Rückfrage erläuterten ,zweiten Lösungswegen' Gruppen gebildet, die im Folgenden zusammenfassend beschrieben werden[11].

Lösungswerkzeuge: Für die entwickelte Typologie werden die verwendeten *Strategien* als übergeordnete Beschreibungen des Lösungsweges herangezogen. Darüber hinaus wird in der Kategorie *Lösungswerkzeuge* auch ein detaillierter Blick auf die verschiedenen Vorgehensweisen gerichtet. Insbesondere bei den vier Typen, die nur eine Strategieart (Zerlegen oder Ableiten) verwenden, wäre interessant zu untersuchen, ob gegebenenfalls in Teilrechnungen auch Werkzeuge der jeweils anderen Art zum Einsatz kommen. Ein Kind, das beispielsweise die Aufgabe $23 + 19$ mithilfe der Strategie Stellenweise (Zerlegen) löst, könnte beim Verarbeiten der Einer $3 + 9$ gegebenenfalls das gegensinnige Verändern (Ableiten) nutzen (siehe Beispiele von Paula und Alicia oben). Bezüglich der verwendeten Lösungswerkzeuge werden deshalb – in Anlehnung an die Gruppierung bei der Entwicklung der Typologie – drei Gruppen unterschieden:

- Gruppe 1: Zerlegungs- und Ableitungswerkzeuge
- Gruppe 2: nur Ableitungswerkzeuge
- Gruppe 3: nur Zerlegungswerkzeuge

---

[11] Die Hauptkategorie ,Sortierung' wird hier nicht berücksichtigt, weil das Sortieren im Wesentlichen als Impuls zum Erkennen und Benennen von Aufgabenmerkmalen dient und die anschließenden Sortierungen ohne Erläuterung wenig aussagekräftig sind. Zur Kategorie ,Begründungen und Aufgabenmerkmale' folgt die Erläuterung am Ende des Abschnitts.

Zweiter Lösungsweg: In den drei letzen Interviews werden alle Kinder darum gebeten, je eine Aufgabe pro Operation (199 + 198 und 202 − 197) ein weiteres Mal auf einem anderen Weg zu lösen. Im Vergleich der beim ersten und zweiten Lösen verwendeten Strategien lassen sich drei Subgruppen unterscheiden:

- Gruppe 1: keine weitere Lösungsidee
- Gruppe 2: gleicher/ähnlicher Weg
- Gruppe 3: anderer Weg

Die zweiten Wege werden als ‚anderer Weg' codiert, wenn zunächst ein Zerlegungs- und dann ein Ableitungsweg verwendet wird (oder vice versa). Da sich die Ableitungswege (Vereinfachen, Hilfsaufgabe, Rechenrichtungswechsel) deutlicher voneinander unterscheiden als verschiedene Zerlegungswege (Stellen- bzw. Schritt- weise in Rein- oder Mischform), werden auch andere Ableitungswege als ‚anderer Weg' codiert, wohingegen andere Zerlegungswege (z. B. erst Stellenweise, dann Schrittweise) mit gleichen Zerlegungswegen (z. B. verschiedene Reihenfolgen der Teilrechnungen beim stellenweisen Rechnen) in Gruppe 2 zusammengefasst wer- den.

Rechenrichtungen: Beim Lösen von Subtraktionsaufgaben lassen sich hinsichtlich der verwendeten Rechenrichtungen drei Möglichkeiten unterschei- den: Abziehen, Abstandsbetrachtungen (ergänzend oder indirekt subtrahierend) und unklare Vorgehensweisen, sodass drei Gruppen für die Fallanalyse gebildet werden können:

- Gruppe 1: sowohl Abziehen als auch Abstand (und unklar)
- Gruppe 2: nur Abziehen (und unklar)
- Gruppe 3: nur Abstand (und unklar)

Fälle, bei denen kein Weg eindeutig einer Rechenrichtung zugeordnet werden kann (also alles als ‚unklar' codiert wird), werden auch der zweiten Gruppe zugeordnet, weil davon auszugehen ist, dass die Kategorie ‚unklar' in der Regel abziehende Vorgehensweisen enthält (vgl. Studienergebnisse in Abschnitt 1.3 und 2.2).

Lösung: Für die Gruppenbildung zur Kategorie Lösung ist es sinnvoll, neben der Anzahl auch die Art der beobachteten Fehler zu berücksichtigen, damit einfache Flüchtigkeitsfehler anders gewertet werden können als gegebenenfalls schwerwie- gendere Strategiefehler. Deshalb wird zusätzlich eine Fehleranalyse aller falschen

Lösungen durchgeführt, bei der sich zwei wesentliche Subkategorien unterscheiden lassen: Als ‚Flüchtigkeitsfehler' werden unter anderem das Vergessen von Teilrechnungen oder einem Ausgleich (z. B. nach der Verwendung einer Hilfsaufgabe), Einsundeinsfehler und Zahlendreher zusammengefasst. Strategiefehler (wie das stellenweise Bilden der absoluten Differenz oder das gegen- statt gleichsinnige Verändern beim Subtrahieren) werden zusammen mit Stellenwertfehlern als ‚Verständnisfehler' eingeordnet. Dieser Kategorie werden auch Fehler beim Zählen oder im Umgang mit Material zugeordnet (vgl. Beispiele und weitere Erläuterungen im Codiermanual in Anhang C.6).

Beim Gruppieren lassen sich dann zunächst die Fälle unterschieden, in denen alle Aufgaben richtig gelöst worden sind. In einer zweiten Gruppe werden Fälle zusammengefasst, in denen nur ein Flüchtigkeitsfehler unterlaufen ist, während Verständnisfehler anders beurteilt und mit 2 Flüchtigkeitsfehlern in einer dritten Gruppe zusammengefasst werden. Mehrere Fehler (gleich welcher Art) werden in einer vierten Gruppe zusammengefasst, sodass auch Fehler, die in der Einzelbetrachtung als Flüchtigkeitsfehler eingeschätzt werden, stärker ins Gewicht fallen, wenn sie mehrfach auftreten[12].

- Gruppe 1: alle Aufgaben richtig gelöst
- Gruppe 2: maximal ein Flüchtigkeitsfehler
- Gruppe 3: 1-2 Flüchtigkeits- oder Verständnisfehler
- Gruppe 4: mehr als zwei Fehler

Adaptivität: Ab dem dritten Schuljahr wird die Adaptivität der Lösungswege für zwei (Addition) beziehungsweise drei (Subtraktion) Aufgaben normativ hinsichtlich besonderer Aufgabenmerkmale beurteilt (siehe Kategorienbeschreibung oben). Zur Unterscheidung der Vorgehensweisen pro Fall werden zwei Gruppen gebildet:

- Gruppe 1: mindestens ein Weg adaptiv
- Gruppe 2: kein Weg adaptiv

Begründungen und Aufgabenmerkmale: Bei der Analyse der Begründungen hat sich schnell bestätigt, dass es oft sehr schwierig zu entscheiden ist, ob sich ein Kind beim Lösen auf Verfahren oder Beziehungen stützt (vgl. Rathgeb-Schnierer und Rechtsteiner 2018, S. 47). Aus den Subkategorien dieser Hauptkategorie ließen sich zwar durchaus verschiedene Gruppen bilden, allerdings zeigen erste Proben, dass in

---

[12] Zusätzlich werden in Gruppe 4 auch Fälle mit nur 2 Fehlern, aber einer Lösungsquote unter 50 % eingeordnet, da dann 2 von 3 Aufgaben falsch gelöst worden sind.

verschiedenen Konstellationen keine Muster ersichtlich sind. Es ist also beispielsweise nicht (immer) so, dass Kinder, die verschiedene Wege nutzen, besonders viele ‚Zahleigenschaften' und ‚Aufgabeneigenschaften' explizieren und dass Kinder mit einem Hauptzerlegungsweg dies nicht tun – wie vielleicht zu erwarten wäre.

Dies liegt insbesondere daran, dass viele Kinder besondere Aufgabenmerkmale nicht nennen, diese aber vermutlich erkennen, weil sie verschiedene Wege nutzen. Aufgrund des Unterrichts, in dem die von den Kindern entwickelten eigenen Rechenwege im Mittelpunkt gestanden haben (vgl. Kapitel 5), ist anzunehmen, dass die Verwendung verschiedener Rechenwege eher selten verfahrensorientiert erfolgt, weil kein Lernen nach Musterlösungen stattgefunden hat. Eine Vielfalt an Wegen könnte also ein Hinweis auf Beziehungsorientierung sein, wenngleich sich dies nicht immer dadurch belegen lässt, dass die Kinder die Beziehungen auch tatsächlich in Worte fassen. Mit anderen Worten ist ein flexibles Verhalten (im Sinne der Verwendung verschiedener Strategien) – vor dem hier vorliegenden unterrichtlichen Hintergrund – vermutlich oft zugleich ein adaptives Verhalten (im Sinne einer Beziehungsorientierung)[13].

In Kombination mit den Typen weist diese Kategorie also eine starke Streuung auf, sodass sie bei der Beschreibung der Typen nicht berücksichtigt wird, es erfolgen aber deskriptive Analysen im Untersuchungsverlauf (vgl. Abschnitt 7.1).

---

[13] Deshalb wird bei der Beschreibung der Typen im Allgemeinen weiterhin der Dualterm flexibel/adaptiv verwendet.

Ergebnisse der Interviewstudie und deren Diskussion

7

Die folgende Ergebnisdarstellung gliedert sich in zwei Teile: Für einen ersten Überblick über die Daten werden zunächst die Ergebnisse der deskriptiven Analysen zusammenfassend beschrieben (vgl. Abschnitt 7.1), bevor im zweiten Teil dann mit der Vorstellung der Typologie (vgl. Abschnitt 7.2) eine fallbezogene Perspektive eingenommen wird, in der es neben der Beschreibung der Typen auch um die Rekonstruktion von Entwicklungen im Grundschulverlauf geht. Im anschließenden Kapitel 8 erfolgt dann eine Zusammenfassung, in der die Forschungsfragen (vgl. Abschnitt 4.1) beantwortet werden.

7.1 Deskriptive Analysen

Auf Grundlage der qualitativen Inhaltsanalyse werden zunächst kategorienbasierte, deskriptive Auswertungen durchgeführt (vgl. Kuckartz 2018, S. 117 ff.). Dafür werden in univariaten Analysen aufgabenbezogene Häufigkeitsverteilungen verschiedener Subkategorien innerhalb der Hauptkategorien zu den unterschiedlichen Untersuchungszeitpunkten erstellt und in Diagrammen visualisiert (z. B. Welche Strategien werden im dritten Interview beim Lösen verschiedener Additionsaufgaben verwendet?). Darüber hinaus lassen sich Zusammenhänge zwischen Kategorien (z. B. Wie erfolgreich sind die Kinder beim Verwenden verschiedener Strategien?) mithilfe bivariater Analysen aufspüren (vgl. z. B. Grunenberg und Kuckartz 2013, S. 492 ff.). Sämtliche Ergebnisse dieser Analysen finden sich in Diagrammen in Anhang D im

Ergänzende Information Die elektronische Version dieses Kapitels enthält Zusatzmaterial, auf das über folgenden Link zugegriffen werden kann https://doi.org/10.1007/978-3-658-44057-2_7.

A. Körner, *Flexibles Rechnen im Grundschulverlauf*, Mathematikdidaktik im Fokus, https://doi.org/10.1007/978-3-658-44057-2_7

elektronischen Zusatzmaterial. Die wichtigsten Aspekte werden in diesem Abschnitt zusammenfassend beschrieben (vgl. Abschnitt 7.1.1) und anschließend mit den Ergebnissen anderer Studien verglichen (vgl. Abschnitt 7.1.2).

7.1.1 Zentrale Ergebnisse

Sortierungen

Mit dem Sortieren der verschiedenen Additions- und Subtraktionsaufgaben ist vor allem das Ziel verfolgt worden, den Rechendrang der Kinder aufzuhalten und ihren Blick auf besondere Aufgabenmerkmale zu lenken (vgl. Abschnitt 6.1). Die tatsächlichen Einschätzungen zur Aufgabenschwierigkeit spielen dabei eine untergeordnete Rolle, weshalb hier nur eine kurze Zusammenfassung der Ergebnisse erfolgt und für Details auf Anhang D.1.1 im elektronischen Zusatzmaterial (ab S. 42) verwiesen sei.

Zunächst lässt sich konstatieren, dass alle Kategorien – anfangs *einfach* und *schwierig* und ab dem vierten Interview auch die Kategorie *vereinfachen* (vgl. Abschnitt 6.1) – von den Kindern zum Sortieren verwendet werden, wobei insgesamt unter *einfach* die meisten Aufgaben einsortiert werden. Die bei der Planung der Interviews ausgewählten besonders einfachen Aufgaben (z. B. $3 + 3, 44 - 22$, vgl. Anhang A.2) werden von den meisten Kindern ebenfalls so eingeschätzt, während den Kategorien *schwierig* und *vereinfachen* vor allem Aufgaben mit Stellenübergängen zugeordnet werden.

In Verbindung mit der Kategorie **Lösung** fällt auf, dass die als *einfach* eingeschätzten Aufgaben häufiger richtig gelöst werden (95,0 %) als die Aufgaben, die zu *vereinfachen* (84,9 %) oder *schwierig* (82,5 %) sortiert werden (vgl. Abbildung D.93 auf S. 89 im Anhang).

Vorgehensweisen

Wie in Abschnitt 6.2 erläutert, wird in der Analyse der Vorgehensweisen mit dem Codieren von Strategien ein Blick auf den gesamten Lösungsweg zur jeweiligen Aufgabe gerichtet, während die Unterscheidung von verwendeten Lösungswerkzeugen eine detailliertere Beschreibung des Vorgehens erlaubt. In dieser zusammenfassenden deskriptiven Analyse sollen die beiden Hauptkategorien *Strategien* und *Lösungswerkzeuge* deshalb gemeinsam in den Blick genommen werden, um die Vorgehensweisen der Kinder zu beschreiben.

In Abbildung 7.1 und 7.2 finden sich exemplarisch die Diagramme mit Gesamt-übersichten zur Verwendung von Lösungswerkzeugen und Strategien im Untersuchungsverlauf[1]; im Anhang D.1.2 und D.1.3 im elektronischen Zusatzmaterial (ab S. 50) sind darüber hinaus sowohl operationsbezogene Gesamtübersichten als auch aufgabenbezogene Übersichten zu allen Untersuchungszeitpunkten beigefügt. In den Diagrammen[2] zu verwendeten Lösungswerkzeugen und Strategien soll durch ähnliche Farbgebung eine bessere Übersicht ermöglicht werden: Zerlegungswerkzeuge und -strategien werden in Blautönen dargestellt während für Ableitungswerkzeuge und -strategien Grüntöne verwendet werden.

Bezüglich der Verteilung von Lösungswerkzeugen im Untersuchungsverlauf fällt auf, dass das Auswendigwissen (gelb) vor allem im ersten Schuljahr beobachtet wird. Und auch das Zählen (rot) kommt vor allem in Klasse 1 vor, wobei reine Zählstrategien ausschließlich im ersten Schuljahr verwendet werden (vgl. Abbildung 7.2), während das Zählen als Lösungswerkzeug im weiteren Untersuchungsverlauf noch vereinzelt beobachtet werden kann (vgl. Abbildung 7.1). Das heißt, dass ein vollständig zählendes Rechnen ab Klasse 2 nicht mehr vorkommt, aber in Teilrechnungen manchmal noch zählend vorgegangen wird (z. B. zählendes Rechnen nach dem Zerlegen beider Zahlen in Stellenwerte).

Während in allen Interviews Zerlegungs- (Blautöne) und Ableitungswerkzeuge (Grüntöne) beobachtet werden können, kommt die Verwendung von Algorithmen (dunkelblau) nur in den letzten beiden Interviews (vor allem bei der Subtraktion) und insgesamt vergleichsweise selten vor. Am Ende des dritten Schuljahres wird zusätzlich erhoben, ob die Kinder die schriftlichen Verfahren korrekt ausführen und erklären können. Wenn die Schüler*innen keine Aufgabe selbstgewählt schriftlich lösen, werden sie bei je einer Aufgabe pro Operation (mit mindestens einem Stellenübergang) dazu aufgefordert, dies zusätzlich zu tun (vgl. Abschnitt 6.1.1). Von 42 schriftlichen Rechnungen sind 38 korrekt, zwei falsch und zwei Kinder geben beim Addieren an, dass sie sich nicht sicher seien, wie der Algorithmus korrekt notiert wird, während sie das schriftliche Subtrahieren richtig ausführen. Die meisten Kinder sind also dazu in der Lage, die schriftlichen Normalverfahren anzuwenden, rechnen die vorgegebenen Aufgaben aber bevorzugt mental oder halbschriftlich. Michel löst im Interview am Ende des dritten Schuljahres keine Additionsaufgabe mithilfe des schriftlichen Algorithmus und wird deshalb dazu

---

[1] In den Diagrammen 7.1 und 7.2 wird zur besseren Übersicht auf Datenbeschriftungen verzichtet, wenn der Wert kleiner als 5 ist; bei Bedarf sind die Daten den Diagrammen im Anhang D.1.2 und D.1.3 im elektronischen Zusatzmaterial ab S. 50 zu entnehmen.

[2] Zur besseren Unterscheidung wird im Folgenden bei der univariaten Ergebnisdarstellung auf Säulendiagramme zurückgegriffen, während bivariate Analysen in Balkendiagrammen dargestellt werden.

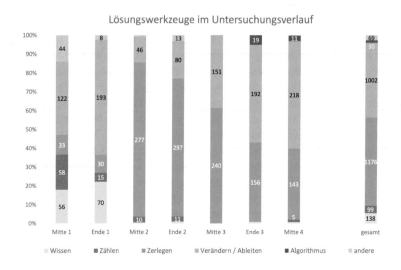

Abbildung 7.1 Einsatz von Lösungswerkzeugen im Untersuchungsverlauf

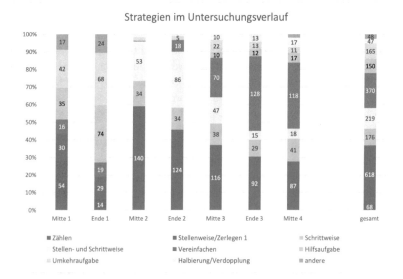

Abbildung 7.2 Strategieverwendung im Untersuchungsverlauf

aufgefordert, die bereits gelöste Aufgabe 546 + 299 noch einmal schriftlich zu rechnen. Darauf reagiert der Schüler folgendermaßen:

> S: Au man (packt sich mit der Hand an den Kopf), das geht mit Vereinfachen viel schneller.
>
> I: Okay, was meinst du, wie kann/
>
> S: /Eigentlich, weil das ist überflüssig, wenn man ne Zahl, so nah am Hunderter, schriftlich rechnet (zeigt auf 299).
>
> (Michel, Ende 3, Aufgabe 546 + 299 – zweiter, schriftlicher Weg eingefordert)

Für den **Verlauf vom ersten bis zum vierten Schuljahr** lässt sich bei der Analyse der Strategien festhalten, dass im ersten Schuljahr verschiedene Zerlegungs- und Ableitungsstrategien codiert werden können, woraufhin im zweiten Schuljahr fast ausschließlich Zerlegungsstrategien (Blautöne) verwendet werden. Im dritten und vierten Schuljahr kommen dann wieder vermehrt auch Ableitungsstrategien (Grüntöne) zum Einsatz (vgl. Abbildung 7.2). Diese Tendenz lässt sich auch in den codierten Lösungswerkzeugen beobachten, wobei hier auch im zweiten Schuljahr Ableitungswerkzeuge vorkommen (vgl. Abbildung 7.1). Das heißt, dass die meisten Kinder beim Lösen von Additions- und Subtraktionsaufgaben im zweiten Schuljahr zunächst eine oder beide Zahlen (in der Regel in Stellenwerte) zerlegen (→ Strategie Stellenweise oder/und Schrittweise), woraufhin einige Kinder anschließend auch Ableitungswerkzeuge für die Teilrechnungen explizieren. Im folgenden Beispiel wird Dilans Lösungsweg zur Aufgabe 47 + 28 als Strategie Stellenweise eingeordnet, während bei den Lösungswerkzeugen nicht nur das stellenweise Zerlegen beider Zahlen, sondern auch die Hilfsaufgabe codiert wird.

> S: Weil hmm (nachdenklich), weil ich weiß, dass vierzig plus zwanzig gleich siebzig sind und ich weiß, dass sieben plus sieben gleich vierzehn sind und dann muss ich nur einen dazutun, dann weiß ich, das sind fünfzehn und fünfzehn plus siebzig gleich (...) acht/ fünfundachtzig ist.
>
> (Dilan, Mitte 2, Aufgabe 47 + 28)

Hierbei ist aber zu erwähnen, dass in den Interviews beim Rechnen in erweiterten Zahlenräumen aus pragmatischen Gründen nicht bei *jeder* Teilrechnung nachgefragt worden ist, wie das Kind das Ergebnis ermittelt hat. Es ist also durchaus denkbar, dass hier verschiedene Lösungswerkzeuge zum Einsatz gekommen sind, ohne dass die Kinder dies dezidiert beschreiben haben – die tatsächliche Vielfalt an verwendeten Lösungswerkzeugen könnte also größer sein.

Im **Operationsvergleich** lassen sich hinsichtlich der codierten Strategien Unterschiede in der Verteilung feststellen. Bei den Zerlegungswegen fällt auf, dass beim Addieren vor allem die Strategie Stellenweise verwendet wird, während für Subtraktionsaufgaben häufiger die Strategie Schrittweise beziehungsweise eine Mischform aus Stellen- und Schrittweise zum Einsatz kommt. Bei den Ableitungswegen dominiert beim Lösen von Additionsaufgaben die Strategie Vereinfachen, während beim Subtrahieren häufig Umkehraufgaben verwendet werden (vgl. Anhang D.1.2 und D.1.3 ab S. 50).

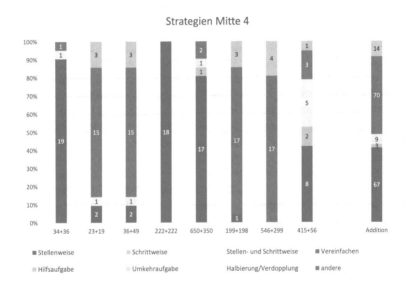

Abbildung 7.3 Strategieverwendung Addition Mitte 4

In der Analyse der **aufgabenbezogenen Verteilung** von Strategien (vgl. Daten in Anhang D.1.3 ab S. 58) können durchgängig aufgabenbezogene Unterschiede festgestellt werden, wobei diese im dritten und vierten Schuljahr besonders auffällig sind. Bei der Addition ist ab der Mitte des dritten Schuljahres und bei der Subtraktion ab dem Ende des dritten Schuljahres die Tendenz zu beobachten, dass für Aufgaben mit Zehner-/Hundertenähe und Nähe zwischen Minuend und Subtrahend bevorzugt Ableitungsstrategien und Zerlegungsstrategien mit Rechenrichtungswechsel verwendet werden, während die anderen Additionsaufgaben vor allem Stellenweise und die einfachen Subtraktionsaufgaben anhand von Umkehraufgaben beziehungsweise dem Verdoppeln/Halbieren gelöst werden. Besonders groß ist dieser Unterschied zum letzten Untersuchungszeitpunkt, wie deutlich in Abbildung 7.3 zu erkennen ist. Fast alle Kinder lösen Additionsaufgaben mit Zehner- beziehungsweise Hunderternähe über Ableitungsstrategien (grün), während für die anderen Additionsaufgaben vor allem Zerlegungsstrategien (blau) verwendet werden.

Im zweiten Schuljahr werden Additions- und Subtraktionsaufgaben ohne Stellenübergang sowie Additionsaufgaben mit Zehnerzerlegung an der Einerstelle vor allem stellenweise gelöst, während für die anderen Aufgaben mit Stellenübergängen auch Mischformen aus stellen- und schrittweisem Rechnen verwendet werden; wobei dieser Unterschied im Verlauf des Schuljahres größer wird (vgl. Daten in Anhang D.1.3 ab S. 58). Im ersten Schuljahr lassen sich auch einige aufgabenbezogene Unterschiede feststellen. So wird in der Mitte des Schuljahres beispielsweise die Aufgabe $2 + 9$ häufig über das Weiterzählen vom größeren Summanden gelöst, während für die Aufgaben $5 + 6$ und $7 + 6$ häufiger Ableitungsstrategien eingesetzt werden. Hier sind aber oft interpersonelle Unterschiede größer. Während einige Kinder verschiedene Zerlegungs- und Ableitungsstrategien verwenden, nutzen andere bevorzugt *eine* Ableitungsstrategie – dies wird in der Typologie (vgl. Abschnitt 7.2) detaillierter beleuchtet.

In bivariater Analyse der Kategorien **Strategie und Erfolg** (vgl. Abbildung D.94 auf S. 89 im Anhang) fällt auf, dass prozentuell besonders viele Fehler beim Einsatz von Mischformen aus stellen- und schrittweisem Rechnen gemacht werden. Häufig kommt es dabei vor, dass Teilrechnungen falsch kombiniert (siehe Beispiel von Jolina) oder vergessen (siehe Beispiel von Vincent) werden.

> S: Hmm (nachdenklich) da nehme ich erst mal die sechzig weg (..) und dann habe ich zehn und dann nehme ich neun weg dann habe ich einen und dann nehme ich den einen noch wieder weg.
> I: Und dann hast du?
> S: Null.
> (Jolina, Mitte 2, Aufgabe 71–69)

> S: Als erstes/ als erstes mach ich/ als erstes zieh ich sechzig ab, dann hab ich nur noch zehn und dann zieh ich neun ab, dann hab ich nur noch einen.
> I: Und dann bist du fertig?
> S: Ja. Ich hab den einen am Ende.
> (Vincent, Ende 2, Aufgabe 71–69)

Beim Einsatz der Ableitungsstrategien Hilfsaufgabe und Vereinfachen werden beim Addieren meist nur Flüchtigkeitsfehler gemacht, wenn beispielsweise der Ausgleich vergessen wird, nachdem er aber eingangs erwähnt worden ist, wie im folgenden Beispiel zur Aufgabe 546 + 299 von Vincent:

> S: Ähm bei der Aufgabe hätte ich auch/ äh hätte ich von denen (zeigt auf 546) hier (zeigt auf 299) ein rübergeschoben. Dann wäre das nämlich fünfhundert**fünf**undvierzig plus zweihundert und ich finde mit glatten halt Zahlen kann ich gut rechnen. Und das wären dann ähm/ Also ich hätte alles zusammengerechnet danach schon ähm dann wären es drei/ Also fünfhundert**sechs**undvierzig plus dreihundert wären achthundertsechsund-vierzig.
>
> (Vincent, Mitte 4, Aufgabe 546 + 299)

Bei der Subtraktion kommt es beim Nutzen dieser Strategien hingegen auch zu Verständnisfehlern, wenn (vermutlich aufgrund der Übertragung der Strategien aus der Addition) falsch verändert oder ausgeglichen wird. Im folgenden Beispiel zur Aufgabe 31 − 29 von Jolina wird beispielsweise eine Subtraktionsaufgabe gegensinnig verändert:

> S: Ähm hier pack ich e/ (zeigt von 31 zu 29) einen dazu, zu der neunundzwanzig. (..) Und ähm dann ähm rechne ich einfach (.) also dann pack ich hier einen da rüber (zeigt erneut von 31 zu 29). Und dann rechne ich einfach dreißig minus dreißig und das ist null.
>
> (Jolina, Ende 3, Aufgabe 31–29)

Bei den restlichen Strategien kann jeweils eine Fehlerquote unter 10 % konstatiert werden (vgl. Abbildung D.94 auf S. 89 im Anhang).

Rechenrichtungen

Bezüglich der verwendeten Rechenrichtungen beim Subtrahieren lässt sich zunächst festhalten, dass auch in dieser Projektklasse, in der Abstandsbetrachtungen kontinuierlich im Unterricht thematisiert worden sind (vgl. Kapitel 5), das Abziehen als Rechenrichtung dominiert (vgl. Abbildung 7.4). Dies gilt insbesondere, wenn man annimmt, dass auch ein Großteil der Vorgehensweisen, bei denen Rechenrichtung *unklar* codiert wird, vermutlich abziehend erfolgt ist (vgl. Studienergebnisse in Abschnitt 1.3).

Abstandsbetrachtungen werden meist ergänzend vorgenommen, selten lässt sich das indirekte Subtrahieren beobachten und manchmal bleibt unklar, ob ergänzt oder indirekt subtrahiert worden ist. Im folgenden Beispiel könnte Sarah sowohl von 31 bis 29 indirekt subtrahiert als auch von 29 bis 31 ergänzt haben, um herauszufinden, dass „dazwischen [...] einfach nur zwei" sind.

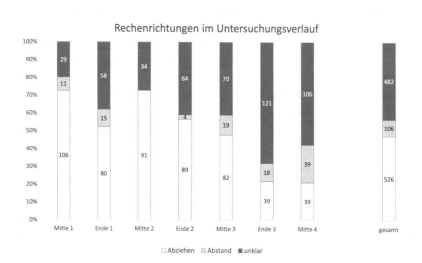

Abbildung 7.4 Rechenrichtungen im Untersuchungsverlauf

> S: Ähm einunddreißig plus/ ähh einunddreißig minus neunundzwanzig ist ähm, sind Zahlen, die sind ganz nah beieinander und dazwischen sind einfach nur zwei und deswegen ist das so einfach, dann weiß ich, dass das zwei ergibt.
> (Sarah, Ende 2, Aufgabe 31–29)

Bei der Analyse der Vorgehensweisen im **Untersuchungsverlauf** fällt auf, dass Abstandsbetrachtungen im ersten Schuljahr von einigen Kindern für Aufgaben mit Nähe zwischen Minuend und Subtrahend verwendet werden, in Klasse 2 dann kaum noch zum Einsatz kommen und ab dem dritten Schuljahr wieder beobachtet werden können – erneut vor allem für Aufgaben mit Nähe zwischen Minuend und Subtrahend (vgl. Anhang D.1.4 ab S. 66). Insbesondere zum letzten Untersuchungszeitpunkt werden die Aufgaben 31 − 29, 202 − 197 und 634 − 628 mehrheitlich über Abstandsbetrachtungen gelöst, während sie in vorhergehenden Interviews im dritten

Schuljahr häufiger über andere Ableitungsstrategien (vor allem das Vereinfachen) gelöst worden sind (vgl. Anhang D.1.4 ab S. 68).

Die meisten Kinder nutzen im Untersuchungsverlauf ein- oder mehrmals auch Abstandsbetrachtungen. Es gibt aber zu allen Untersuchungszeitpunkten Kinder, die ausschließlich abziehend vorgehen und sogar solche, die Abstandsbetrachtungen im gesamten Untersuchungsverlauf nie explizieren (vgl. Tabelle D.3 auf S. 94 im Anhang).

Bei den bivariaten Analysen ist vor allem die Kombination mit der Kategorie **Lösung** interessant (vgl. Abbildung 7.5). Hier zeigt sich, dass Abstandsbetrachtungen bis auf eine Ausnahme[3] fehlerfrei durchgeführt werden, während bei abziehenden Wegen (und solchen, die als *unklar* codiert werden) mehr Fehler passieren.

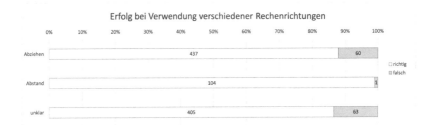

Abbildung 7.5 Erfolg bei Verwendung verschiedener Rechenrichtungen

Und auch in Kombination mit der Kategorie **Strategie** ergeben sich bei Unterscheidung der Rechenrichtungen deutliche Muster (vgl. Abbildung D.97 auf S. 91 im Anhang), weil Abstandsbetrachtungen vor allem in schrittweiser Form vorgenommen werden. Dies erfolgt meist in einem Schritt oder so, dass möglichst glatte Zwischenergebnisse erreicht werden, wie im folgenden Beispiel zur Aufgabe 435 − 199 von Lotte:

S: Also da rechne ich jetzt erstmal plus eins, das sind zweihundert. Und dann nochmal plus zweihundert, das sind vierhundert. Und dann nochmal plus fünfunddreißig und dann ist mein Ergebnis zweihundertsechsunddreißig.

(Lotte, Mitte 3, Aufgabe 435–199)

---

[3] Bei dieser Fehllösung handelt es sich um einen Einsundeinsfehler (siehe Erläuterungen im Codiermanual in Anhang C.6 ab S. 31).

In wenigen Fällen lässt sich eindeutig eine Kombination von Abstandsbetrachtungen und anderen Strategien beobachten, wie bei Emre, der bei der Aufgabe 634 − 628 nach dem gleichsinnigen Verändern (Strategie Vereinfachen) den Abstand zwischen den Zahlen der veränderten Aufgabe bestimmt:

> S: Und hier hätte ich hier (zeigt auf 628) zwei dazugepackt und hier (zeigt auf 634) zwei dazugepackt. Dann wären das hier (zeigt auf 628) sechshundertdreißig und das hier (zeigt auf 634) wären sechshundertsechsunddreißig. Und da könnte man auch ganz gut ergänzen.
>
> I: Warum?
>
> S: Weil sechshundertdreißig und sechshundertdreiund/ sechsunddreißig sind nur sechs Unterschied und dann ist das Ergebnis sechs.
>
> (Emre, Mitte 4, Aufgabe 634–628)

In Kombination mit Ableitungsstrategien fällt insgesamt auf, dass häufiger als bei Zerlegungswegen nicht entschieden werden kann, welche Rechenrichtung verwendet wird (vgl. Abbildung D.97 auf S. 91 im Anhang). Luna könnte im folgenden Beispiel am Ende sowohl 20 von 47 abgezogen als auch den Abstand zwischen den Zahlen betrachtet haben:

> S: Hmm (nachdenklich) also hier (zeigt auf 19) hab ich es mir wieder, halt hier (zeigt auf 46) tu ich einen dazu, dann sind das siebenundvierzig. Und hier (zeigt auf 19) pack ich dann auch einen dazu. Dann sind das zwanzig. Und siebenundvierzig minus zwanzig (zeigt von der 46 auf die 19), weiß ich ganz schnell, dass das siebenundzwanzig sind.
>
> (Luna, Ende 3, Aufgabe 46–19)

Begründungen und Aufgabenmerkmale

Die Analyse der induktiv codierten und anschließend zu sieben Gruppen zusammengefassten Begründungen der Kinder beim Sortieren sowie der beim Sortieren oder Lösen geäußerten Aufgabenmerkmale liefert interessante Ergebnisse im **Untersuchungsverlauf**. Hier wird deutlich, dass die Kinder im ersten Schuljahr die Sortierungen häufig darüber begründen, dass sie die Ergebnisse kennen (oder nicht), dass die Zahlen groß oder klein beziehungsweise einfach oder schwierig sind und dass sie die Aufgabe bereits oft (oder selten) geübt haben (gelb, rot und blau in Abbildung 7.6). Zahl- und Aufgabeneigenschaften sowie Begründungen, dass ein besonderer Lösungsweg möglich sei (grün), werden in Klasse 1 selten genannt. Die Explikation solcher Merkmale nimmt aber im weiteren Untersuchungsverlauf zu und überwiegt im dritten und vierten Schuljahr deutlich gegenüber den anderen Subkategorien (vgl. Abbildung 7.6).

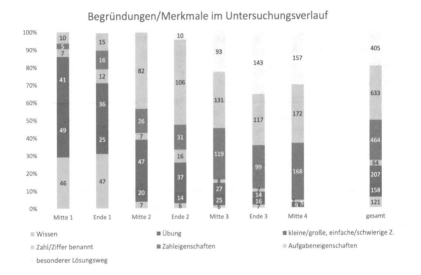

Abbildung 7.6 Begründungen/Merkmale im Untersuchungsverlauf

Insgesamt lässt sich feststellen, dass die Anzahl der explizierten Begründungen und Aufgabenmerkmale im Untersuchungsverlauf wächst. Während im ersten Schuljahr oft keine Begründungen beziehungsweise nur solche, die sich auf das eigene Wissen oder Routinen beziehen, genannt werden, begründen die Kinder die Sortierungen im weiteren Grundschulverlauf zunehmend über Aufgabenmerkmale oder nennen diese beim Lösen der Aufgaben (vgl. Abbildung 7.6 sowie Anhang D.1.5 ab S. 70). Teilweise werden dann auch mehrere Merkmale zu einer Aufgabe expliziert, wie im folgenden Beispiel von Michel, der bei der Aufgabe 634 − 628 sowohl die Nähe des Subtrahenden zum nächsten Zehner als auch die Nähe zwischen Minuend und Subtrahend benennt:

S: Ähm ich pack hier (zeigt auf 628) ähm zw/, bei jedem zwei dazu (deutet auf beide Zahlen).

I: (Nickt) Mhm (zustimmend).

S: Und dann bin ich hier (zeigt auf 628) beim glatten Zehner. (..) Sogar fast schon bei der Zahl (zeigt auf 634).

I: Okay, was meinst du damit?

S: Also (.) eigentlich könn/ man könnte auch ergänzen. (..) Aber das mag ich nicht.

I: Okay. Wor/ oder warum glaubst du, man könnte auch ergänzen?

S: Weil die Zahlen sehr nah aneinander sind.

(Michel, Ende 3, Aufgabe 634–628)

Die Analyse der Begründungen ist vor allem durchgeführt worden, um mit Bezug zum Ebenenmodell von Rathgeb-Schnierer (2011b) (vgl. Abbildung 2.1) zu entscheiden, ob die Kinder verfahrens- oder beziehungsorientiert agieren. Eine solche Zuordnung erweist sich aber für die vorliegenden Daten als äußerst schwierig, weil insbesondere bei den ersten Interviews viele Kinder zwar verschiedene Wege nutzen, aber keine Merkmale nennen, obwohl sie diese gegebenenfalls erkannt und die Wege darauf gestützt haben. Im folgenden Beispiel von Sven aus dem ersten Interview ist durchaus anzunehmen, dass das Kind die Nähe der genannten Aufgaben zueinander erkannt und beim Lösen genutzt hat – expliziert wird dies aber nicht direkt.

S: Fünf plus sechs ist gleich elf.

I: Warum ist die Aufgabe einfach für dich?

S: Fünf plus fünf ist zehn, sechs plus sechs ist zwölf, sechs plus fünf ist elf.

(Sven, Mitte 1, Aufgabe 5 + 6)

Svens Lösung ist nur eines von zahlreichen Beispielen, bei denen zwar die Vermutung nahe liegt, dass das Kind Merkmale erkannt und genutzt hat, um sich den Lösungsprozess zu vereinfachen, dies aber nicht expliziert wird. Da es sich dabei aber nur um Vermutungen handelt, wird in dieser Untersuchung darauf verzichtet, zu entscheiden, ob die Vorgehensweisen der Kinder als verfahrens- oder beziehungsorientiert einzuschätzen sind. Stattdessen wird in der kindbezogenen Analyse der Daten (vgl. Typologie in Abschnitt 7.2) Flexibilität im Sinne der Verwendung verschiedener Vorgehensweisen unterschieden und zusätzlich Adaptivität für ausgewählte Aufgaben im Tausenderraum *normativ* untersucht (vgl. Erläuterungen in Abschnitt 6.2 und Ergebnisse im folgenden Abschnitt).

Adaptivität

Für fünf Aufgaben im Tausenderraum, die jeweils in den letzten drei Interviews eingesetzt werden, wird normativ entschieden, welche Wege als adaptiv gelten (vgl. Erläuterungen in Abschnitt 6.2 und Anhang C.8). Die Analyse dieser Ergebnisse zeigt, dass die Verwendung von Wegen, die als adaptiv eingeschätzt werden, im Untersuchungsverlauf zunimmt (vgl. Abbildung 7.7[4] und Anhang D.1.6 ab S. 78). Insbesondere der Zuwachs adaptiver Wege im Verlauf des dritten Schuljahres ist bemerkenswert, da in der Zwischenzeit im Unterricht die schriftlichen Algorithmen für die Addition und Subtraktion eingeführt worden sind, was in anderen Studien oft dazu führte, dass die Kinder diese Algorithmen zum Lösen bevorzugten (vgl. Abschnitt 1.3).

Im **Operationsvergleich** fällt auf, dass beim Lösen von Additionsaufgaben mehr verwendete Wege als adaptiv eingeschätzt werden können als beim Subtrahieren, wobei bei der Subtraktion die Aufgabe 435 − 199 häufiger adaptiv gelöst wird als die beiden anderen Aufgaben 202 − 197 und 634 − 628 (vgl. Anhang D.1.6 ab S. 78).

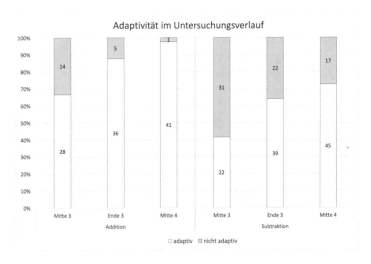

Abbildung 7.7 Adaptivität im Untersuchungsverlauf

---

[4] Da nicht jedes Kind sämtliche Aufgaben gelöst hat (vgl. Abschnitt 6.1.1), kommt es hier zu unterschiedlichen Summen pro Säule. Die prozentuale Darstellung soll einen Vergleich erleichtern.

In Kombination mit der Kategorie **Lösung** ist festzuhalten, dass die Verwendung adaptiver Wege nicht auf Kosten der Lösungsquote geht; es ist sogar ein leichter Vorteil der als adaptiv eingeschätzten Wege zu beobachten (vgl. Abbildung 7.8).

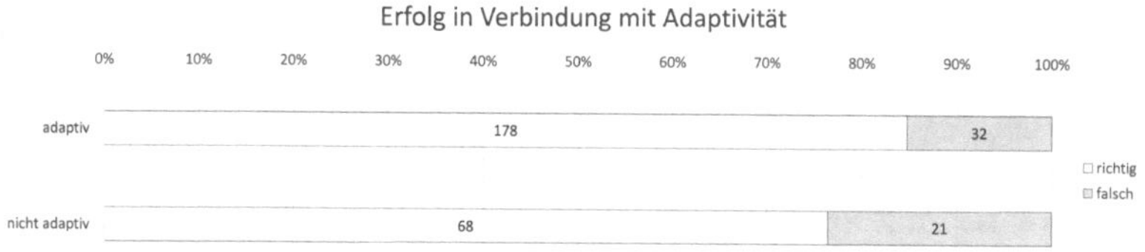

Erfolg in Verbindung mit Adaptivität

	0%	10%	20%	30%	40%	50%	60%	70%	80%	90%	100%
adaptiv					178					32	
nicht adaptiv				68					21		

☐ richtig
☒ falsch

Abbildung 7.8 Erfolg in Verbindung mit Adaptivität

Vergleicht man die Vorgehensweisen der Kinder bei den fünf Aufgaben mit besonderen Merkmalen (199 + 198 und 546 + 299 sowie 634 − 628, 202 − 197 und 435 − 199) mit den Lösungswegen zu **strukturgleichen Aufgaben aus dem Hunderterraum** (23 + 19 und 36 + 49 sowie 46 − 19 und 31 − 29) in denselben Interviews, lassen sich in der Mitte des dritten Schuljahres bei einigen Kindern Unterschiede feststellen (vgl. Anhang D.1.3 ab S. 62). Zu diesem Untersuchungszeitpunkt gibt es nämlich einige Kinder, die für die Aufgaben im Tausenderraum Ableitungsstrategien verwenden, während sie strukturgleiche Aufgaben im Hunderterraum über Zerlegungsstrategien lösen. Diese Unterschiede nehmen aber im weiteren Untersuchungsverlauf ab.

Diese Ergebnisse könnten die Annahme stützen, dass eine normative Bestimmung der Adaptivität im Hunderterraum nicht sinnvoll ist, weil die Unterschiede zwischen den verschiedenen Strategien in diesem Zahlenraum nicht groß genug sind (vgl. Erläuterungen in Abschnitt 6.2). Die zunehmende Verwendung von Ableitungsstrategien auch im Hunderterraum zu späteren Untersuchungszeitpunkten könnte wiederum durch wachsende Sicherheit in der Verwendung von Ableitungsstrategien zu erklären sein.

Lösungen

Der Erfolg ist in vorherigen Abschnitten bereits in verschiedenen bivariaten Analysen angesprochen worden. In univariater Analyse dieser Hauptkategorie sind zudem noch folgende Aspekte interessant.

Bei der aufgabenbezogenen Analyse fällt auf, dass *immer* mehr richtige als falsche Lösungen codiert werden – die Lösungsquote (der gelösten Aufgaben) ist also immer höher als 50 %. Bei den meisten Aufgaben und auch in der Summe (pro Untersuchungszeitpunkt) liegt die Lösungsquote sogar deutlich höher. Zu jedem Untersuchungszeitpunkt und insgesamt sind zwar operationsbezogene Unterschiede (in der Regel zugunsten der Addition zu beobachten), diese fallen aber oft vergleichsweise gering aus (vgl. Anhang D.1.7 ab S. 80).

Da Aufgaben ohne Stellenübergänge von den meisten Kindern problemlos bewältigt werden können, findet sich in Abbildung D.91 und D.92 im Anhang im elektronischen Zusatzmaterial (S. 88) auch eine Übersicht über die gelösten Additions- und Subtraktionsaufgaben im Untersuchungsverlauf, in der nur Aufgaben *mit* Stellenübergängen berücksichtigt werden (vgl. Aufgabenübersicht in Angang A.2). Und auch hier lassen sich durchgängig Lösungsquoten über 75 % beobachten.

7.1.2 Zusammenfassung und Diskussion

Die Ergebnisse der deskriptiven Analysen werden nun noch einmal pointiert zusammengefasst und mit den Ergebnissen anderer Studien verglichen.

Vorgehensweisen

Bezüglich der Vorgehensweisen in der vorliegenden Untersuchung lassen sich an verschiedenen Stellen Unterschiede zu anderen Studien, in denen Flexibilität/Adaptivität nicht gezielt gefördert worden ist, beobachten. Zunächst kann festgehalten werden, dass sich die meisten Kinder im ersten Schuljahr **vom zählenden Rechnen lösen** konnten[5]. Damit können die Ergebnisse der Untersuchung von Rechtsteiner-Merz (2013) bestätigt werden, in der sich im Rahmen eines Unterrichts mit kontinuierlichem Einbezug von Aktivitäten zur Zahlenblickschulung ebenfalls ein Großteil der Kinder (und hier waren es nur solche, die Schwierigkeiten beim Rechnenlernen zeigten) vom zählenden Rechnen lösen konnte (vgl. Rechtsteiner-Merz 2013, S. 242 ff.). In vielen Studien mit anderen Unterrichtskonzeptionen konnte das zählende Rechnen zum Ende des ersten beziehungsweise noch im zweiten Schuljahr deutlich häufiger beobachtet werden (vgl. z. B. Benz 2005, S. 164 ff.; Gaidoschik 2012, S. 299 ff.; Henry und Brown 2008, S. 164 ff.).

---

[5] Das Zählen kommt im weiteren Untersuchungsverlauf nur noch zur Bewältigung von Teilrechnungen (bspw. bei Materialeinsatz) vor.

Auch die **Strategieverwendung** der Projektklasse unterscheidet sich vor allem im dritten und vierten Schuljahr deutlich von den Ergebnissen anderer Untersuchungen, weil sich **aufgabenbezogene Unterschiede** feststellen lassen. Anders als in vielen anderen Studien, in denen vor allem Zerlegungsstrategien zum Einsatz kamen und viele Kinder sämtliche Aufgaben bevorzugt mithilfe derselben Strategie lösten (vgl. z. B. für den Zahlenraum bis 100: Benz 2005, S. 194 ff.; Thompson und Smith 1999, S. 5 ff.; Torbeyns, Verschaffel und Ghesquière 2006, S. 452 ff.; für den Zahlenraum bis 1000: Csíkos 2016, S. 130 ff.; Heinze, Marschick und Lipowsky 2009, S. 598; Selter 2000, S. 245 ff.), verwenden die Kinder in der vorliegenden Untersuchung für Aufgaben mit Zehner-/Hunderternähe und mit Nähe zwischen Minuend und Subtrahend bevorzugt Ableitungswege (Vereinfachen, Hilfsaufgabe, Rechenrichtungswechsel), während für andere Aufgaben vor allem Zerlegungswege zum Einsatz kommen.

Operationsbezogene Unterschiede hinsichtlich der Verwendung von Zerlegungsstrategien, die in anderen Studien beobachtet werden konnten (vgl. z. B. Benz 2005, S. 199 ff.; Selter 2000, S. 247 f.; Thompson und Smith 1999, S. 5 ff.), zeigen sich auch in der vorliegenden Untersuchung, weil die Strategie Stellenweise bevorzugt beim Addieren verwendet wird, während die Strategie Schrittweise häufiger bei der Subtraktion zum Einsatz kommt. Hinsichtlich des Erfolges von Zerlegungsstrategien fällt aber auf, dass in der vorliegenden Untersuchung vergleichsweise hohe Lösungsquoten (auch bei besonders fehleranfälligen Strategien wie dem stellenweisen Subtrahieren) beobachtet werden können. Eine mögliche Ursache für dieses Ergebnis könnte darin liegen, dass im Unterricht der Projektklassen potentielle Fehler regelmäßig thematisiert worden sind (vgl. Abschnitt 5.2.2).

Bei der Verwendung von Strategien lässt sich interessanterweise im Untersuchungsverlauf folgendes Muster beobachten: Im ersten Schuljahr kommen viele verschiedene Strategien zum Einsatz, woraufhin in Klasse 2 bevorzugt Zerlegungswege verwendet werden, während ab dem dritten Schuljahr auch wieder Ableitungsstrategien beobachtet werden können. Dieser Trend soll aber an dieser Stelle noch nicht diskutiert werden, weil er im Rahmen der Typologie detaillierter beleuchtet werden wird (vgl. Abschnitt 7.2).

Abgesehen von diesem Muster ist auch der **Einsatz der Algorithmen** in der vorliegenden Untersuchung bemerkenswert, da diese insgesamt sehr selten zum Einsatz kommen – eine Beobachtung, die sich deutlich von vielen anderen Studien unterscheidet (vgl. z. B. Selter 2000, S. 236 ff.; Torbeyns und Verschaffel 2016, S. 108 f.; Wartha, Benz und Finke 2014, S. 1277 f.). Es ist anzunehmen, dass dies sowohl auf die über Jahre hinweg etablierte Unterrichtskultur als auch auf die besondere unterrichtliche Thematisierung der schriftlichen Verfahren zurückzuführen ist. Die Normalverfahren sind nämlich konsequent als eine *weitere* Möglichkeit zum Aufgabenlösen behandelt worden, während parallel weiterhin auch immer wieder das (mentale und halbschriftliche) Zahlenrechnen eingefordert und verschiedene Wege vergleichend diskutiert worden sind (vgl. Abschnitt 5.2.3). Darüber hinaus kann auch festgehalten werden, dass die Algorithmen erst nach der unterrichtlichen Thematisierung in den Interviews verwendet werden. Die frühzeitige Aufklärung der Erziehungsberechtigten (vgl. Abschnitt 5.3) hat also dazu geführt, dass die Algorithmen von ihnen nicht vorab thematisiert worden sind (anders als vermutlich in einigen Fällen bei Selter 2000, S. 237).

Rechenrichtungen

Wie in vielen anderen Studien (vgl. z. B. Benz 2005, S. 200 ff.; Csíkos 2016, S. 130 ff.; Fast 2017, S. 211 ff.; Selter 2000, S. 245 ff.; Torbeyns, De Smedt, Ghesquière und Verschaffel 2009a, S. 8 ff.; Torbeyns, De Smedt, Stassens, Ghesquière und Verschaffel 2009, S. 83 ff.) lässt sich auch in der Projektklasse, in der Abstandsbetrachtungen von Beginn an kontinuierlich im Unterricht thematisiert worden sind, insgesamt eine **Dominanz abziehender Wege** beim Lösen von Subtraktionsaufgaben beobachten. Nur im letzten Interview (in der Mitte des 4. Schuljahres) lösen viele Kinder Aufgaben mit kleinen Differenzen (wie z. B. $31 - 29$ und $202 - 197$) über Abstandsbetrachtungen (ähnlich wie in den Untersuchungen von Torbeyns, Ghesquière und Verschaffel 2009, S. 5 ff.; Torbeyns, De Smedt, Peters, Ghesquière und Verschaffel 2011, S. 590 ff.; Torbeyns, Peters, De Smedt, Ghesquière und Verschaffel 2018, S. 223 ff.).

Wie bei Schwätzer (2013) werden Abstandsbetrachtungen in der vorliegenden Studie vor allem **schrittweise ergänzend** vorgenommen; das indirekte Subtrahieren und die Kombination von Abstandsbetrachtungen mit anderen Strategien kommt aber ebenfalls vor (vgl. Schwätzer 2013, S. 140 ff.). Zur detaillierteren Unterscheidung von Vorgehensweisen scheint es also durchaus sinnvoll zu sein, auf theoretischer Ebene zweidimensional zwischen Strategien und Rechenrichtungen zu differenzieren und den Rechenrichtungswechsel nicht – wie oft üblich (vgl. z. B. Padberg und Benz 2021, S. 139 ff.; Schipper 2009a, S. 131; Selter 2000, S. 231) – als weitere Strategie beim Subtrahieren zu deklarieren.

Bestätigt werden können auch die Ergebnisse verschiedener Studien, in denen sich **Abstandsbetrachtungen** als **sehr erfolgreich** herausgestellt haben (vgl. z. B. Torbeyns, Ghesquière und Verschaffel 2009, S. 8 f.; Torbeyns, De Smedt, Peters, Ghesquière und Verschaffel 2011, S. 591 f.; Torbeyns, Peters, De Smedt, Ghesquière und Verschaffel 2018, S. 223 ff.), weil in der vorliegenden Untersuchung von 105 abstandsbildenden Rechnungen nur eine fehlerhaft ist (vgl. Abbildung 7.5).

Nichtsdestotrotz werden Abstandsbetrachtungen auch in dieser Untersuchung vergleichsweise selten verwendet. Dies ist insbesondere vor dem Hintergrund beeindruckend, dass Abstandsbetrachtungen beim Einsatz von Aufgabenstellungen mit Fokus auf verschiedene Rechenrichtungen im Unterricht (z. B. Sortieren von Aufgaben mit den Kategorien Abziehen und Ergänzen, vgl. auch Abschnitt 5.2.2) durchaus von den Kindern sinnvoll eingesetzt und als geschickt eingeschätzt worden sind. Es scheint den Kindern also in solchen besonderen Aufgabensettings durchaus zu gelingen, verschiedene Rechenrichtungen einzusetzen; ohne gezielten Fokus wird der Rechenrichtungswechsel aber nur von wenigen Kindern eigenständig vorgenommen.

Eine interessante Begründung liefert der leistungsstarke Schüler Michel am Ende des dritten Schuljahres beim Sortieren der Aufgabe 634 − 628. Hier beschreibt er zunächst, dass man die Aufgabe aufgrund der Zehnernähe des Subtrahenden gut gleichsinnig verändern könne und erläutert anschließend:

> S: Also (.) eigentlich könn/ man könnte auch ergänzen. (..) Aber das mag ich nicht.
> I: Okay. Wor/ oder warum glaubst du, man könnte auch ergänzen?
> S: Weil die Zahlen sehr nah aneinander sind.
> I: Mhm (zustimmend). Und warum magst du das nicht so gern?
> S: Ähm also ich, ich/ es geht. Aber irgendwie wir/ mag ich lieber rechnen, also richtig rechnen.
> (Michel, Ende 3, Aufgabe 634–628)

Michel erkennt also (auch) die Nähe zwischen Minuend und Subtrahend und könnte dieses Merkmal geschickt mit einem Rechenrichtungswechsel nutzen, verwendet diesen Weg aber weniger gerne und favorisiert das Abziehen als 'richtiges Rechnen'. Solche Aussagen konnten sowohl im Unterricht als auch in den Interviews bei verschiedenen Kindern beobachtet werden.

Eine mögliche Ursache für die Präferenz des Abziehens, könnte darin liegen, dass das Subtrahieren in alltäglichen Situationen häufiger abziehend als ergänzend beziehungsweise indirekt subtrahierend vorkommt. Darüber hinaus wäre es auch möglich, dass der Bezug zum Subtrahieren weniger deutlich wird, wenn ergänzende Wege mithilfe eines Pluszeichens (z. B. 628 + 6 = 634) notiert werden. Eventuell verleitet diese Notation einige Kinder dazu, dies als 'nicht richtiges' Subtrahieren einzuschätzen.

Anders als beim Einsatz verschiedener Strategien und Lösungswerkzeuge ist es innerhalb der hier umgesetzten, offeneren Unterrichtskonzeption schwieriger, Kinder zum Rechenrichtungswechsel anzuregen. In der Studie von Schwätzer (2013), in der Abstandsbetrachtungen stärker expliziert und dezidiert von den Kindern eingefordert wurden, konnten deutlich mehr Abstandsbetrachtungen beobachtet werden (vgl. Schwätzer 2013, S. 109 ff.). Dies gilt auch für die Untersuchung von Heinze, Arend, Gruessing und Lipowsky (2018), in der ein explizierender mit einem problemlöseorientierten Ansatz im Rahmen eines Ferienprogramms verglichen wurde (vgl. auch Abschnitt 2.2). Im Posttest direkt nach der Intervention haben mehr Kinder des explizierenden Ansatzes ergänzend gerechnet – dieser Unterschied konnte aber in den Follow-up-Tests (nach drei und acht Monaten) nicht mehr beobachtet werden (vgl. Heinze, Arend, Gruessing und Lipowsky 2018, S. 885).

Begründungen und Aufgabenmerkmale

Im Grundschulverlauf lassen sich in der vorliegenden Studie Entwicklungen hinsichtlich der beim Sortieren und Lösen der Aufgaben explizierten Begründungen und Aufgabenmerkmale beobachten. Während die Kinder im ersten Schuljahr vor allem anführen, dass sie das Ergebnis kennen (oder nicht), die Aufgabe oft (oder selten) gerechnet haben oder sich auf die Größe der Zahlen beziehen, kann im weiteren Verlauf eine **Zunahme der Explikation von Zahl- und Aufgabeneigenschaften** beobachtet werden. Ähnliches wurde auch in der Untersuchung von Rathgeb-Schnierer und Green (2017) beobachtet, wo Viertklässler*innen häufiger Merkmale zur Begründung ihrer Rechenwege herangezogen haben als Zweitklässler*innen (vgl. Rathgeb-Schnierer und Green 2017, S. 7 ff.).

Vor allem im ersten Schuljahr, aber auch zu anderen Untersuchungszeitpunkten besteht in der vorliegenden Studie das Problem, dass aufgrund der Vielfalt an verwendeten Rechenwegen angenommen werden könnte, dass die Kinder durchaus Aufgabenmerkmale erkennen, um sich den Lösungsprozess zu vereinfachen, diese Merkmale aber nicht explizieren. Aufgrund dieser Problematik wird in dieser Studie auf eine Unterscheidung von Verfahrens- und Beziehungsorientierung (im Sinne des Modells von Rathgeb-Schnierer 2011b, vgl. Abbildung 2.1) verzichtet.

Es ist denkbar, dass eine andere Form der Befragung eine dahingehende Einschätzung erleichtern könnte. Hier sind die Ergebnisse einer aktuellen Studie von Flückiger abzuwarten, in der angestrebt wird, ein standardisiertes Erhebungsinstrument zu entwickeln, „mit Hilfe dessen das flexible Rechnen über den Referenzrahmen unter Beachtung der Gütekriterien erfasst werden kann" (vgl. Flückiger und Rathgeb-Schnierer 2021, S. 332 f.).

Adaptivität

Zur Beurteilung der Adaptivität aus normativer Perspektive sind für fünf Aufgaben im Zahlenraum bis 1000 (Einsatz in den Interviews im 3. und 4. Schuljahr) in Anlehnung an Studien von Heinze, Arend, Gruessing und Lipowsky (2018) sowie Nemeth, Werker, Arend, Vogel und Lipowsky (2019) bestimmte Vorgehensweisen als adaptiv kategorisiert worden (vgl. Abschnitt 6.2 und Anhang C.8). Im Verlauf fällt auf, dass in der vorliegenden Studie die **Anzahl adaptiver Wege** insgesamt und für jede einzelne Aufgabe **ansteigt**. Dabei ist die Zunahme von der Mitte zum Ende des dritten

Schuljahres besonders beeindruckend, weil zwischen diesen beiden Interviews im Unterricht die schriftlichen Verfahren eingeführt worden sind. In anderen Studien – ohne gezielte Förderung von Flexibilität/Adaptivität – hat dies mitnichten zum Anstieg der Verwendung von Ableitungsstrategien (die für diese Aufgaben als adaptiv eingeschätzt werden), sondern stets zum deutlichen Anstieg der Verwendung der schriftlichen Algorithmen geführt (vgl. z. B. Selter 2000, S. 236 ff.; Torbeyns und Verschaffel 2016, S. 108 f.).

Auch in der Untersuchung von Nemeth, Werker, Arend, Vogel und Lipowsky (2019) nutzten nach dem geblockten Unterrichtsdesign vergleichsweise viele Kinder die schriftlichen Algorithmen, während im verschachtelten Design nach der unterrichtlichen Intervention deutlich mehr adaptive Wege beobachtet werden konnten (vgl. Nemeth, Werker, Arend, Vogel und Lipowsky 2019, S. 11 ff.). Im Vergleich mit diesen beiden explizierenden Unterrichtsansätzen[6], ist der Unterricht in der vorliegenden Studie deutlich offener gestaltet worden (vgl. Kapitel 5). Es kann also festgehalten werden, dass sich sowohl explizierende (v. a. verschachtelte) als auch problemlöseorientierte Unterrichtskonzeptionen zur Förderung von Flexibilität/Adaptivität eignen – auch und besonders im Zusammenhang mit der Einführung der schriftlichen Verfahren. In der vergleichenden Untersuchung von Heinze, Arend, Gruessing und Lipowsky (2018) konnte dies schon für das Rechnen im Zahlenraum bis 1000 vor der Einführung der schriftlichen Verfahren beobachtet werden (vgl. Schwabe, Grüßing, Heinze und Lipowsky 2014, S. 15 ff.).

In den beiden zuvor genannten Studien handelt es sich um kurzzeitige Interventionen (vgl. auch Abschnitt 2.2), in denen in Follow-up-Tests erwartungsgemäß wieder ein Rückgang der Vielfalt und Adaptivität der Wege beobachtet werden konnte (vgl. Nemeth, Werker, Arend, Vogel und Lipowsky 2019, S. 12 ff.; Schwabe, Grüßing, Heinze und Lipowsky 2014, S. 15 ff.). Bei kontinuierlicher Förderung in der vorliegenden Untersuchung konnte ein solcher Rückgang nicht beobachtet werden; es lässt sich sogar ein **fortlaufend positiver Trend** konstatieren.

Lösungen

In der vorliegenden Studie werden insgesamt (auch nach Ausschluss von einfachen Aufgaben ohne Stellenübergänge) vergleichsweise hohe Lösungsquoten erzielt (vgl. z. B. Benz 2005, S. 226 ff.; Meseth und Selter 2002, S. 53 ff.; Schwabe, Grüßing, Heinze und Lipowsky 2014, S. 10; Selter 2000, S. 242 f.; Torbeyns und Verschaffel 2016, S. 108 f.). Aufgrund der geringen Stichprobe wird auf direkte Vergleiche

---

[6] Die Ergebnisse der Studien lassen sich zwar nicht *direkt* miteinander vergleichen, weil die Codierung sich etwas unterscheidet (bspw. weil der Erfolg in der vorliegenden Studie nicht ins Rating der Adaptivität einbezogen wird), zentrale Trends bleiben aber vergleichbar.

mit anderen Untersuchungen verzichtet; es soll vor allem festgehalten werden, dass den Kindern innerhalb der vergleichsweise offenen Unterrichtskonzeption **nicht auffällig mehr Fehler** unterlaufen.

Besonders bemerkenswert sind dabei die geringen Fehlerquoten bei der Subtraktion. Fehler bei der Verwendung verschiedener Strategien, wie beispielsweise das Vergessen oder falsche Kombinieren von Teilrechnungen bei Mischformen aus Stellen- und Schrittweise sowie das gegensinnige Verändern oder das Bilden der absoluten Differenz beim stellenweisen Subtrahieren (vgl. z. B. Benz 2005, S. 229 ff.; Fast 2017, S. 219 ff.; Selter 2000, S. 242 f.) lassen sich zwar auch in der vorliegenden Untersuchung beobachten, auffällig ist aber, dass die **operationsbezogenen Unterschiede gering** sind, die Kinder also beim Subtrahieren vergleichsweise wenige Fehler machen.

Es ist denkbar, dass das wiederholte Thematisieren möglicher Fehler im Unterricht (vgl. Abschnitt 5.2.2) sowie die konsequente Erarbeitung von strategischen Werkzeugen beziehungsweise Strategien aus Handlungen am Material (vgl. Abschnitt 5.2.2) dazu beigetragen haben, dass die Kinder in dieser Studie Subtraktionsaufgaben vergleichsweise erfolgreich lösen.

7.2   Typologie der Vorgehensweisen

Nach dem ersten zusammenfassenden Überblick über die Daten folgt nun die Darstellung der fallbezogenen Auswertung. Dafür werden die gebildeten Typen zunächst kurz beschrieben (vgl. Abschnitt 7.2.1), woraufhin weitere Vergleichsdimensionen (vgl. Abschnitt 7.2.2) sowie operationsbezogene Unterschiede (vgl. Abschnitt 7.2.3) in den Blick genommen werden. Die Analysen münden in der Rekonstruktion von fallbezogenen Entwicklungen im Grundschulverlauf (vgl. Abschnitt 7.2.4). Abschließend werden die Ergebnisse zusammengefasst und mit denen anderer Studien verglichen (vgl. Abschnitt 7.2.5).

7.2.1   Beschreibung der Typen

Die Datenlage erlaubt es, hinsichtlich der Art und Anzahl verwendeter Strategien sieben Typen von Vorgehensweisen zu unterscheiden (vgl. Abschnitt 6.2.3). Insgesamt werden die Vorgehensweisen von 21 Kindern zu sieben Interviewzeitpunkten beim Lösen von Additions- und Subtraktionsaufgaben und demnach 294 Fälle analysiert. Nach der Zuordnung der Fälle zu den sieben Typen werden jeweils alle

Fälle eines Typus in den Blick genommen, um die Typen anhand der gemeinsamen Merkmale charakterisieren zu können (vgl. Kelle und Kluge 2010, S. 105 ff.).

Insbesondere aufgrund der Anwendung der Typologie auf Fälle in verschiedenen Schuljahren (und damit auf Vorgehensweisen in unterschiedlichen Zahlenräumen) und des Einbezugs beider Operationen (Addition und Subtraktion) ist zu erwarten, dass „sich die Fälle eines Typus nicht in allen Merkmale[n] gleichen" (ebd., S. 105). Zur Charakterisierung von Typen werden in der Forschungspraxis oft sogenannte Prototypen, die die Charakteristika des jeweiligen Typus am besten repräsentieren, ausgewählt und näher beschrieben (vgl. ebd., S. 105 ff.). Im vorliegenden Fall wäre es aber in Anbetracht der verschiedenen Zahlenräume und Operationen schwierig, nur einen prototypischen Fall pro Typus auszuwählen. Es scheint aber auch keinen Mehrwert zu haben, alternativ pro Typus mehrere Additions- und Subtraktionsprototypen für unterschiedliche Zahlenräume anzuführen. Deshalb wird stattdessen im Folgenden jeder Typus zusammenfassend beschrieben und operations- und zahlenraumbezogene sowie individuelle Besonderheiten werden da beleuchtet, wo sie auftreten. Begonnen wird jeweils mit einer tabellarischen Verteilung der Fälle auf die Typen im Untersuchungsverlauf.

Typus Zählen

Tabelle 7.1 Verteilung der Fälle des Typus Zählen

	Mitte 1	Ende 1	Mitte 2	Ende 2	Mitte 3	Ende 3	Mitte 4	gesamt
Addition	5							5
Subtraktion	4	1						5
gesamt	9	1						10

Dem Typus Zählen werden im Untersuchungsverlauf nur 10 Fälle (3,4 %)[7] aus dem ersten Schuljahr zugeordnet (vgl. Tabelle 7.1).

Das charakterisierende Merkmal dieses Typus ist die überwiegende Verwendung von Zählstrategien (mindestens 50 %), die meist materialgestützt (Arbeitsmittel oder Finger) umgesetzt werden. Vereinzelt kommt es auch vor, dass einmal eine Ableitungs- oder Zerlegungsstrategie genutzt wird, das Zählen dominiert aber in allen Fällen.

---

[7] Die prozentuellen Angaben beziehen sich jeweils auf die Gesamtheit der 294 Fälle.

Die insgesamt 10 Fälle lassen sich bei fünf Kindern beobachten, von denen vier[8] in der Mitte des ersten Schuljahres sowohl alle/viele Additions- als auch Subtraktionsaufgaben zählend lösen. Fast alle Kinder lösen sich zum Ende des ersten Schuljahres vom zählenden Rechnen, während dies Annika nur bei der Addition gelingt und sie Subtraktionsaufgaben weiterhin zählend löst.

Da Kinder Aufgaben zu Schulbeginn häufig zählend rechnen, ist es prinzipiell unproblematisch, wenn zur Mitte des ersten Schuljahres noch zählend agiert wird. Im Hinblick auf die Entwicklung von Flexibilität/Adaptivität ist ein solcher, dominanter Weg aber im Allgemeinen negativ zu beurteilen. Dies gilt insbesondere, wenn im weiteren Grundschulverlauf noch zählend gerechnet wird, was aber in der vorliegenden Untersuchung nicht vorkommt.

Das Zählen tritt vor allem im ersten Schuljahr zwar auch bei anderen Typen auf, dann allerdings vereinzelt und/oder in durchaus angemessener Form (bspw. das Weiterzählen vom größeren Summanden bei der Aufgabe $2 + 9$), sodass es im Folgenden nicht gesondert beachtet wird.

Typus Hauptzerlegungsweg

Tabelle 7.2 Verteilung der Fälle des Typus Hauptzerlegungsweg

	Mitte 1	Ende 1	Mitte 2	Ende 2	Mitte 3	Ende 3	Mitte 4	gesamt
Addition			7	7	2			16
Subtraktion			4	1	4	1	1	11
gesamt			11	8	6	1	1	27

Der Typus Hauptzerlegungsweg kann insgesamt 27 mal (9,2 %) identifiziert werden, wobei dies überwiegend im zweiten Schuljahr vorkommt (vgl. Tabelle 7.2).

In diesem Typus werden Fälle zusammengefasst, die nur eine Zerlegungsstrategie zum Lösen aller Aufgaben nutzen[9]. Beim Addieren ist das immer die Strategie Stellenweise, beim Subtrahieren häufig das schrittweise Rechnen. Es kommt aber auch vor, dass Kinder beim Subtrahieren nur die Strategie Stellenweise verwenden, was sich in anderen Untersuchungen häufig als problematisch erwiesen hat, weil Kinder dann oft keine Stellenübergänge machen und stattdessen stellenweise die

---

[8] Jims Vorgehensweisen bei der Subtraktion werden nicht in die Typologie eingeordnet (siehe Erläuterung am Ende von Abschnitt 7.2.1). Deshalb kommt es zu diesen operationsbezogenen Unterschieden.

[9] In wenigen Fällen werden hier zusätzlich Strategien genutzt, die als *unklar* codiert werden, weil sie keiner Strategie eindeutig zugeordnet werden können.

absolute Differenz bilden (vgl. z. B. Fast 2017, S. 219 ff.; Selter 2000, S. 247 f.). Dies kann auch in der vorliegenden Untersuchung bei zwei Fällen beobachtet werden. Mai löst die Aufgabe 202 − 197 beispielsweise wie folgt:

> S: Ähm (..) zweihundert minus eins, das ist (..) das ist hundert. (...) Null minus neunzig ist ja neunzig. Und zwei minus sieben, das ist (...) das ist fünf. Und dann muss ich (8 sec) hundert (10 sec). Dann muss ich hundert plus fünfundneunzig nehmen (...). Das ist hundertfünfundneunzig und das ist dann auch das Ergebnis.
>
> (Mai, Mitte 3, Aufgabe 202–197)

Es kommt aber auch vor, dass Kinder Subtraktionsaufgaben mit Stellenübergängen fehlerfrei stellenweise lösen. Dilan geht bei der Aufgabe 71 − 69 in der Mitte des zweiten Schuljahres folgendermaßen vor:

> S: Sechzig/ nein siebzig minus sechzig gleich zehn und dann eins minus eins, bin ich bei null, dann muss ich noch acht von der zehn wegnehmen und dann bin ich bei zwei.
>
> (Dilan, Mitte 2, Aufgabe 71–69)

Am Ende des dritten und in der Mitte des vierten Schuljahres wird zudem je ein Subtraktionsfall diesem Typus zugeordnet, bei dem viele Aufgaben mithilfe des schriftlichen Algorithmus gelöst werden. In beiden Fällen werden aber zumindest die Aufgaben 44 − 22 und 666 − 333 nicht schriftlich gelöst.

Die Verwendung eines Hauptrechenweges kann im Allgemeinen als unflexibles Verhalten gewertet werden.

Typus verschiedene Zerlegungswege

Tabelle 7.3 Verteilung der Fälle des Typus verschiedene Zerlegungen

	Mitte 1	Ende 1	Mitte 2	Ende 2	Mitte 3	Ende 3	Mitte 4	gesamt
Addition	2	1	13	10	3	2		31
Subtraktion			16	13	6	4	2	41
gesamt	2	1	29	23	9	6	2	72

Diesem Typus können insgesamt 72 Fälle (24,5 %) zugeordnet werden, davon kommen besonders viele im zweiten Schuljahr vor (vgl. Tabelle 7.3).

Fälle dieses Typus verwenden verschiedene Zerlegungsstrategien. Im ersten Schuljahr lösen die drei Fälle die Aufgaben größtenteils über die Strategien Kraft-der-5 und Zerlegen-zur-10. Ab dem zweiten Schuljahr werden dann die Strategien Stellenweise und Schrittweise (in Rein- und Mischform) genutzt und bei den letzten beiden Interviews kommt auch das schriftliche Rechnen als weiterer Zerlegungsweg hinzu.

Bei diesem Typus lassen sich operationsbezogene Unterschiede beobachten, weil das stellenweise Rechnen bei der Addition und das schrittweise Rechnen beziehungsweise Mischformen bei der Subtraktion dominieren. Bei Mischformen wird oft mit stellenweisem Rechnen begonnen und dann auf das schrittweise Rechnen gewechselt, sobald ein Stellenübergang vorkommt. Michel geht beispielsweise bei der Aufgabe 73 − 25 folgendermaßen vor:

> S: Ähm erstmal siebzig minus zwanzig ist fünfzig. Ähm und dann drei/ fünf minus drei/ nein drei minus fünf. Ähm, also äh das geht gar nicht. Ähm deswegen dreiundfünfzig minus fünf, ähm das ist ähm/ das ist zwei/ nein nicht zwei, achtund/ ähm/ äh ja achtund(…) ja achtundvierzig.
>
> (Michel, Ende 2, Aufgabe 73–25)

Der Wechsel zwischen den verschiedenen Zerlegungsstrategien erscheint bei etwa zwei Drittel der Fälle eher zufällig und lässt sich nicht eindeutig mit spezifischen Aufgabenmerkmalen in Verbindung bringen. Beim restlichen Drittel lassen sich aber folgende Muster beobachten: Die Strategie Stellenweise wird bevorzugt bei Aufgaben ohne Stellenübergang beziehungsweise mit Stufenzahlzerlegungen innerhalb eines Stellenwerts (34 + 36 der 650 + 350) verwendet, während Aufgaben mit Stellenübergang mithilfe der Strategien Schrittweise/Mischform gelöst werden. Ab dem Ende des dritten Schuljahres wechseln einige Kinder auch zwischen stellenweisem mentalen Rechnen für Aufgaben ohne Stellenübergänge (bzw. alle Aufgaben im Hunderterraum) und dem schriftlichen Lösen von Aufgaben mit Stellenübergängen.

Diese Wechsel in Abhängigkeit davon, ob ein Stellenübergang vorhanden ist, kann ebenso wie ein operationsbezogener Wechsel (v. a. die Vermeidung der Strategie Stellenweise bei der Subtraktion) durchaus als erster Ansatz flexiblen/adaptiven Handelns interpretiert werden, weil dadurch insbesondere bei der Subtraktion häufig typische Fehler vermieden werden können.

Innerhalb dieses Typus kommt es aber auch zu verhältnismäßig vielen Fehlern, wobei besonders oft der für die Strategie Mischform typische Fehler des Vergessens von Teilrechnungen zu verzeichnen ist (aber durchaus auch Strategiefehler wie die stellenweise Bildung der absoluten Differenz; wie im Beispiel von Mai oben). Mina löst die Aufgabe 634 − 628 beispielsweise folgendermaßen:

> S: Da rechne ich erst sechshundert minus sechshundert, das ist zwan… äh das ist ähm null (..) also sechshundert minus sechshundert ist null, ähm aber da ist ja noch die vierunddreißig und die achtundzwanzig. Dann rechne ich vierunddreißig minus achtundzwanzig also erstmal dreißig minus zwanzig, das ist ähm (..) ähm dreißig

minus zwanzig ist zehn (…) und dann rechne ich zehn minus acht und das ist (…) das
weiß ich, das weiß glaube ich jeder (…) dass ähm zehn minus acht ähm gleich zwei
ist.
I: Was ist dein Ergebnis?
S: Zwei.
(Mina, Mitte 3, Aufgabe 634–628)

Minas Lösungsweg zeigt, dass mit schrittweisem Rechnen oder Mischformen –
verglichen mit rein stellenweisem Verarbeiten – also oft der Umgang mit Stellenübergängen vereinfacht wird, gleichzeitig besteht aber die Gefahr, dass die Kinder
den Überblick über die Rechnung verlieren und dann Teilrechnungen vergessen
(vgl. auch Abschnitt 7.1).

Typus Hauptableitungsweg

Tabelle 7.4 Verteilung der Fälle des Typus Hauptableitungsweg

	Mitte 1	Ende 1	Mitte 2	Ende 2	Mitte 3	Ende 3	Mitte 4	gesamt
Addition		3						3
Subtraktion					3	4	1	8
gesamt		3			3	4	1	11

Mit nur 11 Fällen (3,7 %) kommt der Typus Hauptableitungsweg sehr selten vor,
bei der Addition nur im ersten Schuljahr und bei der Subtraktion in Klasse 3 und 4
(vgl. Tabelle 7.4).

Alle drei Fälle im ersten Schuljahr rufen einen Teil der Ergebnisse aus dem
Gedächtnis ab und verwenden für die anderen Aufgaben die Strategie Hilfsaufgabe.
Von den acht Fällen im dritten und vierten Schuljahr nutzen fünf die Strategie Ver-
einfachen als Hauptableitungsweg, ein Kind die Strategie Hilfsaufgabe und zwei
das schrittweise Ergänzen. Zu bedenken ist hier allerdings, dass diese Kinder die
Aufgabe 44 − 22 und 666 − 333 anhand von Umkehraufgaben lösen, also mindestens eine weitere Strategie verwenden, was aber bei diesen beiden Aufgaben für die
Einordnung in die Typologie nicht berücksichtigt wird (vgl. Abschnitt 6.2.3). Das
vergleichsweise einseitig erscheinende Verhalten aufgrund der Verwendung einer
Hauptstrategie ist bei diesen Fällen also tatsächlich vielfältiger. Darüber hinaus
ist festzuhalten, dass das Vorgehen dieser Kinder – im Vergleich zum Hauptzerlegungsweg, bei dem das Rechnen durchaus mechanisch erfolgen kann – eher flexibel/
adaptiv erscheint, weil sie gezielt mit einem Rechenweg experimentieren und diesen

an die jeweiligen Gegebenheiten anpassen. Dies wird auch dadurch gestützt, dass viele Fälle fehlerfrei sind oder dabei nur Flüchtigkeitsfehler unterlaufen[10].

Raja, die am Ende von Klasse 3 häufig die Strategie Hilfsaufgabe nutzt, bildet hier eine Ausnahme, da sie mit der Verwendung dieser Strategie unsicher zu sein scheint. In vier von sechs Rechnungen, bei denen sie den Subtrahenden verändert, macht sie anschließend einen falschen Ausgleich, wie beispielsweise bei der Aufgabe 46 − 19:

S: Ähm (.) hier (zeigt auf 19) pack ich einen dazu, das sind dann zwanzig (sieht I. an).
I: (Nickt).
S: Und dann kann ich ähm sechsund/ also sechsundvierzig erstmal minus zwanzig nehmen, das sind zwanzig. Und dann hab ich sechsundzwanzig (tippt auf 46). Aber weil ich da (zeigt auf 19) ja einen dazugepackt hab muss ich wieder einen wegnehmen und das sind fünfundzwanzig.
(Raja, Ende 3, Aufgabe 46–19)

Bei den Aufgaben 31 − 29 und 202 − 197 verändert sie hingegen den Minuenden und gleicht anschließend auch korrekt aus:

S: Ähm da nehm ich, hab ich schon gesagt, ähm die Zwei weg (tippt auf die Einerziffer der 202), dann hab ich zweihundert minus hundertsiebenundneunzig. Das sind (...) drei. Ähm plus die zwei sind fünf.
(Raja, Ende 3, Aufgabe 202–197)

Typus verschiedene Ableitungswege

Tabelle 7.5 Verteilung der Fälle des Typus verschiedene Ableitungen

	Mitte 1	Ende 1	Mitte 2	Ende 2	Mitte 3	Ende 3	Mitte 4	gesamt
Addition	5	4						9
Subtraktion	5	12			1		7	25
gesamt	10	16			1		7	34

In den Typus verschiedene Ableitungswege fallen insgesamt 34 Fälle (11,6 %), die vor allem im ersten Schuljahr beobachtet werden und in höheren Zahlenräumen nur bei der Subtraktion vorkommen (vgl. Tabelle 7.5).

---

[10] Zudem können alle Kinder auf Rückfrage einen alternativen Rechenweg zur bereits gelösten Aufgabe 202 − 197 erläutern. In der Mitte des dritten Schuljahres wird dabei zwar immer dieselbe Strategie verwendet, die Aufgabe wird aber bspw. anders verändert (erst zu 205 − 200 dann zu 200 − 195). In den letzten beiden Interviews erläutern die Kinder dann jeweils andere Wege (z. B. erst abziehend Vereinfachen, dann schrittweise Ergänzen).

Im ersten Schuljahr nutzen die Schüler*innen zum Lösen von Additionsaufgaben eine Mischung aus den Strategien Hilfsaufgabe und Vereinfachen, wobei manchmal auch noch Zählstrategien (v. a. Weiterzählen vom größeren Summanden bei $2 + 9$) und der Faktenabruf hinzukommen. Bei der Subtraktion kann hingegen oft eine Mischung aus Abstandsbetrachtungen (bei $11 - 9$ und $8 - 7$) und dem Nutzen von Umkehraufgaben beobachtet werden, wobei am Ende des ersten Schuljahres in einigen Fällen zusätzlich Hilfsaufgaben verwendet werden.

Im dritten Schuljahr nutzen die meisten Kinder das schrittweise Ergänzen und die Strategie Vereinfachen. In einem Fall wird zusätzlich auch die Strategie Hilfsaufgabe genutzt und ein Kind verwendet eine Kombination der Strategien Vereinfachen und Hilfsaufgabe, indem es zunächst gleichsinnig verändert und das Ergebnis anschließend noch zusätzlich (falsch) ausgleicht.

Die Tatsache, dass die Typen Hauptableitungsweg und verschiedene Ableitungswege insgesamt häufiger bei der Subtraktion beobachtet werden können, kann zum einen mit der Aufgabenauswahl (viele Aufgaben mit Nähe zur Stufenzahl und zwei Aufgaben mit Nähe von Minuend und Subtrahend zueinander) erklärt werden. Zum anderen sollte auch bedacht werden, dass das schrittweise Ergänzen (bzw. seltener auch indirekt Subtrahieren), obwohl es isoliert betrachtet eine Zerlegungsstrategie ist, hier aufgrund des Rechenrichtungswechsels als Ableitungsstrategie gewertet wird. Aufgrund dieser Aufwertung der Abstandsbetrachtung existieren für die Subtraktion mehr Ableitungsstrategien als für die Addition (wo es nur die Strategien Vereinfachen und Hilfsaufgabe sind, vgl. auch Abschnitt 7.2.3).

Anders als bei verschiedenen Zerlegungsstrategien, die sich untereinander teilweise stark ähneln, kommt bei diesem Typus eine vergleichsweise breite Vielfalt an Strategien zum Einsatz, was durchweg als flexibel/adaptiv eingeschätzt werden kann.

Typus Zerlegungs- und Ableitungsweg

Tabelle 7.6 Verteilung der Fälle des Typus Zerlegungs- und Ableitungsweg

	Mitte 1	Ende 1	Mitte 2	Ende 2	Mitte 3	Ende 3	Mitte 4	gesamt
Addition	1	6		2	8	12	12	41
Subtraktion					3	1	3	7
gesamt	1	6		2	11	13	15	48

Der Typus Zerlegungs- und Ableitungsweg kommt 48 mal (16,3 %) vor, wobei insgesamt mehr Additions- als Subtraktionsfälle auftreten und ein Großteil der Fälle im dritten und vierten Schuljahr zu beobachten ist (vgl. Tabelle 7.6).

Charakteristisch bei diesem Typus ist die Verwendung je einer Zerlegungs- und einer Ableitungsstrategie. Bei der Addition im ersten Schuljahr wird meist eine Mischung der Strategien Hilfsaufgabe und Kraft-der-5 (manchmal auch Zerlegen-zur-10) verwendet. Ab dem zweiten Schuljahr wird bei der Addition zwischen den Strategien Stellenweise und Vereinfachen gewechselt, wobei das Vereinfachen für Aufgaben verwendet wird, bei denen eine/beide Zahlen nahe am nächsten Zehner/Hunderter liegen. Die meisten Kinder lösen alle Aufgaben mit Stufenzahlnähe über das gegensinnige Verändern (bei einigen sind es auch nur die Aufgaben im Tausenderraum und selten andere Kombinationen).

Bei der Subtraktion im Tausenderraum wechseln einige Kinder zwischen den Strategien Schrittweise (abziehend) und Vereinfachen, wobei das gleichsinnige Verändern bei einigen oder sogar allen Aufgaben mit Stufenzahlnähe genutzt wird. Andere Kinder nutzen eine Mischung aus abziehendem und ergänzendem schrittweisen Rechnen, wobei die Abstandsbetrachtung vor allem für Aufgaben mit besonderer Nähe zwischen Minuend und Subtrahend eingesetzt wird. Svens Verhalten in der Mitte des vierten Schuljahres ähnelt den Letztgenannten, weil er zwischen schrittweisem Ergänzen bei Aufgaben mit kleiner Differenz und dem schriftlichen Verfahren wechselt.

Im Allgemeinen wird der Wechsel zwischen den beiden Strategien bei diesem Typus also in Abhängigkeit von besonderen Aufgabenmerkmalen vorgenommen, was als flexibel/adaptiv zu beurteilen ist.

Typus verschiedene Zerlegungs- und Ableitungswege

Tabelle 7.7 Verteilung der Fälle des Typus verschiedene Zerlegungs- und Ableitungswege

	Mitte 1	Ende 1	Mitte 2	Ende 2	Mitte 3	Ende 3	Mitte 4	gesamt
Addition	6	6	1	2	8	7	9	39
Subtraktion	11	6	1	7	4	11	7	47
gesamt	17	12	2	9	12	18	16	86

Der Typus verschiedene Zerlegungs- und Ableitungswege kann im Untersuchungsverlauf mit 86 Fällen (29,3 %) insgesamt am häufigsten beobachtet werden und kommt zu jedem Untersuchungszeitpunkt bei beiden Operationen vor (vgl. Tabelle 7.7).

Bei Fällen dieses Typus werden mindestens drei verschiedene Strategien verwendet, darunter sowohl Zerlegungs- als auch Ableitungsstrategien, wobei sich zwei Subgruppen unterscheiden lassen. Ein Großteil der Kinder (74 Fälle) nutzt Zerlegungs- und Ableitungsstrategien zu gleichen Teilen oder vorwiegend Ableitungsstrategien. Diese Kinder setzen die Ableitungsstrategien bei mehreren oder allen Aufgaben mit Stufenzahlnähe und/oder Nähe von Minuend und Subtrahend ein, während die anderen Aufgaben (z. T. auf unterschiedliche Weisen) zerlegend gelöst werden. Die restlichen 12 Fälle greifen hingegen nur einmal (meist bei einer Aufgabe mit Stufenzahlnähe) auf eine Ableitungsstrategie zurück und lösen die anderen Aufgaben mithilfe verschiedener Zerlegungsstrategien. Der Wechsel zwischen verschiedenen Zerlegungsstrategien lässt sich objektiv betrachtet häufig mit dem Auftreten von Überträgen erklären (dann wird vom stellenweisen zum schrittweisen Rechnen bzw. zu Mischformen gewechselt); manchmal gelingt eine solche Unterscheidung – wie beim Typus verschiedene Zerlegungen – aber auch nicht.

Nicht eingeordnete Fälle

Von den insgesamt 294 Fällen (je zwei Fälle für 21 Kinder in sieben Interviews) existieren sechs Fälle (2 %) aus dem ersten Schuljahr, die sich nicht eindeutig einem der bisher beschriebenen Typen zuordnen lassen. Die Vorgehensweisen unterscheiden sich aber untereinander zum Teil auch, sodass es nicht sinnvoll wäre, sie in einem achten Sondertypus zusammenzufassen. Damit die Typologie möglichst trennscharf bleibt, wird darauf verzichtet, diese sechs Fälle einzuordnen, weshalb das Vorgehen hier kurz separat skizziert wird.

Jim hat in der Mitte des ersten Schuljahres große Schwierigkeiten beim Lösen sämtlicher Subtraktionsaufgaben. Die nicht immer verständlichen Wege und die im Verlauf stärkeren Hilfestellungen der Interviewerin erschweren eine Einschätzung, sodass dieser Fall nicht berücksichtigt wird.

Aus den Interviews in der Mitte des ersten Schuljahres werden außerdem die Vorgehensweisen von Jolina und Julia beim Lösen von Additionsaufgaben nicht eingeordnet, weil hier eine große Bandbreite an Vorgehensweisen beobachtet werden kann, die zu keinem der sieben Typen passt. Die Kinder nutzen zwar je einmal eine Zerlegungs- oder Ableitungsstrategie, greifen aber auch auf Zählstrategien (mit und ohne Material) zurück und rufen auch einige Ergebnisse aus dem Gedächtnis ab. Da die Zählstrategien nicht dominieren, sind die Fälle nicht dem Typus Zählen zuzuordnen. Die Unterschiede zu den anderen Typen sind aufgrund des häufigen Zählens allerdings ebenfalls zu groß, sodass diese beiden Fälle keinem Typus zugeordnet werden.

Leon löst am Ende von Klasse 1 bei der Subtraktion vier Aufgaben über die Umkehraufgabe und zwei durch Alleszählen (am Material). Auch hier ist das Zählen nicht dominant, sodass der Fall nicht zum Typus Zählen passt. Er unterscheidet sich aber auch von den Fällen der anderen Typen und wird deshalb nicht eingeordnet.

Die letzten beiden Fälle sind zum Ende des ersten Schuljahres bei Raja aufgetreten. Hier bleibt ein Großteil der Wege unklar, weil die Schülerin (möglicherweise aufgrund von Nervosität) die Lösungswege nicht nennt. Manchmal erscheint es, als würde sie die Ergebnisse raten, manchmal überlegt sie länger, kann/möchte aber anschließend nicht beschreiben, wie sie vorgegangen ist – eine Einordnung in die Typologie ist demnach nicht möglich. Dieses Verhalten von Raja ist eine tagesformbedingte Abweichung, weil sie in den anderen Interviews durchaus dazu in der Lage ist, die Lösungswege zu beschreiben.

7.2.2 Weitere Vergleichsdimensionen und ihre Verteilung auf die Typen

Bei der Entwicklung der Typen und der anschließenden Zuordnung der Fälle sind Art und Anzahl der verwendeten Strategien berücksichtigt worden (vgl. Abschnitt 6.2.3). Dies soll nun durch die Analyse weiterer Vergleichsdimensionen und ihrer Verteilung auf die Typen angereichert werden.

Verwendung verschiedener Lösungswerkzeuge

Die Analyse der verwendeten Lösungswerkzeuge könnte insbesondere bei den Typen, die nur eine Art von Strategie verwenden, interessant sein, falls auf der Ebene der Lösungswerkzeuge auch solche der anderen Art verwendet würden. In Abbildung 7.9 wird unterschieden, wie viele der Typen mit dominanter Strategieart (nur Ableitungsweg(e) oder nur Zerlegungsweg(e)) jeweils sowohl Zerlegungs- als auch Ableitungswerkzeuge verwenden (weiß) und wie viele nur Zerlegungs- oder nur Ableitungswerkzeuge (grau) nutzen.

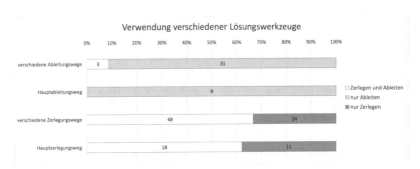

Abbildung 7.9 Verwendung verschiedener Lösungswerkzeuge

Es fällt auf, dass viele Kinder, die nur einen oder mehrere Zerlegungswege nutzen, während des Lösens nicht nur Zerlegungs-, sondern auch Ableitungswerkzeuge explizieren (weiße Teile der unteren beiden Balken). Viele grob als Zerlegungsstrategien kategorisierte Vorgehensweisen umfassen bei detaillierter Analyse also durchaus die Verwendung verschiedener Lösungswerkzeuge.

Prinzipiell könnten hieraus Subtypen für die Typologie gebildet werden. Dagegen spricht allerdings, dass es durchaus denkbar ist, dass die anderen Kinder (die nur Strategien und auch Werkzeuge derselben Art nennen), ebenfalls andere Lösungswerkzeuge verwenden, dies aber nicht explizieren (und es wurde in den Interviews aus pragmatischen Gründen nicht bei *jeder* Teilrechnung nachgefragt, wie das Kind das Ergebnis ermittelt hat).

Darüber hinaus lassen sich Unterschiede auf der Ebene der Lösungswerkzeuge nicht mit Entwicklungen im Untersuchungsverlauf in Verbindung bringen. Es kann also beispielsweise nicht beobachtet werden, dass Kinder, bei deren Wegen zwar Zerlegungswerkzeuge dominieren, diese aber mit Ableitungswerkzeugen kombiniert werden, im Untersuchungsverlauf auch schneller in andere Typen wechseln. Deshalb wird dieses durchaus sichtbare Muster nicht zur weiteren Ausdifferenzierung der Typologie verwendet.

Zweiter Lösungsweg

In den letzten drei Interviews (ab Mitte des dritten Schuljahres) werden die Kinder darum gebeten, je eine Aufgabe pro Operation ($199 + 198$ und $202 - 197$)[11] ein weiteres Mal auf einem anderen Weg zu lösen. Insgesamt nur vier Mal haben die Kinder keine weitere Lösungsidee. In 122 Fällen wird ein zweiter Weg genannt, wovon 40 Wege dem erstgenannten Lösungsweg gleichen oder ähneln. Die beiden Lösungswege von Dilan zur Aufgabe $202 - 197$ unterscheiden sich beispielsweise im Wesentlichen in der Reihenfolge der Teilrechnungen:

S: Weil ich hier (zeigt von 197 auf 202) hundert wegnehme, das ist einfach. Und dann neunzig (zeigt auf 202) da wegnehmen muss, dann bin ich ja nur noch bei zehn. Zwei (zeigt auf 202) von sieben (zeigt auf 197) weg hab ich fünf. Und fünf von zehn wegnehmen ist fünf.
(Dilan, Mitte 3, Aufgabe 202–197)

S: Hmm (nachdenklich)(4 sec). Ich nehm (zeigt auf 202) zwei von (zeigt auf 197) sieben weg, (.) dann bin ich bei fünf. Und dann nehm ich (6 sec) nehm ich erst einmal

---

[11] In zwei Ausnahmefällen (Elias, Mitte Kl. 3 und Raja, Mitte Kl. 4) wird aufgrund der bereits fortgeschrittenen Interviewdauer anstelle von $202 - 197$ die Aufgabe $31 - 29$ zwei Mal gelöst.

die hundert weg (zeigt auf 202), dann bin ich bei h/, ne ich mach (...). Ähm da (zeigt auf 197) hab ich fünf. Und dann muss ich ja hier (zeigt auf 202) noch neunzig wegnehmen von der zweihundert. Und dann habe ich (...) hun/ (..) dert, ne (4 sec) hundertzehn. Und dann muss ich noch einhundert wegnehmen und dann bin ich bei zehn. Und dann muss ich noch fünf wegnehmen und dann bin ich bei fünf.
(Dilan, Mitte 3, zweiter Weg zu 202–197)

82 Mal unterscheidet sich der zweite Weg deutlich stärker vom Erstgenannten, weil eine andere Strategieart (Zerlegungs- oder Ableitungsstrategie) beziehungsweise ein anderer Ableitungsweg (z. B. erst Vereinfachen dann Hilfsaufgabe) verwendet wird (vgl. auch Abschnitt 6.2.3). Wenn die Kinder zunächst einen Ableitungsweg nutzen und anschließend auf Rückfrage einen Zerlegungsweg beschreiten, kommentieren sie häufig, dass der Zerlegungsweg umständlicher sei oder dass sie diesen eigentlich nicht verwenden würden – wie Luna im folgenden Beispiel, die die Aufgabe 199 + 198 zunächst gegensinnig verändernd gelöst hat:

S: Das würde ich nicht machen, aber ich mache es jetzt mal. Hundert (zeigt auf die 1 in 199) plus hundert (zeigt auf die 1 in 198) zuerst rechnen, das ist zweihundert. Neunzig (zeigt auf die 9 Zehner in 199) plus neunzig (zeigt auf die 9 in 198) rechnen, das ist einhundertachtzig. Und neun (zeigt auf die 9 Einer in 199) plus acht (zeigt auf die 8 in 198) rechnen, das ist siebzehn. Und dann am Ende noch alles zusammenrechnen.
(Luna, Mitte 4, zweiter Weg zu 199 + 198)

Mit Blick auf die Verteilung der Gruppen auf die Typen (vgl. Abbildung 7.10) fällt auf, dass der zweite Lösungsweg der ersten vier Typen häufiger als *anders* (dunkelgrau) eingeschätzt wird, während die beiden Typen, die durchgängig einen oder mehrere Zerlegungswege nutzen, ebendies oft auch beim erneuten Lösen einer Aufgabe tun, weshalb ihr Vorgehen als *gleich/ähnlich* (hellgrau) eingeschätzt wird.

In vier Fällen erläutern aber auch Kinder der letzten beiden Typen[12] auf Rückfrage einen Ableitungsweg[13]. Es wäre denkbar, das Vorgehen dieser Kinder zu den jeweiligen Interviewzeitpunkten als ‚potentiell flexibel/adaptiv' zu titulieren, weil sie auf Rückfrage nicht nur Zerlegungs-, sondern auch Ableitungswege beschreiten können.

An dieser Stelle sei aber auch festgehalten, dass die Kinder nur nach einem zweiten Weg und nicht nach möglichst vielen beziehungsweise allen Wegen, die ihnen

---

[12] Der Typus Zählen kommt im dritten und vierten Schuljahr nicht vor.

[13] Von diesen vier Fällen wird einmal fehlerhaft das gegensinnige Verändern beim Subtrahieren (Mai, Mitte Kl. 3), zweimal ein schrittweises Ergänzen (Elias, Ende Kl. 3 und Mai, Mitte Kl. 4) sowie einmal das Vereinfachen der vorgegebenen Additionsaufgabe (Jim, Mitte Kl. 3) verwendet.

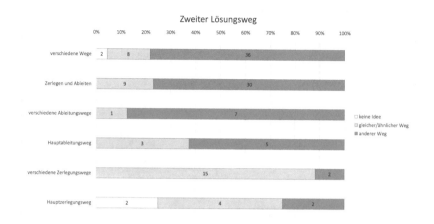

Abbildung 7.10 Zweiter Lösungsweg

zu der vorgegebenen Aufgabe einfallen, gefragt worden sind. Es wäre also nicht angemessen, den Kindern, die zwei gleiche beziehungsweise ähnliche Wege erläutert haben, zu unterstellen, dass sie keine Wege der jeweils anderen Art (Zerlegungs- oder Ableitungswege) nutzen *könnten*. Es kann nur zusammenfassend festgehalten werden, dass Kinder, deren Vorgehen den Typen Hauptzerlegungsweg beziehungsweise verschiedene Zerlegungswege zugeordnet wird, meist auf Rückfrage nach einem alternativen Lösungsweg ebenfalls einen Zerlegungsweg nennen, während Kinder, die zuvor schon Ableitungswege verwendet haben, auf Rückfrage häufiger auch andere Wege (d. h. Zerlegungs- oder andere Ableitungswege) nennen.

Verwendung verschiedener Rechenrichtungen

Auch bei der Verwendung verschiedener Rechenrichtungen beim Subtrahieren lassen sich Unterschiede zwischen den Typen konstatieren. In Abbildung 7.11 wird für die einzelnen Typen ausdifferenziert, wie viele Fälle nur eine (grau) oder beide Rechenrichtungen (weiß) verwenden.

Da der Rechenrichtungswechsel als Ableitungsweg gewertet wird, ist es nicht verwunderlich, dass ein Großteil der Fälle, in denen beide Rechenrichtungen verwendet werden, den ersten drei Typen zugeordnet wird. Bei den drei Ausnahmen, deren Fälle den Typen verschiedene Zerlegungswege beziehungsweise Hauptzerlegungsweg zugeordnet worden sind, wird jeweils nur einmal eine Abstandsbetrachtung bei einer Teilaufgabe nach Zerlegung expliziert. Mai löst die Aufgabe 31 − 29 beispielsweise folgendermaßen:

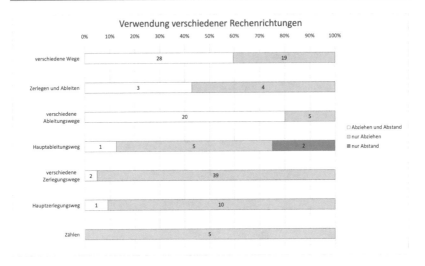

Abbildung 7.11 Verwendung verschiedener Rechenrichtungen

S: Da rechne ich einunddreißig minus zwanzig, das ist elf und da rechne ich elf minus neun und das sind zwei.
I: Woher wusstest du so schnell, dass elf minus neun zwei sind?
S: (7 sec) Weil ich ja weiß, dass von der neun bis zur elf zwei Zahlen fehlen und da ist es ja eigent/ da da ist es ja eigentlich ziemlich leicht, dass man dann ja eigentlich sofort weiß, dass das dann zwei sein müssen.
(Mai, Ende 2, Aufgabe 31–29)

Dieses Vorgehen erscheint dem gegensinnigen Verändern nach Zerlegen (siehe Beispiele von Paula in Abschnitt 6.2.2, Kategorie Strategien) ähnlich, sodass es bei der Einordnung in die Typologie nicht als Rechenrichtungswechsel gewertet wird (ebenso wie das gegensinnige Verändern nach Zerlegung nicht als Ableitungsstrategie gezählt wird). Und auch das Vorgehen von Emre am Ende des dritten Schuljahres wird (trotz einmaligem Ergänzen) als Hauptableitungsweg beurteilt, weil er das Ergänzen nur als Erläuterung beim Lösen der Aufgabe 666 − 333 anführt und die Lösungswege zu den anderen Aufgaben eher die Rechenrichtung Abziehen nahelegen.

Insgesamt lassen sich vor allem Fälle unterscheiden, die beide Rechenrichtungen verwenden oder solche, die nur das Abziehen nutzen. Das ergänzende Lösen sämtlicher Subtraktionsaufgaben kommt nur bei zwei Fällen vor. Beide Schüler (Jim in der Mitte des dritten und Leon in der Mitte des vierten Schuljahres) benennen beim Sortieren und Lösen der Aufgaben aber häufig die Nähe zwischen Minuend und Subtrahend oder aber auch Zehner-/Hunderternähe, sodass das Vorgehen trotz seiner Einseitigkeit als geschickt beurteilt werden kann und deshalb als Hauptableitungsweg eingeordnet wird[14].

Mit Blick auf die Verwendung der Rechenrichtung bei den ersten drei Typen fällt zudem auf, dass es auch einige Fälle gibt, die ausschließlich abziehend vorgehen. Nutzt ein Kind also beim Subtrahieren die Abstandsbetrachtung (nicht nur bei Teilrechnungen), kann dies meist als Zeichen von Flexibilität/Adaptivität gedeutet werden, der Umkehrschluss gilt aber nicht, da auch Fälle identifiziert werden können, bei denen zwar verschiedene Wege, aber nur die Rechenrichtung Abziehen verwendet wird.

Adaptivität der Strategien im Tausenderraum

Für insgesamt fünf Aufgaben im Tausenderraum ($199 + 198$, $546 + 199$ sowie $435 - 199$, $202 - 197$ und $634 - 628$) können normativ in Abhängigkeit von den jeweiligen Aufgabenmerkmalen Strategien bestimmt werden, die als adaptiv gelten, weil sie weniger Lösungsschritte erfordern und dadurch Stellenübergänge vermieden oder vereinfacht werden. Pro Fall kann dann angegeben werden, ob (mindestens einmal) adaptive Wege verwendet werden oder nicht (vgl. Abschnitt 6.2.2 und 6.2.3 sowie Anhang C.8).

In Abbildung 7.12 ist die Verteilung auf die verschiedenen Typen dargestellt (der Typus Zählen kommt im Tausenderraum nicht vor). Es fällt auf, dass sich – bis auf eine Ausnahme – eine Grenze zwischen den ersten vier Typen und den beiden Zerlegungstypen ziehen lässt. Diese Trennung ist aufgrund der Beurteilung der Wege zu den fünf Aufgaben auch nicht verwunderlich, weil es gerade Ableitungswege sind, die als adaptiv gelten.

Die Ausnahme bildet Mina, die in der Mitte des dritten Schuljahres für die meisten Subtraktionsaufgaben Mischformen aus stellen- und schrittweisem Abziehen verwendet und nur die Aufgabe $46 - 19$ mithilfe einer Hilfsaufgabe löst. Hierbei handelt es sich also – anders als bei den meisten Fällen, bei denen adaptive Wege verwendet werden – um eine singuläre Abweichung von einem Hauptzerlegungsweg, die nicht als adaptiv gewertet wird, weil sie eine Aufgabe aus dem Zahlenraum bis 100 betrifft (vgl. Erläuterungen in Abschnitt 6.2.2).

---

[14] Es wäre prinzipiell auch denkbar, dieses durchgängig ergänzende Vorgehen nicht als Ableitungsweg zu werten, weil kein Rechenrichtungswechsel vorgenommen wird. Die besondere Aufgabenauswahl bei der Subtraktion (vgl. auch Abschnitt 7.2.3) und die explizierten Merkmale sprechen aber dafür, die Einordnung in den Typus Hauptableitungsweg vorzunehmen.

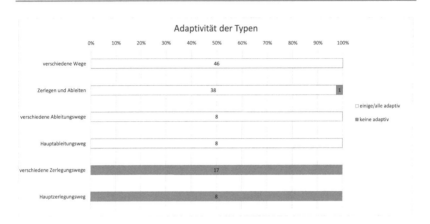

Abbildung 7.12 Adaptivität der Typen

Bei den 100 Fällen der Gruppe *adaptive Wege* (davon 56 Additions- und 44 Subtraktionsfälle) hat ein Großteil beide beziehungsweise alle drei Aufgaben adaptiv gelöst (Addition: ein Weg adaptiv 12 %, beide Wege adaptiv 88 %; Subtraktion: ein Weg adaptiv 18 %, zwei Wege adaptiv 23 %, drei Wege adaptiv 59 %). Insgesamt zeigt diese bivariate Analyse, dass die Einordnung in die ersten vier Typen stark mit der Verwendung mindestens eines, oft sogar mehrerer adaptiver Wege beim Rechnen im Tausenderraum korreliert.

Wie in Abschnitt 7.1 aufgezeigt wurde, werden im dritten und vierten Schuljahr auch insgesamt häufig beim Begründen der Sortierung oder beim Rechnen Aufgaben- und Zahleigenschaften und -beziehungen expliziert. Auch wenn bei der Analyse der Daten eine direkte Zuordnung der einzelnen Fälle in das Modell von Rathgeb-Schnierer (2011b) (vgl. Abbildung 2.1) nicht gelingt, so weisen diese Aspekte darauf hin, dass viele Kinder, deren Vorgehensweisen den ersten vier Typen zugeordnet werden, vermutlich eher beziehungs- als verfahrensorientiert agieren. Flexibilität scheint in dieser Untersuchung also mit normativ bestimmter und gegebenenfalls auch auf die Referenzen bezogener Adaptivität einher zu gehen.

Erfolg der verschiedenen Typen

Zur Unterscheidung des Erfolges pro Fall wird die Kombination aus Anzahl und Art von Fehlern herangezogen, sodass vier Gruppen gebildet werden können (vgl. Abschnitt 6.2.3). In Abbildung 7.13 ist die Verteilung dieser Gruppen auf die verschiedenen Typen dargestellt.

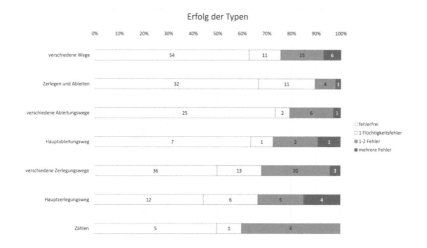

Abbildung 7.13 Erfolg der Typen

Es fällt auf, dass (nahezu) alle Erfolgsgruppen bei allen Typen vertreten sind, wobei bei den ersten vier Typen prozentuell mehr fehlerfreie Fälle und solche mit nur einem Flüchtigkeitsfehler zu beobachten sind.

Sollte der Erfolg in die Typologie einbezogen werden, könnte man jeweils zwei Erfolgsgruppen inhaltlich sinnvoll zusammenlegen (fehlerfrei und 1 Flüchtigkeitsfehler sowie 1–2 Fehler und mehrere Fehler). Damit ließen sich pro Typus zwei Subgruppen bilden, was eine Ausdifferenzierung von insgesamt 14 Typen zur Folge hätte. Allerdings ließen sich diese 14 Typen nicht so gut hierarchisieren, wie es bei den bisherigen sieben Typen der Fall ist. Es müsste beispielsweise entschieden werden, ob die Verwendung verschiedener Strategien, bei der auch Fehler passieren, besser oder schlechter zu werten ist als der fehlerfreie Rückgriff auf einen Hauptrechenweg. Zum Nachzeichnen von Entwicklungen wäre es aber hilfreich, wenn sich die Typen einfach vergleichen beziehungsweise hierarchisieren ließen.

Bei der Betrachtung der Einzelfälle, in denen mehrere Fehler gemacht werden, fällt auf, dass es in der Regel bestimmte Kinder sind, die über die Jahre hinweg häufig Verständnisfehler machen, während vielen anderen Kindern größtenteils nur Flüchtigkeitsfehler unterlaufen. Aus diesem Grund erscheint eine Einzelfallbetrachtung der Kinder, die im Untersuchungsverlauf vergleichsweise viele Fehler machen, sinnvoller, als die Ausdifferenzierung der Typologie. In Abschnitt 7.2.4 werden diese Fälle deshalb gesondert betrachtet.

Die wichtigsten Erkenntnisse aus Abschnitt 7.2.1 und 7.2.2 zusammenfassend, kann festgehalten werden, dass sich die sieben Typen häufig in zwei Gruppen trennen lassen. Die ersten vier Typen (verschiedene Zerlegungs- und Ableitungswege, Zerlegungs- und Ableitungsweg, verschiedene Ableitungswege, Hauptableitungsweg) eint, dass auch oder ausschließlich Ableitungsstrategien verwendet werden. Darüber hinaus werden bei fast allen Fällen dieser Typen ein oder mehrere Wege als adaptiv (aus normativer Sicht) eingeschätzt und bei diesen Typen lässt sich auch häufiger die Verwendung beider Rechenrichtungen beobachten. Auf Rückfrage nach einem zweiten Weg zu einer bereits gelösten Aufgabe, nennen diese Kinder zudem oft eine andere (als die zuerst verwendete) Strategie.

Die anderen drei Typen (verschiedene Zerlegungswege, Hauptableitungsweg, Zählen), die stets eine oder mehrere Zerlegungsstrategien verwenden beziehungsweise Aufgaben überwiegend zählend lösen, nutzen keine als adaptiv eingeschätzten Wege, subtrahieren häufig nur abziehend und nennen auf Rückfrage nach einem zweiten Lösungsweg meist ebenfalls einen Zerlegungsweg.

7.2.3   Unterschiede zwischen Addition und Subtraktion

Die operationsgetrennte Einordnung der Vorgehensweisen der Kinder ist aufgrund der Annahme (und deren Bestätigung beim Sichten einiger Beispiele) erfolgt, dass es vorkommen kann, dass Kinder anders beim Addieren vorgehen als beim Subtrahieren. Solche operationsbezogenen Unterschiede sollen nun in den Blick genommen werden.

Operationsbezogene Unterschiede bei der Verteilung der Typen

In Tabelle 7.8 findet sich eine operationsgetrennte Gesamtübersicht über die Verteilung der Fälle auf die sieben Typen. Zusammenfassend lässt sich festhalten, dass alle

Tabelle 7.8   Verteilung der Fälle auf die verschiedenen Typen

Typus	Addition	Subtraktion	gesamt
verschiedene Zerlegungs- und Ableitungswege	39	47	86
Zerlegungs- und Ableitungsweg	41	7	48
verschiedene Ableitungswege	9	25	34
Hauptableitungsweg	3	6	9
verschiedene Zerlegungswege	31	41	72
Hauptzerlegungsweg	16	13	29
Zählen	5	5	10

Typen sowohl bei der Addition als auch bei der Subtraktion vorkommen. Der wichtigste und stärkste operationsbezogene Unterschied liegt in der Verteilung der Fälle auf den Typus Zerlegen und Ableiten, welcher häufiger bei der Addition beobachtet wird, während den Typen Hauptableitungsweg und verschiedene Ableitungswege mehr Subtraktionsfälle zugeordnet werden.

Dieser Unterschied lässt sich zum einen damit erklären, dass bei der Subtraktion mehr Strategien als Ableitungswege (neben Vereinfachen und Hilfsaufgabe auch Rechenrichtungswechsel und Umkehraufgaben) gewertet werden. Zum anderen lässt sich auch die Aufgabenauswahl im Tausenderraum als Ursache für diese operationsbezogenen Unterschiede festmachen. Es fällt nämlich auf, dass sich vier vergleichsweise einfache Additionsaufgaben ($34 + 36$, $222 + 222$, $650 + 350$ und $415 + 56$) gut über ein stellenweises Vorgehen lösen lassen, bei dem Verdopplungen und Zehnerzerlegungen geschickt genutzt werden können. Die anderen vier Additionsaufgaben ($23 + 19$, $36 + 49$, $199 + 198$ und $546 + 299$) eint das Merkmal der Nähe einer/beider Zahl(en) zum nächsten Zehner/Hunderter, was man sich geschickt mithilfe der Strategien Vereinfachen und/oder Hilfsaufgabe zunutze machen kann. Das Verhalten einiger Kinder entspricht genau diesem Muster, sodass sie beim Lösen nur zwei Strategien verwenden, einen Zerlegungsweg für die einfachen Additionsaufgaben und einen Ableitungsweg für die restlichen Aufgaben ($\rightarrow$ Typus Zerlegungs- und Ableitungsweg).

Bei der Subtraktion gibt es wiederum weniger einfache Aufgaben ($44 - 22$ und $666 - 333$)[15] und beide sind Halbierungsaufgaben, die man geschickt durch das direkte Erkennen der Halbierung beziehungsweise über die entsprechenden Umkehraufgaben lösen kann. Wie in Abschnitt 6.2.3 erläutert, werden Ableitungswege für diese beiden Aufgaben nicht für die Einordnung in die Typologie gezählt. Bei den anderen Subtraktionsaufgaben ($31 - 29$, $46 - 19$, $202 - 197$, $634 - 628$, $435 - 199$ und $364 - 39$) liegt entweder Zehner-/Hunderternähe und/oder Nähe zwischen Minuend und Subtrahend vor, was geschickt mit dem Einsatz einer oder verschiedener Ableitungsstrategien (Vereinfachen, Hilfsaufgabe, Rechenrichtungswechsel) genutzt werden kann. Demnach lassen sich die Vorgehensweisen von Kindern, die die Aufgaben auf diese Weise lösen, den Typen Hauptableitungsweg und verschiedene Ableitungswege zuordnen. Es ist anzunehmen, dass es deutlich weniger Fälle dieser beiden Typen geben würde, wenn Subtraktionsaufgaben mit anderen Merkmalen eingesetzt worden wären. Eine Aufgabe ohne Stellenübergang, ohne Zehner-/Hunderternähe oder Nähe von Minuend und Subtrahend wie beispielsweise

---

[15] Diese Kürzung wurde vorgenommen, um neben Aufgaben mit Zehner-/Hunderternähe auch Aufgaben mit Nähe zwischen Minuend und Subtrahend einbeziehen zu können, ohne die Anzahl der Subtraktionsaufgaben zu erhöhen.

675 – 241 hätten vermutlich viele Kinder mithilfe eines abziehenden Zerlegungsweges gelöst, sodass ihr Vorgehen nicht mehr den Typen Hauptableitungsweg oder verschiedene Ableitungswege sondern den Typen Zerlegungs- und Ableitungsweg beziehungsweise verschiedene Zerlegungs- und Ableitungswege zugeordnet worden wäre.

Intrapersonelle Unterschiede

Neben den inhaltlich wenig ausschlaggebenden, operationsbezogenen Unterschieden bei der Verteilung der Typen, stellt sich vor allem die Frage, ob und inwiefern intrapersonelle Unterschiede bestehen, ob die Vorgehensweisen eines Kindes also gleichen oder anderen Typen beim Addieren und Subtrahieren zugeordnet werden. In insgesamt 142 Vergleichen[16] wird das Lösungsverhalten bei der Addition 53 mal (37,3 %) genau demselben Typus zugeordnet wie bei der Subtraktion, wobei in der Mitte des ersten und in der Mitte des zweiten Schuljahres jeweils mehr als die Hälfte der Zuordnungen gleich sind, während dies zu den anderen Untersuchungszeitpunkten entsprechend seltener beobachtet werden kann. Bei den restlichen 62,7 % liegen Unterschiede zwischen dem Vorgehen beim Addieren und Subtrahieren vor.

Im Vergleich der Typen untereinander fällt aber (auch bei Betrachtung weiterer Vergleichsdimensionen, siehe Abschnitt 7.2.2) auf, dass die vier Typen verschiedene Zerlegungs- und Ableitungswege, Zerlegungs- und Ableitungsweg, verschiedene Ableitungswege sowie Hauptableitungsweg inhaltlich durchaus nahe beieinander liegen und alle als Varianten wünschenswerten flexiblen/adaptiven Verhaltens bezeichnet werden könnten (vgl. dazu auch Erörterung in Abschnitt 7.2.4). Im Gegensatz dazu könnte man die Typen Hauptzerlegungsweg und Zählen als nicht flexible/adaptive Varianten bezeichnen und dieser Gruppe auch den Typus verschiedene Zerlegungen zuordnen, weil hier keine Ableitungsstrategien vorkommen und das gegebenenfalls positiv zu beurteilende Wechseln der Strategien in Abhängigkeit von einem Stellenübergang nur bei einem Drittel der Fälle vorkommt. Gruppiert man die Typen auf diese Weise, so lassen sich vier Situationen im Operationsvergleich unterscheiden.

Im intrapersonellen Vergleich der Vorgehensweisen beim Addieren und Subtrahieren (vgl. Abbildung 7.14), gibt es 114 Übereinstimmungen (80,3 %), wobei 74 mal sowohl flexibel/adaptiv addiert als auch subtrahiert wird, während 40 mal in beiden Fällen nicht flexibel/adaptiv agiert wird. Ein Großteil der Kinder agiert also ähnlich (un)flexibel/adaptiv beim Addieren und Subtrahieren.

---

[16] Da bei insgesamt fünf Kindern ein oder beide Fälle nicht in die Typologie eingeordnet werden können (vgl. Erläuterungen am Ende von Abschnitt 7.2.1), werden nicht alle 147 möglichen Vergleiche vorgenommen.

Es gibt aber auch Interviews, in denen die Kinder flexibel/adaptiv addieren und beim Subtrahieren keine Ableitungswege nutzen (12 %) und umgekehrt flexibler/ adaptiver subtrahieren als addieren (7,7 %). Mit Blick auf diese Beispiele fällt auf, dass sich bei der Subtraktion flexibler/adaptiver agierende Fälle am Ende des zweiten Schuljahrs häufen, während der umgekehrte Fall vermehrt in Klasse 3 auftritt. Zudem kann konstatiert werden, dass ein Großteil der Kinder (82 %) im jeweils flexiblen/adaptiven Fall mehrere (mindestens 2) Aufgaben über Ableitungsstrategien löst, nur in fünf Fällen kommt es nur zu einer einmaligen Abweichung von ansonsten zerlegenden Wegen.

Abbildung 7.14 Intrapersonelle Unterschiede im Operationsvergleich

Die operationsbezogenen Unterschiede könnten im einen Fall damit erklärt werden, dass die Ableitungsstrategien (v. a. der Ausgleich von Hilfsaufgaben beziehungsweise das gegensinnige Verändern) beim Addieren einfacher zu verstehen sind als die jeweiligen Pendants bei der Subtraktion. Dies könnte ein Grund dafür sein, dass einige Kinder flexibel addieren aber nicht subtrahieren. Im anderen Fall könnte es daran liegen, dass es sich bei der Subtraktion gegebenenfalls mehr lohnt, Ableitungsstrategien einzusetzen, weil der Umgang mit Stellenübergängen bei Zerlegungswegen zum Teil problematisch sein kann (v. a. bei der Strategie Stellenweise), weshalb schon etwas mehr Kinder am Ende des zweiten Schuljahres hier wieder Ableitungsstrategien nutzen.

Ob die Erklärungsversuche für die operationsbezogenen Unterschiede den Tatsachen entsprechen, kann nicht geklärt werden, weil die Kinder dazu nicht befragt worden sind. Es handelt sich lediglich um theoretisch plausible Hypothesen.

Insgesamt bestätigen die bei einigen Kindern vorhandenen Unterschiede aber, dass eine operationsgetrennte Betrachtung der Vorgehensweisen, also die Unterscheidung von zwei Fällen pro Interview, durchaus sinnvoll ist.

7.2.4   Individuelle Entwicklungen im Grundschulverlauf

Die Verwendung der entwickelten Typologie auf nahezu alle Fälle im Untersuchungsverlauf ermöglicht in besonderer Weise die Analyse von Entwicklungen vom ersten bis zum vierten Schuljahr. Dafür ist es zunächst hilfreich, die Typen in Relation zueinander zu setzen. Im Hinblick auf eine wünschenswerte Flexibilität/Adaptivität beim Rechnen, lassen sich die sieben empirisch rekonstruierten Typen wie folgt hierarchisieren: Die Typen verschiedene Zerlegungs- und Ableitungswege, (je ein) Zerlegungs- und Ableitungsweg sowie verschiedene Ableitungswege lassen sich aufgrund der Vielfalt verwendeter Strategien positiv beurteilen. Darüber hinaus konnten Analysen weiterer Vergleichsdimensionen zeigen, dass innerhalb dieser Typen (im Tausenderraum) auch in den meisten Fällen ein (normativ bestimmtes) adaptives Verhalten vorliegt (vgl. Abschnitt 7.2.2).

Ähnliches gilt auch für den Typus Hauptableitungsweg. Dieser kann mit Blick auf die konkreten Fälle in dieser Untersuchung auch als positiv gewertet werden, weil darin zum einen wünschenswerte Additionsfälle im ersten Schuljahr (Faktenabruf gepaart mit einer Ableitungsstrategie) und durchaus geschickte Vorgehensweisen beim Subtrahieren im dritten Schuljahr (eine dominante Ableitungsstrategie, aber auch andere Wege zu den Aufgaben 44 − 22 und 666 − 333) zusammengefasst werden (vgl. Abschnitt 7.2.1). Insgesamt ist anzunehmen, dass die beiden Typen Hauptableitungsweg und verschiedene Ableitungswege, die vor allem bei der Subtraktion vorkommen, deutlich seltener oder gar nicht beobachtet worden wären, wenn auch andere Subtraktionsaufgaben zum Einsatz gekommen wären (vgl. Abschnitt 7.2.3). Die meisten Fälle wären dann wahrscheinlich den Typen verschiedene Ableitungs- und Zerlegungswege beziehungsweise (je ein) Zerlegungs- und Ableitungsweg zugeordnet worden. Das liegt daran, dass grundsätzlich vermutlich unterstellt werden kann, dass alle Kinder, die Ableitungsstrategien verwenden, ebenfalls dazu in der Lage sind, Zerlegungswege zu verwenden – umgekehrt gilt dies sicherlich nicht immer.

Prinzipiell wäre es aber auch möglich, dass Kinder, deren Vorgehen dem Typus Hauptableitungsweg zugeordnet wird, eine Strategie mechanisch und gegebenenfalls unverstanden als universellen Weg einsetzen, was im Hinblick auf Flexibilität/Adaptivität negativ beurteilt werden sollte. Dies wäre insbesondere dann denkbar, wenn Ableitungsstrategien im Unterricht als Musterlösungen eingeführt und geübt worden wären, was für den Unterricht in der vorliegenden Untersuchung aber ausgeschlossen werden kann. Anders als der Typus Hauptzerlegungsweg kann der Typus Hauptableitungsweg vor dem Hintergrund des Unterrichts in dieser Studie und unter Berücksichtigung der besonderen Aufgabenauswahl und des Analyseschwerpunkts bei der Subtraktion deshalb als flexibel/adaptiv eingeschätzt werden.

Es wäre nun denkbar, diese vier positiv beurteilten Typen im Vergleich untereinander in eine Rangreihenfolge zu bringen. Die Verwendung verschiedener
Zerlegungs- und Ableitungswege könnte beispielsweise der beste Typus sein, während das Verwenden eines Hauptableitungsweges schlechter beurteilt wird. Da diese
Entscheidung aber in Abhängigkeit von den ausgewählten Aufgaben, Operationen
und individuellen Präferenzen durchaus unterschiedlich ausfallen könnte, sollen
diese vier Typen im Folgenden ohne Reihung alle als wünschenswerte Varianten
flexiblen/adaptiven Handelns betrachtet werden.

Im Gegensatz dazu sind die Typen Hauptzerlegungsweg und Zählen negativ zu
beurteilen, da in diesen Fällen nur auf eine Strategie beziehungsweise häufig auf
Zählen (mit/ohne Material) zurückgegriffen wird, sodass weder Flexibilität noch
Adaptivität eine Rolle spielt. Hier lässt sich durchaus auch noch weiter hierarchi-
sieren, weil der Typus Zählen als sehr fehleranfällige und spätestens im erweiterten
Zahlenraum nicht tragfähige Variante am schlechtesten zu bewerten ist.

Der Typus verschiedene Zerlegungswege scheint zwischen den positiv und negativ beurteilten Typen zu liegen, da zwar verschiedene Wege verwendet werden, darunter aber keine Ableitungsstrategien zu finden sind. Dieses Verhalten kann insbesondere dann als positiv*er* gewertet werden, wenn der Wechsel zwischen verschiedenen Zerlegungsstrategien in Abhängigkeit vom Vorhandensein eines Stellenübergangs erfolgt, weil dann eine Adaptivität hinsichtlich dieses Aufgabenmerkmals
vorhanden zu sein scheint. Dies lässt sich aber nur in einem Drittel der Fälle objektiv rekonstruieren (vgl. Abschnitt 7.2.1). Nichtsdestotrotz verwenden auch diese
Kinder – anders als die Kinder, deren Vorgehensweisen den ersten vier Typen zugeordnet wird – nur Zerlegungs- und keine Ableitungsstrategien. Deshalb wird der
Typus insgesamt etwas negativer eingeschätzt als die ersten vier Typen.

Eine Ausnahme von dieser Beurteilung der Typen sollte im ersten Schuljahr vorgenommen werden, weil die Unterschiede zwischen Zerlegungs- und Ableitungsstrategien im Zwanzigerraum verglichen mit dem Rechnen in erweiterten Zahlenräumen deutlich kleiner ausfallen[17]. Die Verwendung verschiedener Zerlegungswege (bspw. Zerlegen-zur-10 und Kraft-der-5) könnte man durchaus als flexibles/
adaptives Vorgehen bezeichnen. Diese Ausnahme tritt aber nur dreimal auf, weil
im ersten Schuljahr nur drei Additionsfälle dem Typus verschiedene Zerlegungswege zugeordnet werden. Zur Vereinfachung kann also festgehalten werden, dass

---

[17] An dieser Stelle sei noch einmal darauf hingewiesen, dass andere Forscher*innen sämtliche
nicht-zählende Strategien als Ableitungen bezeichnen (vgl. z. B. Gaidoschik 2010, S. 321 ff.),
was vor allem im ersten Schuljahr m. E. sehr gut nachvollziehbar ist. Im Sinne eines kohärenten
Vorgehens wird in dieser Studie aber durchgängig zwischen Zerlegungs- und Ableitungswegen unterschieden.

ein Großteil der Fälle des Typus verschiedene Zerlegungswege hinsichtlich der Flexibilität/Adaptivität negativ(er) eingeschätzt wird als die ersten vier Typen.

Für die visuelle Darstellung wird die Relation der sieben Typen vereinfacht anhand von Weiß- und Grautönen nachgebildet. Die vier wünschenswerten Typen werden weiß dargestellt, während die drei weiteren, zunehmend negativ beurteilten Typen mit dunkler werdenden Grautönen versehen werden (vgl. Tabelle 7.9).

Tabelle 7.9 Typologie der Vorgehensweisen

1	verschiedene Zerlegungs- und Ableitungswege
2	Zerlegungs- und Ableitungsweg
3	verschiedene Ableitungswege
4	Hauptableitungsweg
5	verschiedene Zerlegungswege
6	Hauptzerlegungsweg
7	Zählen

In einem Koordinatensystem können nun die Typen auf der y-Achse platziert und die Untersuchungszeitpunkte auf der x-Achse abgetragen werden. Die Typen werden entsprechend der Angaben in Tabelle 7.9 nummeriert und die Untersuchungszeitpunkte je nach Zeitpunkt im Schuljahr (in der Mitte oder am Ende) als M beziehungsweise E ausgewiesen. Dies ermöglicht eine übersichtliche Darstellung der individuellen Entwicklung des Lösungsverhaltens im Grundschulverlauf, die im Folgenden als Entwicklungsprofil bezeichnet wird (vgl. Beispiele in Abbildung 7.15).

In diesen Entwicklungsprofilen wird neben den Namen der Kinder jeweils angegeben, ob es sich um das Additionsprofil $(+)$ oder das Subtraktionsprofil $(-)$ handelt und mit einem Stern werden diejenigen Profile gekennzeichnet, bei denen im Verlauf gehäuft Fehler beobachtet werden (diese werden später gesondert betrachtet).

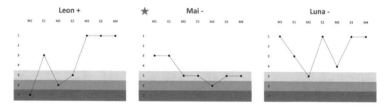

Abbildung 7.15 Exemplarische Entwicklungsprofile

Bei dieser Darstellung ist zu beachten, dass eine optisch auffällige Varianz im oberen, weißen Teil (vgl. Lunas Subtraktionsprofil in Abbildung 7.15) inhaltlich keine große Bedeutung hat, weil die vier ersten Typen alle als wünschenswert eingeschätzt werden. Relevant in der Interpretation der Entwicklungsprofile sind also vor allem Wechsel zwischen weißen und grauen Bereichen, weil es sich dabei um Wechsel zwischen positiv und negativ(er) beurteilten Typen handelt.

Insgesamt kristallisieren sich auf diese Weise 42 Entwicklungsprofile heraus (je ein Additions- und ein Subtraktionsprofil pro Kind), wobei sich Muster und Besonderheiten entdecken lassen, die im Folgenden zusammenfassend näher beleuchtet und interpretiert werden.

Rückgang der Flexibilität/Adaptivität im zweiten Schuljahr

Ein erster Blick auf sämtliche Entwicklungsprofile zeigt ein häufig beobachtetes Muster: Bei 17 Additions- und 13 Subtraktionsfällen (insgesamt gut 70 %) lässt sich zunächst in der Mitte und/oder am Ende des ersten Schuljahres ein flexibles/adaptives Verhalten beobachten, woraufhin ein Rückgang der Flexibilität/ Adaptivität in der Mitte des zweiten Schuljahres zu verzeichnen ist, gefolgt von einem Vorgehen, das zu verschiedenen Zeitpunkten im weiteren Grundschulverlauf wieder als flexibel/adaptiv beurteilt wird. Bildlich gesprochen, kommt es zu einem ‚Einbruch' in der Mitte des zweiten Schuljahres und der anschließenden ‚Rückkehr' in flexibel/adaptiv agierende Typen (vgl. Tabelle 7.10 und 7.11). Die in den beiden Tabellen markierten Gruppen I–IV unterscheiden sich darin, wann die ‚Rückkehr' in flexibel/adaptiv agierende Typen erfolgt (I: Ende 2, II: Mitte 3, III: Ende 3, IV: Mitte 4).

Dieses häufig anzutreffende Muster soll nun an je einem Beispiel pro Operation exemplarisch illustriert werden (vgl. Abbildung 7.16 und 7.17).

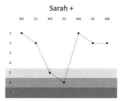

Abbildung 7.16 Entwicklungsprofil von Sarah

Sarah verwendet in der Mitte des ersten Schuljahres beim Addieren drei verschiedene Strategien (vor allem Hilfsaufgaben) und löst die Aufgabe 9 + 6 durch Weiterzählen mit Fingerunterstützung. Am Ende von Klasse 1 greift sie auf die

Tabelle 7.10 Entwicklungsprofile zur Addition

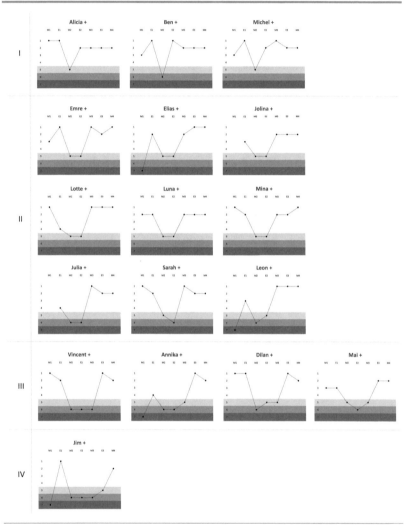

Anmerkungen: Y-Achse – Typen: 1 – verschiedene Zerlegungs- und Ableitungswege, 2 – Zerlegungs- und Ableitungsweg, 3 – verschiedene Ableitungswege, 4 – Hauptableitungsweg, 5 – verschiedene Zerlegungswege, 6 – Hauptzerlegungsweg, 7 – Zählen X-Achse – Untersuchungszeitpunkte: jeweils M und E für Mitte und Ende der Schuljahre 1 bis 4 Operation wird jeweils neben dem Namen angegeben: Additionsprofil (+) oder Subtraktionsprofil (−)

Tabelle 7.11 Entwicklungsprofile zur Subtraktion

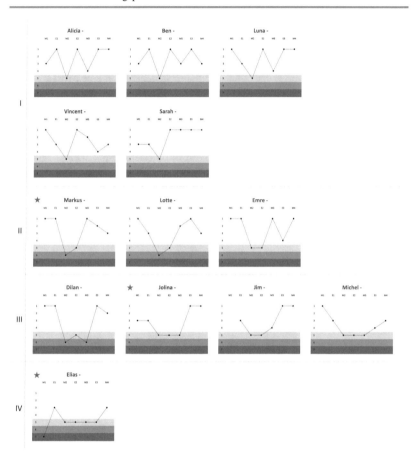

Anmerkungen: Y-Achse – Typen: 1 – verschiedene Zerlegungs- und Ableitungswege, 2 – Zerlegungs- und Ableitungsweg, 3 – verschiedene Ableitungswege, 4 – Hauptableitungsweg, 5 – verschiedene Zerlegungswege, 6 – Hauptzerlegungsweg, 7 – Zählen X-Achse – Untersuchungszeitpunkte: jeweils M und E für Mitte und Ende der Schuljahre 1 bis 4 Operation wird jeweils neben dem Namen angegeben: Additionsprofil (+) oder Subtraktionsprofil (−) Entwicklungen mit vielen Fehlern werden mit einem Stern gekennzeichnet

Strategien Kraft-der-5 und Hilfsaufgabe zurück und löst keine Aufgabe mehr zählend. Während im ersten Schuljahr alle Wege fehlerfrei ausgeführt werden, unterläuft Sarah in Klasse 2 je ein Flüchtigkeitsfehler pro Interview und hinsichtlich der Strategieverwendung kommt es zu einem ‚Einbruch', weil nur noch Zerlegungswege verwendet werden. In beiden Interviews dominiert die Strategie Stellenweise, wobei Sarah in der Mitte des zweiten Schuljahres auch einmal eine Mischform aus Stellen- und Schrittweise für die Aufgabe 23 + 19 verwendet, diese Abweichung aber nicht begründet. Ab dem dritten Schuljahr nutzt die Schülerin dann wieder sowohl Zerlegungs- als auch Ableitungsstrategien, wobei immer alle vier Aufgaben mit Zehner-/Hunderternähe mithilfe des gegensinnigen Veränderns gelöst werden, während sie für die anderen Aufgaben meist die Strategie Stellenweise nutzt (im fünften Interview auch teilweise in Mischform mit dem schrittweisen Rechnen).

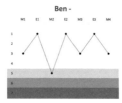

Abbildung 7.17 Entwicklungsprofil von Ben

Ben löst in der Mitte des ersten Schuljahres Subtraktionsaufgaben überwiegend über das Nutzen von Umkehraufgaben, wobei dies sowohl rein symbolisch als auch materialgestützt erfolgt. Die entsprechenden Handlungen am Zwanzigerfeld stellt sich Ben beim Lösen vor und veranschaulicht sie dann beim Erläutern am realen, leeren Feld. Am Ende des ersten Schuljahres nennt er viele Ergebnisse sehr schnell und begründet diese mithilfe verschiedener Ableitungsstrategien[18]. Zum Lösen der Aufgabe 15 − 7 wird aber auch einmal die Zerlegungsstrategie Zerlegen-zur-10 verwendet. In der Mitte des zweiten Schuljahres kommt es auch in dieser Entwicklung wieder zu einem ‚Einbruch', weil keine Ableitungsstrategien mehr verwendet werden und Ben für drei Aufgaben die Strategie Stellenweise (44−22, 95−15 und 46−19) und in zwei Fällen Mischformen aus Stellen- und Schrittweise (71−69 und 73−25, bei Letzterer mit einem Flüchtigkeitsfehler) nutzt. Im Gegensatz zum Additionsprofil von Sarah erfolgt die Rückkehr in flexible/adaptive Typen bei Ben schon am Ende

---

[18] Eventuell wäre Ben hier auch oft zu direktem Faktenabruf fähig gewesen. Dies zu prüfen, war aber nicht Zielsetzung der Interviews.

des zweiten Schuljahres, weil er dann neben dem stellenweisen Rechnen und einer Mischform aus Stellen- und Schrittweise auch viermal das Vereinfachen verwendet (dabei einmal mit einem Flüchtigkeitsfehler). Das gleichsinnige Verändern kann bei Ben auch anschließend beim Rechnen im Tausenderraum häufig beobachtet werden, wo er oft alle Aufgaben mit Zehner-/Hunderternähe auf diese Weise löst. Außerdem werden Aufgaben, bei denen Minuend und Subtrahend nahe aneinander liegen, im dritten und vierten Schuljahr von dem Schüler schrittweise ergänzend gelöst (während in den vorherigen Interviews nur abziehende Wege beobachtet worden sind). Der Wechsel zwischen den Typen 1 und 3 bei den letzten Interviews kommt dadurch zustande, dass eine einfache Aufgabe am Ende des dritten Schuljahres stellenweise gelöst wird (demnach kommt ein Zerlegungsweg zu den verschiedenen Ableitungswegen hinzu). Insgesamt sind die Vorgehensweisen in den letzten drei Interviews aber sehr ähnlich.

Die beiden Entwicklungsprofile von Sarah und Ben sind als prototypische Beispiele zu verstehen. Wie in den Tabellen 7.10 und 7.11 ersichtlich, unterscheiden sich die diesen beiden Entwicklungsprofilen ähnelnden Beispiele untereinander zum einen darin, wann nach dem ‚Einbruch' wieder Ableitungsstrategien beobachtet werden können (Rückkehr in den weißen Bereich). Bei einigen Kindern geschieht das (wie bei Ben) schon am Ende des zweiten Schuljahres. Andere Kinder nutzen erst (wie Sarah) im dritten oder auch erst im vierten Schuljahr wieder Ableitungsstrategien. Zum anderen lassen sich in den Entwicklungsprofilen auch unterschiedliche Einordnungen innerhalb der ersten vier Typen (weißer Bereich) beobachten, wobei ein Wechsel zwischen diesen Typen – wie eingangs erwähnt und in Bens Beispiel gezeigt – inhaltlich oft wenig bedeutsam ist. Unterschiede im Erfolg (mit Stern gekennzeichnete Fälle mit vielen Fehlern) werden später gesondert betrachtet.

Zunächst sollen mögliche Erklärungen für den so häufig beobachteten ‚Einbruch' der zuvor im Zahlenraum bis 20 flexiblen/adaptiven Vorgehensweisen im zweiten Schuljahr angeführt werden. Ebenso wie Sarah, nutzen viele der interviewten Kinder im Hunderterraum bevorzugt Zerlegungswege. Sarah erläutert dazu Folgendes:

> S: Eigentlich ist das immer mein typischer Rechenweg. Erst Einer, dann Zehner. Mach ich eigentlich fast immer, weil das find ich am einfachsten. Und eigentlich benutze ich gar keine andere, außer erst Einer, dann Zehner.
> (Sarah, Ende 2, Aufgabe 46–19)

Ein möglicher Grund für die Präferenz von Zerlegungswegen könnte in der unterrichtlichen Verwendung von **Mehrsystemblöcken** liegen, die zur Orientierung im Zahlenraum bis 100 eingesetzt und von einigen Kindern auch zum Rechnen im erweiterten Zahlenraum verwendet worden sind (vgl. Abschnitt 5.2.1). Dieses Arbeitsmittel legt in besonderer Weise Zerlegungsstrategien nahe, weil bereits die Zahldarstellung in stellenweiser Zerlegung erfolgt. Im Unterricht sind (materialgestützt) kontinuierlich auch andere Strategien entwickelt und diskutiert worden. In den Interviews im zweiten Schuljahr nutzen aber äußerst wenige Kinder diese Strategien von sich aus. Auf Rückfrage gelingt dies aber durchaus einigen Kindern. Sarah löst beispielsweise am Ende des zweiten Schuljahres viele Aufgaben stellenweise („erst Einer, dann Zehner"), kann aber auf Rückfrage nach einem weiteren Weg folgende Ableitungsstrategie zur Aufgabe 46 − 19 entwickeln, die sie selbst auch „wirklich viel einfacher" findet:

> S: Hmm (nachdenklich) ja, da hab ich ne Idee. (.) Ich tue da (zeigt auf 9) ein dazu und da (zeigt auf 6) ein dazu. (..) Das ging jetzt wirklich viel einfacher. Das sind jetzt da (zeigt auf 19) zwanzig, also sind da jetzt eigentlich zwanzig und da (zeigt auf 46) sind jetzt ähm siebenundvierzig. Und zwanzig minus siebenundvierzig (.) ähm ist einfach/ eigentlich ganz einfach, weil ich weiß, dass zwanzig plus zwanzig vierzig sind, also würd/ ähm ohne die Einer das schonmal zwanzig ergeben. Aber dann sind dann da ja noch sieben und dann habe ich siebenundzwanzig.
> (Sarah, Ende 2, Aufgabe 46–19)

Darüber hinaus ist an anderer Stelle (vgl. Abschnitt 6.2.2) bereits erörtert worden, dass sich die Strategien hinsichtlich einer normativ beurteilten Adaptivität im **Hunderterraum** deutlich weniger voneinander unterscheiden als im Tausenderraum. Es wäre also denkbar, dass ein Wechseln zwischen verschiedenen Strategien im neu erschlossenen Zahlenraum bis 100 für viele Kinder noch nicht vorteilhafter ist als die Verwendung eines gleichbleibenden Weges (bzw. das Nutzen ähnlicher Zerlegungswege).

Zudem ist es auch möglich, dass der besondere **Lösungskontext** eine Rolle bei der Verwendung der Strategien spielt. Die Interviewenden haben sich stets darum bemüht, dass sich die Kinder bei der Befragung möglichst wohl fühlen. Nichtsdestotrotz bleibt ein solches Interview eine besondere Situation, die durchaus zu Nervosität führen kann, wie Annikas folgende Äußerung zeigt:

> S: [...] Ahh ich mach hier alles falsch, ich bin zu nervös, deswegen.
> I: Warum bist du denn nervös?
> S: Wie die Kamera/ Weil die Kamera mich anguckt.
> (Annika, Mitte 4, Aufgabe 46–19)[19]

---

[19] Dieses Zitat stammt zwar nicht aus Interviews im zweiten Schuljahr, illustriert den Sachverhalt aber ebenso gut (und ist ggf. noch beeindruckender, weil die Nervosität sogar im siebten Interview noch vorhanden zu sein scheint).

Möglicherweise führt es im zweiten Schuljahr (in dem gerade neu erschlossenen Zahlenraum) zu mehr Sicherheit, wenn immer derselbe Weg verwendet wird
(vgl. dazu auch Stern 1998, S. 65 ff.; Krajewski 2003, S. 80 f.). Nicht zu vergessen
ist auch, dass das Explizieren der eigenen Gedanken immer eine Herausforderung
darstellt, sodass es – insbesondere in einem Interview – einfacher sein kann, immer
denselben Weg zu beschreiben (vgl. auch Abschnitt 5.2.2).

Diese Besonderheiten der Interviewsituation, die vergleichsweise kleinen Unterschiede zwischen Zerlegungs- und Ableitungsstrategien im Hunderterraum sowie
die Auswahl des Arbeitsmittels sind also mögliche Ursachen für den ‚Einbruch‘
hinsichtlich der Flexibilität/Adaptivität im zweiten Schuljahr, der sich wohlgemerkt
trotz kontinuierlicher Aktivitäten zur Zahlenblickschulung bei sehr vielen Kindern
beobachten lässt. Inwiefern diese theoretisch plausiblen Begründungen den Tatsachen entsprechen, muss aber offen bleiben, weil die Kinder dahingehend nicht
dezidiert befragt worden sind. Dabei ist durchaus auch denkbar, dass es individuelle
Unterschiede gibt, weil beispielsweise einige Kinder nervöser in den Interviews zu
sein schienen als andere, oder weil einige Schüler*innen mehr und andere weniger
mit den Mehrsystemblöcken gehandelt haben.

Abweichungen vom Muster

Von dem gerade beschriebenen Muster gibt es insgesamt zwölf mehr oder weniger
starke Abweichungen, die nun separat beleuchtet werden sollen.

Späte Entwicklung: Eine vergleichsweise leichte Abweichung lässt sich in den
folgenden vier Entwicklungsprofilen erkennen (vgl. Abbildung 7.18), weil hier –
anders als bei den bisherigen Beispielen – im ersten Schuljahr kein Vorgehen beobachtet wird, das den ersten vier Typen entspricht:

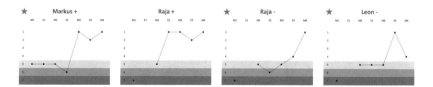

Abbildung 7.18 Entwicklungsprofile mit später Entwicklung

Markus verwendet im ersten Schuljahr nur verschiedene Zerlegungswege (vor
allem die Strategien Kraft-der-5 und Zerlegen-zur-10) und keine Ableitungsstrategien. Hier zeigt sich erneut, dass sich die Beurteilung der Typen im ersten Schul-

jahr gegebenenfalls von der im erweiterten Zahlenraum unterscheiden sollte, indem
der Typus verschiedene Zerlegungen im Zwanzigerraum auch zu den flexiblen/
adaptiven Typen gerechnet wird, da es im Sinne der Flexibilität/Adaptivität ja grundsätzlich positiv zu beurteilen ist, dass Markus diese verschiedenen Wege verwendet, und sich die Zerlegungs- und Ableitungswege (hinsichtlich einer normativen
Beurteilung von Adaptivität) in niedrigeren Zahlenräumen nicht nennenswert unterscheiden (vgl. Erläuterungen in Abschnitt 6.2.2).

   Bei der Entwicklung von Raja beim Addieren und Subtrahieren könnte eine
Ähnlichkeit zum Additionsprofil von Markus bestehen. Am Ende des ersten Schuljahres bleibt aber meist unklar, wie diese Schülerin zu ihren Ergebnissen kommt
(vgl. Erläuterungen am Ende von Abschnitt 7.2.1), sodass hier keine eindeutige Einschätzung möglich ist. Und auch beim Subtraktionsprofil von Leon ist keine Zuordnung am Ende des ersten Schuljahres vorgenommen worden, weil dieser Schüler
zwischen der Verwendung von Umkehraufgaben und dem Alleszählen wechselt,
wobei das Zählen aber nicht dominiert, sodass keine Zuordnung zu einem der sieben Typen möglich ist (vgl. Erläuterungen am Ende von Abschnitt 7.2.1).

   In allen vier Fällen ist es aber so, dass im weiteren Untersuchungsverlauf flexible/
adaptive Verhaltensweisen beobachtet werden können, wobei dies zu unterschiedlichen Zeiten beginnt, dann aber im Bereich der ersten vier, flexiblen/adaptiven Typen
bleibt. Diese vier Entwicklungen ähneln den eingangs vorgestellten 30 Profilen
(vgl. Tabelle 7.10 und 7.11) also stark.

Zwei ‚Einbrüche': Die Profile von Paula in beiden Operationen und von Mina
beim Subtrahieren (vgl. Abbildung 7.19) unterscheiden sich von den bisher Ange-
sprochenen darin, dass zwei ‚Einbrüche' zu beobachten sind:

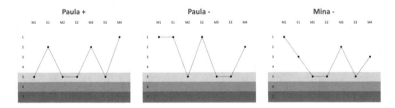

Abbildung 7.19 Entwicklungsprofile mit zwei ‚Einbrüchen'

   Bei Mina ist die Entwicklung bei genauerer Betrachtung etwas weniger bemerkenswert als bei Paula, da Mina in der Mitte des dritten Schuljahres nur für eine
Aufgabe im Hunderterraum (46 − 19) die Strategie Hilfsaufgabe verwendet, wäh-

rend sie alle anderen Aufgaben mit einer Mischform aus Stellen- und Schrittweise löst. Es handelt sich dabei also um eine singuläre Abweichung. Am Ende des dritten Schuljahres nutzt die Schülerin dann für drei Aufgaben im Tausenderraum den schriftlichen Algorithmus und erst am Ende des vierten Schuljahres ist ein wirklich flexibles/adaptives Verhalten zu beobachten und dann auch in großem Umfang, weil Mina alle Aufgaben mit Zehner-/Hunderternähe korrekt über die Strategie Vereinfachen löst und bei allen Aufgaben mit Nähe zwischen Minuend und Subtrahend schrittweise ergänzt. Mina scheint also eher zu den Kindern zu gehören, die (bis auf eine kleine Ausnahme) erst spät wieder Ableitungsstrategien verwenden, dies dann aber sehr sicher und ausgiebig tut (Gruppe IV in Tabelle 7.11).

Nach dem Einsatz verschiedener Strategien am Ende des ersten Schuljahres kommt es auch bei Paula zum ‚Einbruch' in der Mitte des zweiten Schuljahres, wo sie die Additionsaufgaben vor allem stellenweise löst, während sie beim Subtrahieren zwischen Stellenweise für Aufgaben ohne Stellenübergänge und Mischformen für die anderen Aufgaben wechselt. Am Ende des zweiten Schuljahres nutzt sie dann für die Aufgaben $31 - 29$ und $71 - 69$ die Strategie Vereinfachen, allerdings in fehlerhafter Ausführung mit gegensinnigem Verändern. Woraufhin in der Mitte des dritten Schuljahres dann beim Subtrahieren ein objektiv nicht erklärbarer Wechsel zwischen verschiedenen Zerlegungswegen beobachtet werden kann und beim Addieren drei Aufgaben mit Zehner-/Hunderternähe korrekt gegensinnig verändert werden. Am Ende des dritten Schuljahres nutzt Paula dann in beiden Operationen nur noch Zerlegungswege, wobei darunter beim Subtrahieren auch drei Aufgaben im Tausenderraum schriftlich gelöst werden. In der Mitte des vierten Schuljahres ist das Lösungsverhalten dann wieder sehr flexibel/adaptiv, weil sowohl beim Addieren als auch beim Subtrahieren alle Aufgaben mit Zehner-/Hunderternähe korrekt über die Strategie Vereinfachen gelöst werden und Paula zusätzlich das schrittweise Ergänzen bei Aufgaben mit Nähe zwischen Minuend und Subtrahend nutzt.

Diese Entwicklung mit operationsbezogenen Unterschieden ist nicht leicht zu erklären. Beim Subtrahieren expliziert Paula im dritten Schuljahr oft, dass Stellenübergänge vorgenommen werden müssen, weshalb sie sich die Aufgaben vereinfachen würde. Dieses Vereinfachen besteht dann meist darin, dass die Aufgaben mit Notation und (später) schriftlich gelöst werden. Erst in der Mitte des vierten Schuljahres werden Ableitungsstrategien zum Vereinfachen des Lösungsprozesses genutzt. Das könnte daran liegen, dass sie im Umgang mit den Ableitungsstrategien beim Subtrahieren vorher noch nicht sicher gewesen ist.

Beim Addieren bleibt hingegen unklar, warum das korrekte (und zur Mitte von Klasse 3 mehrfach benutzte) gegensinnige Verändern am Ende des Schuljahres nicht wieder eingesetzt wird. Stattdessen zeigt Paula dann eine breite Vielfalt an Zerlegungswegen, die sie in Gleichungsketten notiert oder am Rechenstrich darstellt (vgl. Abbildung 7.20). Interessant ist auch, dass Paula die Aufgabe 199 + 198 zunächst zu einer Verdopplungsaufgabe verändert, 199 + 199 dann aber schriftlich löst[20]. Und auch nach Aufforderung einen zweiten Rechenweg für diese Aufgabe zu nutzen, wird keine Ableitungsstrategie verwendet, sondern die Aufgabe schrittweise am Rechenstrich gelöst (vgl. Abbildung 7.20).

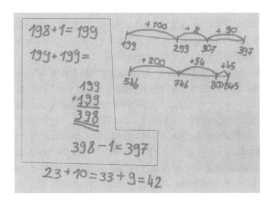

Abbildung 7.20 Notationen von Paula zur Addition Ende 3

Am Ende des dritten Schuljahres dominieren bei Paula also Zerlegungswege. Vielleicht liegt das daran, dass im letzten Schulhalbjahr die schriftlichen Verfahren thematisiert worden sind und diese für Paula relevanter sind als für die meisten anderen Kinder, von denen viele ja am Ende des dritten Schuljahrs mehr Ableitungsstrategien verwendet haben als im vorherigen Interview (vgl. auch Abschnitt 7.1).

Versuchsweise flexibel/adaptiv: Als versuchsweise flexibel/adaptiv könnte die Entwicklung von Annika beim Subtrahieren (vgl. Abbildung 7.21) bezeichnet werden. Am Ende des dritten Schuljahres nutzt diese Schülerin einmal das schrittweise Ergänzen (31 − 29) und für alle drei Aufgaben im Tausenderraum mit Zehner-/ Hunderternähe die Strategie Vereinfachen (allerdings in fehlerhafter Ausführung gegensinnig verändernd). Wie an der Stern-Markierung zu erkennen, handelt es sich bei diesem Profil um eines, bei dem im Untersuchungsverlauf viele Fehler

---

[20] Da die Veränderung der Aufgabe nicht dazu geführt hat, dass das Kind diese zügig im Kopf lösen kann, sondern es dennoch den schriftlichen Algorithmus benötigt, wird diese Lösung für die Einordnung in die Typologie (trotz des vorherigen Einsatzes der Hilfsaufgabe) als Zerlegungsweg gewertet.

passieren. Insgesamt kann man Annikas Vorgehen als eher leistungsschwach einschätzen, sodass es möglich wäre, dass die Entwicklung der Flexibilität/Adaptivität auch deshalb verzögert verläuft/beginnt. Interessant wäre es nun, weitere Interviews mit diesem Kind durchzuführen, um zu beobachten, ob es bei dem nicht flexiblen/adaptiven Verhalten von Klasse 4 bleiben oder ob die Schülerin gegebenenfalls auch wieder Ableitungsstrategien einsetzen würde.

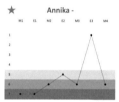

Abbildung 7.21 Versuchsweise flexible/adaptive Entwicklung

Nicht flexible/adaptive Entwicklungen: Die Entwicklungen der Schülerinnen Mai und Julia beim Subtrahieren (vgl. Abbildung 7.22) lassen sich ab dem zweiten Schuljahr als nicht flexibel/adaptiv charakterisieren, weil zwar im ersten Schuljahr noch verschiedene Lösungswege verwendet werden, das Vorgehen in erweiterten Zahlenräumen aber nur noch von der Verwendung einer oder mehrerer Zerlegungsstrategien gekennzeichnet ist.

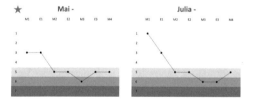

Abbildung 7.22 Nicht flexible/adaptive Entwicklungen

Bei Mai fällt auf, dass sie zu vielen Untersuchungszeitpunkten Fehler beim Subtrahieren macht, wobei das stellenweise Bilden der absoluten Differenz wellenartig zu beobachten ist. In der Mitte des zweiten Schuljahres berechnet sie $71 - 69 = 18$, am Ende von Klasse 2 nutzt sie für solche Aufgaben dann das schrittweise Rechnen korrekt. In der Mitte und am Ende des dritten Schuljahres rechnet Mai wieder viel stellenweise und bildet mehrmals die absolute Differenz. In der Mitte von Klasse 4 taucht dieser Fehler dann nicht mehr auf und Mai löst Subtraktionsaufgaben überwiegend schrittweise.

Es wäre möglich, dass die Unsicherheiten, die Mai beim Verwenden von Zerlegungswegen zeigt, dazu führen, dass Ableitungswege, die gerade beim Subtrahieren durchaus anspruchsvoll sind, gar nicht erst versucht werden, sodass es zu diesem im erweiterten Zahlenraum durchgängig nicht flexiblen/adaptiven Lösungsverhalten kommt.

Bei Julia sind ähnliche Unsicherheiten beim Auftreten von Stellenübergängen zu beobachten, wobei sie dies in der Mitte des zweiten Schuljahres auch direkt expliziert:

> S: Ich rechne erst mal von/ also ich weiß, dass sechs plus eins sieben ist und dann nehm ich von der siebzig sechs weg und dann hab ich nur noch zehn und dann ähm und dann ähm soll ich ja neun wegnehmen, aber ich hab nur einen Einer und dann ähm nehm ich erst mal den Einer/ also dann nehm ich erst mal von der neun einen weg, hab ich acht und dann muss ich noch ähm (5 sec) ähm (4 sec) hmm (nachdenklich) muss ich (18 sec) muss ich noch hmm (nachdenklich), also dann hab hier acht und dann/ oder? (...) Dann hab ich ja noch zehn und dann muss ich (..) noch ähm (20 sec).
> I: Was hast du überlegt? Was musst du mit der zehn noch machen?
> S: Ähm hmm (nachdenklich) ähm sie noch anknabbern[21]. Aber hmm (nachdenklich) ich hab irgendwie vergessen, wie ich sie noch anknabbern muss.
> (Julia, Mitte 2, Aufgabe 71–69)

In diesem Interview kommt Julia bei zwei Lösungsversuchen zu Aufgaben mit Stellenübergängen nicht weiter. Am Ende des zweiten Schuljahres löst sie $31 - 29$ und $46 - 19$ dann zwar über Mischformen aus stellen- und schrittweisem Rechnen, macht dabei aber einmal einen Strategiefehler. Eine solche einmalige Unsicherheit ist auch in der Mitte des dritten Schuljahres zu beobachten, dann beim schrittweisen Rechnen in Reinform. Zum Ende von Klasse 3 löst Julia dann bis auf die Halbierungsaufgaben alle Aufgaben (auch im Hunderterraum) fehlerfrei schriftlich und erläutert auf Rückfrage:

> S: Weil das mir leichter fällt. Und weil ähm, also weil für mich schriftlich rechnen bei minus sehr einfach ist für mich. Und ähm deswegen ich schwierige Aufgaben lieber schriftlich rechne als im Kopf. Weil dann würd ich mir deutlich, würd ich solche Aufgaben gar nicht im Kopf schaffen, weil ich da immer vergessen würde.
> I: Mhm (zustimmend).

---

[21] Die Beschreibung ‚anknabbern‘ haben viele Kinder für Entbündelungsprozesse verwendet.

S: Ähm also wür/ öh ich würde mir dann sowieso irgendwann aufschreiben, oder also das hilft mir, dann rechne ich es lieber gleich schriftlich.
(Julia, Ende 3)

Interessanterweise kommt das Normalverfahren in der Mitte des vierten Schuljahres nicht mehr zum Einsatz. Julia wechselt stattdessen zwischen stellenweisem Rechnen im Hunderterraum und Mischformen aus Stellen- und Schrittweise im Tausenderraum, die sie alle mental und korrekt ausführt.

Julia macht zwar insgesamt deutlich weniger Fehler als Mai, scheint aber im zweiten Schuljahr auch noch unsicher beim Subtrahieren mit Stellenübergängen zu sein und erläutert im dritten Schuljahr, dass Notationen ihr beim Rechnen helfen. Möglicherweise ist das Bedürfnis nach Sicherheit ursächlich dafür, dass sich Julia beim Subtrahieren im erweiterten Zahlenraum auf Zerlegungswege beschränkt[22] und keine Ableitungsstrategien nutzt.

Die Entwicklung beider Schülerinnen beim Addieren unterscheidet sich aber von dem nicht flexiblen/adaptiven Subtrahieren, weil Mai am Ende von Klasse 3 und Julia schon in der Mitte des dritten Schuljahres beim Addieren Ableitungsstrategien (v. a. bei Aufgaben im Tausenderraum) nutzt (vgl. entsprechende Profile in Tabelle 7.10 und 7.11). Ein solcher operationsbezogener Unterschied ist auch bei anderen Kindern punktuell zu beobachten (vgl. Abschnitt 7.2.3), bei Mai und Julia bleibt die Differenz aber im erweiterten Zahlenraum durchgängig bestehen.

Entwicklungen von Sven: Die letzten beiden Abweichungen vom eingangs beschriebenen Muster lassen sich beim Addieren und Subtrahieren von Sven beobachten (vgl. Abbildung 7.23):

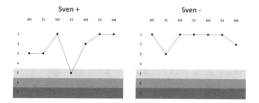

Abbildung 7.23 Entwicklungsprofile von Sven

---

[22] Bei Aufforderung einen weiteren Lösungsweg zu 202 − 197 zu erläutern, hat Julia in der Mitte und am Ende des dritten Schuljahres keine Idee und in der Mitte von Klasse 4 verwendet sie den Algorithmus, nachdem sie die Aufgabe zuvor mental in Mischform aus stellen- und schrittweisem Rechnen gelöst hat.

Dieser Schüler nutzt – anders als alle anderen – auch in der Mitte des zweiten Schuljahres Ableitungsstrategien. Dies kommt aber pro Operation nur einmal vor (Vereinfachen bei 23 + 19 und Hilfsaufgabe 71 − 69), wobei er beim Subtrahieren zunächst den anschließenden Ausgleich vergisst. Am Ende des zweiten Schuljahres nutzt er dann im Wesentlichen Zerlegungsstrategien, wobei er bei 31 − 29 und 71 − 69 einen Rechenrichtungswechsel vornimmt (weshalb die Einordnung im ersten Typus erfolgt). Ab der Mitte des dritten Schuljahres nutzt er das Vereinfachen beim Addieren und ab dem Ende des Schuljahres auch beim Subtrahieren mehrmals für Aufgaben mit Zehner-/Hundefternähe. Beim Subtrahieren bleibt das Ergänzen bei Aufgaben mit kleiner Differenz durchgängig erhalten.

Dieser Rechenrichtungswechsel macht auch den wesentlichen Unterschied in Svens Entwicklungsprofil im Vergleich zu den anderen Schüler*innen aus. Die meisten anderen Kinder nutzen Abstandsbetrachtungen (wenn überhaupt) erst ab dem dritten Schuljahr. Und an dieser Stelle sei noch einmal betont, dass verschiedene Rechenrichtungen beim Subtrahieren durchaus immer wieder im Grundschulverlauf (nicht erst im dritten Schuljahr) unterrichtlich thematisiert worden sind (vgl. Abschnitt 5.2.2). Bei den meisten Kindern dauert es aber länger, bis sie den Rechenrichtungswechsel aus Eigenantrieb nutzen, als beim insgesamt leistungsstarken Sven.

Entwicklungen vom zählenden Rechnen

Das zählende Rechnen bildet für viele Kinder eine erste Möglichkeit, Additions- und Subtraktionsaufgaben zu lösen. Es gilt aber als fachdidaktischer Konsens, dass die Ablösung vom zählenden Rechnen ein zentrales Ziel des Anfangsunterrichts ist (vgl. Abschnitt 5.2.1 und 5.2.2). Wenn Kinder in der Mitte des ersten Schuljahres noch viele Aufgaben zählend lösen, ist das zwar noch nicht zwangsläufig problematisch (es liegt ja schließlich noch ein halbes Schuljahr vor ihnen, in dem sie sich vom zählenden Rechnen im Zwanzigerraum lösen können), es ist aber interessant zu beobachten, wie die Entwicklungen solcher Kinder im Weiteren verlaufen.

Die insgesamt zehn Fälle, die anfangs dem Typus Zählen zugeordnet werden, lassen sich bei fünf Kindern beobachten, die sowohl alle/viele Additions- als auch Subtraktionsaufgaben zählend lösen (vgl. Abschnitt 7.2.1). In Abbildung 7.24 sind die Entwicklungsprofile für die Addition (oben) und Subtraktion (unten) dargestellt[23].

---

[23] Jims Subtraktionsprofil wird auch angeführt, obwohl in der Mitte des ersten Schuljahres keine Einordnung in die Typologie vorgenommen worden ist. Es ist aber anzunehmen, dass Jim Subtraktionsaufgaben ebenso wie Additionsaufgaben überwiegend zählend gelöst hätte, wenn ihm die Lösung überhaupt eigenständig gelungen wäre.

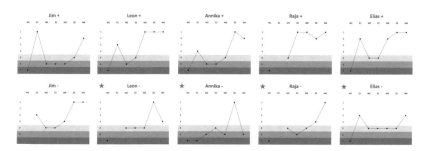

Abbildung 7.24 Entwicklungsprofile ausgehend vom Zählen

Im Vergleich lassen sich operationsbezogene Unterschiede beobachten: Beim Addieren können sich bis auf Raja, bei der das Vorgehen unklar bleibt (vgl. Erläuterungen am Ende von Abschnitt 7.2.1), alle Kinder am Ende des ersten Schuljahres vom zählenden Rechnen lösen und nutzen dann stattdessen vor allem Ableitungsstrategien. Es folgt der oft beobachtete ‚Einbruch' im zweiten Schuljahr und die anschließende ‚Rückkehr' in flexible/adaptive Typen (zu verschiedenen Zeiten), wobei dann für mehrere oder sogar alle Aufgaben mit Zehner-/Hunderternähe die Strategien Vereinfachen oder Hilfsaufgabe verwendet werden. Insgesamt unterlaufen diesen Kindern zwar hin und wieder Fehler, das sind aber meist Flüchtigkeitsfehler und es gibt jeweils auch fehlerfreie Interviews.

Bei der Subtraktion fällt hingegen auf, dass im Verlauf bei vier der fünf Profile mehrere Fehler beobachtet werden können (sichtbar an den Stern-Markierungen). Zudem findet sich hier die bereits zuvor als abweichend betrachtete Entwicklung von Annika, die am Ende des dritten Schuljahres nur ‚versuchsweise flexibel/adaptiv' agiert. Auch Jim (ab Mitte des dritten Schuljahres) und Leon (im vierten Schuljahr) verhalten sich im Tausenderraum besonders, weil sie jeweils viele/alle Aufgaben ergänzend lösen, womit sie bis auf einige Flüchtigkeitsfehler sehr erfolgreich sind.

Rajas unsicherer Einsatz der Strategie Hilfsaufgabe am Ende des dritten Schuljahres wurde an anderer Stelle bereits erwähnt (vgl. Beispiele in Abschnitt 7.2.1) und auch in der Mitte von Klasse 4 macht diese Schülerin viele Fehler, weil sie zwar mehrmals das Vereinfachen bei Aufgaben mit Zehner-/Hunderternähe verwendet, die Subtraktionsaufgaben aber jedes Mal fehlerhaft gegensinnig verändert.

Einen ähnlichen systematischen Fehler macht Elias im letzten Interview. Er ergänzt bei Aufgaben mit Nähe zwischen Minuend und Subtrahend dreimal korrekt schrittweise und verwendet für Aufgaben mit Zehner-/Hunderternähe eine Kombination aus den Strategien Vereinfachen und Hilfsaufgabe, wie beim folgenden Beispiel:

S: Ähm hier tue ich bei beiden (zeigt auf 435 und 199) ein dazu. Dann habe ich hier (zeigt auf 199) zweihundert minus vierhundertsechsunddreißig (zeigt auf 435). Dann mache ich hier die Aufgabe/ Jetzt pack ich hier (zeigt auf 199), den da rüber (zeigt auf 435), also nehm da (zeigt auf 435) ein weg, dann hab ich zweihundertsechsunddreißig also hab ich/ muss ich/ das ist mein Ergebnis und da muss ich mein Ergeb/ jetzt muss ich von meinem Ergebnis zwei abziehen und dann hab ich zweihundertvierunddreißig. (Elias, Mitte 4, Aufgabe 435–199)

Zusammenfassend häufen sich bei einigen Kindern, die in der Mitte des ersten Schuljahres noch viele Aufgaben zählend gelöst haben, im weiteren Verlauf die Fehler beim Rechnen. Dies gilt aber vor allem für die Subtraktion, da die Entwicklungen beim Addieren durchaus mit denen von anderen Kindern vergleichbar sind.

Bezüglich der Flexibilität/Adaptivität im weiteren Grundschulverlauf kann aber keine direkte Beziehung zum Zählen hergestellt werden, weil auch Kinder, die anfangs häufig Zählstrategien verwenden, später durchaus auch (verschiedene) Zerlegungs- und auch Ableitungsstrategien einsetzen.

Entwicklungen mit vielen Fehlern

In Abschnitt 7.2.2 konnte aufgezeigt werden, dass sich innerhalb aller Typen auch Fälle finden lassen, bei denen mehrere Fehler beobachtet werden. Aufgrund dieser Vielfalt ist der Erfolg bei der Entwicklung der Typologie nicht berücksichtigt worden. Bei personenbezogener Betrachtung des Erfolges fällt aber auf, dass sich die Verständnisfehler bei bestimmten Kindern häufen, während andere überwiegend nur Flüchtigkeitsfehler machen (vgl. Erläuterungen im Codiermanual in Anhang C).

Mit Blick auf die Lösungsgruppen (vgl. Erläuterung in Abschnitt 6.2.3 und Ergebnisse in Anhang D.3) können insgesamt acht Entwicklungen ausgemacht werden, innerhalb derer mindestens einmal die Lösungsgruppe 4 codiert worden ist und/ oder in mehr als der Hälfte der Fälle Lösungsgruppe 3[24] (vgl. Abbildung 7.25). Diese Kinder haben also in mehreren Interviews mehr als nur einen Flüchtigkeitsfehler gemacht[25].

Die fünf Profile von Leon, Annika, Raja, Elias und Mai (vgl. alle oberen Profile und das rechte untere Profil in Abbildung 7.25) sind bereits in vorherigen Abschnitten thematisiert worden, weil die Entwicklungen auch in anderer Hinsicht besonders

---

[24] Lösungsgruppe 4: mehr als zwei Fehler; Lösungsgruppe 3: 1–2 Flüchtigkeits- oder Verständnisfehler

[25] Auch Svens Vorgehen wird beim Subtrahieren in der Mitte des zweiten Schuljahres in die Lösungsgruppe 4 eingeordnet. Hierbei handelt es sich aber um eine einmalige Ausnahme eines sonst oft *fehlerfrei* agierenden Kindes, dessen Entwicklung zudem bereits in einem vorherigen Abschnitt thematisiert worden ist und hier deshalb nicht noch einmal angeführt wird.

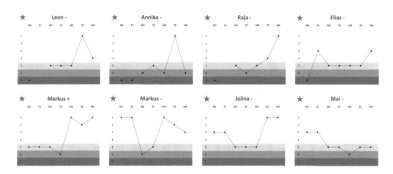

Abbildung 7.25 Entwicklungsprofile mit vielen Fehlern

sind (z. B. überwiegend zählendes Rechnen in der Mitte des ersten Schuljahres) und im Grundschulverlauf immer wieder Unsicherheiten beim Subtrahieren beobachtet werden können.

Dies gilt auch für Jolina, die beim Subtrahieren im erweiterten Zahlenraum immer wieder verschiedene Flüchtigkeits- und Strategiefehler macht (beispielsweise am Ende des dritten Schuljahres gegensinnig statt gleichsinnig verändert) bis das Vorgehen in der Mitte des vierten Schuljahres deutlich sicherer wirkt und fehlerfrei ist, wenn sie mehrmals stellenweise rechnet (auch bei Aufgaben mit Stellenübergängen), die Aufgabe 202 − 197 über eine Mischform aus Stellen- und Schrittweise löst und bei der Aufgabe 435 − 199 die Strategie Vereinfachen nutzt. Hierbei handelt es sich wieder um eine Entwicklung, bei der weitere Interviews interessant sein könnten, um zu verfolgen, ob das Vorgehen derart sicher bleibt.

Die letzten, noch nicht thematisierten Entwicklungsprofile mit vielen Fehlern stammen beide von Markus, der sowohl bei der Subtraktion als auch (als einziges Kind in diesem Ausmaß) bei der Addition häufig Unsicherheiten zeigt. In der Mitte des dritten Schuljahres verwendet er zwar vier verschiedene Strategien beim Addieren, macht dabei aber auch mehrere Fehler, weil er den Überblick über seine Rechnungen zu verlieren scheint und dann beispielsweise Teilrechnungen vergisst. Ähnliches lässt sich in den letzten beiden Interviews beobachten, wobei in der Mitte des vierten Schuljahres das Vergessen des Ausgleichs nach Verwendung einer Hilfsaufgabe systematisch bei allen vier Einsätzen dieser Strategie passiert. Die Aufgabe 36 + 49 löst Markus beispielsweise folgendermaßen:

S: Ähm hier (zeigt auf die Aufgabe) bei dieser Aufgabe muss ich hier (zeigt auf 49) einfach nur einen dazupacken, ist gleich fünfzig und dann muss ich noch fünfzig plus

sechsunddreißig (..) ist gleich sechs äh sechsundachtzig.
(Markus, Mitte 4, Aufgabe 36 + 49)

Das Lösungsverhalten von Markus beim Subtrahieren ähnelt dem beim Addieren, wobei er am Ende des dritten Schuljahres bereits mehrmals korrekt gleichsinnig verändert und zweimal zwar die korrekte Veränderung nennt, diese beim Rechnen aber nicht vornimmt, wie im folgenden Beispiel zu sehen:

> A: Bei der pack ich einen dazu (zeigt auf 199) und da auch noch einen dazu (zeigt auf 435). Hab ich hier zweihundert (zeigt auf 199) und da (zeigt auf 435) hab ich (.) v/ (..) vi/ vie/ vierhunderts/ äh **sechs**unddreißig. (Zeigt auf 435) Rechne ich minus zweihundert, (.) hab ich gleich zweihundert**fünf**unddreißig.
> (Markus, Mitte 4, Aufgabe 435–199)

Im letzten Interview nutzt Markus das Vereinfachen schließlich mehrmals korrekt.

Zusammenfassend lässt sich mit besonderem Blick auf individuelle Entwicklungen mit vielen Fehlern festhalten, dass sich die Entwicklungen untereinander durchaus unterscheiden, sodass es nicht sinnvoll wäre, sie in einem separaten ‚Fehlertypus' zu gruppieren. Es fällt aber auch auf, dass einige der Entwicklungsprofile neben den vielen Fehlern auch andere Besonderheiten aufweisen. Dies gilt insbesondere für Entwicklungen, bei denen im ersten Schuljahr häufig zählendes Rechnen beobachtet werden kann. Das zählende Rechnen könnte also (vor allem bei der Subtraktion) als Risikofaktor für vermehrte Fehler auch im weiteren Grundschulverlauf angesehen werden, wenngleich es aber durchaus auch Entwicklungen vom zählenden Rechnen mit wenigen Fehlern geben kann (vgl. vorheriger Abschnitt).

7.2.5   Zusammenfassung und Diskussion

In diesem letzten Abschnitt werden zunächst die wichtigsten Ergebnisse zur entwickelten Typologie zusammengefasst und anschließend mit den Ergebnissen anderer typenbildender und entwicklungsbezogener Studien verglichen.

Aus den vorliegenden Daten konnte eine Typologie der Vorgehenswiesen entwickelt werden, in die ein Großteil der Fälle im Grundschulverlauf eingeordnet werden kann (vgl. Tabelle 7.12).

Der Typus Zählen kann nur im ersten Schuljahr rekonstruiert werden und kommt insgesamt, wie auch der nicht flexible/adaptive Typus Hauptzerlegungsweg nur selten vor. Der Typus verschiedene Zerlegungswege zeigt zwar aufgrund der Verwendung von zwei oder mehr Zerlegungsstrategien Ansätze flexiblen/adaptiven Handelns, allerdings erfolgt der Wechsel zwischen den Strategien in zwei Dritteln der

Tabelle 7.12 Typologie der Vorgehensweisen

1	**verschiedene Zerlegungs- und Ableitungswege** mindestens drei verschiedene Strategien
2	**Zerlegungs- und Ableitungsweg** je eine Zerlegungs- und eine Ableitungsstrategie
3	**verschiedene Ableitungswege** zwei oder mehr Ableitungsstrategien
4	**Hauptableitungsweg** eine Ableitungsstrategie zum Lösen aller Aufgaben
5	**verschiedene Zerlegungswege** zwei oder mehr Zerlegungsstrategien
6	**Hauptzerlegungsweg** eine Zerlegungsstrategie zum Lösen aller Aufgaben
7	**Zählen** überwiegend zählendes Rechnen

Fälle ohne objektiv nachvollziehbare Gründe, während im restlichen Drittel ein Wechsel zwischen verschiedenen Zerlegungswegen (z. B. zwischen Stellenweise und Mischformen) in Abhängigkeit davon erfolgt, ob ein Stellenübergang vorhanden ist (vgl. Abschnitt 7.2.1).

Die anderen vier Typen eint, dass auch (oder nur) Ableitungswege verwendet werden und diese Strategien vor allem bei Aufgaben mit besonderen Merkmalen (z. B. Zehner-/Hundsrternähe) zum Einsatz kommen. Insbesondere bei der Subtraktion kommt es – vor allem aufgrund der Aufgabenauswahl und der Einschätzung der Strategien – vor, dass nur (eine oder mehrere) Ableitungsstrategien genutzt werden, während beim Addieren meist sowohl Ableitungs- als auch Zerlegungswege verwendet werden (vgl. Abschnitt 7.2.1).

Im Hinblick auf die normativ eingeschätzte Adaptivität der Vorgehensweisen (bei ausgewählten Aufgaben im Tausenderraum) lassen sich ebenso Unterschiede zwischen den Typen feststellen wie bei der Verwendung verschiedener Rechenrichtungen beim Subtrahieren. Adaptive Vorgehensweisen lassen sich ausschließlich bei den ersten vier Typen beobachten und auch Rechenrichtungswechsel kommen vor allem bei diesen Fällen vor, wobei es unter den ersten vier Typen auch Fälle gibt, die ausschließlich abziehend vorgehen (vgl. Abschnitt 7.2.2).

Darüber hinaus entwickeln Kinder, deren Vorgehen den ersten vier Typen zugeordnet wird, auf Rückfrage nach einem zweiten Lösungsweg häufig andere Wege, während Kinder, die zuvor einen oder mehrere Zerlegungswege verwendet haben, dies auch beim zweiten Lösen einer vorgegebenen Aufgabe tun (vgl. Abschnitt 7.2.2).

Die ersten vier Typen werden aufgrund dieser Datenlage als wünschenswerte Varianten flexiblen/adaptiven Vorgehens eingeschätzt, während die anderen drei Typen als gar nicht (Zählen) oder weniger (verschiedene Zerlegungswege) flexibel/ adaptiv beurteilt werden (vgl. Abschnitt 7.2.4).

Im operationsbezogenen Vergleich kann bei einem Großteil der Fälle (80,3 %) ein ähnliches Verhalten beim Addieren und Subtrahieren beobachtet werden, d. h. dass die Kinder in beiden Operationen flexibel/adaptiv (Typen 1–4) oder in beiden Operationen nicht/weniger flexibel/adaptiv (Typen 5–7) agieren. Es gibt aber auch Fälle, in denen das Vorgehen bei einer Operation als flexibel/adaptiv eingeschätzt wird, während es bei der anderen als nicht flexibel/adaptiv beurteilt wird (vgl. Abschnitt 7.2.3).

Da die Typologie auf alle Fälle im Untersuchungsverlauf angewendet worden ist, können Entwicklungen besonders gut mithilfe der Entwicklungsprofile (vgl. Abbildung 7.26) nachgezeichnet werden. Im Grundschulverlauf lässt sich dabei in vielen Fällen ein markantes Muster beobachten: Nach flexiblen/adaptiven Vorgehensweisen am Ende (oder sogar schon in der Mitte) des ersten Schuljahres kommt es zu einem ‚Einbruch' in der Mitte von Klasse 2, weil die meisten Kinder dann nur noch (einen oder verschiedene) Zerlegungswege nutzen, woraufhin viele Kinder in späteren Interviews aber wieder (auch) Ableitungsstrategien verwenden (vgl. Abschnitt 7.2.4, siehe Beispiel von Sarah in Abbildung 7.26).

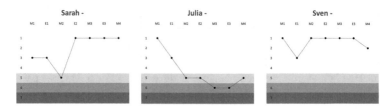

Abbildung 7.26 Exemplarische Entwicklungsprofile

Dieses besondere Muster könnte verschiedene Ursachen haben: Zum einen ist es denkbar, dass Ableitungswege im Hunderterraum (verglichen mit dem Tausenderraum) weniger Vorteile gegenüber den Zerlegungswegen haben und zum anderen kann es daran liegen, dass die als Arbeitsmittel zur Orientierung im Zahlenraum verwendeten Mehrsystemblöcke Zerlegungsstrategien stärker nahelegen als Ableitungsstrategien. Außerdem könnte die Präferenz einer beziehungsweise verschiedener Zerlegungsstrategie(n) damit begründet werden, dass diese Wege vergleichsweise einfach zu erklären sind und Kindern im noch neuen Zahlenraum Sicherheit bieten (vor allem in der besonderen Situation der Befragung in einem Interview).

Von diesem Muster gibt es nur wenige stärkere Abweichungen, wobei die Entwicklungsprofile von Julia und Sven beim Subtrahieren besonders herausstechen, weil dort im erweiterten Zahlenraum gar nicht beziehungsweise durchgängig auch Ableitungsstrategien verwendet werden (vgl. mittleres und rechtes Entwicklungsprofil im Abbildung 7.26). Während Julia beim Subtrahieren Sicherheit durch die Verwendung von Zerlegungsstrategien zu gewinnen scheint, verwendet Sven stets Ableitungsstrategien und ist damit größtenteils, wenn auch nicht immer, erfolgreich.

Bei der Entwicklung der Typologie ist der Erfolg beim Verwenden der Strategien nicht berücksichtigt worden (vgl. Abschnitt 6.2.3). Stattdessen sind Entwicklungsprofile mit vielen Fehlern gesondert betrachtet worden. Dabei fällt auf, dass es sich größtenteils um Subtraktionsprofile handelt und dass die Vorgehensweisen der Hälfte der Kinder in der Mitte des ersten Schuljahres dem Typus Zählen zugeordnet werden.

In Abschnitt 7.1.2 wurden bereits Gemeinsamkeiten und Unterschiede zu den Ergebnissen verschiedener anderer Studien thematisiert. Deshalb soll der Schwerpunkt der jetzigen Diskussion auf Vergleichen mit anderen Typologien zum Rechnen sowie Studien mit dem Fokus auf Entwicklungen liegen.

Typologien für das erste Schuljahr

Zur Unterscheidung von Vorgehensweisen im ersten Schuljahr wurden in den letzten Jahren in zwei deutschsprachigen Studien empirisch begründete Typologien entwickelt, deren Ergebnisse mit denen der vorliegenden Untersuchung verglichen werden sollen.

In einer Untersuchung in verschiedenen österreichischen ersten Klassen konnte Gaidoschik (2010) die folgenden sechs Typen in der Entwicklung von Rechenstrategien rekonstruieren (vgl. Gaidoschik 2010, S. 425 ff.):

- Faktenabruf und fortgesetztes Ableiten
- Hohe Merkleistung ohne Ableiten
- Vorwiegend zählendes Rechnen ohne Ableiten
- Ableiten und persistierendes zählendes Rechnen
- Vorwiegend zählendes Rechnen mit Ableiten
- Strategie-Mix mit hohem Anteil von Zählstrategien ohne Ableiten

Im Vergleich mit der Typologie der vorliegenden Untersuchung fällt der hohe Stellenwert von Zählstrategien in der Typologie von Gaidoschik (2010) auf, die in vier der sechs Typen eine Rolle spielen. Dies lässt sich zum einen damit begründen, dass der Schwerpunkt der Studie in der Untersuchung der Vorgehensweisen im ersten Schuljahr liegt, wo das Zählen berechtigterweise noch eine größere Rolle spielt. Darüber hinaus ist das häufige Auftreten von Zählstrategien auch vor dem Hintergrund, dass Gaidoschik (2010) den Unterricht in den von ihm untersuchten Klassen kritisch hinsichtlich der Entwicklung nicht-zählender Rechenstrategien betrachtet (vgl. ebd., S. 311 ff.), nicht verwunderlich.

Verglichen mit diesen Typen, könnte ein Großteil der Fälle der vorliegenden Untersuchung in Klasse 1 vermutlich dem Typus ‚Faktenabruf und fortgesetztes Ableiten' zugeordnet werden (der Forscher fasst nämlich unter ‚Ableiten' sämtliche heuristischen Strategien – also auch die Zerlegungswege – zusammen; vgl. ebd., S. 321 ff.). Ausnahmen bilden dann nur die Fälle, die dem Typus Zählen zugeordnet werden, sowie aussortierte Fälle. Anders als bei Gaidoschik (2010) wird der Typus Zählen in der vorliegenden Studie nicht weiter ausdifferenziert, weil ein überwiegend zählendes Rechnen nur selten beobachtet worden ist. Von den zehn Fällen dieses Typus lösen fünf Kinder alle Aufgaben zählend und bei den anderen fünf Fällen kann eine einmalige Abweichung beobachtet werden (Elias verwendet beispielsweise in der Mitte des ersten Schuljahres einmal die Hilfsaufgabe und löst alle anderen Additionsaufgaben zählend). Gaidoschik (2010) scheint solche Vorgehensweisen in den zwei Typen ‚vorwiegend zählendes Rechnen ohne und mit Ableiten' zu unterscheiden.

Drei der sechs aussortierten Fälle (vgl. Erläuterungen am Ende von Abschnitt 7.2.1) in der vorliegenden Untersuchung könnten gegebenenfalls Gaidoschiks (2010) Typus ‚Ableiten und persistierendes zählendes Rechnen' zugeordnet werden, weil Jolina und Julia beim Addieren und Leon beim Subtrahieren zwar Zerlegungs- und Ableitungsstrategien nutzen, das zählende Rechnen aber auch häufig beobachtet werden kann.[26]

Der Typus ‚hohe Merkleistung ohne Ableiten' kann in der vorliegenden Untersuchung nicht beobachtet werden. Dies lässt sich mit den durchaus verschiedenen Settings der beiden Studien erklären. In der vorliegenden Untersuchung sollten die Aufgaben zunächst sortiert und dabei möglichst hinsichtlich ihrer Merkmale untersucht werden, was gepaart mit dem unterrichtlichen Schwerpunkt auf dem Erklären und Vergleichen von Rechenwegen in der Regel dazu geführt hat, dass die Kinder (sogar bei einfachen Aufgaben) Lösungswege erläutert haben (auch wenn sie

---

[26] Die weiteren drei Fälle sind aussortiert worden, weil das Vorgehen unklar bzw. eine Lösung nicht eigenständig möglich gewesen ist (vgl. Erläuterungen am Ende von Abschnitt 7.2.1).

das Ergebnis vielleicht schon hätten auswendig abrufen können). Bei Gaidoschik (2010) war es hingegen auch von Interesse, ob Lösungen über Faktenabruf erfolgten, sodass beispielsweise die Bearbeitungszeit erfasst wurde, um entsprechende Einschätzung vornehmen zu können (vgl. ebd., S. 243).

Im zusammenfassenden Vergleich mit den Studienergebnissen von Gaidoschik (2010) fällt auf, dass ein Großteil der Fälle der vorliegenden Untersuchung in Klasse 1 vor allem dem Typus ‚Faktenabruf und fortgesetztes Ableiten' von Gaidoschik (2010) zu ähneln scheint. Und dies hat – auch aufgrund der Verwendung der Typologie in anderen Schuljahren – eine Ausdifferenzierung dieses Typus ermöglicht. Die differenzierte Unterscheidung verschiedener Zähltypen, wie Gaidoschik (2010) sie vorgenommen hat, ist in dieser Studie aufgrund des seltenen Vorkommens von Zählstrategien hingegen nicht notwendig. Dadurch mussten aber auch einige Fälle aus der Typologie ausgeschlossen werden, die sich vermutlich in die Typologie von Gaidoschik (2010) einordnen ließen.

Insgesamt werden in der vorliegenden Untersuchung im ersten Schuljahr häufiger Zerlegungs- und Ableitungsstrategien verwendet als bei Gaidoschik (2010). Es ist anzunehmen, das dieser Unterschied auch auf die besondere Unterrichtskonzeption (vgl. Kapitel 5) zurückzuführen ist. Aktivitäten zur Zahlenblickschulung fördern also vermutlich die Entwicklung nicht-zählender Rechenstrategien (vgl. auch Ergebnisse der folgenden Untersuchung von Rechtsteiner-Merz 2013).

Auch in der Untersuchung von Rechtsteiner-Merz (2013) standen Vorgehensweisen von Erstklässler*innen im Mittelpunkt (vgl. auch Abschnitt 2.3). Hier wurde unter anderem auf Grundlage der Analyse der Argumentationen, die die Kinder beim Sortieren verschiedener Additionsaufgaben angeführt haben, zwischen Beziehungs- und Verfahrensorientierung unterschieden, sodass schließlich die vier Haupttypen ‚Der Zähler', ‚Der mechanische Rechner', ‚Der flexible Rechner' und ‚Der Experte' sowie fünf Zwischentypen mit beziehungs- oder verfahrensorientierten Abweichungen gebildet werden konnten (vgl. auch Abbildung 2.7).

Für die vorliegende Studie sind im Rahmen einer Studienabschlussarbeit probehalber die Daten der ersten Interviews der von Rechtsteiner-Merz (2013) vorgeschlagenen Argumentationsanalyse unterzogen worden (vgl. Sack 2016). Dabei stellte sich heraus, dass viele Kinder der Projektklasse deutlich seltener beziehungsorientiert argumentieren, aber durchaus verschiedene strategische Werkzeuge einsetzen und sich dabei objektiv merkmalsbezogene Unterschiede rekonstruieren lassen.

Dieser Unterschied könnte damit begründet werden, dass in der Untersuchung von Rechtsteiner-Merz (2013) nur Kinder, die Schwierigkeiten beim Rechnenlernen zeigten, befragt wurden, wohingegen es in der vorliegenden Untersuchung eine gesamte Grundschulklasse mit breitem Leistungsspektrum ist. Möglicherweise haben gerade leistungsstärkere Kinder kein besonders starkes Begründungsbedürfnis verspürt, weil ihnen die Rechenwege schnell gelungen sind – gegebenenfalls hätten viele auch einen Großteil der Aufgaben über Faktenabruf lösen können (s. Erläuterung oben).

Für die vorliegenden Daten ist es nicht gelungen, die Argumentationsanalyse passend umzusetzen (vgl. auch Abschnitt 6.2.3), sodass die hier entwickelte Typologie nicht direkt mit der von Rechtsteiner-Merz (2013) verglichen werden kann. Deshalb werden nur Verweise auf mögliche Gemeinsamkeiten mit den Haupttypen vorgenommen.

Die größten Ähnlichkeiten bestehen vermutlich zwischen den Typen ‚Der Zähler‘ bei Rechtsteiner-Merz (2013) und dem Typus Zählen in der vorliegenden Untersuchung, weil das zählende Rechnen in beiden Typen dominiert. Der Typus Hauptzerlegungsweg hat vermutlich Gemeinsamkeiten mit dem ‚mechanischen Rechner‘ bei Rechtsteiner-Merz (2013), bei dem auch nur ein Weg (das Zerlegen-zur-10) verwendet wird. Und zwischen Rechtsteiner-Merz' (2013) ‚flexiblem Rechner‘ lassen sich sicherlich einige Überschneidungen mit den ersten drei Typen dieser Untersuchung finden, weil allen Typen gemein ist, dass verschiedene Strategien/strategische Werkzeuge verwendet werden. ‚Der Experte‘ lässt sich schließlich – ebenso wie der Typus ‚hohe Merkleistung ohne Ableiten‘ bei Gaidoschik (2010) – in der vorliegenden Studie nicht beobachten.

Anders als zur Typologie von Gaidoschik (2010) gibt es im Vergleich zu den Typen von Rechtsteiner-Merz (2013) also wahrscheinlich mehr Gemeinsamkeiten. Dies liegt sicherlich auch daran, dass in beiden Studien Flexibilität/Adaptivität gezielt mit Aktivitäten zur Zahlenblickschulung gefördert wurde.

Varianten im zweiten Schuljahr

Im Gegensatz zu den beiden vorherigen Typologien, hat Rathgeb-Schnierer (2006) die Subtraktion im erweiterten Zahlenraum beforscht und konnte im zweiten Schuljahr acht Varianten im Lösungsverhalten identifizieren (vgl. Rathgeb-Schnierer 2006b, S. 267 ff.; siehe auch Abbildung 2.6):

1. Ein ‚mechanischer‘ Rechenweg, der nicht unbedingt zum Erfolg führt
2. Verschiedene ‚mechanische‘ Rechenwege, die nicht unbedingt zum Erfolg führen
3. Ein gleich bleibender Rechenweg, der begründet werden kann
4. Verschiedene Rechenwege ohne erkennbares aufgabenadäquates Handeln
5. Ein Hauptrechenweg, von dem bei manchen Aufgaben unbegründet abgewichen wird

6. Ein Hauptrechenweg, von dem bei manchen Aufg. begründet abgewichen wird
7. Gezieltes Experimentieren mit einem Rechenweg
8. Verschiedene aufgabenadäquate Rechenwege

Mit Blick auf diese Typologie fällt auf, dass Rathgeb-Schnierer (2006) einen besonderen Wert darauf gelegt hat, ob die Rechenwege begründet werden können. Eine solche Unterscheidung ist in der Typologie der vorliegenden Untersuchung nicht vorgenommen worden, sodass sich die Typen erneut nicht direkt vergleichen lassen.

Die Varianten 1 und 3 von Rathgeb-Schnierer (2006) haben vermutlich Gemeinsamkeiten mit dem Typus Hauptzerlegungsweg, weil jeweils ein dominanter Rechenweg beobachtet wird, während in den Varianten 2, 4 und 5 Überschneidungen mit den Fällen des Typus verschiedene Zerlegungen angenommen werden können. In einem Teil der Fälle, bei denen verschiedene Zerlegungsstrategien verwendet werden, kann der Wechsel zwischen den Strategien objektiv nicht anhand von Aufgabenmerkmalen erklärt werden, dies könnte als unbegründetes Verhalten beziehungsweise Handeln ohne erkennbare Aufgabenadäquatheit bezeichnet werden. Bei den Fällen aber, bei denen der Wechsel in Abhängigkeit vom Vorhandensein eines Stellenübergangs vorgenommen wird, könnten gegebenenfalls Gemeinsamkeiten mit der Variante 6 von Rathgeb-Schnierer (2006) bestehen.

Diese 6. Variante zeigt aber auch – ebenso wie Variante 8 – Überschneidungen mit den Typen verschiedene Zerlegungs- und Ableitungswege, Zerlegungs- und Ableitungsweg sowie verschiedene Ableitungswege, bei denen der Wechsel zwischen verschiedenen Strategien mit besonderen Aufgabenmerkmalen einhergeht, wobei manchmal eine größere Vielfalt (→ Variante 8) und in anderen Fällen eher ein Hauptrechenweg mit einigen Abweichungen (→ Variante 6) beobachtet werden kann.

Das ‚gezielte Experimentieren mit einem Rechenweg' lässt sich schließlich gut mit dem Typus Hauptableitungsweg der vorliegenden Untersuchung vergleichen. Bei Rathgeb-Schnierer (2006) ist dieser Fall nur einmal vorgekommen, als ein Kind das gleichsinnige Verändern zum Lösen aller Aufgaben einsetzte (vgl. ebd., S. 269) und auch in der vorliegenden Untersuchung finden sich vergleichsweise wenige Fälle, die diesem Typus zugeordnet werden, wobei auch hier ein Großteil der Kinder mit der Strategie Vereinfachen beim Subtrahieren experimentiert, während zwei das schrittweise Ergänzen und eines stets Hilfsaufgaben einsetzt.

Erneut lassen sich zu einer Untersuchung mit gezielter Förderung von Flexibilität/Adaptivität relativ viele Bezüge herstellen. Zu den Ergebnissen der nächsten Studie bestehen hingegen wieder größere Unterschiede.

Strategieprofile bei der Subtraktion im Tausenderraum

In der Untersuchung von Torbeyns, Hickendorff und Verschaffel (2017) wurden fünf
Cluster zur Beschreibung der Vorgehensweisen von Dritt- bis Sechstklässler*innen
beim Lösen von Subtraktionsaufgaben im Tausenderraum gebildet (vgl. Torbeyns,
Hickendorff und Verschaffel 2017, S. 68 ff.; vgl. auch Abschnitt 2.2):

- Cluster 1: consistent digit-based (34 %[27])
- Cluster 2: consistent decomposition (31 %)
- Cluster 3: consistent sequential (11 %)
- Cluster 4: varied number-based (10 %)
- Cluster 5: flexible compensation (15 %)

Diese Cluster lassen sich aufgrund einer anderen Vorgehensweise zwar wieder nicht
direkt mit den Typen der vorliegenden Untersuchung vergleichen, doch existiert
vermutlich folgende Tendenz: Die ersten drei Cluster von Torbeyns, Hickendorff
und Verschaffel (2017) zeigen Gemeinsamkeiten mit den Typen Hauptzerlegungsweg und verschiedene Zerlegungen, weil die Kinder in diesen Fällen überwiegend
bestimmte Zerlegungsstrategien oder die schriftlichen Verfahren verwenden. Die
Vorgehensweisen, die den Clustern 4 und 5 zugeordnet wurden, beinhalten hingegen häufig auch die Verwendung von Ableitungsstrategien, sodass sie vermutlich
Überschneidungen mit den ersten vier Typen der vorliegenden Untersuchung aufweisen.

    Bei der Verteilung der Fälle zum Subtrahieren im Tausenderraum auf die Cluster
bei Torbeyns, Hickendorff und Verschaffel (2017) lassen sich unter dieser Voraussetzung im Vergleich mit der vorliegenden Untersuchung deutliche Unterschiede
erkennen[28]. Während im dritten und vierten Schuljahr in der vorliegenden Untersuchung 71 % der Fälle den ersten vier flexiblen/adaptiven Typen zugeordnet werden
können, wurden in der anderen Studie nur 25 % der Fälle den (hiermit vermutlich vergleichbaren) Clustern 4 und 5 zugeordnet. Gleichzeitig haben bei Torbeyns,
Hickendorff und Verschaffel (2017) etwa drei Viertel der Dritt- bis Sechstklässler*innen ein Verhalten mit einer dominanten Zerlegungsstrategie gezeigt, während
in der vorliegenden Untersuchung im dritten und vierten Schuljahr nur 29 % nicht

---

[27] In Klammern wird jeweils der Anteil der Kinder, deren Vorgehensweisen dem jeweiligen
Profil zugeordnet wurde, angegeben.

[28] Da dem Artikel von Torbeyns, Hickendorff und Verschaffel (2017) leider nicht immer jahr-
gangsspezifische Daten entnommen werden können, wird hier mit den Daten der gesamten
Untersuchung verglichen, wobei zu beachten ist, dass hier nicht nur Dritt- und Viertklässler*innen, sondern auch Schüler*innen aus Klasse 5 und 6 befragt wurden.

flexibel/adaptiv agieren und nur einen oder mehrere Zerlegungswege verwenden – insgesamt können also annähernd umgekehrte Verhältnisse beobachtet werden.

Im Vergleich sollte noch einmal erwähnt werden, dass in der Untersuchung von Torbeyns, Hickendorff und Verschaffel (2017) keine gezielte unterrichtliche Intervention durchgeführt wurde, sondern nur die in den Niederlanden und Belgien geltenden curricularen Bedingungen (denen zufolge vielfältige Wege im Unterricht thematisiert werden sollen) zugrunde gelegt wurden (vgl. Torbeyns, Hickendorff und Verschaffel 2017, S. 67 f. und S. 72).

Entwicklungen im Grundschulverlauf

Der in der vorliegenden Untersuchung häufig beobachtete Rückgang der Flexibilität/Adaptivität im zweiten Schuljahr, nachdem im ersten Schuljahr flexibel/adaptiv agiert worden ist und woraufhin in späteren Interviews wieder flexibel/adaptiv agiert wird, konnte in dieser Form bisher noch in keiner Untersuchung beobachtet werden. Dies liegt vermutlich zum einen daran, dass im deutschsprachigen Raum in den letzten Jahren insgesamt sehr wenige längsschnittliche Untersuchungen durchgeführt wurden. Zum anderen ist auch anzunehmen, dass dieses Muster (vor allem die erneute Beobachtung flexibler/adaptiver Vorgehensweisen) auch auf die besondere Unterrichtskonzeption zurückzuführen ist. In anderen Studien konnte in erweiterten Zahlenräumen nur sehr selten die Verwendung von Ableitungsstrategien beobachtet werden (vgl. Abschnitt 7.1.2).

Andere Forscher*innen konnten aber auch bereits spezifische Entwicklungsmuster konstatieren. Shrager und Siegler (1998) stellten beispielsweise ein (durch Computersimulationen gestütztes) Modell der Strategiewahl vor, in dem eine wellenförmige Verwendung verschiedener Strategien angenommen wird. Demnach verläuft die Verwendung verschiedener Lösungswege (Zähl- und Rechenstrategien sowie Faktenabruf) häufig wellenartig, wobei sich diese Wellen im Verlauf auch überlappen, sodass dieselbe Aufgabe zu verschiedenen Zeiten auf unterschiedliche Weise gelöst werden kann und auch zum gleichen Zeitpunkt verschiedene Wege beobachtet werden können (vgl. Shrager und Siegler 1998, S. 406 ff.).

Auch in der Untersuchung zum flexiblen Rechnen im ersten Schuljahr von Rechtsteiner-Merz (2013) ließen sich Fort- und Rückschritte in den Entwicklungen beobachten, wenn einige Kinder zu einem Zeitpunkt schon beziehungsorientiert argumentierten, im folgenden Interview dann aber wieder zählend rechneten, ohne auf Beziehungen zurückzugreifen, woraufhin zum nächsten Interviewzeitpunkt wieder ein beziehungsorientiertes Vorgehen beobachtet werden konnte (vgl. Rechtsteiner-Merz 2013, S. 278 f.).

In beiden zuvor genannten Untersuchungen wurde insgesamt ein kürzerer Entwicklungszeitraum betrachtet, dafür fanden die Erhebungen in höherer Frequenz statt. Vor diesem Hintergrund ist anzunehmen, dass solche Muster auch in der vorliegenden Untersuchung vermutlich noch öfter hätten beobachtet werden können, wenn die Kinder häufiger interviewt worden wären.

In der längsschnittlichen Untersuchung von Fast (2017) konnten keine derartigen Muster, dafür aber verschiedene andere Trends im Verlauf vom zweiten bis zum vierten Schuljahr rekonstruiert werden, die sich in den sieben folgenden Entwicklungstypen abzeichnen (vgl. Fast 2017, S. 169 ff.):

1. durchgängig stellenwertrechnend (mit hoher Lösungsquote)
2. durchgängig stellenwertrechnend (mit mittlerer Lösungsquote)
3. von ziffernrechnend zu algorithmisch rechnend (mit niedriger Lösungsq.)
4. durchgängig zahlenrechnend (mit hoher Lösungsquote)
5. durchgängig zahlenrechnend als auch stellenwertrechnend (mit hoher Lösungsquote)
6. durchgängig zahlenrechnend als auch stellenwertrechnend (mit mittlerer Lösungsquote)
7. von zahlenrechnend zu stellenwertrechnend (mit hoher Lösungsquote)

Zur Einordnung der Fälle wurden sowohl die Lösungsquote als auch die verwendeten Strategien herangezogen, wobei Fast (2017) zwischen stellenwertrechnenden Vorgehensweisen (Strategie Stellenweise) und zahlenrechnenden Vorgehensweisen (Strategie Schrittweise und Ableitungsstrategien) unterschied (vgl. ebd., S. 127 ff.). Durch diese – im Vergleich zur vorliegenden Untersuchung abweichende – Unterscheidung (einige Zerlegungs- und die Ableitungswege werden als Zahlenrechnen zusammengefasst) wird ein direkter Vergleich der Typen beziehungsweise Entwicklungen erschwert. Mit Blick auf die explorative Übersicht über die Vorgehensweisen (vgl. ebd., S. 166) sowie Fallbeschreibungen der einzelnen Typen (vgl. ebd., S. 145 ff.) lässt sich aber zusammenfassend konstatieren, dass Ableitungsstrategien in der Studie von Fast (2017) kaum (insgesamt 1,8 %) verwendet wurden, sodass vermutlich nur sehr wenige Fälle einem der ersten vier Typen der vorliegenden Untersuchung hätten zugeordnet werden können – Ausnahmen könnten die vier Fälle des Typus ‚durchgängig zahlenrechnend als auch stellenwertrechnend (mit hoher Lösungsquote)‘ bilden, weil diese Kinder mindestens einmal eine Ableitungsstrategie verwendeten (vgl. ebd., S. 156 f.). Bei den anderen zahlenrechnenden Typen wurde oft nur die Strategie Schrittweise verwendet, sodass sie ebenso wie die Fälle der ersten drei stellenwertrechnenden Entwicklungstypen in der vorliegenden Untersuchung vermutlich den Typen Hauptzerlegungsweg beziehungsweise verschiedene Zerlegungen zugeordnet werden würden.

Diese insgesamt überschaubare Strategievielfalt und deutliche Dominanz von Zerlegungsstrategien in den Ergebnissen von Fast (2017) ist vor dem unterrichtlichen Hintergrund, in dem ebendiese Zerlegungswege im Mittelpunkt standen (vgl. ebd., S. 88 ff.), nicht verwunderlich. Umso bemerkenswerter ist es aber, dass die Vorgehensweisen und Entwicklungen in der vorliegenden Untersuchung sich derart deutlich von denen in einem ‚traditionellen' Unterricht unterscheiden. Die ersten drei durchgängig stellenweise oder algorithmisch rechnenden Typen von Fast (2017), denen insgesamt die Hälfte der Fälle zugeordnet werden konnte, kommen in der vorliegenden Studie nie vor[29]. Und auch bei den restlichen Entwicklungen dominieren bei Fast (2017) Zerlegungswege, was in unserer Projektklasse bei der Addition nie und bei der Subtraktion nur in zwei Fällen beobachtet werden kann.

Der in der vorliegenden Studie prägnante ‚Einbruch' im zweiten Schuljahr hätte sich bei Fast (2017) aufgrund der anderen Art der Auswertung gegebenenfalls gar nicht gezeigt[30] oder wäre von stellenwertrechnend zu zahlenrechnend verlaufen – eine Entwicklung, die Fast (2017) nicht beobachtet hat.

Abschließend kann zusammenfassend festgehalten werden, dass sich – wie schon im Vergleich mit verschiedenen anderen Studien in Abschnitt 7.1.2 – auch im Vergleich mit anderen Typologien zum Rechnen diverse Unterschiede zu den Ergebnissen der vorliegenden Studie feststellen lassen. Dies gilt wieder insbesondere für Studien, in denen Flexibilität/Adaptivität nicht gezielt gefördert wurde (vgl. Fast 2017, Gaidoschik 2010, Torbeyns, Hickendorff und Verschaffel 2017), während zu den Untersuchungen, in denen Aktivitäten zur Zahlenblickschulung eingesetzt wurden (vgl. Rathgeb-Schnierer 2006b, Rechtsteiner-Merz 2013), mehr Gemeinsamkeiten beobachtet werden können.

---

[29] Bei beiden nicht flexiblen/adaptiven Entwicklungen in der Subtraktion (Mai und Julia) werden mehrmals auch Strategien verwendet, die Fast (2017) dem Zahlenrechnen zuordnet.

[30] Dies gilt für Kinder, die in der Mitte des zweiten Schuljahres als Zerlegungsweg (auch) die Strategie Schrittweise verwenden, die Fast (2017) zum Zahlenrechnen zählt.

Teil III
Fazit

Zusammenfassung

8

In diesem letzten Teil der Arbeit werden die wichtigsten Ergebnisse der Studie noch einmal kurz und bündig entlang der in Abschnitt 4.1 formulierten Forschungsfragen zusammengefasst (vgl. Kapitel 8), woraufhin im folgenden Kapitel ein Ausblick erfolgt (vgl. Kapitel 9).

Entwicklungsteil

Basierend auf theoretischen Modellen und empirischen Erkenntnissen (vgl. Kapitel 1 und 2) wurde für die vorliegende Untersuchung eine Unterrichtskonzeption zur Förderung von Flexibilität/Adaptivität gestaltet. Hierbei wurde angenommen, dass sich mit Aktivitäten zur Zahlenblickschulung die Entwicklung von Flexibilität/ Adaptivität sowohl im Sinne des Emergenzansatzes als auch im Sinne einer (von den Kindern selbst entwickelten) Strategiewahl fördern lässt (vgl. Abschnitt 3.2). Der sozial-konstruktivistischen Konzeption der Zahlenblickschulung folgend, stand im Unterricht deshalb das Rechnen auf eigenen Wegen im Austausch untereinander im Mittelpunkt. Zur Unterstützung der eigenständigen Entwicklung von Lösungswegen und zum Aufbau eines soliden Zahl- und Operationsverständnisses wurden Arbeitsmittel und Veranschaulichungen gründlich eingeführt und kontinuierlich genutzt. Das wesentliche Merkmal der entwickelten Unterrichtskonzeption liegt im Etablieren einer förderlichen Unterrichtskultur, in der Flexibilität/Adaptivität kontinuierlich unterrichtlich thematisiert und als erstrebenswert herausgestellt wird (vgl. Abschnitt 5.1).

Welche Aktivitäten eignen sich zur kontinuierlichen Förderung von Flexibilität/ Adaptivität vom ersten bis zum vierten Schuljahr?

© Der/die Autor(en), exklusiv lizenziert an Springer Fachmedien Wiesbaden GmbH, ein Teil von Springer Nature 2024
A. Körner, *Flexibles Rechnen im Grundschulverlauf*, Mathematikdidaktik im Fokus, https://doi.org/10.1007/978-3-658-44057-2_8

In Anlehnung an die Übersicht über Voraussetzungen für flexibles/adaptives Rechnen (vgl. Abbildung 5.1) von Rathgeb-Schnierer und Rechtsteiner (2018) wurden auf Basis diverser bereits entwickelter Aufgabenformate (vgl. z. B. Rathgeb-Schnierer 2006b; Rechtsteiner-Merz 2013; Rathgeb-Schnierer und Rechtsteiner 2018; Schütte 2002a; 2004b; Schütte 2008) verschiedene Unterrichtsaktivitäten zur Förderung von Flexibilität/Adaptivität im Grundschulverlauf eingesetzt (vgl. Abschnitt 5.2). Anhand von intensivem und reflektiertem Materialeinsatz vor allem im ersten Schuljahr, aber auch über die weitere Grundschulzeit hinweg, wurden die relevanten Zahl- und Operationsvorstellungen kontinuierlich entwickelt und ausgebaut. Diese Materialhandlungen bildeten zugleich die Basis für die eigenständige, materialgestützte Entwicklung strategischer Werkzeuge und das Festigen von Basisfakten. Im erweiterten Zahlenraum lag der Schwerpunkt auf dem verständnisorientierten Zahlenrechnen und die schriftlichen Verfahren wurden als ein *weiterer* Weg thematisiert. Gleichzeitig wurden auch weiterhin Aktivitäten eingesetzt, in denen das Zahlenrechnen thematisiert wird und die den Blick der Kinder besonders auf Zahl- und Aufgabenmerkmale und -beziehungen lenken. Diese zu erkennen und im Lösungsprozess zu nutzen, ist eine wesentliche Voraussetzung für flexibles/ adaptives Rechnen (vgl. Abschnitt 5.2.1–5.2.4).

Forschungsteil

Wie lösen Kinder Additions- und Subtraktionsaufgaben zu unterschiedlichen Untersuchungszeitpunkten?

In der vorliegenden Untersuchung konnte – anders als in vielen anderen Studien (vgl. Abschnitt 1.3 und 2.2) – beim Lösen von Additions- und Subtraktionsaufgaben in Interviews neben dem Einsatz verschiedener Zerlegungsstrategien auch die Verwendung von Ableitungsstrategien beobachtet werden. Insbesondere im ersten, dritten und vierten Schuljahr ließen sich beim Einsatz von Strategien auch aufgabenbezogene Unterschiede ausmachen. Vor allem im Zahlenraum bis 1000 haben die Schüler*innen für Aufgaben mit Zehner-/Hunderternähe und Nähe zwischen Minuend und Subtrahend bevorzugt Ableitungsstrategien und Zerlegungsstrategien mit Rechenrichtungswechsel verwendet, während die anderen Additionsaufgaben vor allem mithilfe der Strategie Stellenweise und die einfachen Subtraktionsaufgaben anhand von Umkehraufgaben beziehungsweise dem Verdoppeln/Halbieren gelöst wurden (vgl. Abschnitt 7.1).

Fallbezogen konnte aus den Daten eine Typologie der Vorgehensweisen mit sieben Typen entwickelt werden (vgl. Tabelle 7.12). Dabei lassen sich mit den Typen ‚verschiedene Zerlegungs- und Ableitungswege‘, ‚Zerlegungs- und

Ableitungsweg', ,verschiedene Ableitungswege' und ,Hauptableitungsweg' vier
wünschenswerte Varianten flexiblen/adaptiven Handelns identifizieren, während
die Vorgehensweisen, die den Typen ,verschiedene Zerlegungswege', ,Hauptzer-
legungsweg' sowie ,Zählen' zugeordnet werden, weniger Flexibilität und keine
Adaptivität (hinsichtlich besonderer Aufgabenmerkmale im Tausenderraum) aufweisen (vgl. Abschnitt 7.2).

Wie entwickeln sich diese Vorgehensweisen im Verlauf der Grundschulzeit?

Bei vielen Kindern ließ sich in der Mitte und/oder am Ende des ersten Schuljahres ein
flexibles/adaptives Verhalten beobachten, bei dem verschiedene Zerlegungs- und/
oder Ableitungsstrategien verwendet wurden. Daraufhin war häufig ein Rückgang
der Flexibilität/Adaptivität in der Mitte des zweiten Schuljahres zu verzeichnen, weil
die Schüler*innen dann nur noch (eine oder mehrere) Zerlegungsstrategien verwendeten. Im weiteren Grundschulverlauf zeigten die meisten Kinder aber wieder ein
flexibleres/adaptiveres Verhalten, weil sie nicht mehr nur noch Zerlegungswege,
sondern (auch) Ableitungsstrategien verwendeten (vgl. Abschnitt 7.2.4).

Wie flexibel und wie adaptiv sind die Vorgehensweisen der Kinder?

Mehrere der identifizierten Typen verschiedener Vorgehensweisen verwendeten
nicht nur einen Hauptrechenweg, sondern *verschiedene* Zerlegungs- und/oder
Ableitungsstrategien und agierten demnach flexibel beim Rechnen im jeweiligen
Zahlenraum. Eine normativ hinsichtlich besonderer Aufgabenmerkmale bestimmte
Adaptivität beim Rechnen im Tausenderraum konnte bei vier der sieben Typen
beobachtet werden, die eint, dass sie (auch) Ableitungsstrategien verwenden. Es
gab aber auch Kinder, die zu einzelnen Untersuchungszeitpunkten an einem Hauptrechenweg festhielten und damit keine Flexibilität oder Adaptivität zeigten. Allerdings ließ sich keine Entwicklung beobachten, bei der ein Kind durchgängig nur
einen Hauptrechenweg verwendet hat (vgl. Abschnitt 7.1 und 7.2).

Welche Rechenrichtungen werden beim Subtrahieren genutzt?

Wie in vielen anderen Studien (vgl. Abschnitt 1.3 und 2.2) konnte auch in der vorliegenden Untersuchung beim Subtrahieren eine deutliche Dominanz der Rechenrichtung Abziehen gegenüber dem Ergänzen und indirekten Subtrahieren beobachtet
werden (vgl. Abschnitt 7.1), obwohl Abstandsbetrachtungen von Beginn an und
kontinuierlich im Unterricht thematisiert wurden (vgl. Abschnitt 5.2).

Wie wirkt sich die Einführung der schriftlichen Rechenverfahren auf die Vorgehens-
weisen der Kinder aus?

Anders als in zahlreichen anderen Untersuchungen, in denen die schriftlichen Verfahren nach der unterrichtlichen Thematisierung bevorzugt von den Kindern verwendet wurden (vgl. Abschnitt 1.3), hatte die Einführung der Normalverfahren
wenig Einfluss auf die Vorgehensweisen der Kinder in dieser Studie. Die schriftliche Addition und Subtraktion wurden zu den letzten beiden Untersuchungszeitpunkten insgesamt selten verwendet und gleichzeitig ließ sich sogar ein Anstieg der
Verwendung von Ableitungsstrategien beobachten (vgl. Abschnitt 7.1).

Wie erfolgreich sind die Kinder beim Addieren und Subtrahieren?

Insgesamt ließen sich durchgängig vergleichsweise hohe Lösungsquoten
beobachten, wobei sogar der Anteil korrekt gelöster Aufgaben *mit* Stellenübergängen in den Interviews immer über 75 % lag. Auffällig ist zudem, dass zwar
häufig operationsbezogene Unterschiede zugunsten der Addition beobachtet werden
konnten, diese aber geringer ausfielen als in vielen anderen Studien (vgl.
Abschnitt 7.1).

Zusammenfassend kann festgehalten werden, dass sich die entwickelte Unterrichtskonzeption mit kontinuierlicher Zahlenblickschulung vom ersten bis zum vierten
Schuljahr zur Förderung von Flexibilität/Adaptivität bewährt hat, weil viele Kinder
der Projektklasse – anders als in Studien ohne eine solche gezielte Förderung – im
Verlauf der Grundschulzeit (unterschiedlich ausgeprägte) flexible/adaptive Vorgehensweisen gezeigt haben.

Ausblick

9

In diesem abschließenden Kapitel erfolgt ein Ausblick auf Konsequenzen, die sich aus der vorliegenden Untersuchung ergeben könnten. Zunächst werden einige theoretische Grundlagen vor dem Hintergrund der Ergebnisse dieser Studie beleuchtet und interpretiert (vgl. Abschnitt 9.1). Daraufhin folgen Überlegungen zu Konsequenzen für den Mathematikunterricht (vgl. Abschnitt 9.2) und schließlich zu Konsequenzen für die weitere Forschung zum Thema Flexibilität/Adaptivität (vgl. Abschnitt 9.3).

9.1 Überlegungen zu theoretischen Grundlagen

Zur Entwicklung von Flexibilität/Adaptivität beim Rechnen existieren verschiedene theoretische Modelle und darauf aufbauende Unterrichtskonzeptionen sowie dazu passende Forschungsmethoden (vgl. Abschnitt 2.1). Diese sollen mit Bezug zu den Ergebnissen der vorliegenden Untersuchung erneut aufgegriffen und diskutiert werden.

Strategiewahl oder Emergenz?

Auf theoretischer Ebene lassen sich idealtypisch zwei Ansätze zum Verlauf des Lösungsprozesses beim Rechnen unterscheiden. Beim Strategiewahlansatz wird angenommen, dass *vor dem Lösen einer Aufgabe* eine bewusste oder unbewusste Auswahl einer (passenden) Strategie aus dem eigenen Repertoire erfolgt. Beim Emergenzansatz wird hingegen davon ausgegangen, dass sich Lösungswege aufgrund des Nutzens von Merkmalen und Beziehungen, die im Lösungsprozess erkannt werden, *Stück für Stück* entwickeln, wobei dieser Prozess oder Teile davon sowohl bewusst als auch unbewusst ablaufen können (vgl. Abschnitt 2.1).

© Der/die Autor(en), exklusiv lizenziert an Springer Fachmedien Wiesbaden GmbH, ein Teil von Springer Nature 2024
A. Körner, *Flexibles Rechnen im Grundschulverlauf*, Mathematikdidaktik im Fokus, https://doi.org/10.1007/978-3-658-44057-2_9

In zahlreichen Interviews, die im Rahmen dieses Projektes durchgeführt worden sind, konnten sehr verschiedene Vorgehensweisen beobachtet werden. Exemplarisch seien hier drei Lösungswege zur Aufgabe 634 − 628 aus Interviews im dritten und vierten Schuljahr angeführt.

> S: Ähm weil (...) ähm die ist halt ein bisschen schwierig, aber auch schon, könnte man die. Eigentlich ist die auch ein bisschen einfach, also/
> I: /Was daran ist denn schwierig, (.) und was daran ist einfach für dich?
> S: Hmm (nachdenklich) also ich kann das nicht so gut sagen, irgendwie so (...). Das sind ja keine, so acht ist eine glatte Zahl, aber vier dann, wenn ich jetzt mal eine glatte und keine glatte hatte, dann wird das immer ein bisschen schwieriger. (.) Und sechshundert minus sechshundert ist ja gleich null. (.) Aber dann noch, muss man nochmal plus vierunddreißig, ist ja eigentlich/ und dann minus achtundzwanzig. Das ist hmm (nachdenklich), aber das weiß man glaub ich schon (.) ist gleich (...) hmm (nachdenklich) fünfund/ (..). Ich glaube sechs. Aber dann, ich hab ja ein bisschen, grade ein bisschen, also gerechnet als ich sonst. Also ist das einfach ein bisschen schwieriger, aber auch ein bisschen einfach.
> I: Wie kamst du jetzt auf die sechs?
> S: (..) Ähm, also ich hab ähm null. Aber dann bei dreißig minus zwanzig, ist dann äh ist dann halt zehn, weil hier (zeigt auf 634) hab ich vier dazugenommen. Und dann minus acht. Und ähm acht ist ja ne glatte Zahl, also vier plus vier, minus vier. Aber dann muss ich nochmal minus vier. Und das ist dann halt gleich, das weiß man schon, ist das gleich ähm sechs.
> (Markus, Mitte 3, Aufgabe 634–628)

Der Lösungsprozess von Markus ist von vielen Unterbrechungen und Wechseln gekennzeichnet („bisschen schwierig", „auch ein bisschen einfach"). Markus wählt hier nicht zu Beginn eine Strategie aus, die er konsequent umsetzt; vielmehr scheint er im Lösungsprozess verschiedene Aufgabenmerkmale zu erkennen (wie beispielsweise die Hundertergleichheit oder die Doppelt-Halb-Beziehung von 4 und 8 bei der Teilaufgabe 14 − 8) und diese dann so zu nutzen, dass sich *Stück für Stück* ein individueller Rechenweg entwickelt.

Im Vergleich dazu ist das Vorgehen von Julia beim Lösen derselben Aufgabe deutlich gradliniger und strukturierter:

> S: Ich ziehe erstmal von den sechshundert die sechshundert ab, dann hab' ich eigentlich nur noch vierunddreißig und dann mach/ ziehe ich die zwanzig von den dreißig ab, dann hab' ich nur noch vierzehn. Und die acht schiebe ich quasi wieder so von unten, dann habe ich da bis zu den zehn nur noch zwei. Und die vier, wegen vierzehn, dann hab' ich das zusammengerechnet nur noch sechs. Also sechs.
> I: Mhm (zustimmend). Jetzt hast du gesagt, du schiebst das so von unten, kannst du versuchen, mir das noch mal anders zu erklären, was du damit meinst?

S: Also, dass ich die acht quasi von eins, zwei, drei, vier, fünf, sechs, sieben, acht und dann nicht quasi von vierzehn die halt bis zwölf. Ja also von/ also von vierzehn die abziehe, sondern quasi nach oben.

(Julia, Mitte 4, Aufgabe 634−628)

Auch der Lösungsprozess von Julia scheint aber vom Erkennen von Aufgabenmerkmalen *im Verlauf* gekennzeichnet zu sein, weil Julia vom anfangs abziehenden Rechnen („ziehe ich die zwanzig von den dreißig ab") zu einem ergänzenden Vorgehen wechselt, als sie die Teilaufgabe 14 − 8 löst („quasi nach oben").

Sarahs Beschreibung ihres Lösungsweges erlaubt hingegen die Vermutung, dass die Schülerin das schrittweise Ergänzen gezielt schon *vor dem Lösen* ausgewählt hat. Diese Wahl begründet sie mit dem Erkennen des Aufgabenmerkmals der Nähe von Minuend und Subtrahend zueinander:

S: Bei dieser Aufgabe würd ich wieder ergänzen, weil diese Zahlen ganz nah aneinander sind. Ähm ich würde nämlich ähm sechshundertachtundzwanzig plus wie viel ist gleich sechshundertvierunddreißig rechnen. Und dann muss ich einfach nur da zwei dazutun (zeigt auf 628), dann sind es auf der Seite ähm sechshundert/(.)/dreißig. Und dann noch plus vier ähm, dann sind das ähm sechshundertvierunddreißig. Und dann sind da insgesamt sechs dazugekommen.

(Sarah, Ende 3, Aufgabe 634−628)

Von verschiedenen Kindern derselben Klasse lassen sich also unterschiedliche Vorgehensweisen beobachten, von denen einige eher den Emergenzansatz stützen (Beispiele von Markus und Julia), während andere eine gezielte Strategiewahl nahelegen (Beispiel von Sarah). Solche Unterschiede lassen sich nicht nur inter-, sondern auch intrapersonell beobachten, wenn einige Kinder bei bestimmten Aufgaben gezielt eine Strategie zu wählen scheinen, während bei anderen Aufgaben ein eher sprunghafter, individueller Weg emergiert.

Beim Vorgehen vieler Kinder entsteht der Eindruck, dass sie bei besonders prägnanten Aufgabenmerkmalen (wie beispielsweise der Nähe einer Zahl zum nächsten vollen Zehner/Hunderter oder der Nähe zwischen Minuend und Subtrahend) Strategien beziehungsweise strategische Werkzeuge, die sich für solche Aufgaben bewährt haben, gezielt auswählen, während sie bei anderen Aufgaben entweder auf einen selbstgewählten Standardweg (beispielsweise das schrittweise Rechnen) zurückgreifen oder (ähnlich wie Markus und Julia) spontan einen individuellen Weg generieren, bei dem häufig verschiedene strategische Werkzeuge kombiniert werden.

Die Beobachtung einer situativen Emergenz individueller Wege ist vor dem Hintergrund der diesem Projekt zugrunde liegenden Unterrichtskonzeption nicht verwunderlich. Die Zahlenblickschulung zielt schließlich im Besonderen darauf ab, Vorgehensweisen im Sinne des Emergenzansatzes zu befördern (vgl. Abschnitt 2.1). Offensichtlich ist es im Rahmen dieses Unterrichts, in dem nie Lösungswege oder Regeln zur Strategiewahl vorgegeben worden sind (vgl. Kapitel 5), aber auch möglich, dass Kinder ein Vorgehen im Sinne einer Strategiewahl zeigen. Für bestimmte Aufgabenmerkmale scheinen einige Kinder eigene Regeln entwickelt zu haben, um sich den Lösungsprozess zu vereinfachen. Luna beschreibt ihre Überlegungen zur Aufgabe 31 − 29 im Interview im vierten Schuljahr beispielsweise folgendermaßen:

> S: Hier würde ich ergänzen, weil die Zahlen ganz nah aneinander sind. Hier könnte man auch bei beiden was dazutun, aber hier würde ich irgendwie ergänzen.
>
> I: Mhm (zustimmend), warum könntest du bei der Aufgabe auch bei beiden Seiten was dazutun?
>
> S: Ähm, weil das (zeigt auf 29) ist wieder ganz nah am nächsten ähm halt/ an der nächsten Stelle, also am nächsten glatten Zehner hier. Aber ich würde eher ergänzen, weil die Zahlen auch sehr nah aneinander sind.
>
> I: Warum ergänzt du, wenn die Zahlen nah aneinander sind?
>
> S: Weil wenn die so weit auseinander sind, dann macht/ dann ist es eigentlich halt/ dann muss man ganz viel auch dazumachen, aber wenn die Zahlen so nah aneinander sind, wie hier, dann ist es ähm halt äh irgendwie einfach. Und sonst, wenn man das einfach so im Kopf rechnen würde, dann weil eins (zeigt auf die 1 in 31) minus neun (zeigt auf die 9 in 29) geht ja nicht, dann wäre das ein bisschen viel Aufwand.
>
> (Luna, Mitte 4, Aufgabe 31–29)

Die Beobachtungen im Verlauf der vorliegenden Untersuchung passen somit sehr gut zu Selters (2009) beide theoretische Ansätze integrierender Beschreibung von Flexibilität/Adaptivität, die sowohl eine gezielte Strategiewahl als auch eine situative Emergenz umfasst:

> „Adaptivity is the ability to creatively develop or to flexibly select and use an appropriate solution strategy in a (un)conscious way on a given mathematical item or problem, for a given individual, in a given sociocultural context." (Selter 2009, S. 624)

Explizierender oder problemlöseorientierter Unterricht?
Basierend auf den beiden idealtypisch unterschiedenen, theoretischen Ansätzen lassen sich zwei Unterrichtskonzeptionen zur Förderung von Flexibilität/Adaptivität unterscheiden. Während im explizierenden Unterricht verschiedene Strategien als Repertoire erarbeitet und die adaptive Strategiewahl diskutiert werden, wird im pro-

blemlöseorientierten Unterricht die Entwicklung eigener Lösungswege sowie das Erkennen und Nutzen von Aufgabenmerkmalen (bspw. mit Aktivitäten zur Zahlenblickschulung) gefördert (vgl. Abschnitt 2.1).

Wie bei der Planung der Untersuchung angenommen (vgl. Abschnitt 3.2), lässt sich diese starre Zuweisung der Unterrichtskonzeptionen zu den theoretischen Ansätzen teilweise aufbrechen, weil der in dieser Studie umgesetzte problemlöseorientierte Unterricht sowohl ein Vorgehen im Sinne des Emergenzansatzes als auch im Sinne einer (selbstgewählten) Strategiewahl begünstigt hat (vgl. Beispiele im vorherigen Abschnitt).

Dieser Vorteil ist allerdings an eine durchaus komplexe Art der Unterrichtsgestaltung gebunden. Die Zahlenblickschulung erfordert als offene(re) Unterrichtskonzeption ein sehr fundiertes und situativ abrufbares fachdidaktisches Wissen der Lehrkraft, weil das Unterrichtsgeschehen nicht detailliert vorab geplant, sondern konsequent von den Ideen der Kinder gesteuert wird. Neben der Fachkenntnis bedarf es auch der Bereitschaft, eine (kleinschrittige) Kontrolle über das Unterrichtsgeschehen abzugeben und sich konsequent auf die Lösungswege (ggf. auch auf Fehler) der Kinder einzulassen. Diese Art zu unterrichten liegt sicher nicht allen Lehrer*innen.

Allerdings konnten in anderen Studien aber auch positive Effekte eines explizierenden Unterrichts beobachtet werden (vgl. Abschnitt 2.2), sodass eine stärker instruktive und damit besser planbare Konzeption existiert, mit der Flexibilität/Adaptivität ebenfalls gefördert werden kann. Es ist anzunehmen, dass bei kontinuierlichem Einsatz eines explizierenden Unterrichts auch durchaus noch mehr Flexibilität/Adaptivität beobachtet werden könnte, als in den bisherigen Studien mit vergleichsweise geringem Interventionsumfang (vgl. Abschnitt 2.2).

Zahlreiche Studien legen in jedem Fall nahe, dass Kinder ohne gezielte Förderung, eher selten flexibel/adaptiv rechnen (vgl. Abschnitt 1.3). Mit dem problemlöseorientierten und dem explizierenden Unterricht liegen zwei Konzeptionen vor, die sich offensichtlich beide gut zur Förderung von Flexibilität/Adaptivität eignen.

Strategien und strategische Werkzeuge?

Zur Kategorisierung der Vorgehensweisen beim Addieren und Subtrahieren existieren in der fachdidaktischen Literatur verschiedene Möglichkeiten. Häufig werden beim Rechnen Hauptstrategien unterschieden, die je nach Autor*in unterschiedlich differenziert ausfallen. Vertreter*innen des Emergenzansatzes plädieren hingegen dafür, keine Hauptstrategien im Sinne geschlossener Lösungswege zu unterscheiden, sondern den Blick auf strategische Werkzeuge zu richten, die als Bausteine im Lösungsprozess flexibel zu einem individuellen Lösungsweg kombiniert werden können (vgl. Abschnitt 3.1).

In der vorliegenden Untersuchung wurden bei der Analyse der Vorgehensweisen der Kinder beide Perspektiven eingenommen. Zum einen wurden gängige Hauptstrategien verwendet, um die Lösungswege grob unterscheiden zu können. Dies ermöglichte einen schnellen Überblick über die Vorgehensweisen sowie den Vergleich mit anderen Studien, in denen ähnlich kategorisiert wurde. Zum anderen wurden die Lösungswege der Kinder aber auch detaillierter analysiert, indem der Blick auf strategische Werkzeuge gerichtet wurde. Dadurch konnte insbesondere gezeigt werden, dass auf der Ebene der strategischen Werkzeuge auch bei Typen, die nur einen oder mehrere Zerlegungswege verwendeten, durchaus eine größere Vielfalt existieren kann (vgl. Abschnitt 7.2.2). Wenngleich das Zerlegen (beispielsweise beider Zahlen in ihre Stellenwerte) bei diesen Typen dominierte, könnte die Verwendung weiterer strategischer Werkzeuge als erster Hinweis auf Flexibilität/ Adaptivität gedeutet werden. Dadurch hat sich die doppelte Sicht auf Strategien und strategische Werkzeuge für die vorliegende Studie bewährt.

Flexibilität und Adaptivität?
In der englischsprachigen Literatur wird häufig zwischen Flexibilität (im Sinne der Verwendung *verschiedener* Lösungswege) und Adaptivität (im Sinne der Verwendung *angemessener* Lösungswege) unterschieden, wobei die Angemessenheit der Wege sehr unterschiedlich beurteilt werden kann. Neben normativen Bestimmungen der Passung verschiedener Wege zu den jeweiligen Merkmalen der Aufgabe, können auch individuelle Faktoren (wie die Geschwindigkeit oder der Erfolg beim Nutzen unterschiedlicher Wege) sowie der soziokulturelle Kontext berücksichtigt werden. Wenn der Emergenzansatz zugrunde gelegt wird, gelten diejenigen Wege als adaptiv, die sich auf Beziehungen und nicht auf Verfahren stützen (vgl. Abschnitt 2.1).

In der vorliegenden Studie wurde im ersten Schritt darauf verzichtet, die Adaptivität der Vorgehensweisen zu beurteilen. Die entwickelte Typologie bezieht zunächst vor allem ein, ob Flexibilität – also die Verwendung verschiedener Lösungswege (hier verschiedener Hauptstrategien) – beobachtet werden kann. Für einen Teil der Daten (zum Rechnen im Tausenderraum) wurde zudem die Adaptivität der Wege hinsichtlich besonderer Aufgabenmerkmale bestimmt (vgl. Abschnitt 6.2.2).

Betrachtet man die Vorgehensweisen der Typen hinsichtlich einer dahingehenden Adaptivität, fällt auf, dass die meisten Kinder Ableitungsstrategien genau dann verwenden, wenn die Aufgaben besondere Merkmale aufweisen (für die solche Ableitungsstrategien aus normativer Sicht als adaptiv eingeschätzt werden können; vgl. Abschnitt 7.2.2). Ein Großteil der Kinder agiert demnach bei einigen oder sogar allen Aufgaben mit besonderen Merkmalen adaptiv. Für andere Aufgaben werden in der Regel Zerlegungsstrategien verwendet, sodass Flexibilität beim Rechnen im Tausenderraum in der vorliegenden Untersuchung mit Adaptivität hinsichtlich besonderer Aufgabenmerkmale einhergeht.

Es ist anzunehmen, dass dies auch für das Rechnen im Zahlenraum bis 20 beziehungsweise 100 gilt, auch wenn dort eine normative Festlegung von adaptiven und nicht adaptiven Strategien deutlich schwieriger ist (vgl. Abschnitt 6.2.2). Hier könnte die Unterscheidung von verfahrens- und beziehungsorientierten Vorgehensweisen (vgl. Abschnitt 2.1) hilfreich sein. In der vorliegenden Untersuchung ist eine dahingehende Zuordnung nicht gelungen (vgl. Abschnitt 6.2.2), sodass hier weitere Forschung nötig ist (vgl. Abschnitt 9.3).

Sowohl die normative Sicht als auch der Bezug zum Referenzrahmen berücksichtigen aber weder individuelle Faktoren noch den soziokulturellen Kontext (vgl. Kapitel 2). Es wäre beispielsweise durchaus möglich, dass ein Kind zwar dazu in der Lage wäre, verschiedene Wege zu nutzen, dies aber nicht tut, weil dies in der Klasse nicht wertgeschätzt wird. Die unflexible Verwendung eines Hauptrechenweges könnte als adaptiv hinsichtlich solcher Kontextbedingungen gelten. Ebenso wäre es denkbar, dass Kinder bestimmte Wege präferieren, weil sie sich diese beispielsweise gut merken oder sie gut erklären können. In der vorliegenden Untersuchung könnte angenommen werden, dass eine solche Präferenz dazu geführt hat, dass in der Mitte des zweiten Schuljahres viele Kinder im Interview vorwiegend Zerlegungsstrategien verwendet haben, obwohl im Unterricht durchaus eine breitere Vielfalt an Lösungswegen von den Kindern diskutiert worden ist. Individuelle Präferenzen sowie der soziokulturelle Kontext können also ebenfalls die Flexibilität/Adaptivität beeinflussen.

Es ist vermutlich nicht notwendig, durchgängig eine solche multiperspektivische Sicht auf Flexibilität/Adaptivität einzunehmen. Die verschiedenen möglichen Perspektiven unterstreichen aber die Notwendigkeit, jeweils zu klären, welche Sichtweise eingenommen wird und sie ermöglichen zudem die Entwicklung von Erklärungshypothesen, falls wenig Flexibilität/Adaptivität beobachtet werden sollte.

9.2 Konsequenzen für den Mathematikunterricht

Die vorliegende Untersuchung konnte zeigen, dass sich im Rahmen einer kontinuierlicher Zahlenblickschulung im Grundschulverlauf verschiedene Formen flexiblen/ adaptiven Handelns bei allen Kindern beobachten lassen. Die Konsequenzen für den Mathematikunterricht, die diese Ergebnisse nahelegen, werden im Folgenden in fünf Thesen zusammengefasst. Diese Thesen verstehen sich als Annahmen, die durch die vorliegende und andere (meist qualitative) Studien gestützt werden können, wobei aber durchaus weiterer Forschungsbedarf besteht (vgl. Abschnitt 9.3).

Die Konsequenzen werden – vor dem Hintergrund der vorliegenden Studie – auf die Zahlenblickschulung bezogen, sind aber vermutlich in ähnlicher Form auch auf explizierende Unterrichtskonzeptionen zur Förderung von Flexibilität/Adaptivität übertragbar.

1. Die Entwicklung eigener Rechenwege gelingt Kindern.
Bei der Zahlenblickschulung wird davon ausgegangen, dass Kindern mithilfe von (materialgestützten) Aktivitäten zum Aufbau von Zahl- und Operationsvorstellungen im Austausch mit anderen die eigenständige Entwicklung verschiedener strategischer Werkzeuge beziehungsweise Strategien gelingen kann und dass diese dadurch möglichst verständnisorientiert erarbeitet und eingesetzt werden (vgl. Kapitel 5).

In zahlreichen Interviews der vorliegenden Studie gelang es den Kindern auf beeindruckende Weise, ihre Lösungswege zu beschreiben und zu erklären. Exemplarisch sei die folgende Erläuterung aus dem dritten Schuljahr von Sarah zum gleichsinnigen Verändern angeführt. Nachdem die Schülerin die Aufgabe $435 - 199$ korrekt über das Verändern zu $436 - 200$ gelöst hat, erklärt sie auf Rückfrage ihr Vorgehen. Diese verallgemeinernde Erklärung lässt ein tiefes Verständnis dieses strategischen Werkzeuges vermuten.

> S: Ähm die Zahl (zeigt auf 200) wär dann ja ein größer von der (zeigt auf 199), die Zahl (zeigt von 199 zu 435) wird ja weggenommen und wenn ich ein mehr wegnehme als ich wegnehmen darf ähm, würde das Ergebnis ja ein weniger sein. Aber wenn hier (zeigt auf 435) auch einer mehr ist, dann ist die Zahl, die weggenommen wird, ja auch größer und deswegen bleibt das Ergebnis gleich.
> (Sarah, Mitte 3, Aufgabe 435–199)

Die Entwicklung eigener Rechenwege kann Kindern im Rahmen eines Unterrichts mit Aktivitäten zur Zahlenblickschulung also gelingen. Dabei sei angemerkt, dass für diese Konzeption keine zusätzliche Unterrichtszeit investiert werden muss (die dann ggf. für andere Unterrichtsinhalte fehlen könnte). Die Aktivitäten zur Zahlenblickschulung (vgl. Kapitel 5) sind vielmehr als Alternative zu einem traditionellen Rechenunterricht, in dem beispielsweise immerfort ein Hauptrechenweg geübt wird, zu verstehen.

Darüber hinaus ist die Befürchtung, dass ein konsequent eigenständiges Entwickeln von Rechenwegen dazu führen könnte, dass die Kinder mehr Fehler machen, vor dem Hintergrund der vorliegenden Ergebnisse unbegründet. Insgesamt konnten im Untersuchungsverlauf durchgängig zufriedenstellende Lösungsquoten verzeichnet werden (vgl. Abschnitt 7.1). Es ist anzunehmen, dass der umfangreiche

Materialeinsatz und das Thematisieren typischer Fehler beziehungsweise entsprechender Fehlerpotentiale (vgl. Kapitel 5) diese fehlerarme Entwicklung begünstigt hat.

2. Gezielter Materialeinsatz zahlt sich aus.
Ein wesentliches Fundament der Unterrichtskonzeption dieser Studie bildete ein sehr umfangreicher, gezielter Materialeinsatz. Wenn Kindern keine Lösungswege vorgegeben werden und sie stattdessen eigene Wege entwickeln sollen, muss dies verständnisorientiert erfolgen. Deshalb wurden die Schüler*innen insbesondere im ersten Schuljahr (aber auch darüber hinaus) konsequent dazu aufgefordert, verschiedene Lösungswege an geeignetem Material zu entwickeln und zu erklären. Dadurch konnten die Rechengesetze, die den strategischen Werkzeugen beziehungsweise Strategien zugrunde liegen, verständnisorientiert erarbeitet werden (vgl. Kapitel 5).

Anhand eines Fallbeispiels aus dem ersten Schuljahr soll illustriert werden, wie geschickt viele Kinder der Projektklassen im Verlauf des ersten Schuljahres mit Zehner- und Zwanzigerfeldern umzugehen gelernt haben. Die zahlreichen, kontinuierlich und umfangreich im Unterricht eingesetzten Aktivitäten zum Umgang mit den Punktefeldern sowie zum anschließenden Aufbau mentaler Vorstellungsbilder (vgl. Abschnitt 5.2) sind offensichtlich eine lohnende Investition, wie Bens Vorgehensweisen im ersten Interview (Mitte 1) zeigen. In diesem Interview löst der Schüler die meisten Aufgaben schon im Kopf und erläutert währenddessen häufig, dass er sich dabei Handlungen am Zwanzigerfeld vorstelle, wie beim folgenden Lösungsweg zur Aufgabe $9 + 6$:

> S: Da pack ich wieder einen rüber (zeigt zuerst auf 6, dann auf 9) und dann weiß ich, das sind zehn und fünf und dann weiß ich, das sind fünfzehn. Und, ähm, dann (..) weiß ich einfach, dass das die Aufgabe/ dass das das Ergebnis ist.
>
> I: Mhm (zustimmend).
>
> S: Das ist wie beim Zwanzigerfeld. Da kann man sich auch Punkte rüberdenken. Dass man/ dass man eine Zehnerreihe voll hat.
>
> (Ben, Mitte 1, Aufgabe 9+6)

Bei der Subtraktion greift er beim Erläutern seiner Wege auch mehrfach auf ein reales Zwanzigerfeld zurück und nutzt das Arbeitsmittel, um die vorgestellten Handlungen einfacher erklären zu können. Dabei verwendet er immer nur ein leeres Zwanzigerfeld, in das er nichts einzeichnet, sondern durch Gesten verdeutlicht, welche Felder jeweils gemeint sind[1]. Die folgenden drei Ausschnitte liefern einen Einblick in Bens Vorgehensweisen beim Lösen der Aufgaben 11 − 9, 14 − 7 und 15 − 7.

S: Also ich hab mir das so vorgestellt, hier zehn zu haben (zeigt auf das linke Zehnerfeld) und hier einen dazu (zeigt auf das sechste Feld der zweiten Reihe).

I: Mhm (zustimmend).

S: Und wenn du dann neun wegnimmst, nehmen wir mal die neun weg (deutet auf die grau markierten Felder) und dann bleiben noch die zwei übrig (tippt die zwei nicht grau hinterlegten Felder an).

(Ben, Mitte 1, Aufgabe 11–9)

S: Ich kann's dir nochmal am Zwanzigerfeld zeigen, wie ich die/ wie ich mir das vorstelle. Also ich stell mir hier die vierzehn vor (zeigt auf 14 Felder in Blockdarstellung).

I: Mhm (zustimmend).

S: Und pack dann diese sieben (zeigt auf die obere Reihe) weg.

I: Das hast du richtig gut erklärt.

S: Weil vierzehn kann man auch rechnen, sieben plus sieben.

(Ben, Mitte 1, Aufgabe 14–7)

S: Da ich stell mir hier die zehn vor (zeigt auf das linke Zehnerfeld) und hier die fünf (zeigt auf die obere Reihe im rechten Zehnerfeld).

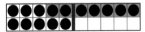

S: Und wenn ich dann einfach die sieben (zeigt auf die grau hinterlegten Felder), hab ich hier (zeigt auf das linke Zehnerfeld)(5 sec) nur noch die Restlichen. Und dann sieht man eigentlich schon, was das sein soll, welches Ergebnis.

(Ben, Mitte 1, Aufgabe 15–7)

---

[1] Die folgenden Darstellungen im Zwanzigerfeld werden genutzt, um den Leser*innen das Nachvollziehen von Bens Lösungswegen zu erleichtern.

Ben zeigt in seinen Erläuterungen eine sehr virtuose und flexible Handhabung des Materials, weil er von Aufgabe zu Aufgabe und auch innerhalb einer Aufgabe geschickt zwischen Block- und Reihendarstellungen wechselt und bei diesem mentalen Operieren am Zwanzigerfeld verschiedene strategische Werkzeuge einsetzt. Zum Lösen der Aufgabe 15 − 7 nutzt er beim Vorstellen des Minuenden im Zwanzigerfeld beispielsweise eine Mischung aus Block- (linkes Zehnerfeld) und Reihendarstellung (obere Reihe des rechten Zehnerfeldes), um den Subtrahenden anschließend in Reihendarstellung gedanklich wegzunehmen und die „Restlichen" dann vermutlich als acht in Reihendarstellung im linken Zehnerfeld zu erkennen. Bei der Nachbaraufgabe 14 − 7 verwendet Ben hingegen beim Vorstellen des Minuenden die Blockdarstellung der 14 im Zwanzigerfeld, wodurch die Verdopplung/Halbierung gut ersichtlich wird und ebendiese macht sich Ben auch zum Lösen der Aufgabe zunutze, indem er eine der Reihen gedanklich wegnimmt.

Ein solcher, wünschenswerter Umgang mit dem Material sowie der Aufbau mentaler Vorstellungsbilder konnte bei vielen Kindern im Verlauf des ersten Schuljahres beobachtet werden. Es ist anzunehmen, dass diese Lösungswege ein gutes Fundament für die verständnisorientierte Entwicklung von Lösungswegen im erweiterten Zahlenraum bilden und es ist fraglich, ob sich ein solches Vorgehen auch bei einem geringeren Umfang der unterrichtlichen Thematisierung entwickelt hätte. Ein gezielter, umfangreicher Materialeinsatz scheint sich also auszuzahlen.

3. Flexibilität/Adaptivität zeigt sich in unterschiedlichen Ausprägungen.
Die im Rahmen dieser Studie rekonstruierte Typologie der Vorgehensweisen bestätigt, dass sich flexibles (und ggf. adaptives) Verhalten in unterschiedlichen Ausprägungen zeigt (vgl. dazu auch Rathgeb-Schnierer 2006b, S. 267 ff.; Rechtsteiner-Merz 2013, S. 241 ff.). Die im Grundschulverlauf beobachteten Varianten an Vorgehensweisen reichen von der Verwendung eines Hauptzerlegungsweges über das Nutzen verschiedener Zerlegungsstrategien bis hin zu verschiedenen Varianten, in denen Zerlegungs- und Ableitungsstrategien eingesetzt werden. Es gilt also auch in dieser Studie:

„Flexibles Rechnen ist kein „Alles-oder-Nichts-Phänomen", sondern entwickelt sich langsam und kann in unterschiedlichen Ausprägungsgraden auftreten." (Rathgeb-Schnierer 2006b, S. 294)

Es ist anzunehmen, dass die hier beobachtete Flexibilität/Adaptivität in großen Teilen auf die unterrichtlichen Aktivitäten zurückzuführen ist, da ohne gezielte Förderung in anderen Studien kaum flexibles/adaptives Verhalten beobachtet werden konnte (vgl. Abschnitt 1.3). Damit bewährte sich die Konzeption der Zahlenblickschulung in einer weiteren Untersuchung (vgl. auch Rathgeb-Schnierer 2006b; Rechtsteiner-Merz 2013), in der diesmal der vergleichsweise lange Zeitraum der ersten vier Schuljahre einbezogen wurde.

4. Zahlenblickschulung ist für alle Kinder wertvoll.
Einige Fachdidaktiker*innen und Lehrer*innen vertreten folgende Sicht bezüglich
der Förderung von Flexibilität/Adaptivität bei Schüler*innen mit Schwierigkeiten
beim Rechnenlernen:

> „Flexibilität beim Rechnen ist ein großes Ziel des Mathematikunterrichts in der Grund-
> schule. Kinder mit Rechenstörungen sind davon aber so weit entfernt, dass Versuche,
> ihnen gleichzeitig zu mehreren Rechenstrategien und deren flexibler Nutzung zu ver-
> helfen, zum Scheitern verurteilt sind." (Schipper 2009a, S. 360)

Schipper (2009) plädiert stattdessen dafür, Kindern mit besonderen Schwierigkeiten
das schrittweise Rechnen als universelle Strategie (vgl. ebd., S. 360 f.) oder not-
falls sogar schon frühzeitig die schriftlichen Verfahren beizubringen (vgl. Schipper
2009b, S. 132 f.). Keinem der an der vorliegenden Studie beteiligten Kinder ist ein
sonderpädagogischer Unterstützungsbedarf zugewiesen worden. Nichtsdestotrotz
handelte es sich bei der Projektklasse um eine heterogene Grundschulklasse, in der
es durchaus auch Kinder gab, die (mehr oder weniger große) Schwierigkeiten beim
Rechnenlernen zeigten. Die Ergebnisse belegen, dass auch Annika als leistungs-
schwächstes Kind dieser Klasse in dem offeneren Unterricht gelernt hat, eigene
Wege zu entwickeln (ohne dass ihr entsprechende Vorgaben gemacht wurden). Die
Schülerin hielt im Untersuchungsverlauf zwar häufig an einem (selbst und materialgestützt entwickelten) Hauptrechenweg fest, nutzte aber in den letzten beiden
Interviews beim Addieren sogar verschiedene andere Strategien.

Die oben zitierte Haltung ist also durchaus kritisch zu hinterfragen. Die Ergebnisse der vorliegenden Studie sind dabei bei Weitem nicht so aussagekräftig wie
die Ergebnisse von Rechtsteiner-Merz (2013) und Korten (2020), die in ihren Forschungsprojekten ein besonderes Augenmerk auf Kinder mit Schwierigkeiten beim
Rechnenlernen gerichtet haben. Daraus lässt sich noch deutlicher die Annahme herleiten, dass insbesondere Kinder mit Schwierigkeiten davon profitieren, wenn das
Rechnenlernen beziehungsorientiert gestaltet wird und in Interaktion mit anderen
erfolgt (vgl. Rechtsteiner-Merz 2013, S. 282 ff.; Korten 2020, S. 346 ff.).

Im Rahmen eines problemlöseorientierten Unterrichts können Kinder – bei
Bedarf – durchaus eigene Hauptrechenwege entwickeln (vgl. Abschnitt 7.2). Mithilfe der Aktivitäten zur Zahlenblickschulung werden sie aber immer wieder auch
dazu angeregt, Aufgabenmerkmale und -beziehungen zu erkennen und zu nutzen,
wodurch weitere Wege entwickelt werden *können*. Demnach ist anzunehmen, dass
die Zahlenblickschulung für das mathematische Lernen *aller* Kinder wertvoll ist.

5. Flexibilität/Adaptivität bedarf kontinuierlicher Förderung.
In den individuellen Entwicklungen der Kinder in dieser Studie ließen sich im Grundschulverlauf sowohl Fort- als auch Rückschritte beobachten. Ein bei vielen Kindern beobachteter Rückgang der Flexibilität/Adaptivität beim Rechnen im Zahlenraum bis 100 wurde in sehr vielen Fällen im weiteren Verlauf wieder durch flexiblere/adaptivere Vorgehensweisen in späteren Interviews abgelöst (vgl. Abschnitt 7.2.4). Eine kontinuierliche Förderung scheint also sinnvoll und notwendig zu sein. In anderen, deutlich kürzeren Interventionsstudien konnten zwar zum Teil auch positive Effekte beobachtet werden, allerdings gilt dies bei Weitem nicht für alle Kinder und in Follow-up-Tests mussten zudem immer wieder Rückgänge konstatiert werden (vgl. Abschnitt 2.2).

Neben diesen empirischen Hinweisen lässt sich auch aus theoretischen Überlegungen die Notwendigkeit einer kontinuierlichen Förderung ableiten. Da Kontextbedingungen einen Einfluss auf die Flexibilität/Adaptivität der Kinder haben können (vgl. Abschnitt 2.1 und 2.3), ist es wichtig, im Unterricht eine Kultur zu etablieren, in der von Beginn an neben dem korrekten Ergebnis immer auch der Lösungsweg relevant ist und möglichst häufig auch die Vielfalt an Vorgehensweisen diskutiert wird. Wenn verschiedene Wege erst nach einer Phase der Einübung einer bestimmten Vorgehensweise thematisiert werden, agieren nur sehr wenige Schüler*innen flexibel/adaptiv (vgl. Abschnitt 2.2). Es ist also theorie- und empiriegestützt anzunehmen, dass die Entwicklung von Flexibilität/Adaptivität einer kontinuierlichen Förderung bedarf.

9.3 Konsequenzen für die Forschung

Ebenso wie viele andere wirft auch diese Studie mehr Fragen auf, als sie beantworten kann. In diesem letzten Abschnitt wird deshalb zunächst auf Limitationen der vorliegenden Untersuchung verwiesen, bevor abschließend einige Forschungsperspektiven skizziert werden.

Limitationen
Die vorliegende Studie unterliegt insbesondere aufgrund des qualitativen Untersuchungsdesigns starken Limitationen. Wie in qualitativer Forschung üblich, ließen sich die Ergebnisse dieser vier Schuljahre umfassenden Untersuchung vermutlich nicht in gleicher Form reproduzieren. Dies gilt insbesondere für eine offene Unterrichtskonzeption wie die Zahlenblickschulung, in der der Unterricht stark von den Ideen der beteiligten Schüler*innen und Lehrer*innen beeinflusst wird. Zudem sollte festgehalten werden, dass es sich bei der Projektklasse, deren Daten hier

detailliert analysiert wurden, zwar um eine heterogene Grundschulklasse handelte, die allerdings keine Kinder mit sprachlichen Schwierigkeiten oder Schüler*innen, denen ein sonderpädagogischer Unterstützungsbedarf zugewiesen wurde, umfasste. Es ist durchaus möglich, dass sich in einer heterogeneren Gruppe weitere Besonderheiten zeigen würden, die in dieser Untersuchung nicht aufgetreten sind. Darüber hinaus darf nicht außer Acht gelassen werden, dass die Interviews – neben der Funktion der detaillierten Erhebung von Vorgehensweisen – auch immer Lehr-Lern-Situationen sind, weil stets das Erläutern der Gedanken eingefordert und damit auch geübt wird. Solche Befragungen könnten in herkömmlichen Unterrichtssettings vermutlich nicht in diesem Umfang umgesetzt werden. Eine grundsätzliche Verallgemeinerung der Ergebnisse der vorliegenden Untersuchung ist demnach weder möglich noch sinnvoll. Nichtsdestotrotz konnte mit dieser längsschnittlichen Untersuchung gezeigt werden, dass es den Kindern dieser Projektklasse im Rahmen eines Unterrichts mit kontinuierlichen Aktivitäten zur Zahlenblickschulung gelungen ist, eigene Rechenwege zu entwickeln und dass viele Schüler*innen im Grundschulverlauf ein- oder mehrmals unterschiedlich ausgeprägte, flexible/adaptive Vorgehensweisen gezeigt haben. Damit trägt die Studie dazu bei, die Förderung und Entwicklung von Flexibilität/Adaptivität im Grundschulunterricht besser zu verstehen.

Forschungsperspektiven
Sowohl die Ergebnisse als auch die Limitationen der vorliegenden Untersuchung eröffnen Perspektiven für die weitere Forschung zum Thema Flexibilität/Adaptivität.

Für die hier dargestellten Ergebnisse ist nur ein Teil der in drei Klassen erhobenen Daten detaillierter ausgewertet worden (vgl. Abschnitt 6.1.2). Erste Grobauswertungen der Interviews aus den anderen beiden Klassen deuten darauf hin, dass dort ähnliche typische Vorgehensweisen und Entwicklungen im Verlauf existiert haben. Zur Bestätigung dieses Eindrucks könnten auch diese Interviews noch einmal mithilfe des entwickelten Kategoriensystems (vgl. Abschnitt 6.2.2) analysiert und die Vorgehensweisen der Kinder in die Typologie eingeordnet werden.

Zudem könnte es durchaus lohnend sein, bestimmte Beschreibungen und Begründungen der Kinder genauer in den Blick zu nehmen. Begründungen verschiedener Gesetzmäßigkeiten (wie im Beispiel von Sarah zum gleichsinnigen Verändern, s. o.) könnten beispielsweise mithilfe des Toulmin-Schemas (vgl. Toulmin 1996, S. 88 ff.) oder des epistemologischen Dreiecks (vgl. Steinbring 2000, S. 32 ff.) detailliert analysiert werden (vgl. dazu auch Kuzu 2022).

Darüber hinaus sind die Kinder im vorletzten Interview auch darum gebeten worden, jeweils eine Aufgabe pro Operation mithilfe der schriftlichen Algorithmen zu lösen und dabei ihr Vorgehen zu erklären (vgl. Abschnitt 6.1.1). Eine umfassende Auswertung dieser Beschreibungen und Begründungen könnte Aufschluss darüber liefern, wie verständnisorientiert die Kinder diese Verfahren einsetzten (vgl. dazu auch Jensen und Gasteiger 2019).

Neben den Interviews sind in den Projektklassen zudem – in Anlehnung an die Untersuchung von Selter (2000) – auch zu drei Zeitpunkten im dritten und vierten Schuljahr schriftliche Tests durchgeführt worden (vgl. Körner 2019). Es wäre denkbar, dass die auf Grundlage der Interviews entwickelte Typologie auch zur Analyse dieser Tests eingesetzt werden kann. Vermutlich würden aufgrund der Auswahl der Testaufgaben keine Vorgehensweisen beobachtet werden, die dem Typus Hauptableitungsweg entsprechen und auch der Typus Zählen ließe sich aus den schriftlichen Bearbeitungen nicht erschließen. Die anderen fünf Typen wären aber durchaus auch zur Kategorisierung schriftlicher Vorgehensweisen denkbar. Interessant wäre dann zudem der Vergleich der Einordnung im Interview mit der im schriftlichen Test.

Darüber hinaus eröffnen sich auch zahlreiche Anknüpfungspunkte für neue Forschungsprojekte. Nachdem das vorliegende Projekt als explorative Studie weitere Hinweise darauf liefern konnte, dass sich kontinuierliche Zahlenblickschulung positiv auf die Entwicklung von Flexibilität/Adaptivität auswirken *kann* (vgl. auch Rathgeb-Schnierer 2006b; Rechtsteiner-Merz 2013), wäre es wünschenswert, diese Annahme in Studien mit größerem und heterogenerem Stichprobenumfang zu bestätigen. Da neben der Zahlenblickschulung auch der explizierende Unterricht eine erfolgversprechende Möglichkeit zur Förderung von Flexibilität/Adaptivität zu sein scheint (vgl. z. B. Nemeth, Werker, Arend, Vogel und Lipowsky 2019), wären hier auch vergleichende Untersuchungsdesigns denkbar, die eventuelle Unterschiede in den Entwicklungen von Kindern in Abhängigkeit von der umgesetzten Unterrichtskonzeption aufzeigen könnten.

In dieser Studie ist es nicht gelungen, die den Vorgehensweisen zugrunde liegenden Referenzen (vgl. Modell von Rathgeb-Schnierer 2011b in Abbildung 2.1) zu bestimmen. Hierzu sind die Ergebnisse einer aktuellen Studie von Flückiger abzuwarten, in der ein standardisiertes Erhebungsinstrument entwickelt und erprobt wird (vgl. Flückiger und Rathgeb-Schnierer 2021). Wenn dies gelingt, stünde neben einer normativen Bestimmung von Adaptivität hinsichtlich der Aufgabenmerkmale oder hinsichtlich individueller Faktoren (vgl. Abschnitt 2.1) eine weitere Beurteilungsmöglichkeit zur Verfügung.

Die vorliegende Studie steht in einer Reihe mit anderen Untersuchungen, in denen beim Subtrahieren eine deutliche Dominanz des Abziehens gegenüber den anderen beiden Rechenrichtungen beobachtet werden konnte. Dies ist besonders vor dem Hintergrund, dass das Ergänzen in dieser Studie von Beginn an unterrichtlich angeregt worden ist, beachtlich. Hier zeichnet sich also weiterer Forschungsbedarf ab, um zum einen detaillierter klären zu können, warum das Abziehen von vielen

Kindern so deutlich präferiert wird und zum anderen um weitere unterrichtliche Interventionen zu erproben (vgl. auch Verschaffel, Verguts, Peters, Ghesquière, De Smedt und Torbeyns 2018, S. 68 f.).

Neben flexiblen/adaptiven Vorgehensweisen beim Addieren und Subtrahieren wäre es selbstverständlich auch interessant zu erforschen, wie sich Flexibilität/ Adaptivität bei der Multiplikation und Division äußert. Im vorliegenden Projekt wurden zwar – primär zum Zwecke der Etablierung einer kohärenten Unterrichtskultur – auch Aktivitäten zur Zahlenblickschulung beim Multiplizieren und Dividieren entwickelt und eingesetzt. Der Schwerpunkt im Forschungsteil lag aber auf Vorgehensweisen beim Addieren und Subtrahieren (vgl. Kapitel 5). Einige Studien der letzten Jahre liefern erste Hinweise darauf, dass Kinder durchaus auch flexibel/ adaptiv multiplizieren und dividieren (vgl. z. B. Fagginger Auer, Hickendorff und van Putten 2016; Greiler-Zauchner 2019; Köhler 2019), hier zeigt sich aber weiterer Forschungsbedarf mit besonderem Schwerpunkt auf Flexibilität/Adaptivität.

Diese Zusammenstellung von Ideen für mögliche Forschungsprojekte erhebt keinen Anspruch auf Vollständigkeit. Es sind sicherlich noch diverse andere, nationale und internationale Forschungsvorhaben mit Kindern, Jugendlichen und Erwachsenen denkbar. Zum Thema Flexibilität/Adaptivität eröffnet sich also weiterhin ein breites Forschungsfeld.

Geschlossen werden soll diese Arbeit – ebenso wie sie begonnen hat – mit Lösungswegen der Schülerinnen Mai und Lotte zur Aufgabe 202 − 197. In der Einleitung wurden die Vorgehensweisen der Schülerinnen aus dem Interview in der Mitte des dritten Schuljahres angeführt. Zum Abschluss wird ein Blick auf die Lösungswege im letzten Interview – ein Jahr später – geworfen. Hier verwendet Mai zunächst den schriftlichen Algorithmus (vgl. Abbildung 9.1, links)[2].

Abbildung 9.1 Lösungswege von Mai im siebten Interview

---

[2] Dabei ermittelt sie zunächst 205 als Ergebnis. Dieses wird im weiteren Verlauf des Interviews korrigiert.

Auf Rückfrage nach einem anderen Weg zu derselben Aufgabe notiert die Schülerin dann eine ergänzende Lösung (vgl. Abbildung 9.1, rechts) und erläutert diese folgendermaßen:

> S: Ähm ich hab da erstmal hier von der hundertsiebenundneunzig (..), ja, hab ich dann ähm drei dazugepackt, damit das dann zweihundert(.)zwei sind. Und dann hab ich drei plus zwei sind von/ Also dann hatte ich zweihundert und dann habe ich die zwei ähm dann dazugerechnet, das sind fünf.
>
> (Mai, Mitte 4, Aufgabe 202–197, zweiter Lösungsweg)

Zum Vergleich ihrer beiden Lösungswege angeregt, äußert Mai:

> I: Okay, welchen deiner beiden Rechenwege fandest du jetzt besser, deinen Ersten oder deinen Zweiten?
>
> S: (..) Hmm (nachdenklich) meinen Zweiten.
>
> I: Warum?
>
> S: Weil ähm das kann/ Also beim Schriftlichen, da muss man dann ja so viel ähm ausrechnen, das ist mir vorher nicht aufgefallen, dass die beiden Zahlen ja eigentlich so nah beieinander sind.
>
> (Mai, Mitte 4, Aufgabe 202–197, Vergleich beider Lösungwege)

Auch wenn Mai in diesem Interview beim Subtrahieren zunächst nur Zerlegungswege nutzt, ist sie auf Rückfrage durchaus in der Lage, einen Ableitungsweg (Rechenrichtungswechsel) zu beschreiten und dieses Vorgehen sogar mit besonderen Aufgabenmerkmalen (Nähe von Minuend und Subtrahend) zu begründen. Dieses Vorgehen könnte man als ‚potentiell flexibel/adaptiv' bezeichnen.

Mais Mitschülerin Lotte hatte die Aufgabe bereits ein Jahr zuvor schrittweise ergänzend gelöst (vgl. Einleitung). Ebenso geht sie auch im letzten Interview vor:

> S: Ich hab erstmal hier (zeigt auf 7) drei dazugepackt, dann waren das zweihundert (zeigt auf 197) und dann noch hier (zeigt auf 202) die zwei. Und dann drei plus zwei gleich fünf.
>
> (Lotte, Mitte 4, Aufgabe 202–197)

Auf Rückfrage erläutert sie folgenden weiteren Weg:

> S: Okay, ähm (..) Ich würd glaub ich (.) bei beidem drei (zeigt auf 7) dazupacken. Dann hab ich hier (zeigt auf 202) zweihundertfünf und hier hab ich (zeigt auf 197) zweihundert und dann weiß ich auch, dass es fünf sind. Also da hab ich jetzt gerechnet/ Ich hab das bei/ halt so gemacht, dass hier (zeigt auf 97) überlegt hab, hmm (nachdenklich)

bis wie viel sind es denn jetzt bis zum nächsten Hunderter und das waren drei. Und deswegen muss man ja hier (zeigt auf 202) auch die drei dazupacken.
(Lotte, Mitte 4, Aufgabe 202–197, zweiter Lösungsweg)

Lotte kann also sogar zwei verschiedene, adaptive Wege zur Aufgabe 202 − 197 entwickeln. Sie wird ebenfalls anschließend darum gebeten, ihre beiden Lösungswege zu vergleichen und bekommt mit ihrer schönen Erklärung das letzte Wort in dieser Arbeit:

S: Also eigentlich fand ich sie beide ganz gut. Also habe ich gerade so gemerkt, weil ich rechne ja meistens immer so mit Ergänzen, aber ich finde jetzt auch, dass der zweite Rechenweg gut geht. Also ich würde, glaub ich, beides empfehlen. Kommt drauf an, wie man das als Mensch so lieber mag. Also wenn ich/ ich würd auch mal was Neues ausprobieren, deswegen würd ich jetzt den zweiten Weg mal nehmen, aber sonst find ich eigentlich beide gut.
(Lotte, Mitte 4, Aufgabe 202–197, Vergleich beider Lösungwege)

Literaturverzeichnis

Aebli, H. (1993). *Zwölf Grundformen des Lehrens. Eine Allgemeine Didaktik auf psychologischer Grundlage. Medien und Inhalte didaktischer Kommunikation, der Lernzyklus.* 7. Auflage. Stuttgart: Klett-Cotta.

Anghileri, J. (2000). *Teaching number sense.* London, New York: Continuum.

Anghileri, J. (2001). „Intuitive approaches, mental strategies and standard algorithms". In: *Principles and practices in arithmetic teaching. Innovative approaches for the primary classroom.* Hrsg. von J. Anghileri. Buckingham, Philadelphia: Open University Press, S. 79–94.

Ashcraft, M. H. (1990). „ Strategic processing in children's mental arithmetic: A review and proposal". In: *Children's strategies: Contemporary views of cognitive development.* Hrsg. von D. F. Bjorklund. Hillsdale: Lawrence Erlbaum, S. 185–211.

Baroody, A. J. (1990). „How and when should place-value concepts and skills be taught?" In: *Journal for Research in Mathematics Education* 21.4, S. 281–286. https://doi.org/10. 2307/749526.

Baroody, A. J. (2003). „The development of adaptive expertise and flexibility: The integration of conceptual and procedural knowledge". In: *The development of arithmetic concepts and skills: Constructing adaptive expertise.* Hrsg. von A. J. Baroody und A. Dowker. Hillsdale: Erlbaum, S. 1–33.

Bauer, L. (1998). „Schriftliches Rechnen nach Normalverfahren? – wertloses Auslaufmodell oder überdauernde Relevanz?" In: *Journal für Mathematik-Didaktik* 19, S. 179–200. https://doi.org/10.1007/bf03338867.

Beck, C. und H. Maier (1993). „Das Interview in der mathematikdidaktischen Forschung". In: *Journal für Mathematik-Didaktik* 14, S. 147–179. https://doi.org/10.1007/bf03338788.

Beishuizen, M. (1993). „Mental strategies and materials or models for addition and subtraction up to 100 in Dutch second grades". In: *Journal for Research in Mathematics Education* 24.4, S. 294–323. https://doi.org/10.5951/jresematheduc.24.4.0294.

Benz, C. (2005). *Erfolgsquoten, Rechenmethoden, Lösungswege und Fehler von Schülerinnen und Schülern bei Aufgaben zur Addition und Subtraktion im Zahlenraum bis 100.* Hildesheim: Franzbecker.

Berch, D. B. (2005). „Making sense of number sense: Implications for children with mathematical disabilities". In: *Journal of Learning Disabilities* 38.4, S. 333–339. https://doi.org/ 10.1177/00222194050380040901.

Bezold, A. (2012). „Förderung des Argumentierens – Erforschung von Teilbarkeitsregeln". In: *MNU-Journal* 65.6, S. 335–339.

Bisanz, J. und J.-A. LeFevre (1990). „Strategic and nonstrategic processing in the development on mathematical cognition". In: *Children's strategies: Contemporary views of cognitive development*. Hrsg. von D. F. Bjorklund. Hillsdale: Lawrence Erlbaum, S. 213–244.

Blöte, A. W., A. S. Klein und M. Beishuizen (2000). „Mental computation and conceptual understanding". In: *Learning and Instruction* 10, S. 221–247. https://doi.org/10.1016/s0959-4752(99)00028-6.

Blöte, A. W., E. van der Burg und A. S. Klein (2001). „Students' flexibility in solving two-digit addition and subtraction problems: Instruction effects". In: *Journal of Educational Psychology* 93.3, S. 627–638. https://doi.org/10.1037/0022-0663.93.3.627.

Bohnsack, R. (2014). *Rekonstruktive Sozialforschung. Einführung in qualitative Methoden.* 9., überarbeitete und erweiterte Auflage. Opladen, Toronto: Barbara Budrich. https://doi.org/10.36198/9783838585543.

Bönig, D. (1994). *Multiplikation und Division. Empirische Untersuchungen zum Operationsverständnis bei Grundschülern.* Münster: Waxmann.

Bönig, D. (2007). „Teilbar oder nicht teilbar?" In: *Grundschule Mathematik* 12, S. 32–35.

Bremen (2014). *Orientierungshilfe für eine gendergerechte Sprache. An den Hochschulen im Land Bremen.* Hrsg. von Landeskonferenz der Frauenbeauftragten und der Landesrektor_innenkonferenz im Land Bremen. url: https://www.uni-bremen.de/fileadmin/user_upload/sites/chancengleichheit/dokumente_allgemein/geschlechtergerechte_sprache/OrientierungshilfeFuerGendergerechteSprache.pdf (besucht am 18.03.2024).

Brown, J. S. und K. VanLehn (1980). „Repair theory: A generative theory of bugs in procedural skills". In: *Cognitive Science* 4, S. 379–426. https://doi.org/10.1207/s15516709cog0404_3.

Browning, S. T. und J. E. Beauford (2011). „Language and number values: The influence of number names on children's understanding of place values". In: *Investigations in Mathematics Learning. The Research Council on Mathematics Learning* 4.2, S. 124. https://doi.org/10.1080/24727466.2012.11790310.

Burr, D. C., G. Anobile und R. Arrighi (2017). „Psychophysical evidence for the number sense". In: *Philosophical Transactions of the Royal Society B* 373: 20170045. https://doi.org/10.1098/rstb.2017.0045.

Buschmeier, G., H. Eidt, J. Hacker, C. Lack, R. Lammel und M. Wichmann, Hrsg. (2012). *Denken und Rechnen 4.* Braunschweig: Westermann.

Carpenter, T. P., M. L. Franke, V. R. Jacobs, E. Fennema und S. B. Empson (1997). „A longitudinal study of invention and understanding in children's multidigit addition and subtraction". In: *Journal for Research in Mathematics Education* 29.1, S. 3–20. https://doi.org/10.5951/jresematheduc.29.1.0003.

Carpenter, T. P. und R. Lehrer (1999). „Teaching and learning mathematics with understanding". In: *Mathematics classrooms that promote understanding*. Hrsg. von E. Fennema und T. A. Romberg. London: Lawrence Erlbaum, S. 19–32. https://doi.org/10.4324/9781410602619.

Carroll, W. M. (1996). „Use of invented algorithms by second graders in a reform mathematics curriculum". In: *Journal of Mathematical Behavior* 15, S. 137–150. https://doi.org/10.1016/s0732-3123(96)90011-5.

Cottmann, K. (2013). „Was haben Glasbausteine mit dem Malrechnen zu tun? Kinder tauschen sich über multiplikative Strukturen in Fotos aus." In: *Grundschule Mathematik* 37, S. 18–21.

Csíkos, C. (2016). „Strategies and performance in elementary students' three-digit mental addition". In: *Educational Studies in Mathematics* 91, S. 123–139. https://doi.org/10.1007/s10649-015-9658-3.

De Smedt, B., J. Torbeyns, N. Stassens, P. Ghesquière und L. Verschaffel (2010). „Frequency, efficiency and flexibility of indirect addition in two learning environments". In: *Learning and Instruction* 20, S. 205–215. https://doi.org/10.1016/j.learninstruc.2009.02.020.

Dehaene, S. (1992). „Varieties of numerical abilities". In: *Cognition* 44, S. 1–42. https://doi.org/10.1016/0010-0277(92)90049-n.

Dehaene, S. (1999). *Der Zahlensinn oder Warum wir rechnen können*. Basel, Boston, Berlin: Birkhäuser. https://doi.org/10.1007/978-3-0348-7825-8.

Delazer, M. (2003). „Neuropsychological findings on conceptual knowledge of arithmetic". In: *The development of arithmetic concepts and skills: Constructing adaptive expertise*. Hrsg. von A. J. Baroody und A. Dowker. Hillsdale: Erlbaum, S. 385–429.

Deutscher, T. (2012). *Arithmetische und geometrische Fähigkeiten von Schulanfängern. Eine empirische Untersuchung unter besonderer Berücksichtigung des Bereichs Muster und Strukturen*. Dortmunder Beiträge zur Entwicklung und Erforschung des Mathematikunterrichts 3. Wiesbaden: Vieweg und Teubner. https://doi.org/10.1007/978-3-8348-8334-6.

Döring, N. und J. Bortz (2016). *Forschungsmethoden und Evaluation in den Sozial und Humanwissenschaften*. 5. vollständig überarbeitete, aktualisierte und erweiterte Auflage. Berlin, Heidelberg: Springer. https://doi.org/10.1007/978-3-642-41089-5.

Dresing, T. und T. Pehl (2018). *Praxisbuch Interviews, Transkription und Analyse. Anleitungen und Regelsysteme für qualitative Forschende*. 8. Auflage. Marburg: Eigenverlag.

Einsiedler, W., M. Fölling-Albers, H. Kelle und K. Lohrmann (2013). „Zwölf Standards der empirisch-pädagogischen Forschung – Schwerpunkt Grundschulforschung". In: *Standards und Forschungsstrategien in der empirischen Grundschulforschung. Eine Handreichung*. Hrsg. von W. Einsiedler, M. Fölling-Albers, H. Kelle und K. Lohrmann. Münster: Waxmann, S. 12–26.

Ellis, S. (1997). „Strategy choice in sociocultural context". In: *Developmental Review* 17, S. 490–524. https://doi.org/10.1006/drev.1997.0444.

Fagginger Auer, M. F., M. Hickendorff und C. M. van Putten (2016). „Solution strategies and adaptivity in multidigit division in a choice/no-choice experiment: Student and instructional factors". In: *Learning and Instruction* 41, S. 52–59. https://doi.org/10.1016/j.learninstruc.2015.09.008.

Fast, M. (2017). *Wie Kinder addieren und subtrahieren. Längsschnittliche Analysen in der Primarstufe*. Freiburger Empirische Forschung in der Mathematikdidaktik Wiesbaden: Springer Spektrum. https://doi.org/10.1007/978-3-658-16219-1.

Flückiger, T., L. Nemeth und F. Lipowsky (2020). „Verschachteltes Lernen im Mathematikunterricht der Grundschule – Anlage und Ergebnisse des Projekts LIMIT." In: *Beiträge zum Mathematikunterricht 2020*. Hrsg. von H.-S. Siller, W. Weigel und J. F. Wörler. Münster: WTM, S. 281–284.

Flückiger, T. und E. Rathgeb-Schnierer (2021). „Flexibles Rechnen erfassen – Anlage eines Erhebungsinstruments". In: *Beiträge zum Mathematikunterricht 2021*. Hrsg. von K. Hein, C. Heil, S. Ruwisch und S. Prediger. Münster: WTM, S. 331–334.

Freudenthal, H. (1983). *Didactical phenomenology of mathematical structures*. Dordrecht: Kluwer.

Fricke, A. (1965). „Operatives Denken im Rechenunterricht als Anwendung der Psychologie von Piaget". In: *Rechenunterricht und Zahlbegriff. Die Entwicklung des kindlichen Zahlbegriffes und ihre Bedeutung für den Rechenunterricht*. Hrsg. von J. Piaget, K. Resag und A. Fricke. 2. Auflage. Braunschweig: Westermann, S. 73–104.

Fuson, K. C. und B. H. Burghardt (2003). „Multidigit addition and subtraction methods invented in small groups and teacher support of problem solving and reflection". In: *The development of arithmetic concepts and skills: Constructing adaptive expertise*. Hrsg. von A. Baroody und A. Dowker. Hillsdale: Erlbaum, S. 267–304.

Fuson, K. C., D. Wearne, J. C. Hiebert, H. G. Murray, P. G. Human, A. I. Olivier, T. P. Carpenter und E. Fennema (1997). „Children's conceptual structures for multidigit numbers and methods of multidigit addition and subtraction". In: *Journal for Research in Mathematics Education* 28.2, S. 130–162. https://doi.org/10.5951/jresematheduc.28.2.0130.

Gaidoschik, M. (2007). *Rechenschwäche vorbeugen. Das Handbuch für LehrerInnen und Eltern. 1. Schuljahr: Vom Zählen zum Rechnen*. Wien: oebvhpt.

Gaidoschik, M. (2010). *Wie Kinder rechnen lernen – oder auch nicht. Eine empirische Studie zur Entwicklung von Rechenstrategien im ersten Schuljahr*. Frankfurt am Main: Peter Lang. https://doi.org/10.3726/978-3-653-01218-7.

Gaidoschik, M. (2012). „First-graders' development of calculation strategies: How deriving facts helps automatize facts". In: *Journal für Mathematik-Didaktik* 33, S. 287–315. https://doi.org/10.1007/s13138-012-0038-6.

Gaidoschik, M. (2014). *Einmaleins verstehen, vernetzen, merken. Strategien gegen Lernschwierigkeiten*. Hannover: Friedrich.

Gersten, R. und D. Chard (1999). „Number sense: Rethinking arithmetic instruction for students with mathematical disabilities". In: *The Journal of Special Education* 33.1, S. 18–28. https://doi.org/10.1177/002246699903300102.

Gerster, H.-D. (2012). *Schülerfehler bei schriftlichen Rechenverfahren. Diagnose und Therapie*. Unveränderter Nachdruck der Originalausgabe von 1982. Münster: WTM.

Gerster, H.-D. (2013). „Anschaulich rechnen – im Kopf, halbschriftlich, schriftlich". In: *Rechenstörungen bei Kindern. Neurowissenschaft, Psychologie, Pädagogik*. Hrsg. von M. von Aster und J. H. Lorenz. 2., überarbeitete und erweiterte Auflage. Göttingen: Vandenhoeck und Ruprecht, S. 195–230. https://doi.org/10.13109/9783666462580.195.

Gerster, H.-D. und R. Schulz (2004). *Schwierigkeiten beim Erwerb mathematischer Konzepte im Anfangsunterricht. Bericht zum Forschungsprojekt Rechenschwäche – Erkennen, Beheben, Vorbeugen*. Überarbeitete und erweiterte Auflage. Pädagogische Hochschule Freiburg.

Ginsburg, H. (1981). „The clinical interview in psychological research on mathematical thinking: Aims, rationales, techniques". In: *For the Learning of Mathematics* 1, S. 4–11.

Greiler-Zauchner, M. (2019). *Rechenwege für die Multiplikation. Entwicklung, Erprobung und Beforschung eines Lernarrangements im dritten Schuljahr*. url: https://netlibrary.aau.at/obvuklhs/download/pdf/5458446?originalFilename=true (besucht am 18.03.2024).

Grond, U., M. Schweiter und M. von Aster (2013). „Neuropsychologie numerischer Repräsentation". In: *Rechenstörungen bei Kindern. Neurowissenschaft, Psychologie, Pädagogik*. Hrsg. von M. von Aster und J. H. Lorenz. 2., überarbeitete und erweiterte Auflage. Göttingen: Vandenhoeck und Ruprecht, S. 39–58. https://doi.org/10.13109/9783666462580.39.

Grunenberg, H. und U. Kuckartz (2013). „Deskriptive Statistik in der qualitativen Sozialforschung". In: *Handbuch Qualitative Forschungsmethoden in der Erziehungswissenschaft*.

Hrsg. von B. Friebertshäuser, A. Langer und A. Prengel. 4., durchgesehene Auflage. Weinheim und Basel: Beltz Juventa, S. 487–500.

Grüßing, M., J. Schwabe, A. Heinze und F. Lipowsky (2013). „Adaptive Strategiewahl bei Additions- und Subtraktionsaufgaben – eine experimentelle Studie zum Vergleich zweier Instruktionsansätze". In: *Beiträge zum Mathematikunterricht 2013*. Hrsg. von G. Greefrath, F. Käpnick und M. Stein. Münster: WTM, S. 388–391.

Haller, W., J. Jestel, K. Hinrichs, S. Schütte und L. Verboom (2004). *Die Matheprofis 2. Lehrermaterialien.*. München, Düsseldorf, Stuttgart: Oldenbourg.

Haller, W. und S. Schütte (2004). *Die Matheprofis 1. Lehrermaterialien. Ausgabe D.* Neubearbeitung. München, Düsseldorf, Stuttgart: Oldenbourg.

Häsel-Weide, U., M. Nührenbörger, E. Moser Opitz und C. Wittich (2015). *Ablösung vom zählenden Rechnen. Fördereinheiten für heterogene Lerngruppen.* 3. Auflage. Seelze: Friedrich.

Hasemann, K. und H. Gasteiger (2014). *Anfangsunterricht Mathematik.* 3., überarbeitete und erweiterte Auflage. Mathematik Primarstufe und Sekundarstufe I + II. Berlin: Springer Spektrum. https://doi.org/10.1007/978-3-662-61360-3.

Hatano, G. (1988). „Social and motivational bases for mathematical understanding". In: *Children's mathematics*. Hrsg. von G. B. Saxe und M. Gearhart. San Francisco: Jossey-Bass, S. 55–70. https://doi.org/10.1002/cd.23219884105.

Hatano, G. (2003). „Foreword". In: *The development of arithmetic concepts and skills: Constructing adaptive expertise.* Hrsg. von A. J. Baroody und A. Dowker. Hillsdale: Erlbaum, S. xi–xiii.

Heinze, A., J. Arend, M. Gruessing und F. Lipowsky (2018). „Instructional approaches to foster third graders' adaptive use of strategies: An experimental study on the effects of two learning environments on multi-digit addition and subtraction". In: *Instructional Science* 46, S. 869–891. https://doi.org/10.1007/s11251-018-9457-1.

Heinze, A., M. Grüßing, J. Arend und F. Lipowsky (2020). „Fostering children's adaptive use of mental arithmetic strategies: A comparison of two instructional approaches". In: *Journal of Mathematics Education* 13.1, S. 18–34. https://doi.org/10.26711/007577152790052.

Heinze, A., M. Grüßing, J. Schwabe und F. Lipowsky (2022). „The algorithms take it all? Strategy use by German third graders before and after the introduction of written algorithms". In: *Proceedings of the 45th Conference of the International Group for the Psychology of Mathematics Education , Vol. 2.* Hrsg. von C. Fernández, S. Llinares, A. Gutiérrez und N. Planas, S. 363–370.

Heinze, A., F. Marschick und F. Lipowsky (2009). „Addition and subtraction of threedigit numbers: Adaptive strategy use and the influence of instruction in German third grade". In: *ZDM – Mathematics Education* 41.5, S. 591–604. https://doi.org/10.1007/s11858-009-0205-5.

Heinze, A., J. R. Star und L. Verschaffel (2009). „Flexible and adaptive use of strategies and representations in mathematics education". In: *ZDM – Mathematics Education* 41.5, S. 535–540. https://doi.org/10.1007/s11858-009-0214-4.

Heinzel, F. (2012). „Gruppendiskussion und Kreisgespräch". In: *Methoden der Kindheitsforschung. Ein Überblick über Forschungszugänge zur kindlichen Perspektive.* Hrsg. von F. Heinzel. 2., überarbeitete Auflage. Weinheim und Basel: Beltz Juventa, S. 104–115.

Heirdsfield, A. M. und T. J. Cooper (2002). „Flexibility and inflexibility in accurate mental addition and subtraction: two case studies". In: *Journal of Mathematical Behavior* 21, S. 57–74. https://doi.org/10.1016/s0732-3123(02)00103-7.

Heirdsfield, A. M. und T. J. Cooper (2004). „Factors affecting the process of proficient mental addition and subtraction: Case studies of flexible and inflexible computers". In: *Journal of Mathematical Behavior* 23, S. 443–463. https://doi.org/10.1016/j.jmathb.2004.09.005.

Henry, V. J. und R. S. Brown (2008). „First-grade basic facts: An investigation into teaching and learning of an accelerated, high-demand memorization standard". In: *Journal for Research in Mathematics Education* 39.2, S. 153–183. https://www.jstor.org/stable/30034895.

Hess, K. (2016). *Kinder brauchen Strategien. Eine frühe Sicht auf mathematisches Verstehen.* 2. Auflage. Seelze: Friedrich.

Hickendorff, M. (2020). „Fourth graders' adaptive strategy use in solving multidigit subtraction problems". In: *Learning and Instruction* 67, S. 1–10. https://doi.org/10.1016/j.learninstruc.2020.101311.

Hiebert, J. und D. Wearne (1996). „Instruction, understanding, and skill in multidigit addition and subtraction". In: *Cognition and Instruction* 14.3, S. 251–283. https://doi.org/10.1207/s1532690xci1403_1.

Hirt, U. und B. Wälti (2022). *Lernumgebungen im Mathematikunterricht. Natürliche Differenzierung für Rechenschwache bis Hochbegabte.* 7. Auflage. Hannover: Friedrich.

Hoffmann, S. und H. Spiegel (2006). „Ein 'defekter' Taschenrechner. Ausgangspunkt für substantielle Aufgabenformate im Mathematikunterricht". In: *Grundschule* 1, S. 44–46.

Höhtker, B. und C. Selter (1998). „Von der halbschriftlichen zur schriftlichen Multiplikation?" In: *Die Grundschulzeitschrift* 119, S. 17–19.

Hunke, S. (2012). *Überschlagsrechnen in der Grundschule. Lösungsverhalten von Kindern bei direkten und indirekten Überschlagsfragen.* Dortmunder Beiträge zur Entwicklung und Erforschung des Mathematikunterrichts 6. Wiesbaden: Springer Spektrum. https://doi.org/10.1007/978-3-8348-2519-3.

Ito, Y. und T. Hatta (2004). „Spatial structure of quantitative representation of numbers: Evidence from the SNARC effect". In: *Memory and Cognition* 32.4, S. 662–673. https://doi.org/10.3758/bf03195857.

Janßen, T. (2016). *Ausbildung algebraischen Struktursinns im Klassenunterricht. Lernbezogene Neudeutung eines mathematikdidaktischen Begriffs.* URN: urn:nbn:de:gbv:46-00105386-17.

Jensen, S. und H. Gasteiger (2018). „Ergänzen mit Erweitern und Abziehen mit Entbündeln – Ergebnisse einer explorativen vergleichenden Studie zu spezifischen Fehlern und Verständnis des Algorithmus". In: *Beiträge zum Mathematikunterricht 2017: 51. Jahrestagung der Gesellschaft für Didaktik der Mathematik, Band 2.* Hrsg. von A. Kuzle und U. Kortenkamp. Gesellschaft für Didaktik der Mathematik. Münster: WTM, S. 505–508.

Jensen, S. und H. Gasteiger (2019). „ „Ergänzen mit Erweitern" und „Abziehen mit Entbündeln" – Eine explorative Studie zu spezifischen Fehlern und zum Verständnis des Algorithmus". In: *Journal für Mathematik-Didaktik* 2.40, S. 135–167. https://doi.org/10.1007/s13138-018-00139-3.

Kaufmann, S. und S. Wessolowski (2011). *Rechenstörungen. Diagnose und Förderbausteine.* 3. Auflage. Seelze-Velber: Friedrich.

Kelle, U. und S. Kluge (2010). *Vom Einzelfall zum Typus. Fallvergleich und Fallkontrastierung in der qualitativen Sozialforschung.* Hrsg. von R. Bohnsack, J. Reichertz, C. Lüders und

U. Flick. 2., überarbeitete Auflage. Qualitative Sozialforschung 15. Wiesbaden: VS Verlag für Sozialwissenschaften. https://doi.org/10.1007/978-3-531-92366-6.

Kelly, A. E. und R. A. Lesh, Hrsg. (2000). *Handbook of research design in mathematics and science education*. Hillsdale: Erlbaum. https://doi.org/10.4324/9781410602725.

Klein, A. S., M. Beishuizen und A. Treffers (1998). „The empty number line in Dutch second grades: Realistic versus gradual program design". In: *Journal for Research in Mathematics Education* 29.4, S. 443–464. https://doi.org/10.5951/jresematheduc.29.4.0443.

KMK (2004). *Beschlüsse der Kultusministerkonferenz. Bildungsstandards im Fach Mathematik für den Primarbereich*. Hrsg. von Sekretariat der Ständigen Konferenz der Kultusminister der Länder in der Bundesrepublik Deutschland. Neuwied: Luchterhand.

KMK (2022). *Bildungsstandards für das Fach Mathematik Primarbereich*. Hrsg. von Sekretariat der Ständigen Konferenz der Kultusminister der Länder in der Bundesrepublik Deutschland. url: https://www.kmk.org/fileadmin/Dateien/veroeffentlichungen_beschluesse/2022/2022_06_23-Bista-Primarbereich-Mathe.pdf (besucht am 18.03.2024).

Kobr, U. (2009). „Fehler mit Kindern systematisieren". In: *Grundschule Mathematik* 23, S. 16–19.

Köhler, K. (2019). *Mathematische Herangehensweisen beim Lösen von Einmaleinsaufgaben. Eine Untersuchung unter Berücksichtigung verschiedener unterrichtlicher Vorgehensweisen und des Leistungsvermögens der Kinder*. Empirische Studien zur Didaktik der Mathematik 35. Münster: Waxmann.

Körner, A. (2019). „Flexibles Rechnen im Zahlenraum bis 1000". In: *Darstellen und Kommunizieren. Tagungsband des AK Grundschule in der GDM 2019*. Hrsg. von A. S. Steinweg. Mathematikdidaktik Grundschule, Band 9. Bamberg: University Press, S. 73–76. https://doi.org/10.20378/irb-46675.

Korten, L. (2020). *Gemeinsame Lernsituationen im inklusiven Mathematikunterricht. Zieldifferentes Lernen am gemeinsamen Lerngegenstand des flexiblen Rechnens in der Grundschule*. Dortmunder Beiträge zur Entwicklung und Erforschung des Mathematikunterrichts 44. Wiesbaden: Springer Spektrum. https://doi.org/10.1007/978-3-658-30648-9.

Krajewski, K. (2003). *Vorhersage von Rechenschwäche in der Grundschule*. Hamburg: Dr. Kovač.

Krauthausen, G. (1993). „Kopfrechnen, halbschriftliches Rechnen, schriftliche Normalverfahren, Taschenrechner: Für eine Neubestimmung des Stellenwertes der vier Rechenmethoden". In: *Journal für Mathematik-Didaktik* 3/4.14, S. 189–219. https://doi.org/10.1007/bf03338792.

Krauthausen, G. (1995). „Für die stärkere Betonung des halbschriftlichen Rechnens. Eine Chance zur Integration inhaltlicher und allgemeiner Lernziele". In: *Grundschule* 5, S. 14–18.

Krauthausen, G. (2018). *Einführung in die Mathematikdidaktik – Grundschule*. 4. Auflage. Mathematik Primarstufe und Sekundarstufe I + II. Berlin: Springer Spektrum. https://doi.org/10.1007/978-3-662-54692-5.

Kucian, K. und M. von Aster (2013). „Dem Gehirn beim Rechnen zuschauen. Ergebnisse der zerebralen Bildgebung". In: *Rechenstörungen bei Kindern. Neurowissenschaft, Psychologie, Pädagogik*. Hrsg. von M. von Aster und J. H. Lorenz. 2., überarbeitete und erweiterte Auflage. Göttingen: Vandenhoeck und Ruprecht, S. 59–77. https://doi.org/10.13109/9783666462580.59.

Kuckartz, U. (2018). *Qualitative Inhaltsanalyse. Methoden, Praxis, Computerunterstützung.* 4. Auflage. Weinheim: Beltz Juventa.

Kuzu, T. E. (2022). „Pre-algebraic aspects in arithmetic strategies – The generalization and conceptual understanding of the ‚Auxiliary Task'". In: *Eurasia Journal of Mathematics, Science and Technology Education* 18.12, S. 1–17. https://doi.org/10.29333/ejmste/12656.

Lemaire, P. und R. S. Siegler (1995). „Four aspects of strategic change: Contributions to children's learning of multiplication". In: *Journal of Experimental Psychology: General* 124, S. 83–97. https://doi.org/10.1037/0096-3445.124.1.83.

Linchevski, L. und D. Livneh (1999). „Structure sense: The relationship between algebraic and numerical contexts". In: *Educational Studies in Mathematics* 40.2, S. 173–196. https://doi.org/10.1023/A:1003606308064.

Lipowsky, F., L. Nemeth und T. Flückiger (2020). „Verschachteltes Lernen. Ein Weg zum flexiblen und geschickten Rechnen?" In: *Die Grundschulzeitschrift* 324, S. 37–40.

Lorenz, J. H. (1992). *Anschauung und Veranschaulichungsmittel im Mathematikunterricht. Mentales visuelles Operieren und Rechenleistung.* Göttingen: Hogrefe.

Lorenz, J. H. (2003). *Lernschwache Rechner fördern. Ursachen der Rechenschwäche. Frühhinweise auf Rechenschwäche. Diagnostisches Vorgehen.* Berlin: Cornelsen Scriptor.

Lorenz, J. H. (2004). *Kinder entdecken die Mathematik.* Braunschweig: Westermann.

Lorenz, J. H. (2006a). „Die Entwicklung von Zahlensinn. Notwendige Veränderungen im Unterricht". In: *Die Grundschulzeitschrift* 191, S. 6–9.

Lorenz, J. H. (2006b). „Grundschulkinder rechnen anders. Die Entwicklung mathematischer Strukturen und des Zahlensinns von „Matheprofis"". In: *Wie rechnen Matheprofis? Ideen und Erfahrungen zum offenen Mathematikunterricht.* Hrsg. von E. Rathgeb-Schnierer und U. Roos. München, Düsseldorf, Stuttgart: Oldenbourg, S. 113–122.

Lorenz, J. H. (2006c). „Rechnen mit dem Rechenstrich. Zahlensinn mit dem leeren Zahlenstrahl entwickeln". In: *Die Grundschulzeitschrift* 191, S. 10–15.

Lorenz, J. H. (2011). „Die Macht der Materialien (?) Anschauungsmittel und Zahlenrepräsentation". In: *Medien und Materialien. Tagungsband des AK Grundschule der GDM 2011.* Hrsg. von A. S. Steinweg. Bamberg: University Press, S. 39–54.

Lüken, M. M. (2012). *Muster und Strukturen im mathematischen Anfangsunterricht. Grundlegung und empirische Forschung zum Struktursinn von Schulanfängern.* Empirische Studien zur Didaktik der Mathematik 9. Münster: Waxmann.

Marschick, F. und A. Heinze (2011). „Geschicktes Rechnen – auch nach den schriftlichen Verfahren? Auswirkungen einer kurzen Auffrischung halbschriftlicher Rechenstrategien in der dritten Jahrgangsstufe". In: *Grundschulunterricht Mathematik* 3, S. 47.

Mason, J. (1992). *Doing and construing mathematics in screen space.* url: https://www.researchgate.net/publication/245970832 (besucht am 18.03.2024).

Mayring, P. (2016). *Einführung in die qualitative Sozialforschung. Eine Anleitung zu qualitativem Denken.* 6. überarbeitete und neu ausgestattete Auflage. Weinheim: Beltz.

McIntosh, A., B. J. Reys und R. E. Reys (1992). „A proposed framework for examining basic number sense". In: *For the Learning of Mathematics* 12.3, S. 2–8.

Meseth, V. und C. Selter (2002). „Zu Schülerfehlern bei der nicht-schriftlichen Addition und Subtraktion im Tausenderraum." In: *Sache-Wort-Zahl* 30.45, S. 51–58.

Miura, I. T., Y. Okamoto, C. C. Kim, M. Steere und M. Fayol (1993). „First graders' cognitive representation of number and understanding of place value: Cross-national comparisons –

France, Japan, Korea, Sweden and the United States". In: *Journal of Educational Psychology* 85.1, S. 24–30. https://doi.org/10.1037/0022-0663.85.1.24.

Mosel-Göbel, D. (1988). „Algorithmusverständnis am Beispiel ausgewählter Verfahren der schriftlichen Subtraktion. Eine Fallstudienanalyse bei Grundschülern." In: *Sachunterricht und Mathematik in der Primarstufe* 16.12, S. 554–559.

Nemeth, L., K. Werker, J. Arend, S. Vogel und F. Lipowsky (2019). „Interleaved learning in elementary school mathematics: Effects on the flexible and adaptive use of subtraction strategies". In: *Frontiers in Psychology* 10, Article 86. https://doi.org/10.3389/fpsyg.2019. 00086.

Nowodworski, A. (2013). *Flexibles Rechnen – eine empirische Untersuchung in Klasse 4.* Unveröffentlichte Masterarbeit an der Universität Bremen.

NRW (2008). *Lehrplan Mathematik für die Grundschulen des Landes Nordrhein-Westfalen.* Hrsg. von Ministerium für Schule und Weiterbildung des Landes Nordrhein-Westfalen. Frechen: Ritterbach.

NRW (2021). *Lehrpläne für die Primarstufe in Nordrhein-Westfalen.* Hrsg. von Ministerium für Schule und Weiterbildung des Landes Nordrhein-Westfalen. url: https://www. schulentwicklung.nrw.de/lehrplaene/upload/klp_PS/ps_lp_sammelband_2021_08_02. pdf (besucht am 18.03.2024).

Nuerk, H.-C., G. Wood und K. Willmes (2005). „The universal SNARC effect. The association between number magnitude and space is amodal". In: *Experimental Psychology* 52.3, S. 187–194. https://doi.org/10.1027/1618-3169.52.3.187.

Nührenbörger, M. (2004). „Millionenträume und Gedanken". In: *Mathematik für Kinder – Mathematik von Kindern.* Hrsg. von P. Scherer und D. Bönig. Beiträge zur Reform der Grundschule, Band 117. Frankfurt am Main: Grundschulverband – Arbeitskreis Grundschule e.V., S. 97–106.

Nührenbörger, M. und S. Pust (2018). *Mit Unterschieden rechnen. Lernumgebungen und Materialien für einen differenzierten Anfangsunterricht Mathematik.* 4. Auflage. Seelze: Friedrich.

Nunes, T., B. V. Dorneles, P.-J. Lin und E. Rathgeb-Schnierer (2016). *Teaching and learning about whole numbers in primary school.* Hrsg. von G. Kaiser. ICME-13 Topical Surveys. Springer Nature. https://doi.org/10.1007/978-3-319-45113-8_1.

Nunes Carraher, T. und A. D. Schliemann (1985). „Computation routines prescribed by schools: Help or hindrance?" In: *Journal for Research in Mathematics Education* 16.1, S. 37–44. https://doi.org/10.5951/jresematheduc.16.1.0037.

Padberg, F. und C. Benz (2011). *Didaktik der Arithmetik für Lehrerausbildung und Lehrerfortbildung.* 4. erweiterte, stark überarbeitete Auflage. Mathematik Primarstufe und Sekundarstufe I + II. Heidelberg: Spektrum.

Padberg, F. und C. Benz (2021). *Didaktik der Arithmetik. fundiert, vielseitig, praxisnah.* 5., überarbeitete Auflage. Mathematik Primarstufe und Sekundarstufe I + II. Berlin: Springer Spektrum.

Peters, G., B. De Smedt, J. Torbeyns, P. Ghesquière und L. Verschaffel (2010). „Adults' use of subtraction by addition". In: *Acta Psychologica* 135, S. 323–329. https://doi.org/10.1016/ j.actpsy.2010.08.007.

Peters, G., B. De Smedt, J. Torbeyns, P. Ghesquière und L. Verschaffel (2012). „Children's use of subtraction by addition on large single-digit subtractions". In: *Educational Studies in Mathematics* 79, S. 335–349. https://doi.org/10.1007/s10649-011-9308-3.

Peters, G., B. De Smedt, J. Torbeyns, P. Ghesquière und L. Verschaffel (2013). „Children's use of addition to solve two-digit subtraction problems". In: *British Journal of Psychology* 104, S. 495–511. https://doi.org/10.1111/bjop.12003.

Peters, G., B. De Smedt, J. Torbeyns, L. Verschaffel und P. Ghesquière (2014). „Subtraction by addition in children with mathematical learning disabilities". In: *Learning and Instruction* 30, S. 1–8. https://doi.org/10.1016/j.learninstruc.2013.11.001.

Pinel, P., S. Dehaene, D. Rivière und D. LeBihan (2001). „Modulation of parietal activation by semantic distance in a number comparison task". In: *NeuroImage* 14, S. 1013–1026. https://doi.org/10.1006/nimg.2001.0913.

Plunkett, S. (1987). „Wie weit müssen Schüler heute noch die schriftlichen Rechenverfahren beherrschen?" In: *Mathematik lehren* 21, S. 43–46.

Prediger, S., M. Link, R. Hinz, S. Hußmann, J. Thiele und B. Ralle (2012). „Lehr-Lernprozesse initiieren und erforschen – Fachdidaktische Entwicklungsforschung im Dortmunder Modell". In: *MNU-Journal* 65.8, S. 452–457.

Pregler Nina; Selter, C. (2005). „Flexibles Rechnen – ungeeignet oder ungewohnt? Grundschüler im Umgang mit der Strategie 'Ergänzen'". In: *Grundschulunterricht* 7–8, S. 2–4.

Przyborski, A. und M. Wohlrab-Sahr (2014). *Qualitative Sozialforschung. Ein Arbeitsbuch.* 4., erweiterte Auflage. München: Oldenbourg.

Radatz, H. (1991). „Hilfreiche und weniger hilfreiche Arbeitsmittel im mathematischen Anfangsunterricht". In: *Grundschule* 9, S. 46–49.

Radatz, H., W. Schipper und A. Ebeling (1996). *Handbuch für den Mathematikunterricht. 1. Schuljahr.* Hannover: Schroedel.

Rahmenplan (2004). *Rahmenplan Mathematik Grundschule.* Hrsg. von Ministerium für Bildung, Jugend und Sport Brandenburg; Senatsverwaltung für Bildung, Jugend und Sport Berlin; Senatorin für Bildung und Wissenschaft Bremen; Ministerium für Bildung, Wissenschaft und Kultur Mecklenburg-Vorpommern. Rostock: dekas.

Rathgeb-Schnierer, E. (2006a). „Aufgaben Sortieren". In: *Grundschule Mathematik* 11, S. 10–15.

Rathgeb-Schnierer, E. (2006b). *Kinder auf dem Weg zum flexiblen Rechnen. Eine Untersuchung zur Entwicklung von Rechenwegen bei Grundschulkindern auf der Grundlage offener Lernangebote und eigenständiger Lösungsansätze.* Hildesheim, Berlin: Franzbecker.

Rathgeb-Schnierer, E. (2008). „Ich schau mir die Zahlen an, dann sehe ich das Ergebnis. Zahlenblick als Voraussetzung für flexibles Rechnen." In: *Grundschulmagazin* 76, S. 8–12.

Rathgeb-Schnierer, E. (2010). „Entwicklung flexibler Rechenkompetenzen bei Grundschulkindern des 2. Schuljahrs". In: *Journal für Mathematik-Didaktik* 31, S. 257–283. https://doi.org/10.1007/s13138-010-0014-y.

Rathgeb-Schnierer, E. (2011a). „Ich kann schwere Aufgaben leichter machen...'" In: *Die Grundschulzeitschrift* 248.249, S. 39–43.

Rathgeb-Schnierer, E. (2011b). „Warum noch rechnen, wenn ich die Lösung sehen kann? Hintergründe zur Förderung flexibler Rechenkompetenzen bei Grundschulkindern." In: *Beiträge zum Mathematikunterricht 2011.* Hrsg. von R. Haug und L. Holzäpfel. Münster: WTM, S. 15–22.

Rathgeb-Schnierer, E. und M. Green (2013). „Flexibility in mental calculation in elementary students from different math classes." In: *Proceedings of the Eighth Congress of the Euro-*

pean Society for Research in Mathematics Education. Hrsg. von B. Ubuz, Ç. Haser und M. A. Mariotti. Ankara: PME und METU, S. 353–362.

Rathgeb-Schnierer, E. und M. Green (2017). „Profiles of cognitive flexibility in arithmetic reasoning: A cross-country comparison of German and American elementary students". In: *Journal of Mathematics Education* 10.1, S. 1–16. https://doi.org/10.26711/007577152790009.

Rathgeb-Schnierer, E. und C. Rechtsteiner (2018). *Rechnen lernen und Flexibilität entwickeln. Grundlagen – Förderung – Beispiele.* Mathematik Primarstufe und Sekundarstufe I + II. Berlin: Springer Spektrum. https://doi.org/10.1007/978-3-662-57477-5.

Rechtsteiner-Merz, C. (2013). *Flexibles Rechnen und Zahlenblickschulung. Entwicklung und Förderung von Rechenkompetenzen bei Erstklässlern, die Schwierigkeiten beim Rechnenlernen zeigen.* Empirische Studien zur Didaktik der Mathematik 19. Münster: Waxmann.

Rechtsteiner, C. (2019). „Flexible Rechenkompetenzen bei Studierenden". In: *Beiträge zum Mathematikunterricht 2019.* Hrsg. von A. Frank, S. Krauss und K. Binder. Münster: WTM, S. 633–636.

Rechtsteiner, C. und E. Rathgeb-Schnierer (2017). „‚Zahlenblickschulung' as approach to develop flexibility in mental calculation in all students". In: *Journal of Mathematics Education* 10.1, S. 1–16. https://doi.org/10.26711/007577152790001.

Rechtsteiner-Merz, C. (2011a). „‚Nimm doch die Rechenmaschine!'" In: *Die Grundschulzeitschrift* 248.249, S. 44–47.

Rechtsteiner-Merz, C. (2011b). „Den Zahlenblick schulen. Flexibles Rechnen entwickeln". In: *Die Grundschulzeitschrift, Materialheft* 248.249.

Reindl, S. (2016). *Lösungsstrategien Addition und Subtraktion. Eine Studie zur Nutzung und Wirkung im Grundschulalter.* Empirische Studien zur Didaktik der Mathematik 27. Münster: Waxmann.

Rittle-Johnson, B., M. Schneider und J. R. Star (2015). „Not a one-way street: Bidirectional relations between procedural and conceptual knowledge of mathematics". In: *Educational Psychology Review,* 27, S. 587–597. https://doi.org/10.1007/s10648-015-9302-x.

Röhr, M. (2002). „Kommunikation anregen – Verstehen fördern. Beispiele aus dem Mathematikunterricht". In: *Grundschulunterricht* 1, S. 3–8.

Rost, D. H. (2013). *Interpretation und Bewertung pädagogisch-psychologischer Studien. Eine Einführung.* 3. vollständig überarbeitete und erweiterte Auflage. Bad Heilbrunn: Julius Klinkhardt. https://doi.org/10.36198/9783838585185.

Sack, N. (2016). „Flexibles Rechnen im ersten Schuljahr". Unveröffentlichte Bachelorarbeit an der Universität Bremen.

Sander, H.-J. (1995). „‚Wer findet die größte Zahl?' Eine produktive Übung zur Addition und Multiplikation mehrstelliger Zahlen". In: *Grundschulunterricht* 42.10, S. 2–4.

Schipper, W. (2005). „Übungen zur Prävention von Rechenstörungen. Materialteil". In: *Die Grundschulzeitschrift* H. 182.

Schipper, W. (2009a). *Handbuch für den Mathematikunterricht an Grundschulen.* Braunschweig: Schroedel.

Schipper, W. (2009b). „Schriftliches Rechnen als neue Chance für rechenschwache Kinder". In: *Handbuch Rechenschwäche. Lernwege, Schwierigkeiten und Hilfen bei Dyskalkulie.* Hrsg. von A. Fritz, G. Ricken und S. Schmidt. Weinheim und Basel: Beltz, S. 118–134.

Schipper, W. und A. Hülshoff (1984). „Wie anschaulich sind Veranschaulichungshilfen? Zur Addition und Subtraktion im Zahlenraum bis 10." In: *Grundschule* 4, S. 54–56.

Schulz, A. (2014). *Fachdidaktisches Wissen von Grundschullehrkräften. Diagnose und Förderung bei besonderen Problemen beim Rechnenlernen.* Bielefelder Schriften zur Didaktik der Mathematik 2. Wiesbaden: Springer Spektrum. https://doi.org/10.1007/978-3-658-08693-0.

Schulz, A. und S. Wartha (2021). *Zahlen und Operationen am Übergang Primar-/ Sekundarstufe. Grundvorstellungen aufbauen, festigen, vernetzen.* Mathematik Primarstufe und Sekundarstufe I + II. Berlin: Springer Spektrum. https://doi.org/10.1007/978-3-662-62096-0.

Schütte, S. (2002a). „Aktivitäten zur Schulung des Zahlenblicks". In: *Praxis Grundschule* 2, S. 5–12.

Schütte, S. (2002b). „Die Schulung des ‚Zahlenblicks' als Grundlage für flexibles Rechnen". In: *Die Matheprofis 3, Lehrermaterialien.* Hrsg. von S. Schütte. München, Düsseldorf, Stuttgart: Oldenbourg, S. 3–7.

Schütte, S., Hrsg. (2004a). *Die Matheprofis 2. Ausgabe D.* München, Düsseldorf, Stuttgart: Oldenbourg.

Schütte, S. (2004b). „Rechenwegsnotation und Zahlenblick als Vehikel des Aufbaus flexibler Rechenkompetenzen". In: *Journal für Mathematik-Didaktik* 2.25, S. 130–148. https://doi.org/10.1007/bf03338998.

Schütte, S., Hrsg. (2005a). *Die Matheprofis 3. Ausgabe D.* München, Düsseldorf, Stuttgart: Oldenbourg.

Schütte, S., Hrsg. (2005b). *Die Matheprofis 3. Lehrermaterialien. Ausgabe D.* München, Düsseldorf, Stuttgart: Oldenbourg.

Schütte, S., Hrsg. (2006). *Die Matheprofis 4. Ausgabe D.* München, Düsseldorf, Stuttgart: Oldenbourg.

Schütte, S. (2008). *Qualität im Mathematikunterricht der Grundschule sichern. Für eine zeitgemäße Unterrichts- und Aufgabenkultur.* München: Oldenbourg.

Schwabe, J., M. Grüßing, A. Heinze und F. Lipowsky (2014). *Instruktionsstrategien zur Förderung der individuellen Kompetenz zur adaptiven Wahl von Additions- und Subtraktionsstrategien im Zahlenraum bis 1000. Ergebnisbericht (Stand März 2014).*

Schwätzer, U. (2013). *Zur Komplementbildung bei der halbschriftlichen Subtraktion. Analyse der Ergebnisse einer Unterrichtsreihe im dritten Schuljahr.* https://doi.org/10.17877/DE290R-13430.

Selter, C. (1994). *Eigenproduktionen im Arithmetikunterricht der Grundschule. Grundsätzliche Überlegungen und Realisierungen in einem Unterrichtsversuch zum multiplikativen Rechnen im zweiten Schuljahr.* Wiesbaden: Deutscher Universitätsverlag.

Selter, C. (1995). „Zur Fiktivität der 'Stunde Null' im arithmetischen Anfangsunterricht". In: *Mathematische Unterrichtspraxis* II, S. 11–19.

Selter, C. (2000). „Vorgehensweisen von Grundschüler(inne)n bei Aufgaben zur Addition und Subtraktion im Zahlenraum bis 1000". In: *Journal für Mathematik-Didaktik* 2.21, S. 227–258. https://doi.org/10.1007/bf03338920.

Selter, C. (2002). „‚Einführung' des Einmaleins durch Umweltbezüge". In: *Die Grunschulzeitschrift* 152, S. 12–20.

Selter, C. (2003). „Flexibles Rechnen. Forschungsergebnisse, Leitideen, Unterrichtsbeispiele". In: *Sache-Wort-Zahl* 57, S. 45–50.

Selter, C. (2009). „Creativity, flexibility, adaptivity, and strategy use in mathematics". In: *ZDM – Mathematics Education* 41.5, S. 619–625. https://doi.org/10.1007/s11858-009-0203-7.

Selter, C., S. Prediger, M. Nührenbörger und S. Hußmann (2012). „Taking away and determining the difference – a longitudinal perspective on two models of subtraction and the inverse relation to addition". In: *Educational Studies in Mathematics* 79, S. 389–408. https://doi.org/10.1007/s10649-011-9305-6.

Selter, C. und H. Spiegel (1997). *Wie Kinder rechnen.* Leipzig, Stuttgart, Düsseldorf: Klett.

Shrager, J. und R. S. Siegler (1998). „SCADS: A model of children's strategy choices and strategy discoveries". In: *Psychological Science* 9.5, S. 405–410. https://doi.org/10.1111/1467-9280.00076.

Siegler, R. S. (2001). *Das Denken von Kindern.* 3. Auflage. Edition Psychologie. München, Wien: Oldenbourg. https://doi.org/10.1515/9783486806427.

Siegler, R. S. und P. Lemaire (1997). „Older and younger adults' strategy choices in multiplication: Testing predictions of ASCM using the choice/no-choice method." In: *Journal of Experimental Psychology: General* 126.1, S. 71–92. https://doi.org/10.1037/0096-3445.126.1.71.

Sievert, H., A.-K. van den Ham, I. Niedermeyer und A. Heinze (2019). „Effects of mathematics textbooks on the development of primary school children's adaptive expertise in arithmetic". In: *Learning and Individual Differences* 74, S. 1–13. https://doi.org/10.1016/j.lindif.2019.02.006.

Söbbeke, E. (2005). *Zur visuellen Strukturierungsfähigkeit von Grundschulkindern – Epistemologische Grundlagen und empirische Fallstudien zu kindlichen Strukturierungsprozessen mathematischer Anschauungsmittel.* Hildesheim, Berlin: Franzbecker.

Söbbeke, E. und A. Steenpaß (2010). „Mathematische Deutungsprozesse zu Anschauungsmitteln unterstützen". In: *Mathematik im Denken der Kinder. Anregungen zur mathematikdidaktischen Reflexion.* Hrsg. von C. Böttinger, K. Bräuning, M. Nührenbörger, R. Schwarzkopf und E. Söbbeke. Seelze: Friedrich, S. 216–244.

Spiegel, H. (1992). „Was und wie Kinder zu Schulbeginn schon rechnen können – Ein Bericht über Interviews mit Schulanfängern". In: *Grundschulunterricht* 39.11, S. 21–23.

Spiegel, H. und C. Selter (2003). *Kinder und Mathematik. Was Erwachsene wissen sollten.* Seelze: Friedrich.

Steffe, L. P. und P. W. Thompson (2000). „Teaching experiment methodology: Underlying principles and essential elements". In: *Handbook of research design in mathematics and science education.* Hrsg. von A. E. Kelly und R. A. Lesh. Hillsdale: Erlbaum, S. 267–307.

Steinbring, H. (1997). „Kinder erschließen sich eigene Deutungen. Wie Veranschaulichungsmittel zum Verstehen mathematischer Begriffe führen können". In: *Grundschule* 3, S. 16–18.

Steinbring, H. (2000). „Mathematische Bedeutung als eine soziale Konstruktion. Grundzüge der epistemologisch orientierten mathematischen Interaktionsforschung." In: *Journal für Mathematik-Didaktik* 21.1, S. 28–49. https://doi.org/10.1007/bf03338905.

Steinke, I. (1999). *Kriterien qualitativer Forschung. Ansätze zur Bewertung qualitativempirischer Sozialforschung.* München: Juventa.

Steinweg, A. S. (2004). „Zahlen in Beziehungen – Muster erkennen, nutzen, erklären und erfinden". In: *Mathematik für Kinder – Mathematik von Kindern.* Hrsg. von P. Scherer und D. Bönig. Beiträge zur Reform der Grundschule, Band 117. Frankfurt am Main: Grundschulverband – Arbeitskreis Grundschule e. V., S. 232–242.

Steinweg, A. S. (2013). *Algebra in der Grundschule. Muster und Strukturen – Gleichungen – funktionale Beziehungen.* Mathematik Primarstufe und Sekundarstufe I + II. Berlin: Springer Spektrum. https://doi.org/10.1007/978-3-8274-2738-0.

Steinweg, A. S., B. Schuppar und K. Gerdiken (2007). „Mit Zahlen spielen". In: *Arithmetik als Prozess.* Hrsg. von G. N. Müller, H. Steinbring und E. C. Wittmann. 2. Auflage. Hannover: Kallmeyer, S. 21–34.

Stern, E. (1992). „Die spontane Strategieentdeckung in der Arithmetik". In: *Lern- und Denkstrategien.* Hrsg. von H. Mandl und H. F. Friedrich. Göttingen: Hogrefe, S. 101–122.

Stern, E. (1998). *Die Entwicklung des mathematischen Verständnisses im Kindesalter.* Lengerich: Papst Science.

Sundermann, B. und C. Selter (1995). „Halbschriftliches Rechnen auf eigenen Wegen". In: *Mit Kindern rechnen.* Hrsg. von E. C. Wittmann und G. N. Müller. Frankfurt: AK Grundschule, S. 165–178.

Thompson, I. (1994). „Young children's idiosyncratic written algorithms for addition." In: *Educational Studies in Mathematics* 26, S. 323–345. https://doi.org/10.1007/bf01279519.

Thompson, I. und F. Smith (1999). *Mental calculation strategies for the addition and subtraction of 2-digit numbers. Final report march 1999.* University of Newcastle, England.

Threlfall, J. (2002). „Flexible mental calculation". In: *Educational Studies in Mathematics* 50.1, S. 29–47. https://doi.org/10.1023/a:1020572803437.

Threlfall, J. (2009). „ Strategies and flexibility in mental calculation". In: *ZDM – Mathematics Education* 41.5, S. 541–555. https://doi.org/10.1007/s11858-009-0195-3.

Torbeyns, J., B. De Smedt, P. Ghesquière und L. Verschaffel (2009a). „Acquisition and use of shortcut strategies by traditionally schooled children". In: *Educational Studies in Mathematics* 71, S. 1–17. https://doi.org/10.1007/s10649-008-9155-z.

Torbeyns, J., B. De Smedt, P. Ghesquière und L. Verschaffel (2009b). „Jump or compensate? Strategy flexibility in the number domain up to 100". In: *ZDM – Mathematics Education* 41.5, S. 581–590. https://doi.org/10.1007/s11858-009-0187-3.

Torbeyns, J., B. De Smedt, G. Peters, P. Ghesquière und L. Verschaffel (2011). „Use of indirect addition in adults' mental subtraction in the number domain up to 1,000". In: *British Journal of Psychology* 102, S. 585–597. https://doi.org/10.1111/j.2044-8295.2011.02019.x.

Torbeyns, J., B. De Smedt, N. Stassens, P. Ghesquière und L. Verschaffel (2009). „Solving subtraction problems by means of indirect addition". In: *Mathematical Thinking and Learning* 11, S. 79–91. https://doi.org/10.1080/10986060802583998.

Torbeyns, J., P. Ghesquière und L. Verschaffel (2009). „Efficiency and flexibility of indirect addition in the domain of multi-digit subtraction". In: *Learning and Instruction* 19, S. 1–12. https://doi.org/10.1016/j.learninstruc.2007.12.002.

Torbeyns, J., M. Hickendorff und L. Verschaffel (2017). „The use of number-based versus digit-based strategies on multi-digit subtraction: 9–12-year-olds' strategy use profiles and task performance". In: *Learning and Individual Differences* 58, S. 64–74. https://doi.org/10.1016/j.lindif.2017.07.004.

Torbeyns, J., G. Peters, B. De Smedt, P. Ghesquière und L. Verschaffel (2018). „Subtraction by addition strategy use in children of varying mathematical achievement level: A choice/no-choice study". In: *Journal of Numerical Cognition* 4.1, S. 215–234. https://doi.org/10.5964/jnc.v4i1.77.

Torbeyns, J. und L. Verschaffel (2016). „Mental computation or standard algorithm? Children's strategy choices on multi-digit subtractions". In: *European Journal of Psychology of Education* 31, S. 99–116. https://doi.org/10.1007/s10212-015-0255-8.

Torbeyns, J., L. Verschaffel und P. Ghesquière (2006). „The development of children's adaptive expertise in the number domain 20 to 100". In: *Cognition and Instruction* 24.4, S. 439–465. https://doi.org/10.1207/s1532690xci2404_2.

Toulmin, S. (1996). *Der Gebrauch von Argumenten*. Weinheim: Beltz.

Trautmann, T. (2010). *Interviews mit Kindern. Grundlagen, Techniken, Besonderheiten, Beispiele*. Wiesbaden: VS Verlag für Sozialwissenschaften. https://doi.org/10.1007/978-3-531-92118-1.

Treffers, A. (1983). „Fortschreitende Schematisierung. Ein natürlicher Weg zur schriftlichen Multiplikation und Division im 3. und 4. Schuljahr". In: *Mathematik lehren* 1, S. 16–20.

van de Walle, J. A. (2004). *Elementary and middle school mathematics: Teaching developmentally*. Boston: Pearson Educations.

van den Ham, A.-K. und A. Heinze (2018). „Does the textbook matter? Longitudinal effects of textbook choice on primary school students' achievement in mathematics". In: *Studies in Educational Evaluation* 59, S. 133–140. https://doi.org/10.1016/j.stueduc.2018.07.005.

van den Heuvel-Panhuizen, M. (2001). „Realistic mathematics education in the Netherlands". In: *Principles and practices in arithmetic teaching. Innovative approaches for the primary classroom*. Hrsg. von J. Anghileri. Buckingham, Philadelphia: Open University Press, S. 49–63.

van den Heuvel-Panhuizen, M. und A. Treffers (2009). „Mathe-didactical reflections on young children's understanding and application of subtraction-related principles". In: *Mathematical Thinking and Learning* 11.1,2, S. 102–112. https://doi.org/10.1080/10986060802584046.

Verboom, L. (1998). „Produktives Üben mit ANNA-Zahlen und anderen Zahlenmustern". In: *Die Grundschulzeitschrift* 119, S. 48–49.

Verboom, L. (2012). „Aufgabenformate zum multiplikativen Rechnen". In: *Praxis Grundschule* 2, S. 14–25.

Verschaffel, L., K. Luwel, J. Torbeyns und W. van Dooren (2009). „Conceptualizing, investigating, and enhancing adaptive expertise in elementary mathematics education". In: *European Journal of Psychology of Education* 24.3, S. 335–359. https://doi.org/10.1007/bf03174765.

Verschaffel, L., J. Torbeyns, B. De Smedt, K. Luwel und W. van Dooren (2007). „Strategy flexibility in children with low achievement in mathematics". In: *Educational and Child Psychology* 24.2, S. 16–27. https://doi.org/10.53841/bpsecp.2007.24.2.16.

Verschaffel, L., G. Verguts, G. Peters, P. Ghesquière, B. De Smedt und J. Torbeyns (2018). „Analyzing and stimulating strategy competence in elementary arithmetic: The case of subtraction by addition". In: *Inhalte im Fokus – Mathematische Strategien entwickeln. Tagungsband des AK Grundschule in der GDM 2018*. Hrsg. von A. S. Steinweg. University of Bamber Press, S. 57–72. https://doi.org/10.20378/irbo-53233.

Voigt, J. (1993). „Unterschiedliche Deutungen bildlicher Darstellungen zwischen Lehrerin und Schülern". In: *Mathematik und Anschauung. Untersuchungen zum Mathematikunterricht*. Hrsg. von J. H. Lorenz. Köln: Aulis, S. 147–166.

von Ostrowski, J. (2020). *Strukturierungen beim Bearbeiten geometrischer und arithmetischer Muster. Eine Interviewstudie zum Struktursinn von Kindern der vierten Klasse*. https://doi.org/10.26092/elib/343.

Wartha, S., C. Benz und L. Finke (2014). „Rechenstrategien und Zahlvorstellungen von Fünft-klässlern im Zahlenraum bis 1000". In: *Beiträge zum Mathematikunterricht 2014*. Münster: WTM, S. 1275–1278.

Wartha, S. und A. Schulz (2012). *Rechenproblemen vorbeugen*. Berlin: Cornelsen.

Wieland, G. (2004). „Entdeckendes Lernen und Produktives Üben". In: *Mathematik für Kinder – Mathematik von Kindern*. Hrsg. von P. Scherer und D. Bönig. Beiträge zur Reform der Grundschule, Band 117. Frankfurt am Main: Grundschulverband – Arbeitskreis Grundschule e. V., S. 74–85.

Wilkey, E. D. und D. Ansari (2020). „Challenging the neurobiological link between number sense and symbolic numerical abilities". In: *Annals of the New York Academy of Sciences* 1464, S. 76–98. https://doi.org/10.1111/nyas.14225.

Winkel, K. (2008). „Auf dem Weg zur schriftlichen Multiplikation. Kinder reflektieren Zusammenhänge". In: *Grundschulunterricht Mathematik* 1, S. 25–28.

Winter, H. (1985). „Nepersche Streifen – ein selbstgebauter und verständlicher Computer in der Grundschule". In: *Mathematik lehren* 13, S. 4–6.

Wittmann, E. C. (1982). *Mathematisches Denken bei Vor- und Grundschulkindern. Eine Einführung in psychologisch-didaktische Experimente*. Braunschweig: Vieweg.

Wittmann, E. C. (1985). „Objekte – Operationen – Wirkungen: Das operative Prinzip in der Mathematikdidaktik". In: *Mathematik lehren* 11, S. 7–11.

Wittmann, E. C. (1993). „‚Weniger ist mehr': Anschauungsmittel im Mathematikunterricht der Grundschule". In: *Beiträge zum Mathematikunterricht*. Hrsg. von K. P. Müller. Hildesheim: Franzbecker, S. 394–397.

Wittmann, E. C. (1994). „Wider die Flut der „bunten Hunde" und der „grauen Päckchen": Die Konzeption des aktiv-entdeckenden Lernens und des produktiven Übens". In: *Handbuch produktiver Rechenübungen. Band 1. Vom Einspluseins zum Einmaleins*. Hrsg. von E. C. Wittmann und G. N. Müller. Stuttgart, Düsseldorf, Berlin, Leipzig: Klett, S. 157–171.

Wittmann, E. C. (1998). „Design und Erforschung von Lernumgebungen als Kern der Mathematikdidaktik". In: *Beiträge zur Lehrerbildung* 16, S. 329–342.

Wittmann, E. C. (2010). „Begründung des Ergänzungsverfahrens der schriftlichen Subtraktion aus der Funktionsweise von Zählern". In: *Mathematik im Denken der Kinder. Anregungen zur mathematikdidaktischen Reflexion*. Hrsg. von C. Böttinger, K. Bräuning, M. Nührenbörger, R. Schwarzkopf und E. Söbbeke. Seelze: Friedrich, S. 34–41.

Wittmann, E. C. und G. N. Müller (1994a). *Handbuch produktiver Rechenübungen. Band 1. Vom Einspluseins zum Einmaleins*. 2., überarbeitete Auflage. Stuttgart: Klett.

Wittmann, E. C. und G. N. Müller (1994b). *Handbuch produktiver Rechenübungen. Band 2. Vom halbschriftlichen zum schriftlichen Rechnen*. Stuttgart: Klett.

Wittmann, E. C. und G. N. Müller (2004). *Das Zahlenbuch 1. Lehrerband*. Leipzig, Stuttgart, Düsseldorf: Klett.

Wittmann, E. C. und G. N. Müller (2019). *Handbuch produktiver Rechenübungen. Band II: Halbschriftliches und schriftliches Rechnen*. 2. Auflage. Hannover: Friedrich.

Wittmann, E. C. und F. Padberg (1998). „Freigabe des Verfahrens der schriftlichen Subtraktion". In: *Die Grundschulzeitschrift* 119, S. 8–9.

Yackel, E. (2001). „Perspectives on arithmetic from classroom-based research in the United States of America". In: *Principles and practices in arithmetic teaching. Innovative approaches for the primary classroom*. Hrsg. von J. Anghileri. Buckingham, Philadelphia: Open University Press, S. 15–31.

Yackel, E. und P. Cobb (1996). „Sociomathematical norms, argumentation, and autonomy in mathematics". In: *Journal for Research in Mathematics Education* 27.4, S. 458–477. https://doi.org/10.5951/jresematheduc.27.4.0458.

Zebian, S. (2005). „Linkages between number concepts, spatial thinking, and directionality of writing: The SNARC effect and the REVERSE SNARC effect in English and Arabic monoliterates, biliterates, and illiterate Arabic speakers". In: *Journal of Cognition and Culture* 5.1–2, S. 165–190. https://doi.org/10.1163/1568537054068660.

Printed in the United States
by Baker & Taylor Publisher Services